Ralf Küsters | Thomas Wilke

Moderne Kryptographie

Leitfäden der Informatik

Herausgegeben von
Prof. Dr. Bernd Becker
Prof. Dr. Friedemann Mattern
Prof. Dr. Heinrich Müller
Prof. Dr. Wilhelm Schäfer
Prof. Dr. Dorothea Wagner
Prof. Dr. Ingo Wegener

Die Leitfäden der Informatik behandeln

- Themen aus der Theoretischen, Praktischen und Technischen Informatik entsprechend dem aktuellen Stand der Wissenschaft in einer systematischen und fundierten Darstellung des jeweiligen Gebietes

- Methoden und Ergebnisse der Informatik, ausgearbeitet und dargestellt aus der Sicht der Anwendung in einer für Anwender verständlichen, exakten und präzisen Form.

Die Bände der Reihe wenden sich zum einen als Grundlage und Ergänzung zu Vorlesungen der Informatik an Studierende und Lehrende in Informatik-Studiengängen an Hochschulen, zum anderen an „Praktiker", die sich einen Überblick über die Anwendungen der Informatik (-Methoden) verschaffen wollen; sie dienen aber auch in Wirtschaft, Industrie und Verwaltung tätigen Informatikerinnen und Informatikern zur Fortbildung in praxisrelevanten Fragestellungen ihres Faches.

Ralf Küsters | Thomas Wilke

Moderne Kryptographie

Eine Einführung

STUDIUM

VIEWEG+
TEUBNER

Bibliografische Information der Deutschen Nationalbibliothek
Die Deutsche Nationalbibliothek verzeichnet diese Publikation in der
Deutschen Nationalbibliografie; detaillierte bibliografische Daten sind im Internet über
<http://dnb.d-nb.de> abrufbar.

1. Auflage 2011

Alle Rechte vorbehalten
© Vieweg+Teubner Verlag | Springer Fachmedien Wiesbaden GmbH 2011

Lektorat: Ulrich Sandten | Kerstin Hoffmann

Vieweg+Teubner Verlag ist eine Marke von Springer Fachmedien.
Springer Fachmedien ist Teil der Fachverlagsgruppe Springer Science+Business Media.
www.viewegteubner.de

Umschlaggestaltung: KünkelLopka Medienentwicklung, Heidelberg
Druck und buchbinderische Verarbeitung: AZ Druck und Datentechnik, Berlin
Gedruckt auf säurefreiem und chlorfrei gebleichtem Papier
Printed in Germany

ISBN 978-3-519-00509-4

Für Chun-Hee, Emanuel, Julian, Marion, Paul Josef und Marie

Vorwort

Die Idee zu diesem Buch entstand am Abend des 5. Dezember 2003 in einem Gespräch der beiden Autoren mit Ingo Wegener, nachdem dieser einen Festvortrag zu dem Thema »Komplexitätstheorie, effiziente Algorithmen und die Bundesliga« an der Christian-Albrechts-Universität zu Kiel gehalten hatte. Ingo Wegener war als frischgebackener Herausgeber der Teubner-Lehrbuchreihe »Leitfäden der Informatik« auf der Suche nach einem deutschsprachigen Lehrbuch zur Kryptographie – wir, die Autoren, hatten schon über mehrere Jahre Vorlesungen über Kryptographie gehalten und verbesserten ständig unser Skript. Inzwischen sind mehr als sieben Jahre vergangen, insgesamt haben wir mehr als zehn Vorlesungen zur Kryptographie an den Universitäten Kiel und Trier gehalten. Aus unseren Skripten ist das vorliegende Lehrbuch hervorgegangen.

Die Kryptographie ist eine faszinierende Wissenschaft, die in einzigartiger Weise die Informatik mit der Mathematik verbindet. Sie scheint Unmögliches möglich zu machen, wie, zum Beispiel, die vertrauliche Kommunikation zwischen Kommunikationspartnern, die sich nie zuvor getroffen haben. Wir profitieren längst täglich von den Errungenschaften der Kryptographie, sei es beim Bezahlen mit Kredit-, EC- oder kontaktlosen Karten, beim Online-Banking und -Shopping, beim Telefonieren mit dem Handy, beim Surfen im Internet über einen WLAN-Router oder sogar beim Öffnen des Privatwagens, um nur einige Beispiele zu nennen.

Studentinnen und Studenten die Funktionsweise grundlegender kryptographischer Verfahren zu vermitteln, ihnen nahezubringen, welche Sicherheitsgarantien diese mit sich bringen und welche nicht (!), sehen wir als vorrangiges Ziel unserer Lehrveranstaltungen und damit dieses Buches an. Die Inhalte des Buches sind dabei aus der Praxis motiviert und es werden vor allem in der Praxis eingesetzte kryptographische Verfahren behandelt. Diese werden dabei aus dem Blickwinkel der modernen Kryptographie, die durch eine präzise mathematische und informatische Herangehensweise geprägt ist, betrachtet. Dies mag dieses Lehrbuch von allen anderen deutschsprachigen Lehrbüchern über Kryptographie sowie von den meisten englischprachigen Lehrbüchern unterscheiden.

Dieses Buch setzt Kenntnisse voraus, die man typischerweise in den ersten vier Semestern eines Bachelorstudiengangs in Informatik oder Mathematik an einer deutschen Universität erlangt. So wird insbesondere vorausgesetzt, dass die Leserinnen und Leser Grundlagen in der Wahrscheinlichkeitsrechnung mitbringen und ein gewisses algorithmisches Verständnis besitzen. Darüber hinaus wird angenommen, dass grundlegende zahlentheoretische und algebraische Kenntnisse vorliegen, etwa über Restklassenringe und endliche Gruppen. Die notwendigen Grundlagen werden allerdings in diesem Buch kurz wiederholt. Der Umfang dieses Buches ist auf eine einsemestrige Veranstaltung von drei bis vier Vorlesungs- und zwei Übungsstunden pro Woche ausgelegt. Neben der Verwendung des Buches als Grundlage für eine Vorlesung eignet es sich ebenso zum Selbststudium.

Englisch ist die heutige Wissenschaftssprache, insbesondere werden fast alle wissenschaftlichen Veröffentlichungen im Bereich der Kryptographie in englischer Sprache verfasst. Deshalb ist es wichtig, selbst in einer in deutscher Sprache gehaltenen Vorlesung auf die englischen Fachbegriffe einzugehen. Genauso wichtig ist es aber auch, englische Fachbegriffe einzudeutschen, um ein flüssiges Unterrichtsgespräch zu ermöglichen. Deshalb werden in diesem Buch fast durchweg deutsche Bezeichnungen verwendet, aber auch die englischen Originalbegriffe angegeben, wenn ein neuer Begriff eingeführt wird. Um für die Lektüre von Fachliteratur keine Hürden aufzubauen, lehnt sich dieses Buch an die übliche Notation an. Insbesondere orientieren sich Variablenbezeichner und Schreibweisen an den englischen Begriffen. Zum Beispiel werden wir von »Chiffrierverfahren« sprechen, ein solches jedoch konsequent mit E bezeichnen, denn im Englischen spricht man von »encryption algorithm« oder »encryption scheme«.

Dieses Buch wäre ohne die Unterstützung vieler nicht möglich gewesen. Unser Dank gilt zunächst Ingo Wegener, für die Idee und Bereitschaft, ein solches Buch in die Teubner-Lehrbuchreihe »Leitfäden der Informatik« aufzunehmen. Er verstarb viel zu früh, am 26. November 2008 nach einem langen, anstrengenden Kampf gegen den Krebs.

Wir danken den Studentinnen und Studenten unserer Vorlesungen für die zahlreichen Fragen und Anregungen, die uns immer wieder kritisch auf das inhaltliche und didaktische Konzept unserer Vorlesungen blicken ließen. Unser besonderer Dank gilt den Mitarbeiterinnen und Mitarbeitern unserer Arbeitsgruppen, die mit Rat und Tat das Buchprojekt unterstützt haben. Vor allem seien hier Max Tuengerthal, Andreas Vogt und Nicole Trouet-Schartz erwähnt. Wir haben von den zahlreichen Diskussionen mit Max und Andreas sowie deren kritischer und eingehender Lektüre (verschiedener Versionen) des Manuskripts sehr profitiert. Nicole hat uns, neben dem aufmerksamen Korrekturlesen des Manuskripts, bei der Erstellung der Abbildungen unterstützt. Wir danken Herrn Ulrich Sandten vom Verlag Vieweg + Teubner für die ständige Bereitschaft, Fristen zu verlängern.

Nicht zuletzt gilt unser Dank unseren Familien für ihre Unterstützung und ihr Verständnis während der Zeit, in der wir an diesem Buch gearbeitet haben.

Trier und Kiel, im Mai 2011

Ralf Küsters
Thomas Wilke

Inhaltsverzeichnis

1   **Einführung**   1
  1.1   Begriffsbestimmung   1
  1.2   Klassische und moderne Kryptographie   1
  1.3   Beweisbare Sicherheit   3
  1.4   Was wird in diesem Buch (nicht) behandelt?   3

I   **Verschlüsselung**   5

2   **Grundlegendes**   7
  2.1   Verschlüsselungsarten   7
  2.2   Kommunikationsszenarien   9
  2.3   Sicherheitsziele   9
  2.4   Bedrohungsszenarien   9
     2.4.1   Wissen über das Verschlüsselungsverfahren   10
     2.4.2   Ressourcen des Angreifers   11

3   **Einmalige symmetrische Verschlüsselung und klassische
     Verschlüsselungsverfahren**   13
  3.1   Einführung   13
  3.2   Kryptosysteme und possibilistische Sicherheit   13
  3.3   Wiederholung Wahrscheinlichkeitstheorie   17
  3.4   Informationstheoretische Sicherheit   23
     3.4.1   Beispiele   25
     3.4.2   Unabhängigkeit von der Klartextverteilung   27
     3.4.3   Gleichverteilung auf dem Schlüsselraum und possibilistische Sicherheit . 29
  3.5   Wiederholung Zahlentheorie   31
  3.6   Buchstaben- und blockweise Verschlüsselung   33
     3.6.1   Buchstabenweise Verschlüsselung mit einem Schlüssel   34
     3.6.2   Blockweise Verschlüsselung mit einem Schlüssel   37
  3.7   Aufgaben   40
  3.8   Anmerkungen und Hinweise   43

4   **Frische symmetrische Verschlüsselung: Blockchiffren**   45
  4.1   Einführung   45
  4.2   Substitutionspermutationskryptosysteme   48
  4.3   Lineare Kryptanalyse   52
  4.4   Wiederholung Polynomringe und endliche Körper   64
  4.5   AES   66

4.6   Wiederholung Algorithmen   72

   4.6.1   Ressourcenverbrauch   72

   4.6.2   Zufallssteuerung   73

   4.6.3   Prozedurparameter   79

4.7   Algorithmische Sicherheit von Block-Kryptosystemen   80

4.8   Funktionen statt Permutationen   89

4.9   Aufgaben   93

4.10 Anmerkungen und Hinweise   97

5   Uneingeschränkte symmetrische Verschlüsselung   **101**

5.1   Einführung   101

5.2   Betriebsarten   103

5.3   Algorithmische Sicherheit symmetrischer Kryptoschemen   107

5.4   Sicherheit der R-CTR-Betriebsart   113

5.5   Ein alternativer Sicherheitsbegriff   121

   5.5.1   Von Angreifern zu Unterscheidern   123

   5.5.2   Von Unterscheidern zu Angreifern   125

5.6   Ein stärkerer Sicherheitsbegriff   130

5.7   Aufgaben   132

5.8   Anmerkungen und Hinweise   135

6   Asymmetrische Verschlüsselung   **137**

6.1   Einführung   137

6.2   Algorithmische Sicherheit asymmetrischer Kryptoschemen   138

6.3   Wiederholung algorithmische Zahlentheorie   140

6.4   RSA   154

   6.4.1   Das RSA-Kryptoschema   155

   6.4.2   RSA als Einwegfunktion mit Hintertür   158

   6.4.3   RSA-basierte asymmetrische Kryptoschemen   162

6.5   ElGamal   163

   6.5.1   Das ElGamal-Kryptoschema   164

   6.5.2   Das Diffie-Hellman-Entscheidungsproblem   167

   6.5.3   Beweisbare Sicherheit des ElGamal-Kryptoschemas   172

6.6   Hybride Verschlüsselung   175

6.7   Aufgaben   180

6.8   Anmerkungen und Hinweise   183

II   Integrität und Authentizität   **187**

7   Grundlegendes   **189**

7.1   Prinzipielle Vorgehensweise: Prüfetiketten   190

7.2   Angriffsszenarien   191

8   Kryptographische Hashfunktionen   193

8.1   Einführung 193
8.2   Sicherheitsanforderungen an Hashfunktionen 194
8.3   Der Geburtstagsangriff auf Hashfunktionen 196
8.4   Kompressionsfunktionen und iterierte Hashfunktionen 197
8.5   Die SHA-Familie 202
8.6   Aufgaben 204
8.7   Anmerkungen und Hinweise 207

9   Symmetrische Authentifizierungsverfahren   211

9.1   Einführung 211
9.2   Sicherheit symmetrischer Authentifizierungsverfahren 211
9.3   Konstruktion von MACs aus Block-Kryptosystemen 213
   9.3.1   Eine einfache Konstruktion 213
   9.3.2   Der CBC-MAC 216
9.4   Authentifizierungsschemen basierend auf Hashfunktionen 217
9.5   Der NMAC 222
9.6   Der HMAC 224
9.7   CCA-sichere symmetrische Kryptoschemen 228
9.8   Aufgaben 232
9.9   Anmerkungen und Hinweise 235

10 Asymmetrische Authentifizierungsverfahren: Digitale Signaturen   239

10.1   Einführung: Definition und Sicherheit 239
10.2   Signieren mit RSA: erster Versuch 241
10.3   Signierschemen basierend auf Hashfunktionen 242
10.4   Signieren mit RSA und dem Zufallsorakel 245
   10.4.1   Das Zufallsorakel 245
   10.4.2   Das FDH-RSA-Schema 249
   10.4.3   Beweisbare Sicherheit des FDH-RSA-Schemas 250
10.5   Signieren in der Praxis 256
   10.5.1   PKCS#1 256
   10.5.2   DSA 257
10.6   Zertifikate und Public-Key-Infrastrukturen 258
   10.6.1   Das Bindungsproblem 259
   10.6.2   Zertifikate 262
   10.6.3   Mehrere unabhängige Zertifizierungsstellen 263
   10.6.4   Hierarchien von Zertifizierungsstellen 265
   10.6.5   Zertifikatsnetze – Web of Trust 266
   10.6.6   Gültigkeitszeiträume, Widerruf und Attribute 269
10.7   Aufgaben 270
10.8   Anmerkungen und Hinweise 273

Literaturverzeichnis   277

Stichwortverzeichnis   293

1 Einführung

1.1 Begriffsbestimmung

Im Titel dieses Buches steht das Wort *Kryptographie,* das seinen Ursprung im Griechischen hat. Es ist zusammengesetzt aus κρυπτός, verborgen, und γράφειν, schreiben. Es bezeichnet also das Chiffrieren (das Verschlüsseln) und ist damit eigentlich ein zu enger Begriff für das Thema dieses Buches, und zwar in zweierlei Hinsicht. Zum einen widmen wir uns nicht nur Verfahren zur Geheimhaltung von Nachrichten, sondern auch Verfahren, die andere grundlegende Probleme im Zusammenhang mit der Sicherung von Daten und Kommunikation lösen, etwa Verfahren zur Gewährleistung der Authentizität und der Integrität von Nachrichten. Zum anderen werfen wir auch die Frage nach dem Brechen kryptographischer Verfahren auf – eine Frage, die das sogenannte Gebiet der *Kryptanalyse* begründet.

Kryptographie und Kryptanalyse werden, der üblichen Nomenklatur für Wissenschaften folgend, zusammen auch als *Kryptologie* bezeichnet. Dass wir uns im Titel dieses Buches dennoch für den Begriff Kryptographie entschieden haben, ist darauf zurückzuführen, dass wir uns vorrangig mit der eigentlichen Kryptographie auseinandersetzen und dass der Begriff Kryptographie häufig synonym zu Kryptologie genutzt wird.

1.2 Klassische und moderne Kryptographie

Lange galt die Kryptographie als eine Art Kunst oder auch mystische Geheimwissenschaft mit Anwendungen vor allem im Kontext von Militär, Geheimdiensten, Politik und dergleichen. So schreibt William F. Friedman 1936 in [76] über den prototypischen Kryptographen: »The mental portrait the average layman has even today of the professional cryptographer is that of a long-haired, thick-bespectacled recluse; a cross between a venerable savant and a necromancer who must perforce commune daily with dark spirits in order to accomplish his feats of mental jiu-jitsu«. Heute ist die Kryptographie dagegen eine etablierte Wissenschaft, die, wie bereits im Vorwort erwähnt, mit ihren »Produkten« unseren Alltag längst durchdrungen hat (Online-Banking und -Shopping, kartenbasierte Bezahlsysteme, Türöffner etc.).

Der Übergang der Kryptographie von einer Kunst zu einer etablierten Wissenschaft und damit von der klassischen zur modernen Kryptographie erfolgte schrittweise, wobei Claude E. Shannon wohl den ersten Schritt in dieser Hinsicht machte: Er stellte Gedanken zu der Frage an, was es in einem strengen Sinn bedeutet, dass ein kryptographisches Verfahren sicher ist. So gab er im Jahr 1949 in einem wegweisenden Aufsatz, [149], eine klare mathematische Definition für die Sicherheit von Verschlüsselungsverfahren und prägte damit den Begriff *informationstheoretische Sicherheit.* Diese Art der Sicherheit wird geleitet von der Idee, dass eine Verschlüsselung genau dann sicher ist, wenn (in einem abgesteckten Rahmen) eine verschlüsselte Nachricht *absolut keine* Information über die eigentliche Nachricht verrät. Dazu war es zunächst nötig, den Begriff der »Information« präzise zu fassen. Dies tat Shannon in den Arbeiten [147, 148], die zugleich das Gebiet der *Informationstheorie* begründeten. Auf Basis des Begriffs der informationstheoretischen Sicherheit konnte Shannon zeigen, dass bestimmte Verschlüsselungsverfahren sicher und andere nicht sicher sind. Damit erhielt die Kryptographie in der Tat wissenschaftliche Züge – deduktive Zugänge waren möglich. Es sei bemerkt, dass in der Zeit vor Shannon ein Verschlüsselungsverfahren als sicher galt, solange kein erfolgreicher Angriff bekannt war, ohne dass der Begriff »Angriff« genauer bestimmt gewesen wäre.

Ein weiterer wichtiger Schritt hin zu einer ernstzunehmenden Disziplin bestand darin, dass Whitfield Diffie und Martin E. Hellman im Jahr 1976 in ihrem Aufsatz [64] eine wahrlich revolutionäre Idee entwickelten, die *asymmetrische Verschlüsselung*. Diese Art der Verschlüsselung würde es Kommunikationspartnern erlauben, vertrauliche Nachrichten auszutauschen, *ohne* vorher über einen sicheren Kanal einen gemeinsamen geheimen Schlüssel ausgetauscht zu haben. Während Diffie und Hellman die Realisierung dieser Idee offen ließen, lösten sie ein eng verwandtes Problem, nämlich das Problem des *Schlüsselaustauschs*: Sie fanden einen Weg, wie sich Kommunikationspartner über einen *abhörbaren* Kanal auf einen Schlüssel einigen können. War ein solcher Schlüssel einmal ausgetauscht, konnte dieser, wie üblich, zum Verschlüsseln vertraulicher Nachrichten zwischen den Kommunikationspartnern verwendet werden.

Die erste Realisierung der Idee der asymmetrischen Verschlüsselung stellten Ron Rivest, Adi Shamir und Leonard Adleman im Jahr 1978 in [140] vor. Sie beschrieben dort das heute nach ihnen benannte und allseits bekannte RSA-Verschlüsselungsverfahren. Die *Assocation for Computing Machinery (ACM)* hielt diese Erfindung für derart bemerkenswert, dass sie den drei Wissenschaftlern im Jahr 2002 den renommierten *ACM Turing Award* verlieh, der als der »Nobelpreis der Informatik« gilt. Es sei erwähnt, dass im Jahr 1984 Taher ElGamal [71] zeigte, wie man aus dem System von Diffie und Hellman für den Schlüsselaustausch auf einfache Weise auch ein Verfahren für die asymmetrische Verschlüsselung gewinnen kann.[1]

Die Ideen von Diffie, Hellman, Rivest, Shamir und Adleman konnten nicht auf informationstheoretische Sicherheit abzielen, denn diese ist in dem betrachteten Kontext nicht zu erreichen. Stattdessen fußten die Arbeiten der genannten auf der realistischen Annahme, dass einem Angreifer begrenzte Rechenkapazität zur Verfügung steht: Man hoffte, dass die entwickelten Verfahren unter dieser Annahme Sicherheit bieten würden, d. h., dass sie nur mit unvertretbar hohem Rechenaufwand zu brechen wären. Formale

---

1 Neben der oben beschriebenen, durch wissenschaftliche Veröffentlichungen dokumentierten Entwicklung der Kryptographie hat es wohl auch eine ähnliche Entwicklung gegeben, die im Verborgenen stattgefunden hat. Genauer: Am 16. oder 17. Dezember 1997 wurde ein Dokument auf den Webseiten des *Government Communications Headquarters (GCHQ)* des *British Secret Service* mit dem Hinweis veröffentlicht, es sei von James H. Ellis im Jahr 1987 verfasst worden und beschreibe aus erster Hand, welche Überlegungen Ellis, Clifford Cocks und Malcom Williamson als Mitarbeiter des GCHQ zu asymmetrischer Verschlüsselung angestellt hätten. Folgt man dem Dokument, dann hatte Ellis schon 1970 die Idee der asymmetrischen Verschlüsselung, Cocks kannte schon 1973 eine Spezialisierung von RSA und Williamson eine Variante des Diffie-Hellman-Verfahrens. Einzelheiten, insbesondere weitere Dokumente, sind unter `http://www.cesg.gov.uk` zu finden, ebenso in [154] und [169]. Die Veröffentlichung des oben genannten Dokuments erfolgte kurz bevor Cocks am 18. Dezember 1997 einen Vortrag auf einer wissenschaftlichen Tagung zum Thema RSA hielt, siehe auch [52].

Sicherheitsdefinitionen, die dies aufgriffen, entstanden zu Beginn der 1980-er Jahre, vor allem mit den Arbeiten von Shafi Goldwasser und Silvio Micali sowie Andrew Chi-Chih Yao [85, 170]. Diese Arbeiten taten einen dritten wichtigen Schritt für die Kryptographie hin zu einer mathematisch und informatisch fundierten Wissenschaft. Man spricht seit dieser Zeit von *algorithmischer Sicherheit*.

1.3   Beweisbare Sicherheit

Der Übergang von Shannons informationstheoretischem Sicherheitsbegriff zum algorithmischen Sicherheitsbegriff bringt eine grundlegende Schwierigkeit mit sich. Denn will man zeigen, dass ein kryptographisches Verfahren algorithmisch sicher ist, muss man nachweisen, dass es unter Einsatz beschränkter Rechenressourcen nicht gebrochen werden kann. Solche Nachweise sind aber – das zeigt die lange Geschichte der Komplexitätstheorie – nur schwer zu erbringen, um genau zu sein, kein solcher Nachweis ist bislang gelungen.

Kryptographen führen deshalb keine absoluten Beweise über algorithmische Sicherheit, sondern stützen ihre Verfahren auf Annahmen ab, die besagen, dass bestimmte Probleme schwer lösbar sind, das heißt, dass es keine effizienten Algorithmen (Polynomzeitalgorithmen) zur Lösung dieser Probleme gibt. Übliche Annahmen sind zum Beispiel, dass das Faktorisieren großer Zahlen oder die Berechnung des diskreten Logarithmus schwierige Probleme sind. Sicherheitsbeweise sind dann *Reduktionsbeweise*, d. h., man zeigt, dass die Unsicherheit des betrachteten kryptographischen Verfahrens die Ungültigkeit der Annahme nach sich zöge. Wird ein solcher Reduktionsbeweis geführt, spricht man davon, dass das Verfahren *beweisbar sicher* ist.

Man vergegenwärtige sich, dass die angesprochenen Reduktionsbeweise keine unbedingte Sicherheit bieten, denn die gemachten Annahmen sind letztlich unbewiesene und (nach dem Stand der Wissenschaft) nur sehr schwer zu beweisende Annahmen. Selbst wenn man beweisen könnte, dass P $\neq$ NP gilt – eines der größten offenen Probleme der Theoretischen Informatik –, würden die üblicherweise in der Kryptographie gemachten Annahmen nicht automatisch gelten. Dennoch gelten diese Annahmen als plausibel und bieten damit ein brauchbares Fundament für die Sicherheit kryptographischer Verfahren. Auf Reduktionsbeweise gänzlich zu verzichten, würde uns wieder in den völlig unbefriedigenden Zyklus der klassischen Kryptographie zurückwerfen: Ein kryptographisches Verfahren vorschlagen, hoffen, dass kein Angriff gefunden wird und gegebenenfalls ein neues Verfahren vorschlagen.

1.4   Was wird in diesem Buch (nicht) behandelt?

Wie der Titel des Buches sagt, soll eine Einführung in die moderne Kryptographie gegeben werden, etwa in dem Umfang, wie sie in einer einsemestrigen Vorlesung möglich ist. Die moderne Kryptographie hat jedoch deutlich mehr zu bieten als das, was in einer derartigen Einführung behandelt werden kann.

Wir befassen uns in diesem Buch mit den klassischen und grundlegenden kryptographischen Sicherheitszielen: *Geheimhaltung (Vertraulichkeit)* sowie *Integrität* und *Authentizität* von Nachrichten. Wir werden einige moderne, in der Praxis eingesetze Verfahren kennenlernen, die diese Ziele erreichen wollen, einschließlich symmetrischer und asymmetrischer Verschlüsselung sowie Verfahren zur Nachrichtenauthentifizierung und digitale Signaturen, und zeigen, dass diese Verfahren im oben beschriebenen Sinne beweisbar sicher sind.

Womit wir uns in diesem Buch u. a. nicht befassen werden, sind kryptographische Protokolle. So behandeln wir weder Protokolle zum Schlüsselaustausch oder zur Etablierung sicherer Kommunikationskanäle, noch sogenannte Zero-Knowledge-Protokolle, Protokolle zu *multi party computation*, Protokolle für elektronische Wahlen oder für anonyme Kommunikation, um nur einige wenige Protokollklassen zu nennen.

In den letzten Jahren haben sogenannte *Seitenkanalangriffe (side channel attacks)* an Bedeutung gewonnen. Diese Angriffe setzen bei der Implementierung von kryptographischen Verfahren in einer physikalischen Welt an. Zum Beispiel wird in den beiden Arbeiten [109, 45] eindrucksvoll beschrieben, wie der in einem Server gespeicherte private Schlüssel extrahiert werden kann, indem gemessen wird, wie lange der Server benötigt, um bestimmte Chiffretexte zu entschlüsseln. Hier spricht man von sogenannten *Zeitangriffen (timing attacks)*. Andere Seitenkanalangriffe ermöglichen es, durch Messung des Stromverbrauchs oder der elektromagnetischen Strahlung von Smartcards dort gespeicherte Schlüssel auszulesen (siehe [135]). Seitenkanalangriffe sind also sehr ernst zu nehmen und sie zeigen, dass man nicht nur beim Entwurf, sondern auch bei der konkreten Umsetzung kryptographischer Verfahren sehr vorsichtig sein muss. In diesem Buch werden diese Angriffe sowie entsprechende Gegenmaßnahmen jedoch nicht behandelt, da sie den Rahmen des Buches sprengen würden.

Weitere Gebiete, die in diesem Buch ausgeklammert werden, sind die *Quantenkryptographie* und *Quantenalgorithmen* (siehe zum Beispiel das einschlägige Lehrbuch [131]). Bei der Quantenkryptographie macht man sich quantenmechanische Effekte zunutze, um bestimmte kryptographische Aufgaben zu lösen. Im Idealfall kann man die Sicherheit entsprechender Systeme sogar allein auf Basis quantenmechanischer Annahmen beweisen. Die bekannteste Anwendung der Quantenkryptographie, für die es sogar bereits kommerzielle Systeme gibt, ist der Quanten-Schlüsselaustausch. Quantenalgorithmen machen sich ebenfalls quantenmechanische Effekte zunutze, zielen aber darauf ab, schwierige Berechnungsprobleme zu lösen. Der prominenteste Quantenalgorithmus dieser Art ist der Algorithmus von Shor [150], mit dem man sowohl das Faktorisierungsproblem als auch das Problem der Berechnung des diskreten Logarithmus effizient lösen könnte. Die Tragweite dieses Algorithmus wird klar, wenn man sich bewusst macht, dass man annimmt, dass klassische Algorithmen diese Probleme nicht effizient lösen können und dass auf dieser Annahme die Sicherheit der heute in der Praxis verwendeten (asymmetrischen) kryptographischen Verfahren, einschließlich Verschlüsselung und digitale Signaturen, ruht. Diese Verfahren können also durch Shors Algorithmus »gebrochen« werden. Quantenalgorithmen setzen allerdings Quantencomputer voraus, um ausgeführt werden zu können. Bis heute ist es aber noch nicht gelungen, einen solchen Computer in einem Maßstab zu bauen, der von praktischem Nutzen sein könnte.

Diese Ausführungen zeigen, wie reich an Ideen, Problemen und Lösungen die moderne Kryptographie ist, und sie verdeutlichen zugleich, dass wir in diesem einführenden Buch nur die Spitze des Eisbergs berühren können. Dieses Buch liefert aber eine solide Grundlage, um sich in weitere Themen der Kryptographie einzuarbeiten und wissenschaftliche Artikel zu studieren.

Teil I

Verschlüsselung

2   Grundlegendes

Im ersten Teil des Buches wollen wir uns mit dem Problem beschäftigen, wie eine Person, wir wollen sie Alice nennen, einer anderen Person, wir wollen sie Bob nennen, Nachrichten über einen abhörbaren Übertragungsweg, z. B. einem lokalen Netzwerk oder dem Internet, zukommen lassen kann, so dass Eva, eine dritte Person, die den Übertragungsweg abhört und vielleicht Zugriff auf weitere Bestandteile der Kommunikationsinfrastruktur hat, möglichst wenig, am besten nichts, über die Nachrichten erfährt.

2.1   Verschlüsselungsarten

Um das Problem zu lösen, wird nicht die eigentliche Nachricht übertragen. Stattdessen benutzt Alice ein zusätzliches Datum, den sogenannten *Chiffrierschlüssel* oder einfach *Schlüssel*, um ihn mit der eigentlichen Nachricht, auch *Klartext* genannt, so zu einer neuen Nachricht, dem sogenannten *Chiffretext*, zu »verrechnen«, wir sagen *verschlüsseln* oder *chiffrieren*, dass Eva dieser Nachricht den Klartext nicht entnehmen kann, auch keine Teile des Klartexts. Bob verfügt über einen *Dechiffrierschlüssel*, mit dessen Hilfe er den Chiffretext in den Klartext zurückverwandeln kann. Dabei kann das Verhältnis zwischen den beiden benutzten Schlüsseln eine von zwei Ausprägungen annehmen, wir sprechen auch von sogenannten *Verschlüsselungsarten*.

Die klassische Art der Verschlüsselung ist die sogenannte *symmetrische Verschlüsselung*. Dabei sind Chiffrier- und Dechiffrierschlüssel identisch. Dieser Schlüssel heißt deshalb *symmetrischer Schlüssel*. Vor der Übertragung der eigentlichen Nachrichten müssen Alice und Bob den symmetrischen Schlüssel über einen sicheren Übertragungsweg austauschen, z. B. indem sie sich treffen und den Schlüssel per CD oder USB-Stick austauschen. Wenn dieser Schlüssel einmal ausgetauscht ist, können Alice und Bob zu einem späteren Zeitpunkt geheime Nachrichten austauschen, indem sie diese Nachrichten mit dem symmetrischen Schlüssel verschlüsseln. Die Vorgehensweise ist in Abbildung 2.1 dargestellt. Dabei steht x für die zu übertragende Nachricht, den Klartext. Es steht y für die Nachricht, die tatsächlich übertragen wird, den Chiffretext. Der symmetrische Schlüssel, den sich Alice und Bob teilen, ist der Einfachheit halber mit $k_{A,B}$ bezeichnet (obwohl mit einer Schreibweise wie $k_{\{A,B\}}$ eher zum Ausdruck gebracht würde, dass es sich um eine symmetrische Situation handelt). Das Verfahren zur Verschlüsselung (Chiffrierung) wird mit $E(\cdot,\cdot)$ bezeichnet; dabei ist der Klartext der erste Parameter und der Schlüssel der zweite. Das Entschlüsselungs- oder Dechiffrierverfahren wird mit $D(\cdot,\cdot)$ bezeichnet. Die gestrichelten Linien deuten an, was oben schon angesprochen wurde: Eva hat möglicherweise Zugang zur Kommunikationsinfrastruktur. Sie kann insbesondere den Übertragungsweg abhören.

Die symmetrische Verschlüsselung ist uralt. Bereits Gaius Julius Caesar (* 100 v. Chr., † 44 v. Chr.) hat sie, genauer: die heute sogenannte *Caesarchiffre*, benutzt, um mit seinen Generälen zu kommunizieren.

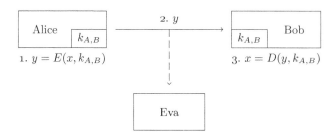

Abbildung 2.1: Symmetrische Verschlüsselung

Das wesentliche Problem bei der symmetrischen Verschlüsselung ist der *Schlüsselaustausch*: die Kommunikationspartner müssen zunächst einen symmetrischen Schlüssel über einen sicheren Kommunikationskanal austauschen. Insbesondere können nicht völlig fremde Kommunikationspartner spontan miteinander geheime Nachrichten austauschen. Ein weiteres Problem ist die sogenannte *Schlüsselexplosion*: Wenn viele Teilnehmer in einem Netzwerk paarweise miteinander vertraulich kommunizieren wollen, muss für jedes Paar eigens ein Schlüssel erzeugt und an die beiden Teilnehmer auf sichere Weise zugestellt werden.

Wie bereits in der Einführung zu diesem Buch erwähnt, stellten im Jahr 1976 Whitfield Diffie und Martin E. Hellman in ihrem für die Kryptographie revolutionären Artikel [64] eine Lösung für das Problem des Schlüsselaustauschs vor, den heute sogenannten *Diffie-Hellman-Schlüsselaustausch*. Dieser erlaubt es Kommunikationspartnern, über einen *abhörbaren* Kommunikationskanal einen Schlüssel auszutauschen (siehe auch Abschnitt 6.5).

Darüber hinaus entwickelten Diffie und Hellman, wie ebenfalls in der Einführung erwähnt, im selben Artikel die Idee der *asymmetrischen Verschlüsselung*, die im Jahr 1978 im heute berühmten RSA-Verschlüsselungsverfahren, benannt nach ihren Erfindern Ron Rivest, Adi Shamir und Leonard Adleman, eine erste Realisierung fand [140]. Die asymmetrische Verschlüsselung löst das Problem der Schlüsselexplosion und auch das des Schlüsselaustauschs, zumindest wird dieses Problem deutlich vereinfacht (siehe Abschnitt 10.6 für eine ausführliche Diskussion dazu).

Bei der *asymmetrischen Verschlüsselung* sind Chiffrier- und Dechiffrierschlüssel verschieden. Jeder Teilnehmer in einem Netzwerk besitzt sowohl einen Chiffrier- als auch einen Dechiffrierschlüssel. Dabei wird der Chiffrierschlüssel öffentlich gemacht, ähnlich einer Telefonnummer oder einer E-Mail-Adresse. Dieser Schlüssel wird deshalb *öffentlicher Schlüssel* genannt. Der zugehörige Dechiffrierschlüssel wird dagegen von jedem Teilnehmer geheim gehalten; er wird *privater Schlüssel* genannt. Ein Paar bestehend aus öffentlichem und privatem Schlüssel wird *Schlüsselpaar* genannt. Um nun, in unserem Szenarium, Bob eine geheime Nachricht zu senden, verschlüsselt Alice die Nachricht mit Bobs öffentlichem Schlüssel. Bob kann dann den daraus resultierenden Chiffretext mit seinem privaten Schlüssel dechiffrieren. Die Vorgehensweise ist in Abbildung 2.2 dargestellt. Dabei bezeichnet k_B Bobs öffentlichen Schlüssel und $\hat{k}_B$ Bobs privaten Schlüssel.

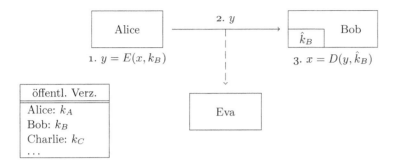

Abbildung 2.2: Asymmetrische Verschlüsselung

2.2   Kommunikationsszenarien

Hinsichtlich der Art und des Umfangs der gesendeten Nachrichten sind unterschiedliche *Kommunikationsszenarien* denkbar, von denen die beiden im Folgenden genannten Extreme darstellen:

- Alice will nur einmal eine Nachricht an Bob senden und diese hat eine vorab bekannte, maximale Länge (d. h., sie entstammt einer vorab bekannten endlichen Menge von Nachrichten).
- Alice will beliebig viele Nachrichten beliebiger Länge an Bob senden.

In diesem Buch werden wir mit der Betrachtung des ersten, einfachen Szenariums beginnen und uns dann Schritt für Schritt dem anderen Extrem nähern. Außerdem werden wir uns zuerst mit der symmetrischen Verschlüsselungsart beschäftigen und später auf die asymmetrische Verschlüsselungsart zu sprechen kommen.

2.3   Sicherheitsziele

Ein wichtiger Gesichtspunkt ist die Frage, inwieweit die zu übermittelnden Klartexte gegen Aufdeckung geschützt werden müssen. So ist es zum Beispiel durchaus denkbar, dass Eva schon dann einen großen Nutzen hätte, wenn sie lediglich einen Bruchteil, etwa die letzten zehn Bits des Klartextes, aufdecken könnte. Es ist aber auch denkbar, dass sie nur den kompletten Klartext sinnvoll verwerten könnte. In der Kryptographie geht man überlicherweise auf Nummer sicher und nimmt an, dass Eva schon geringstes Wissen über den Klartext einen unakzeptablen Vorteil verschafft. Was dies genau bedeutet, gilt es in späteren Kapiteln zu präzisieren.

2.4   Bedrohungsszenarien

Auch hinsichtlich der Möglichkeiten, die Eva hat, Informationen über den Klartext herauszufinden, sind unterschiedliche, sogenannte *Bedrohungsszenarien* denkbar. Diese hängen vor allem von Evas Wissen über das Verschlüsselungsverfahren und den Ressourcen (Rechenzeit, Speicherplatz) ab, die Eva zur Verfügung stehen.

2.4.1 Wissen über das Verschlüsselungsverfahren

Bestandteil eines jeden realistischen Bedrohungsszenariums sollte die Annahme sein, dass Eva Kenntnis von den genutzten Chiffrier- und Dechiffrierverfahren hat. Mit anderen Worten, die Sicherheit der Übertragung sollte nicht damit begründet sein, dass die genutzten Verfahren geheim gehalten werden. Stattdesse sollte sich die Sicherheit allein auf die Geheimhaltung der Schlüssel zurückführen lassen. Diese Grundannahme wird auch nach demjenigen, der sie als erster postuliert hat, das *Kerckhoffs-Prinzip* genannt [103].

Die Historie zeigt, dass die Geheimhaltung der Chiffrier- und Dechiffrierverfahren in der Tat nur schwer gewährleistet werden kann. Ein Beispiel ist die Chiffriermaschine Enigma, die u. a. im zweiten Weltkrieg von Deutschland zur Verschlüsselung von Nachrichten eingesetzt wurde. Für einige Typen der Enigma waren zunächst nicht alle Details der Maschine bekannt. Es gelang den Aliierten aber regelmäßig, diese Details auszuspionieren, was schließlich zum »Knacken« der Enigma führte. Aktuelle Beispiele sind die Chiffrierverfahren A5/1 und A5/2, die in GSM-Mobilfunknetzen verwendet und unter strengster Geheimhaltung entwickelt wurden. Die Verfahren konnten jedoch rekonstruiert werden, woraufhin ihre Schwächen schnell bekannt wurden [11]. Ein weiteres Beispiel ist die sogenannte Stromchiffre RC4, die 1987 von Ronald L. Rivest entwickelt und zunächst geheim gehalten wurde, bis sie 1994 anonym auf der Mailing-Liste »Cypherpunks« veröffentlicht wurde. Im Jahr 2008 wurden kryptographische Verfahren der weitverbreiteten Mifare Classic Smartcard rekonstruiert und kurze Zeit später gebrochen [78].

Werden Verschlüsselungsverfahren von vornherein offengelegt, so hat dies mehrere Vorteile: Zum einen spart man sich die Mühe, die Verfahren geheim zu halten. Zum anderen kann die Sicherheit der Verfahren dadurch erhöht werden, dass sie von einer größeren Gruppe von Experten analysiert werden können. Schließlich können nur offengelegte Verfahren standardisiert werden und so weite Verbreitung finden.

Neben der Annahme, dass Eva die verwendeten Chiffrier- und Dechiffrierverfahren kennt, können Eva auch große oder weniger große Möglichkeiten zugesprochen werden, die Chiffretexte, die sie zu sehen bekommt, zu beeinflussen oder sogar Chiffretexte zu entschlüsseln. Folgende Szenarien sind denkbar und realistisch:

1. Eva ist lediglich in der Lage, die Chiffretexte abzuhören, die über den unsicheren Übertragungsweg geschickt werden. In diesem Fall spricht man von einem *Nur-Chiffretext-Angriff (ciphertext-only attack)*.

2. Eva kennt zu einzelnen Chiffretexten auch die zugehörigen Klartexte. Man spricht dann von einem *Angriff mit bekannten Klartexten (known plaintext attack)*. Dies ist zum Beispiel der Fall, wenn Klartexte absichtlich oder versehentlich veröffentlicht werden oder es (evtl. mit großem Aufwand) gelungen ist, einzelne Chiffretexte zu entschlüsseln.

3. Eva hat vorübergehend Zugriff auf die »Verschlüsselungsmaschinerie« von Alice und kann daher einzelne selbst gewählte Klartexte verschlüsseln. Hier spricht man von einem *Angriff mit Klartextwahl (chosen plaintext attack, kurz CPA)*. Dies ist immer

gegeben, wenn es um asymmetrische Verschlüsselung geht, da dann Eva zu selbst gewählten Klartexten, Chiffretexte unter Verwendung des entsprechenden öffentlichen Schlüssels erzeugen kann. Aber es sind auch im Fall der symmetrischen Verschlüsselung Situationen denkbar, in denen Eva Klartexte wählen kann: Wenn zum Beispiel innerhalb einer Firma Eva Mitarbeiterin von Alice ist und Eva die Nachrichten, die Alice an Bob schickt, bestimmen bzw. beeinflussen kann. Scheidet Eva dann später aus der Firma aus, sollte es ihr dennoch nicht gelingen, die dann von Alice an Bob gesendeten Chiffretexte zu entschlüsseln bzw. Informationen über die zugehörigen Klartexte zu erhalten.

4. Eva hat vorübergehend Zugriff auf die »Entschlüsselungsmaschinerie« von Bob und kann daher zu einzelnen selbst gewählten Chiffretexten die Klartexte bestimmen. Hier spricht man von einem *Angriff mit Chiffretextwahl (chosen ciphertext attack, kurz CCA)*. Ähnlich wie im vorherigen Fall ist es durchaus denkbar, dass es Eva gelingt, Bob davon zu überzeugen, bestimmte selbstgewählte Chiffretexte zu entschlüsseln. Selbst wenn dies der Fall ist, sollten die Klartexte anderer Chiffretexte – die sie nicht auf diese Weise zu entschlüsseln vermag – geheim bleiben. Außerdem werden Verschlüsselungsverfahren häufig in kryptographischen Protokollen, wie Authentifizierungs- oder Schlüsselaustauschprotokollen, eingesetzt: Ein Kommunikationspartner sendet eine verschlüsselte Nachricht und ein anderer Kommunikationspartner entschlüsselt diese Nachricht und sendet sie in veränderter Form zurück. Der zweite Kommunikationspartner stellt ein Entschlüsselungsorakel dar.

5. Eva hat die beiden unter 3. und 4. genannten Möglichkeiten. Es ist üblich, dass auch 3. angenommen wird, wenn 4. angenommen wird. Umgekehrt, auch in diesem Buch, wird 3. häufig ohne 4. betrachtet.

In diesem Buch werden wir uns vor allem auf Angriffe mit Klartextwahl konzentrieren und Angriffe mit Chiffretextwahl nur kurz diskutieren.

2.4.2 Ressourcen des Angreifers

Bestandteil eines Bedrohungsszenariums ist natürlich auch der Umfang der Ressourcen, die Eva zur Verfügung stehen, um aus den ihr vorliegenden Rohdaten – die abgehörten Chiffretexte und die Antworten der Ver- und Entschlüsselungsmaschinerie bei Angriffen mit Klartext- bzw. Chiffretextwahl – Erkenntnisse über den Klartext zu gewinnen. Folgende Möglichkeiten kommen in Betracht:

1. Eva besitzt unbegrenzte Rechenkapazitäten. Man fordert dann *informationstheoretische Sicherheit*, d. h., Eva soll keinerlei Information über den Klartext erlangen, ungeachtet der Ressourcen (Speicherplatz und Rechenzeit), die sie einsetzt.

2. Eva kann eine beschränkte Anzahl von Rechenoperationen ausführen, z. B. 2^{60}. In diesem Fall fordert man, dass Eva unter Einsatz dieser Ressourcen (fast) nichts über Klartexte lernt und spricht von *konkreter Sicherheit*, da die Rechenzeit, die Eva zur Verfügung steht, präzise vorgegeben wird.

3. Eva hat einen begrenzten Speicher, z. B. 1.000 TB. Man fordert dann *Sicherheit im Modell mit begrenztem Speicher,* d. h., dass Eva (fast) keine Information über Klartexte gewinnen kann, wenn ihre Berechnungen den vorgegeben Speicherbedarf nicht überschreiten. Zu beachten ist, dass im Fall der konkreten Sicherheit der Spei-

cherplatz implizit beschränkt ist, da der Zugriff auf Speicher Rechenoperationen erfordert.

4. Evas Rechenzeit ist durch einen Sicherheitsparameter beschränkt. Man fordert dann *asymptotische Sicherheit*, d. h., dass die Sicherheit durch geeignete Wahl des Sicherheitsparameters beliebig groß gemacht werden kann.

   Die asymptotische Sicherheit ist konzeptuell häufig einfacher zu handhaben als die konkrete Sicherheit: Ähnlich wie bei der Laufzeitanalyse von Algorithmen kann man wegen der asymptotischen Betrachtung von gewissen Details abstrahieren.

In diesem Buch werden wir uns vor allem mit den unter 1. und 2. beschriebenen Sicherheitsbegriffen beschäftigen. Zu bemerken ist, dass sich Resultate zur konkreten Sicherheit meist leicht auf die asymptotische Sicherheit übertragen lassen.

3 Einmalige symmetrische Verschlüsselung und klassische Verschlüsselungsverfahren

3.1 Einführung

Wir wollen uns zu Beginn unserer Überlegungen mit einem sehr einfachen Szenarium zur symmetrischen Verschlüsselung auseinandersetzen.

Szenarium 1 (einmalige Verschlüsselung). *Alice möchte Bob einen Klartext im Vorhinein bekannter, begrenzter Länge zukommen lassen. Eva hört den gesendeten Chiffretext ab.*

Hierbei soll »im Vorhinein bekannter, begrenzter Länge« mathematisch nichts anderes bedeuten, als dass die zu übermittelnde Nachricht einer vorher bekannten endlichen Menge entnommen wird. Dass Eva den gesendeten Chiffretext abhört, bedeutet in der früher eingeführten Terminologie, dass sie einen Nur-Chiffretext-Angriff durchführt. Von größter Wichtigkeit ist hier, dass wirklich nur ein (!) Klartext übertragen werden soll.

Wir wollen uns in diesem Kapitel der Frage widmen, wie man in Szenarium 1 vorgeht, um vertraulich zu kommunizieren, und weshalb einzelne der betrachteten Ver- und Entschlüsselungsverfahren als sicher anzusehen sind, genauer: unter welchen Annahmen ihre Sicherheit bewiesen werden kann. Des Weiteren wollen wir uns vor Augen führen, dass die vorgeschlagene Vorgehensweise nicht in einfacher Form abgewandelt werden kann, um in einem komplizierteren Szenarium, in dem längere oder mehrere Nachrichten übertragen werden sollen, erfolgreich zu sein.

3.2 Kryptosysteme und possibilistische Sicherheit

Der Ansatz für die vertrauliche Übertragung in Szenarium 1 ist denkbar einfach. Wir benutzen Tabellen, um zu Klartext und Schlüssel einen geeigneten Chiffretext zu bestimmen und um umgekehrt aus Chiffretext und Schlüssel den zugehörigen Klartext zurückzugewinnen.

Zum Beispiel könnten Alice und Bob in dem Fall, dass es um die Übermittlung von einem von zwei Klartexten a und b geht, vereinbaren, drei Schlüssel – k_0, k_1 und k_2 – sowie drei Chiffretexte – A, B und C – zu nutzen und gemäß der folgenden Tabelle zu chiffrieren (und zu dechiffrieren):

	a	b
k_0	A	B
k_1	B	A
k_2	A	C

$$(3.2.1)$$

Dies würde zum Beispiel bedeuten, dass Alice B sendet, wenn sie Bob a zukommen lassen möchte und sich beide vorab auf k_1 als Schlüssel geeinigt haben.

Ein solches System wollen wir Kryptosystem nennen und es mathematisch wie folgt modellieren.

Definition 3.2.1 (Kryptosystem). Ein *Kryptosystem* (*crypto system*) ist ein Tupel

$$\mathscr{S} = (X, K, Y, e, d) \ , \tag{3.2.2}$$

bestehend aus einer nicht leeren endlichen Menge X von *Klartexten* (*plaintexts*), einer nicht leeren endlichen Menge K von *Schlüsseln* (*keys*), einer Menge Y von *Chiffretexten* (*ciphertexts*), einer *Chiffrierfunktion* (*encryption function*) $e\colon X \times K \to Y$ und einer *Dechiffrierfunktion* (*decryption function*) $d\colon Y \times K \to X$, so dass

$$d(e(x, k), k) = x \quad \text{für alle } x \in X,\, k \in K \tag{3.2.3}$$

sowie

$$Y = \{e(x, k) \mid x \in X, k \in K\} \tag{3.2.4}$$

erfüllt ist. Für ein $k \in K$ wird die Funktion $e(\cdot, k)$ als *Chiffre* (*cipher*) bezeichnet. ◁

Dabei garantiert (3.2.3), dass d zum korrekten Entschlüsseln genutzt werden kann, weshalb wir diese Bedingung im weiteren Verlauf als *Dechiffrierbedingung* bezeichnen wollen. Sie sagt nichts anderes aus, als dass $d(\cdot, k)$ die Umkehrfunktion von $e(\cdot, k)$ für jedes $k \in K$ ist. Insbesondere muss $e(\cdot, k)$ für jedes $k \in K$ injektiv sein. Weiterhin besagt (3.2.4), dass es keine überflüssigen Chiffretexte gibt: Jeder der in Y angegebenen Chiffretexte kommt als Verschlüsselung eines Klartextes tatsächlich vor. Diese Bedingung ist nicht wirklich nötig, erleichtert uns aber die Formulierung gewisser Zusammenhänge. Sie kann auch leicht wie folgt gefasst werden: e ist surjektiv auf Y.

Das in (3.2.1) in tabellarischer Form dargestelle Kryptosystem lässt sich nun auch formal darstellen:

$$(\{a, b\}, \{k_0, k_1, k_2\}, \{A, B, C\}, e, d) \tag{3.2.5}$$

mit

$$e = \{((a, k_0), A), ((b, k_0), B), ((a, k_1), B), ((b, k_1), A), ((a, k_2), A), ((b, k_2), C)\} \tag{3.2.6}$$

und einer geeignet definierten Dechiffrierfunktion d.

Zur weiteren Illustration von Definition 3.2.1 betrachten wir die folgende Tabelle:

	a	b
k_0	A	B
k_1	B	B
k_2	A	C

$$\tag{3.2.7}$$

Könnte diese ein Kryptosystem beschreiben?– Nein, denn es gilt $\mathsf{B} = e(\mathsf{a}, k_1) = e(\mathsf{b}, k_1)$, womit die Dechiffrierbedingung verletzt ist, denn B müsste mit k_1 zu a und b entschlüsselt werden.

Bevor wir erste Untersuchungen zur Sicherheit von Kryptosystemen anstellen, betrachten wir noch zwei weitere Beispiele.

Beispiel 3.2.1 (triviales Kryptosystem). Das triviale Kryptosystem, d. h., ein Kryptosystem minimaler Größe, ist

$$\mathscr{S}_{\text{triv}} = (\{0\}, \{0\}, \{0\}, e, d) \ , \tag{3.2.8}$$

wobei Chiffrier- und Dechiffriertransformationen durch

$$e(0,0) = 0 \ , \tag{3.2.9}$$
$$d(0,0) = 0 \tag{3.2.10}$$

gegeben sind.   ◁

Zur Beschreibung eines der wichtigsten Kryptosysteme benutzen wir das exklusive Oder: Für $b, c \in \{0, 1\}$ bezeichne $b \oplus c$ das *exklusive Oder* von b und c, d. h.,

$$b \oplus c = \begin{cases} 0 \ , & \text{falls } b = c, \\ 1 \ , & \text{falls } b \neq c. \end{cases} \tag{3.2.11}$$

Das exklusive Oder wird komponentenweise auf Bitvektoren gleicher Länge erweitert. Dazu führen wir die folgende Notation ein, die wir auch im Rest des Buches verwenden werden. Für eine Menge M bezeichnet M^* wie üblich die Menge aller endlichen Folgen oder Wörter über M. Formal ist ein solches Wort eine Funktion $\{0, \ldots, n-1\} \to M$ für eine natürliche Zahl n. Mit anderen Worten, der erste Buchstabe eines Wortes x wird mit $x(0)$ bezeichnet, der zweite mit $x(1)$, etc. Wir schreiben $x = x(0) \cdots x(n-1)$. Die Länge eines solchen Wortes ist n und wird mit $|x|$ bezeichnet. Die Menge aller Wörter über M der Länge l, für ein $l \geq 0$, bezeichnen wir mit M^l. Insbesondere bezeichnet dann $\{0, 1\}^l$ die Menge aller Bitvektoren der Länge l.

Das exklusive Oder über Bitvektoren der Länge l ist nun wie folgt definiert: Es seien $x, y \in \{0, 1\}^l$ Bitvektoren der Länge l. Dann ist $x \oplus y$ der Bitvektor der Länge l, der definiert ist durch

$$(x \oplus y)(i) = x(i) \oplus y(i) \quad \text{für } i < l. \tag{3.2.12}$$

Zum Beispiel gilt $001001 \oplus 100001 = 101000$.

Nun können wir uns dem angekündigten Beispiel zuwenden.

Beispiel 3.2.2 (Vernamsystem). Es sei $l > 0$. Das *Vernam-(Krypto-)System (one-time pad)* der Länge l ist das Kryptosystem $(\{0, 1\}^l, \{0, 1\}^l, \{0, 1\}^l, e, d)$, bei dem e und d definiert sind durch

$$e(x, k) = x \oplus k \ , \tag{3.2.13}$$

$$d(y, k) = y \oplus k \ , \quad \text{für alle } x, k, y \in \{0, 1\}^l. \tag{3.2.14}$$

Zum Beispiel ergibt sich für $l = 5$ und $k = 10100$, dass 01000 der Chiffretext zu 11100 ist. ◁

Offensichtlich handelt es sich tatsächlich um ein Kryptosystem. Denn es gilt $(x \oplus k) \oplus k = x \oplus (k \oplus k) = x \oplus 0^l = x$ für alle $x, k \in \{0, 1\}^l$, womit die Dechiffrierbedingung erfüllt ist. Außerdem gilt $x = x \oplus 0^l$ für alle $x \in \{0, 1\}^l$, was zeigt, dass (3.2.4) gilt.

Die wesentliche Frage, die wir nun stellen sollten, ist natürlich, ob die bisher kennengelernten Kryptosysteme sicher sind und was dies überhaupt bedeuten könnte. Beschränken wir uns zunächst einmal auf den Fall $l = 1$ für das Vernamsystem, in dem nur ein einzelnes Bit übertragen wird. Nehmen wir weiterhin an, Eva kenne alle Bestandteile des Kryptosystems abgesehen von dem geheimen Schlüssel k. Dann kann Eva aus der Beobachtung eines einzelnen Chiffretextes y nichts über den Klartext schließen, was sie nicht auch schon vorher gewusst hätte: Wenn sie den Chiffretext $y = 0$ beobachtet, kann der Klartext aus ihrer Sicht 0 oder 1 sein, denn Eva weiß nicht, ob der Schlüssel k gleich 0 oder 1 verwendet wurde. Wenn Eva den Chiffretext $y = 1$ beobachtet, dann sind aus Evas Sicht ebenfalls beide Klartexte möglich. (Natürlich gewinnt sie durch die Beobachtung des Chiffretextes die Erkenntnis, dass überhaupt eine Nachricht verschickt wurde. Diese Tatsache zu verbergen, ist Gegenstand der sogenannten *Steganographie*, die in diesem Buch allerdings nicht behandelt wird.)

Wir werden diese Überlegung zu einer Definition erheben:

Definition 3.2.2 (possibilistisch sicher). Ein Kryptosystem $\mathscr{S}$ heißt *possibilistisch sicher (possibilistically secure)*, wenn es zu jedem Chiffretext y und zu jedem Klartext x einen Schlüssel k gibt, so dass $e(x, k) = y$ gilt.   ◁

Dies kann auch anders formuliert werden:

Bemerkung 3.2.1. Es sei $\mathscr{S}$ ein Kryptosystem. Dann sind die folgenden Aussagen äquivalent:

  A. $\mathscr{S}$ ist possibilistisch sicher.
  B. Für jedes $x \in X$ gilt $\text{Bild}(e(x, \cdot)) = Y$.   ◁

Wir können nun sofort erkennen, dass das Kryptosystem aus (3.2.1) *nicht* possibilistisch sicher ist, denn wenn Eva C beobachtet, muss b der Klartext sein. Es gibt zu a und C keinen Schlüssel k mit $e(\mathsf{a}, k) = \mathsf{C}$.

Wie sieht es nun mit den Vernam-Kryptosystemen aus?

Proposition 3.2.1 (Sicherheit der Vernamsysteme). *Für jedes $l > 0$ ist das Vernamsystem der Länge l possibilistisch sicher.*

Beweis. Es seien $x, y \in \{0, 1\}^l$ beliebig. Wir müssen zeigen, dass es ein $k \in \{0, 1\}^l$ gibt, so dass $e(x, k) = y$ gilt. Dies ist aber der Fall, wenn wir $k = x \oplus y$ setzen, denn dann gilt $e(x, k) = x \oplus (x \oplus y) = (x \oplus x) \oplus y = 0^l \oplus y = y$.   □

Wir betrachten ein weiteres Beispiel.

Beispiel 3.2.3 (Substitutionskryptosysteme). Es sei X eine nicht leere endliche Menge. Das *Substitutionskryptosystem* auf X ist das Tupel $(X, \mathcal{P}_X, X, e, d)$, wobei $\mathcal{P}_X$ die Menge aller Permutationen auf X bezeichne und e und d gegeben seien durch

$$e(x, \pi) = \pi(x) \qquad \text{für alle } x \in X,\ \pi \in \mathcal{P}_X, \tag{3.2.15}$$

$$d(y, \pi) = \pi^{-1}(y) \quad \text{für alle } y \in X,\ \pi \in \mathcal{P}_X. \tag{3.2.16}$$

Wie üblich bezeichne π^{-1} die Umkehrfunktion zu π. ◁

Proposition 3.2.2 (Sicherheit der Substitutionskryptosysteme). *Für jede nicht leere endliche Menge X ist das Substitutionskryptosystem auf X possibilistisch sicher.*

Beweis. Es seien $x, y \in X$ beliebig und es sei $\pi \in \mathcal{P}_X$ definiert durch

$$\pi(z) = \begin{cases} y\ , & \text{falls } z = x, \\ x\ , & \text{falls } z = y, \\ z\ , & \text{sonst.} \end{cases} \tag{3.2.17}$$

Dann ist tatsächlich $\pi \in \mathcal{P}_X$ und es gilt $e(x, \pi) = \pi(x) = y$, womit die Behauptung gezeigt ist. □

Aus der Definition der possibilistischen Sicherheit lässt sich einfach schließen:

Proposition 3.2.3. *Es sei $\mathscr{S}$ ein possibilistisch sicheres Kryptosystem. Dann gilt: $|K| \geq |Y| \geq |X|$.*

Beweis. Da jede Chiffre wegen der Dechiffrierbedingung injektiv ist, gilt $|Y| \geq |X|$.

Es sei nun $x_0 \in X$ ein beliebiger Klartext. Da $\mathscr{S}$ possibilistisch sicher ist, gibt es zu jedem $y \in Y$ ein $k \in K$ mit $e(x_0, k) = y$. Für jedes $y \in Y$ wählen wir ein solches k und bezeichnen es mit k_y. Alle diese Schlüssel k_y müssen paarweise verschieden sein, da e eine Funktion auf $X \times K$ ist. Also gilt $|K| \geq |Y|$.

Insgesamt erhalten wir $|K| \geq |Y| \geq |X|$. □

Wir gewinnen also folgende wichtige Erkenntnis: Um possibilistische Sicherheit garantieren zu können, muss man mindestens so viele Schlüssel wie Klartexte haben! Wollte man zum Beispiel die Daten auf der Festplatte seines Arbeitsplatzrechners verschlüsseln – diese Möglichkeit bieten moderne Betriebssysteme – bräuchte man im Durchschnitt für jede Verschlüsselung eine weitere Festplatte gleicher Kapazität, allein um den Schlüssel unterzubringen. Das ist natürlich nicht praktikabel. Allerdings bilden Verfahren, die possibilistische Sicherheit bieten, oder sogar die stärkere informationstheoretische Sicherheit, wie wir sie in Abschnitt 3.4 kennenlernen werden, wichtige Bausteine in anderen durchaus praktikablen kryptographischen Verfahren.

3.3 Wiederholung Wahrscheinlichkeitstheorie

Ab dem folgenden Abschnitt werden wir immer wieder auf die Wahrscheinlichkeitstheorie zurückgreifen. Deshalb werden wir wichtige Begriffe, Sachverhalte und Notationen hier

kurz wiederholen. Diese können auch in Lehrbüchern zur Einführung in die Wahrscheinlichkeitstheorie nachgelesen werden (siehe, z. B., [114]).

Wahrscheinlichkeitsräume und Wahrscheinlichkeiten

Ein *Wahrscheinlichkeitsraum* ist ein Tripel $(\Omega, \mathcal{S}, P)$ bestehend aus einer nicht leeren
Menge Ω von *Ergebnissen*, einer Menge $\mathcal{S}$ von Teilmengen von Ω, die *Ereignisse* genannt
werden, und einer Funktion $P \colon \mathcal{S} \to [0, 1]$, die *Wahrscheinlichkeitsverteilung* genannt
wird. Dabei muss $\mathcal{S}$ die folgenden Bedingungen erfüllen:
1. $\Omega \in \mathcal{S}$,
2. $\Omega \setminus A \in \mathcal{S}$ für jedes $A \in \mathcal{S}$,
3. $\bigcup_{i=0}^{\infty} A_i \in \mathcal{S}$ für jede Folge $A_0, A_1, A_2, \ldots$ von Elementen von $\mathcal{S}$.

Außerdem muss für P gelten:
4. $P(\Omega) = 1$,
5. $P(\bigcup_{i=0}^{\infty} A_i) = \sum_{i=0}^{\infty} P(A_i)$ für jede Folge $A_0, A_1, A_2, \ldots$ von paarweise disjunkten
   Elementen von $\mathcal{S}$.

Die letzte Eigenschaft für $\mathcal{S}$ wird σ-*Additivität* genannt. Ein Paar $(\Omega, \mathcal{S})$ wird als σ-
Algebra bezeichnet, wenn die Bedingungen 1. bis 3. erfüllt sind. Man beachte, dass auf-
grund der zweiten und dritten Bedingung an $\mathcal{S}$ auch jeder abzählbare Durchschnitt von
Ereignissen wieder ein Ereignis ist. Für ein Ereignis $A \in \mathcal{S}$ bezeichnet man sein *Gegenereignis* $\Omega \setminus A$ mit $\overline{A}$. Der Wert $P(A)$ heißt *Wahrscheinlichkeit* des Ereignisses A oder
auch *Wahrscheinlichkeit*, mit der das Ereignis A eintritt.

Offensichtlich gilt:

$$P(\overline{A}) = 1 - P(A) \ ,$$

denn $1 = P(\Omega) = P(A \cup \overline{A}) = P(A) + P(\overline{A})$.

In diesem Buch werden wir meist solche Wahrscheinlichkeitsräume betrachten, in de-
nen Ω endlich und $\mathcal{S}$ die Potenzmenge 2^{Ω} von Ω ist. Dann ergibt sich für jedes $A \subseteq \Omega$:
$P(A) = \sum_{a \in A} P(\{a\})$. Die Wahrscheinlichkeitsverteilung P ist demnach eindeutig be-
stimmt durch die sogenannte *Wahrscheinlichkeitsfunktion* $a \mapsto P(\{a\})$. Diese Funktion
wird häufig auch mit P bezeichnet, d. h., man schreibt einfach $P(a)$ anstelle von $P(\{a\})$.

Wenn man in diesem Zusammenhang von einer *Gleichverteilung* auf einer endlichen,
nicht leeren Menge Ω spricht, dann ist der Wahrscheinlichkeitsraum gemeint, der durch
$(\Omega, 2^{\Omega}, P)$ mit $P(a) = \frac{1}{|\Omega|}$ für jedes $a \in \Omega$ definiert ist.

Wir werden später folgendes Lemma benötigen.

Lemma 3.3.1. *Es sei $(\Omega, \mathcal{S}, P)$ ein Wahrscheinlichkeitsraum. Weiter seien $A \in \mathcal{S}$ und
$B \in \mathcal{S}$ Ereignisse. Dann gilt:*

$$P(A \cap \overline{B}) \geq P(A) - P(B) \ . \tag{3.3.1}$$

Beweis. Die Behauptung folgt direkt aus:

$$P(A) = P(A \cap B) + P(A \cap \overline{B}) \leq P(B) + P(A \cap \overline{B}) \ ,$$

wobei wir die Monotonie von Wahrscheinlichkeitsmaßen nutzen: Gilt $A \subseteq B$ für $A, B \in \mathcal{S}$, so auch $P(A) \leq P(B)$. $\square$

Bedingte Wahrscheinlichkeit

Es sei ein Wahrscheinlichkeitsraum $(\Omega, \mathcal{S}, P)$ und ein Ereignis $B \in \mathcal{S}$ mit positiver Wahrscheinlichkeit, also $P(B) > 0$, gegeben. Häufig stellt man sich die Frage, mit welcher Wahrscheinlichkeit Ereignisse eintreten, wenn man das Eintreten von B voraussetzt. Diese Frage führt dann in natürlicher Weise zur Definition einer neuen Wahrscheinlichkeitsverteilung P' auf der gegebenen σ-Algebra:

$$P'(A) = \frac{P(A \cap B)}{P(B)} \quad \text{für } A \in \mathcal{S}. \tag{3.3.2}$$

Die neue Verteilung wird *bedingte Wahrscheinlichkeitsverteilung* bei gegebenem B genannt und anstelle von $P'(A)$ schreibt man $P(A \mid B)$. Diesen Wert nennt man auch die *bedingte Wahrscheinlichkeit* von A bei gegebenem B oder die Wahrscheinlichkeit von A unter der Bedingung B. Man sieht leicht, dass $(\Omega, \mathcal{S}, P')$ tatsächlich ein Wahrscheinlichkeitsraum ist (siehe Aufgabe 3.7.5).

Wichtig ist in diesem Zusammenhang die folgende Formel, die wir in Form eines Lemmas festhalten wollen.

Lemma 3.3.2 (Formel von der totalen Wahrscheinlichkeit). *Es sei B ein Ereignis mit $P(B), P(\overline{B}) > 0$. Dann gilt*

$$P(A) = P(A \mid B)P(B) + P(A \mid \overline{B})P(\overline{B}) \tag{3.3.3}$$

für jedes Ereignis A. $\square$

Analog gilt für bedingte Wahrscheinlichkeiten:

Lemma 3.3.3. *Es seien A, B und C Ereignisse mit $P(B \cap C), P(\overline{B} \cap C) > 0$. Dann gilt:*

$$\begin{aligned}
P(A \mid C) &= P(A \cap B \mid C) + P(A \cap \overline{B} \mid C) \\
&= P(A \mid B \cap C) \cdot P(B \mid C) + P(A \mid \overline{B} \cap C) \cdot P(\overline{B} \mid C) \ .
\end{aligned}$$

$\square$

Das Geburtstagsphänomen

An verschiedenen Stellen im Buch wird auch das sogenannte *Geburtstagsparadoxon* oder *Geburtstagsphänomen* von Bedeutung sein. Dazu zunächst folgende Definition.

Definition 3.3.1 (Kollisionswahrscheinlichkeit). Es seien q und N positive natürliche Zahlen. Mit $\text{Cll}(q, N)$ wird die Wahrscheinlichkeit des Ereignisses bezeichnet, dass beim q-fachen Ziehen mit Zurücklegen aus einer Urne mit N Kugeln mindestens zweimal dieselbe Kugel gezogen wird. $\triangleleft$

Für $q = 23$ und $N = 365$ gibt also $\mathrm{Cll}(q, N)$ die Wahrscheinlichkeit dafür an, dass von 23 Personen mindestens zwei am selben Tag Geburtstag haben (unter der Annahme, dass Geburtstage gleichverteilt sind). Aus dem folgenden Lemma ergibt sich, dass dieser Wert deutlich höher liegt, als man intuitiv erwarten würde; es gilt nämlich $\mathrm{Cll}(23, 365) \geq 1/2$. Daraus resultiert die Bezeichnung *Geburtstagsparadoxon* oder *Geburtstagsphänomen*.

Es sei im Folgenden $\Omega = \{(a_0, \ldots, a_{q-1}) \mid a_i \in \{0, \ldots, N-1\}$ für alle $i < q\}$ die Menge der Ergebnisse für das q-fache Ziehen mit Zurücklegen aus einer Urne mit N Kugeln. Es sei $(\Omega, 2^\Omega, P)$ der zugehörige Wahrscheinlichkeitsraum, wobei P die Gleichverteilung auf Ω bezeichne. Damit ist $\mathrm{Cll}(q, N) = P(\{(a_0, \ldots, a_{q-1}) \in \Omega \mid$ es gibt $i, j < q$ mit $i \neq j$ und $a_i = a_j\})$.

Lemma 3.3.4 (Geburtstagsphänomen). *Für positive natürliche Zahlen q und N, mit $q \leq N$, sei*

$$\epsilon(q, N) = \frac{q(q-1)}{2N} \ . \tag{3.3.4}$$

Dann gilt

$$1 - e^{-\epsilon(q,N)} \leq Cll(q, N) \leq \epsilon(q, N) \tag{3.3.5}$$

und für $q \leq \sqrt{2N}$ gilt

$$0{,}63 \cdot \epsilon(q, N) \leq 1 - e^{-\epsilon(q,N)} \ . \tag{3.3.6}$$

Beweis. Wenn wir mit C_i das Ereignis bezeichnen, dass die i-te Kugel mit einer der vorherigen übereinstimmt, so gilt $P(C_i) \leq \frac{i-1}{N}$. Damit erhalten wir

$$\mathrm{Cll}(q, N) \leq P(C_2 \cup C_3 \cup \cdots \cup C_q)$$
$$\leq \sum_{i=2}^{q} \frac{i-1}{N}$$
$$= \epsilon(q, N) \ .$$

Zum Beweis der unteren Schranke bezeichnen wir mit D_i das Ereignis, dass alle Kugeln verschieden sind, nachdem die i-te Kugel gezogen wurde. Dann gilt zunächst

$$1 - \mathrm{Cll}(q, N) = P(D_q) \ ,$$
$$P(D_1) = 1 \ .$$

Offensichtlich gilt auch $P(D_i) > 0$ für alle $i < q$. Es gilt also $P(D_{i+1}) = P(D_{i+1} \mid D_i)P(D_i)$, woraus wir wiederum per Induktion

$$P(D_q) = \left(\prod_{i=1}^{q-1} P(D_{i+1} \mid D_i) \right) P(D_1)$$

erhalten. Es folgt:

$$1 - \text{Cll}(q, N) = \prod_{i=1}^{q-1} P(D_{i+1} \mid D_i) \ .$$

Wenn aber die ersten i gezogenen Kugeln verschieden sind, dann ist die Wahrscheinlichkeit, dass die nächste gezogene Kugel eine wiederum verschiedene Kugel ist, genau $\frac{N-i}{N}$, d. h., $P(D_{i+1} \mid D_i) = 1 - \frac{i}{N}$. Insgesamt erhalten wir

$$\begin{aligned}
1 - \text{Cll}(q, N) &= \prod_{i=1}^{q-1} \left(1 - \frac{i}{N}\right) \\
&\overset{(1)}{\leq} \prod_{i=1}^{q-1} e^{-\frac{i}{N}} \\
&= e^{-\epsilon(q,N)} \ ,
\end{aligned}$$

wobei (1) aus der Ungleichung $1 - x \leq e^{-x}$ folgt, die für alle $x \in [0, 1]$ gilt. Wir erhalten also (3.3.5).

Die Ungleichung (3.3.6) ergibt sich aus (3.3.5) unter Berücksichtigung der Ungleichung $(1 - \frac{1}{e}) \cdot x \leq 1 - e^{-x}$, die für alle $x \in [0, 1]$ Gültigkeit hat. □

Unabhängigkeit von Ereignissen

Ein wichtiger Begriff in der Wahrscheinlichkeitstheorie ist die Unabhängigkeit von Ereignissen. Zwei Ereignisse A und B heißen *unabhängig*, wenn $P(A \cap B) = P(A) \cdot P(B)$ gilt. Es besteht ein offensichtlicher Zusammenhang zur bedingten Wahrscheinlichkeit, der im folgenden Lemma festgehalten wird:

Lemma 3.3.5. *Es seien A und B Ereignisse, so dass $P(B) > 0$. Dann gilt $P(A \cap B) = P(A) \cdot P(B)$ genau dann, wenn $P(A) = P(A \mid B)$.* □

Zufallsvariablen

Es sei $(\Omega, \mathcal{S}, P)$ ein Wahrscheinlichkeitsraum und $\mathcal{X}$ eine abzählbare Menge. Eine Abbildung $X \colon \Omega \to \mathcal{X}$ ist eine *(diskrete) Zufallsvariable* über dem Wahrscheinlichkeitsraum $(\Omega, \mathcal{S}, P)$, falls $X^{-1}(x) = \{a \in \Omega \mid X(a) = x\} \in \mathcal{S}$ für alle $x \in \mathcal{X}$ gilt. Falls der Wahrscheinlichkeitsraum zu einer Zufallsvariablen aus dem Kontext hervorgeht, werden wir ihn nicht explizit erwähnen. Falls $\mathcal{X}$ eine Teilmenge der reellen Zahlen ist, so bezeichnen wir X als eine *reelle Zufallsvariable*.

Für eine Zufallsvariable $X \colon \Omega \to \mathcal{X}$ ist $(\mathcal{X}, 2^{\mathcal{X}}, P^X)$ mit $P^X \colon 2^{\mathcal{X}} \to [0, 1]$, $P^X(A) = P(X^{-1}(A)) = P(\{a \in \Omega \mid X(a) \in A\})$ für alle $A \subseteq \mathcal{X}$ ein Wahrscheinlichkeitsraum. Für die Ereignisse $X^{-1}(A)$ und $X^{-1}(a)$ schreiben wir auch »$X \in A$« bzw. »$X = a$«, also: $P^X(A) = P(X \in A)$ und $P^X(a) = P(X = a)$, für alle $A \subseteq \mathcal{X}$ und $a \in \mathcal{X}$.

Zwei Zufallsvariablen $X \colon \Omega \to \mathcal{X}_1$ und $Y \colon \Omega \to \mathcal{X}_2$ heißen *stochastisch unabhängig*, falls $P(X \in A, Y \in B) = P(X \in A)P(Y \in B)$ für alle $A \subseteq \mathcal{X}_1$ und $B \subseteq \mathcal{X}_2$ gilt.

Dabei bezeichnet »$X \in A, Y \in B$« das Ereignis $\{a \in \Omega \mid X(a) \in A, Y(a) \in B\} = X^{-1}(A) \cap Y^{-1}(B)$.

Ein nützliches Lemma im Umgang mit unabhängigen Zufallsvariablen ist das folgende. Der Beweis soll in Aufgabe 3.7.6 geführt werden.

Lemma 3.3.6. *Es seien $X \colon \Omega \to \mathcal{X}_1$ und $Y \colon \Omega \to \mathcal{X}_2$ zwei stochastisch unabhängige Zufallsvariablen über dem Wahrscheinlichkeitsraum $(\Omega, \mathcal{S}, P)$. Weiter sei $f \colon \mathcal{X}_2 \to \mathcal{X}_3$ eine Abbildung. Dann ist $f(Y)$, d.h., die Abbildung von Ω nach $\mathcal{X}_3$ mit $f(Y)(a) = f(Y(a))$ für alle $a \in \Omega$, eine Zufallsvariable über $(\Omega, \mathcal{S}, P)$, die von X stochastisch unabhängig ist.* $\square$

Für eine reelle Zufallsvariable X ist der *Erwartungswert* $\mathrm{Exp}\,(X)$ von X definiert als

$$\mathrm{Exp}\,(X) = \sum_{x \in \mathcal{X}} x \cdot P(X = x) \ ,$$

sofern der Grenzwert existiert.

Lemma 3.3.7.   *1. Es seien X und Y reelle Zufallsvariablen. Dann gilt:*

$$\mathrm{Exp}\,(X + Y) = \mathrm{Exp}\,(X) + \mathrm{Exp}\,(Y) \ .$$

2. Es seien X eine reelle Zufallsvariable und c eine reelle Zahl. Dann gilt:

$$\mathrm{Exp}\,(c \cdot X) = c \cdot \mathrm{Exp}\,(X) \ .$$

3. Es seien X und Y unabhängige, reelle Zufallsvariablen. Dann gilt:

$$\mathrm{Exp}\,(X \cdot Y) = \mathrm{Exp}\,(X) \cdot \mathrm{Exp}\,(Y) \ .$$

$\square$

Wir werden in diesem Buch nicht immer explizit ein Symbol für eine spezielle Wahrscheinlichkeitsverteilung einführen, sondern stattdessen ein »universelles« Symbol verwenden, nämlich $\mathrm{Prob}\,\{\cdot\}$, welches sich auf verschiedene Wahrscheinlichkeitsräume beziehen kann. Welcher Wahrscheinlichkeitsraum gemeint ist, ergibt sich dann aus der Beschreibung des Ereignisses bzw. dem den verwendeten Zufallsvariablen zugrunde liegenden Wahrscheinlichkeitsraum.

Falls S eine endliche Menge ist, so schreiben wir $X \xleftarrow{r} S$, um zu sagen, dass X eine Zufallsvariable ist, die ein zufällig gewähltes Element aus S zurückliefert. Es soll also $\mathrm{Prob}\,\{X = s\} = 1/|S|$ für alle $s \in S$ gelten. Wir schreiben auch kurz

$$\underset{X \xleftarrow{r} S}{\mathrm{Prob}\,\{X = s\}} \text{ und } \underset{X \xleftarrow{r} S}{\mathrm{Prob}\,\{X \in B\}}$$

für $\mathrm{Prob}\,\{X = s\}$ bzw. $\mathrm{Prob}\,\{X \in B\}$, wobei X gemäß $X \xleftarrow{r} S$ definiert ist. Diese Schreibweise kann auch auf mehrere Zufallsvariablen erweitert werden. Für endliche Mengen S

und S' schreiben wir zum Beispiel

$$\Prob_{X \xleftarrow{r} S, X' \xleftarrow{r} S'} \{X \in B, X' \in B'\} \, ,$$

um die Wahrscheinlichkeit $\Prob\{X \in B, X' \in B'\}$ zu bezeichnen, wobei X und X' für zwei Zufallsvariablen stehen sollen, die *unabhängig voneinander* zufällige Werte aus S bzw. S' jeweils gleichverteilt liefern. Insbesondere gilt:

$$\Prob\{X = s, X = s'\} = \Prob\{X = s\} \cdot \Prob\{X' = s'\} = \frac{1}{|S|} \cdot \frac{1}{|S'|} \, .$$

Falls $S = S'$, so schreiben wir statt $\displaystyle\Prob_{X \xleftarrow{r} S, X' \xleftarrow{r} S} \{X \in B, X' \in B'\}$ auch kurz

$$\Prob_{X, X' \xleftarrow{r} S} \{X \in B, X' \in B'\} \, .$$

3.4   Informationstheoretische Sicherheit

Wir wollen nun das bislang betrachtete Szenarium leicht variieren, denn die Annahme, dass Eva vor der Übertragung absolut nichts über einen möglichen Klartext weiß, ist häufig zu optimistisch. Es ist durchaus denkbar, dass Eva weiß, mit welcher Wahrscheinlichkeit welcher Klartext gesendet wird. Dieses Wissen kann auf einer Vermutung beruhen oder aus den in früheren Transaktionen gesammelten Daten, bei denen es Eva gelungen ist, die von Alice gesendeten Klartexte zu erfahren, z. B., weil Alice oder Bob diese direkt oder indirekt preisgegeben haben.

Unter der Annahme, dass Eva weiß, mit welcher Wahrscheinlichkeit Klartexte von Alice gesendet werden, ist aber die possibilistische Sicherheit zu schwach: Diese besagt lediglich, dass jeder Klartext möglich ist, wenn Eva eine Chiffretext beobachtet; für wie wahrscheinlich Eva einen bestimmten Klartext nun hält, bleibt dabei aber offen. Eva könnte zum Beispiel davon überzeugt sein, dass ein Klartext, von dem sie vor dem Beobachten des Chiffretextes dachte, dass Alice ihn mit hoher Wahrscheinlichkeit (z. B. 95%) an Bob schickt, nun nur noch eine sehr geringe Wahrscheinlichkeit (z. B. 1%) hat, von Alice an Bob geschickt worden zu sein. Aus dem von Alice gesendeten Chiffretext hat Eva in diesem Fall also durchaus nützliche Information ziehen können.

Wir werden deshalb in diesem Abschnitt einen stärkeren Sicherheitsbegriff kennenlernen, nämlich die auf Claude Elwood Shannon (* 30. April 1916, Petoskey, Michigan, † 24. Februar 2001, Medford, Massachusetts) zurückgehende *informationstheoretische Sicherheit*. Dazu müssen wir zunächst annehmen, dass Alice und Bob den von ihnen genutzten Schlüssel zufällig – gemäß einer festen Verteilung – auswählen. Das führt dann zu der folgenden Definition.

Definition 3.4.1 (Kryptosystem mit Schlüsselverteilung). Ein Tupel

$$\mathcal{V} = (X, K, Y, e, d, P_K) \tag{3.4.1}$$

heißt *Kryptosystem mit Schlüsselverteilung (KSV)*, wenn es die folgenden Eigenschaften besitzt.

1. Das Tupel (X, K, Y, e, d) ist ein Kryptosystem, das sogenannte *zugrunde liegende Kryptosystem*.
2. P_K ist eine Wahrscheinlichkeitsfunktion auf dem Schlüsselraum, die sogenannte *Schlüsselverteilung*, die

$$P_K(k) > 0 \quad \text{für } k \in K \tag{3.4.2}$$

   erfüllt.

Statt (X, K, Y, e, d, P_K) schreiben wir häufig $\mathscr{S}[P_K]$, mit $\mathscr{S} = (X, K, Y, e, d)$.   ◁

Bedingung (3.4.2) ist analog zu (3.2.4): Würde ein Schlüssel mit Wahrscheinlichkeit 0 gewählt werden, hätte er keine Bewandtnis. Deshalb verbieten wir ihn von vornherein.

Es sei nun $\mathscr{V} = \mathscr{S}[P_K]$ ein Kryptosystem mit Schlüsselverteilung, wie oben. Falls zusätzlich P_X eine Wahrscheinlichkeitsfunktion auf dem Klartextraum ist, eine sogenannte *Klartextverteilung*, so ist die *gemeinsame Wahrscheinlichkeitsfunktion P auf $X \times K \times Y$* gegeben durch

$$P((x, k, y)) = \begin{cases} P_X(x) P_K(k) , & \text{falls } e(x, k) = y, \\ 0 , & \text{sonst.} \end{cases} \tag{3.4.3}$$

Dabei beschreibt $P((x, k, y))$, aus der Sicht von Eva, die Wahrscheinlichkeit dafür, dass in Szenarium 1 Alice den Klartext x auswählt, um ihn an Bob zu senden, und der Schlüssel k zum Chiffrieren und Dechiffrieren verwendet wird. Der Chiffretext zu x und k ist damit $e(x, k)$. Für einen Chiffretext y mit $y \neq e(x, k)$ ist deshalb $P((x, k, y)) = 0$, da dieses (Elementar-)ereignis nicht auftreten kann. Die realistische Vorstellung, die der Definition von P zugrunde liegt, ist, dass Klartext und Schlüssel unabhängig voneinander gewählt werden. Aus diesem Grund ist die Wahrscheinlichkeit $P((x, k, e(x, k)))$ für das Auftreten des Ereignisses $(x, k, e(x, k))$ definiert als das Produkt von $P_X(x)$ und $P_K(k)$.

Wir schreiben häufig $P(x)$ statt $P(E_x)$ mit $E_x = \{(x, k, y) \mid y \in Y, k \in K\}$ und $P(x, y)$ statt $P(E_{x,y})$ mit $E_{x,y} = \{(x, k, y) \mid k \in K\}$. Mit anderen Worten, »$x$« und »$x, y$« sind Abkürzungen für die Ereignisse E_x bzw. $E_{x,y}$. Gleiches gilt für $P(k)$, $P(y)$, $P(x, k, y)$, $P(x \mid y)$, etc. Zum Beispiel steht $P(x \mid y)$ für die bedingte Wahrscheinlichkeit $P(E_x \mid E_y)$.

Man sieht leicht, dass $P(x) = P_X(x)$ und $P(k) = P_K(k)$ gelten. Aus (3.4.3) erhalten wir trivialerweise für jeden Chiffretext $y_0 \in Y$:

$$P(y_0) = \sum_{x,k:\, y_0 = e(x,k)} P(x) P(k) . \tag{3.4.4}$$

Wenn eine Klartextverteilung P_X gegeben ist, heißt ein Klartext *aktiv*, wenn $P_X(x) > 0$ gilt; sonst heißt er *passiv*. Ein Chiffretext y heißt *aktiv*, wenn es einen aktiven Klartext x und einen Schlüssel k gibt, für die $e(x, k) = y$ gilt; sonst heißt der Chiffretext *passiv*. Die Mengen der aktiven Klartexte und Chiffretexte werden mit X_{P_X} bzw. $Y_{P_X, \mathscr{V}}$ bezeichnet. In den Indizes kommt zum Ausdruck, dass bei einem Klartext allein die Klartextverteilung P_X darüber entscheidet, ob er aktiv ist, während bei einem Chiffretext natürlich auch noch das zugrunde liegende Kryptosystem mit Schlüsselverteilung eine Rolle spielt.

Was bedeutet es nun, dass ein Kryptosystem mit Schlüsselverteilung bezüglich einer gegebenen Klartextverteilung sicher ist?– Wir wollen verlangen, dass Eva durch die Beobachtung eines bestimmen Chiffretextes keine zusätzliche Information über den Klartext erhält. Genauer: Nach der Beobachtung eines bestimmten Chiffretextes hält Eva jeden Klartext für genauso wahrscheinlich wie vor der Beobachtung. Dies führt in natürlicher Weise zu einer Definition, die von bedingten Wahrscheinlichkeiten spricht.

Definition 3.4.2 (informationstheoretisch sicher). Ein Kryptosystem $\mathscr{V} = \mathscr{S}[P_K]$ mit Schlüsselverteilung ist *informationstheoretisch sicher (provides perfect secrecy)* bzgl. einer Klartextverteilung P_X, wenn

$$P(x) = P(x \mid y) \quad \text{für alle } x \in X,\, y \in Y_{P_X,\mathscr{V}} \tag{3.4.5}$$

gilt.   ◁

Diese Definition besagt, dass durch die Beobachtung eines Chiffretextes y die Wahrscheinlichkeit dafür, dass ein bestimmter Klartext x gesendet wurde, unverändert bleibt. Zu beachten ist hier, dass die Beschränkung auf aktive Chiffretexte notwendig ist. Andernfalls wären die bedingten Wahrscheinlichkeiten in (3.4.5) nicht wohldefiniert. Außerdem sind Aussagen über passive Chiffretexte nicht nötig, da Eva diese, per Definition, nicht beobachten wird.

Der oben eingeführte Sicherheitsbegriff ist noch nicht vollständig überzeugend, da die Sicherheit eines KSV potentiell von der zugrunde liegenden Klartextverteilung abhängt. Häufig wird diese aber nicht bekannt sein und hängt zudem von der betrachteten Anwendung ab. Wünschenswert wäre deshalb, dass ein KSV unabhängig von einer speziellen Klartextverteilung informationstheoretische Sicherheit bietet. Glücklicherweise werden wir später sehen, dass die betrachtete Klartextverteilung in der Tat irrelevant ist.

Um aber zunächst die obige Definition mit Leben zu füllen, betrachten wir einige Beispiele, alternative Definitionen und Eigenschaften.

3.4.1 Beispiele

Wir beginnen mit zwei sehr einfachen Kryptosystemen.

Beispiel 3.4.1. Wir betrachten das in der folgenden Tabelle dargestellte Kryptosystem mit Schlüssel- und Klartextverteilung, wobei die Brüche hinter den Klartexten und Schlüsseln die Wahrscheinlichkeiten, mit denen sie auftreten, beschreiben.

	a $\frac{1}{4}$	b $\frac{3}{4}$
k_0 $\frac{1}{3}$	A	B
k_1 $\frac{2}{3}$	B	A

$$\tag{3.4.6}$$

Hier erhalten wir zum Beispiel

$$P(\mathsf{a} \mid \mathsf{A}) = \frac{P(\mathsf{a}, \mathsf{A})}{P(\mathsf{A})} = \frac{\frac{1}{3} \cdot \frac{1}{4}}{\frac{1}{3} \cdot \frac{1}{4} + \frac{2}{3} \cdot \frac{3}{4}} = \frac{\frac{1}{12}}{\frac{7}{12}} = \frac{1}{7} \neq \frac{1}{4} = P(\mathsf{a}) \ . \tag{3.4.7}$$

Mit anderen Worten: Die Beobachtung von A macht a weniger wahrscheinlich. Damit ist das KSV bzgl. der angegebenen Klartextverteilung informationstheoretisch unsicher.   ◁

Beispiel 3.4.2. Wird das vorangehende Beispiel abgewandelt, indem beide Schlüssel mit gleicher Wahrscheinlichkeit gewählt werden, so erhält man das folgende System:

$$
\begin{array}{c|cc}
 & \mathsf{a}\ \frac{1}{4} & \mathsf{b}\ \frac{3}{4} \\
\hline
k_0\ \frac{1}{2} & \mathsf{A} & \mathsf{B} \\
k_1\ \frac{1}{2} & \mathsf{B} & \mathsf{A}
\end{array}
\ . \tag{3.4.8}
$$

Hier lässt sich leicht nachrechnen, dass informationstheoretische Sicherheit garantiert wird. So erhalten wir zum Beispiel

$$P(\mathsf{a} \mid \mathsf{A}) = \frac{\frac{1}{2} \cdot \frac{1}{4}}{\frac{1}{2} \cdot \frac{1}{4} + \frac{1}{2} \cdot \frac{3}{4}} = \frac{\frac{1}{8}}{\frac{1}{2}} = \frac{1}{4} = P(\mathsf{a}) \ . \tag{3.4.9}$$

Andere Fälle lassen sich auf die gleiche Weise überprüfen.   ◁

Wir untersuchen nun Vernamsysteme hinsichtlich ihrer informationstheoretischen Sicherheit. Dazu sei $l > 0$, $\mathscr{S}$ das Vernamsystem der Länge l und P_K die Gleichverteilung auf $K = \{0,1\}^l$, d.h., $P_K(k) = 2^{-l}$ für alle $k \in K$. Wir betrachten die Sicherheit des KSV $\mathscr{V} = \mathscr{S}[P_K]$ bzgl. einer beliebigen Klartextverteilung P_X.

Dann erhalten wir zuerst für $x, y \in \{0,1\}^l$:

$$
\begin{aligned}
P(x, y) &= \sum_{k:\, e(x,k)=y} P(x) \cdot P(k) &&\text{nach Definition} \\
&= \sum_{k:\, e(x,k)=y} P(x) \cdot 2^{-l} &&\text{Annahme Gleichverteilung} \\
&= \sum_{k:\, y=x \oplus k} P(x) \cdot 2^{-l} &&\text{Definition Vernamsysteme} \\
&= \sum_{k:\, k=x \oplus y} P(x) \cdot 2^{-l} &&\text{Auflösen der Gleichung} \\
&= P(x) \cdot 2^{-l} \ .
\end{aligned}
$$

Des Weiteren gilt für $y \in \{0,1\}^l$ mit ähnlicher Argumentation:

$$P(y) = \sum_{x \in \{0,1\}^l} P(x, y) \qquad \text{Eigenschaft von Wahrscheinlichkeitsverteilungen}$$

$$= \sum_{x \in \{0,1\}^l} P(x) \cdot 2^{-l} \quad \text{wie oben bewiesen gilt } P(x,y) = P(x) \cdot 2^{-l}$$

$$= 2^{-l} \sum_{x \in \{0,1\}^l} P(x) \quad \text{Ausklammern}$$

$$= 2^{-l} \qquad \text{Eigenschaft einer Wahrscheinlichkeitsverteilung.}$$

Damit erhalten wir also

$$P(x \mid y) = \frac{P(x) \cdot 2^{-l}}{2^{-l}} = P(x) \quad \text{für alle } x, y \in \{0,1\}^l, \tag{3.4.10}$$

was bedeutet, dass das Kryptosystem informationstheoretisch sicher ist. Also:

Proposition 3.4.1 (Sicherheit der Vernamsysteme)*. Für jedes $l > 0$ ist das Vernamsystem der Länge l informationstheoretisch sicher bzgl. jeder Klartextverteilung, wenn die Schlüsselverteilung die Gleichverteilung ist.* □

An diesem Satz ist zum einen interessant, dass, wie oben angedeutet, informationstheoretische Sicherheit unabhängig von der Klartextverteilung vorliegt. Zum anderen ist bemerkenswert, dass dies für den Fall der Gleichverteilung auf dem Schlüsselraum so ist. Beides sind keine Zufälligkeiten, wie wir in den folgenden Abschnitten beweisen werden.

3.4.2 Unabhängigkeit von der Klartextverteilung

Wir beweisen nun Charakterisierungen der informationstheoretischen Sicherheit, aus denen folgt, dass diese im Wesentlichen unabhänig von der betrachteten Klartextverteilung ist.

Proposition 3.4.2 (informationstheoretische Sicherheit und stochastische Unabhängigkeit)*. Es sei $\mathcal{V} = \mathcal{S}[P_K]$ ein KSV und P_X eine Klartextverteilung. Dann sind äquivalent:*
  A. *Das KSV $\mathcal{V}$ ist informationstheoretisch sicher bzgl. P_X.*
  B. *Für alle $x \in X$, $y \in Y$ ist das Eintreten von x stochastisch unabhängig vom Eintreten von y, d. h.,*

$$P(x,y) = P(x) \cdot P(y) \quad \text{für alle } x \in X,\, y \in Y. \tag{3.4.11}$$

  C. *Es gilt*

$$P(y) = P(y \mid x) \quad \text{für alle } x \in X_{P_X},\, y \in Y. \tag{3.4.12}$$

  D. *Es gilt*

$$P(y \mid x) = P(y \mid x') \quad \text{für alle } x, x' \in X_{P_X} \text{ und } y \in Y. \tag{3.4.13}$$

Beweis. Die Äquivalenz von A, B und C folgt leicht aus Lemma 3.3.5 und der Beobachtung, dass (3.4.11) für passive Klar- und Chiffretexte trivialerweise erfüllt ist.

Aus C erhalten wir unmittelbar D. Die Umkehrung gilt auch. Nehmen wir dazu D an. Dann erhalten wir für jedes $x \in X_{P_X}$ und jedes $y \in Y$:

$$
\begin{aligned}
P(y) &= \sum_{x' \in X_{P_X}} P(x') \cdot P(y \mid x') && \text{Eigenschaft der Wahrscheinlichkeitsverteilung} \\
&&& \text{sowie Definition von } X_{P_X} \\
&= \sum_{x' \in X_{P_X}} P(x') \cdot P(y \mid x) && \text{nach Annahme} \\
&= P(y \mid x) \sum_{x' \in X_{P_X}} P(x') && \text{durch Ausklammern} \\
&= P(y \mid x) && \text{Eigenschaft von Wahrscheinlichkeitsverteilungen} \\
&&& \text{sowie Definition von } X_{P_X}.
\end{aligned}
$$

$\square$

Die Aussagen (3.4.12) und (3.4.13) liefern interessante alternative Charakterisierungen der informationstheoretischen Sicherheit. Sie besagen nämlich, dass ein KSV informationstheoretisch sicher ist, wenn die Verteilung der Chiffretexte unabhängig von der Verteilung der gesendeten Klartext ist. Das ist intuitiv zu erwarten, denn würde die Verteilung der Chiffretexte vom gesendeten Klartext abhängen, so würde Eva aus dem beobachteten Chiffretext Informationen über den gesendeten Klartext gewinnen können.

Man beachte zudem, dass (3.4.13) eine Eigenschaft beschreibt, die unabhängig von der Klartextverteilung ist, denn

$$
P(y \mid x) = \sum_{k \in K \,:\, e(x,k)=y} P(k) \qquad \text{für } x \in X_{P_X},
$$

und auf der rechten Seite dieser Gleichung spielt die Klartextverteilung keine Rolle. Die Klartextverteilung bestimmt lediglich, ob ein Klartext aktiv ist oder nicht. Damit haben wir eine Charakterisierung der informationstheoretischen Sicherheit, die unabhängig von der Klartextverteilung ist. Insbesondere gilt:

Folgerung 3.4.1. *Es sei $\mathscr{V} = \mathscr{S}[P_K]$ ein Kryptosystem mit Schlüsselverteilung und P_X eine Klartextverteilung. Dann sind äquivalent:*
A. *Das Kryptosystem $\mathscr{V}$ ist informationstheoretisch sicher bzgl. P_X.*
B. *Das Kryptosystem $\mathscr{V}$ ist informationstheoretisch sicher bzgl. jeder Klartextverteilung P_X', deren aktive Klartexte auch aktive Klartexte von P_X sind.* $\square$

Diese Erkenntnis motiviert die folgende Festlegung.

Definition 3.4.3 (informationstheoretisch sicher)**.** Ein Kryptosystem mit Schlüsselverteilung $\mathscr{V} = \mathscr{S}[P_K]$ heißt *informationstheoretisch sicher (provides perfect secrecy)*, wenn es bzgl. jeder Klartextverteilung informationstheoretisch sicher ist. $\triangleleft$

Wir definieren

$$
P^x(y) = \sum_{k \in K \,:\, e(x,k)=y} P(k) \quad \text{für } y \in Y. \tag{3.4.14}
$$

In Worten: P^x ist die Wahrscheinlichkeitsfunktion auf den Chiffretexten, die man durch Beobachten der Chiffretexte erhält, wenn man den festen Klartext x mit einem zufällig gewählten Schlüssel verschlüsselt; man rechnet schnell nach, dass es sich tatsächlich um eine Wahrscheinlichkeitsverteilung handelt (siehe Aufgabe 3.7.7). Offensichtlich gilt $P^x(y) = P(y \mid x)$ für jeden aktiven Klartext $x \in X_{P_X}$ und jedes $y \in Y$. Im Gegensatz zu $P(y \mid x)$ ist allerdings $P^x(y)$ auch für passive Klartexte definiert, was Definition (3.4.14) motiviert.

Aus den obigen Überlegungen ergibt sich nun leicht folgender Satz.

Satz 3.4.1 (Charakterisierung informationstheoretische Sicherheit). *Es sei $\mathscr{V} = \mathscr{S}[P_K]$ ein KSV. Dann sind die folgenden Aussagen äquivalent:*

A. *Das Kryptosystem $\mathscr{V}$ ist informationstheoretisch sicher.*

B. *Das Kryptosystem $\mathscr{V}$ ist informationstheoretisch sicher bzgl. einer Klartextverteilung mit ausschließlich aktiven Klartexten.*

C. *Es gilt $P^x = P^{x'}$ für alle $x, x' \in X$.* □

3.4.3   Gleichverteilung auf dem Schlüsselraum und possibilistische Sicherheit

In diesem Abschnitt werden wir den Zusammenhang zwischen possibilistischer und informationstheoretischer Sicherheit untersuchen. Dabei werden wir zudem die besondere Bedeutung der Gleichverteilung auf dem Schlüsselraum klären, auf die wir in Abschnitt 3.4.1 gestoßen sind.

Wir zeigen zunächst, dass informationstheoretische Sicherheit possibilistische Sicherheit impliziert.

Proposition 3.4.3. *Es sei $\mathscr{V} = \mathscr{S}[P_K]$ ein Kryptosystem mit Schlüsselverteilung, das informationstheoretisch sicher ist. Dann ist $\mathscr{S}$ possibilistisch sicher und es gilt $|K| \geq |Y| \geq |X|$.*

Beweis. Wir beweisen zuerst, dass $\mathscr{S}$ possibilistisch sicher ist. Da $\mathscr{V}$ informationstheoretisch sicher ist, ist $\mathscr{V}$ informationstheoretisch sicher bzgl. einer Klartextverteilung P_X mit nur aktiven Klartexten.

Es seien nun $x \in X$ und $y \in Y$. Da $\mathscr{S}$ ein Kryptosystem ist, existieren $x_0 \in X$ und $k_0 \in K$ mit $e(x_0, k_0) = y$. Da wir $P_X(x_0) = P(x_0) > 0$ und $P(k_0) > 0$ annehmen, erhalten wir $P(y) > 0$. Aus Proposition 3.4.2 ergibt sich dann aber $0 < P(y) = P(y \mid x) = \sum_{k:\, y=e(x,k)} P(k)$. Es muss also ein $k \in K$ geben mit $e(x, k) = y$. Also ist $\mathscr{S}$ possibilistisch sicher.

Die Ungleichung folgt nun aus Proposition 3.2.3. □

Damit ist also im Fall der informationstheoretisch sicheren Kryptosysteme die gleiche untere Schranke für die Anzahl der Schlüssel wirksam, wie wir sie von den possibilistisch sicheren Kryptosystemen kennen: Um informationstheoretische Sicherheit garantieren zu können, muss man so viele Schlüssel wie Klartexte benutzen! Insbesondere folgt $s \geq l$ im Fall $X = \{0, 1\}^l$ und $K = \{0, 1\}^s$. Schlüssel müssen also im Durchschnitt mindestens so lang sein wie Klartexte. Dies ist häufig nicht praktikabel. Wie allerdings bereits in

Abschnitt 3.2 erwähnt, stellen Verfahren, die informationstheoretische Sicherheit bieten, wichtige Bausteine in anderen durchaus praktikablen kryptographischen Verfahren dar.

Kommen wir nun zur Bedeutung der Gleichverteilung auf dem Schlüsselraum. Dazu zunächst ein vorbereitendes Lemma.

Lemma 3.4.1. *Es sei $\mathscr{S}$ ein possibilistisch sicheres Kryptosystem mit $|X| = |K|$.*
1. *Es gilt $|X| = |Y| = |K|$.*
2. *Zu jedem $x \in X$ und jedem $y \in Y$ gibt es genau einen Schlüssel k, für den $e(x, k) = y$ gilt. Dieser wird mit $k_{x,y}$ bezeichnet.*

Beweis. Zu 1. Dies folgt unmittelbar aus der Voraussetzung und Proposition 3.2.3.

Zu 2. Es seien x und y entsprechend gewählt. Dass es mindestens einen Schlüssel k mit der angegebenen Eigenschaft gibt, folgt direkt aus der Annahme, dass $\mathscr{S}$ possibilistisch sicher ist. Gäbe es mehr als einen Schlüssel mit der Eigenschaft, so würde $|\mathrm{Bild}(e(x, \cdot))| < |K| = |X| = |Y|$ gelten, im Widerspruch zu Bemerkung 3.2.1. □

Satz 3.4.2 (Shannon 1949). *Es sei $\mathscr{V} = \mathscr{S}[P_K]$ ein KSV, für das $|X| = |K|$ gilt. Dann sind die folgenden Aussagen äquivalent:*
A. *Das Kryptosystem $\mathscr{V}$ ist informationstheoretisch sicher.*
B. *Das Kryptosystem $\mathscr{S}$ ist possibilistisch sicher und $P_K(k) = \frac{1}{|K|}$ für alle $k \in K$.*

Beweis. Wir nehmen zuerst an, dass A gilt. Aus Proposition 3.4.3 folgt direkt, dass $\mathscr{S}$ possibilistisch sicher ist. Aus Lemma 3.4.1 und Satz 3.4.1 erhalten wir, dass $P_K(k_{x,y}) = P^x(y) = P^{x'}(y) = P_K(k_{x',y})$ für alle $x, x' \in X$, $y \in Y$ gilt. Da, wegen der Dechiffrierbedingung, $k_{x,y} \neq k_{x',y}$ für alle $x \neq x'$ gilt, folgt wegen $|X| = |K|$, dass alle Schlüssel die gleiche Wahrscheinlichkeit haben.

Nehmen wir nun an, dass B gilt. Dann gilt nach Lemma 3.4.1 und wegen der Annahme:

$$P^x(y) = P_K(k_{x,y}) = \frac{1}{|K|} \quad \text{für } x \in X, y \in Y, \tag{3.4.15}$$

woraus sich A unter Verwendung von Satz 3.4.1 ergibt. □

Die informationstheoretische Sicherheit der Vernamsysteme bei Gleichverteilung der Schlüssel (Proposition 3.4.1) ist eine direkte Folgerung aus Satz 3.4.2 und der possibilistischen Sicherheit der Vernamsysteme (Proposition 3.2.1). Ähnlich verhält es sich mit der Behauptung über die informationstheoretische Sicherheit des Kryptosystems in Beispiel 3.4.2. Man kann Satz 3.4.2 aber auch benutzen, um zu beweisen, dass das Kryptosystem in Beispiel 3.4.1 informationstheoretisch unsicher ist.

Die gerade genannten Beispiele mögen den Eindruck erwecken, dass Satz 3.4.2 universell einsetzbar ist. Er hilft aber zum Beispiel nicht, wenn man Substitutionskryptosysteme studieren möchte. Auch auf andere Beispiele, die wir in Abschnitt 3.6 studieren werden, ist Satz 3.4.2 nicht anwendbar, da die Voraussetzungen des Satzes nicht erfüllt sein werden.

3.5   Wiederholung Zahlentheorie

Im nächsten Abschnitt werden wir uns klassische Kryptosysteme, in denen einzelne Buchstaben oder Blöcke von Buchstaben verschlüsselt werden, ansehen. Diese Kryptosysteme beschreibt man am einfachsten mit Begriffen aus der Zahlentheorie. In diesem Abschnitt werden wir deshalb einige Begriffe und Sachverhalte aus der Algebra und der (algorithmischen) Zahlentheorie, sofern erforderlich, kurz wiederholen. Für eine eingehendere Einführung verweisen wir auf die einschlägige Literatur (siehe etwa [153]). In späteren Kapiteln werden wir zusätzliches Hintergrundwissen im Bereich der Zahlentheorie benötigen, welches aber erst dann eingeführt werden wird.

Mit $\mathbf{N}$ wird die Menge $\{0, 1, 2, \ldots\}$ der *natürlichen Zahlen* und mit $\mathbf{Z}$ die Menge $\{\ldots, -2, -1, 0, 1, 2, \ldots\}$ der *ganzen Zahlen* bezeichnet. Falls n eine positive ganze Zahl und $a \in \mathbf{Z}$ ist, so werden mit a div n und a mod n die eindeutig bestimmten Zahlen q und r bezeichnet, für die $a = nq + r$ und $r \in \{0, \ldots, n-1\}$ gelten. Die Zahl a mod n heißt auch *Rest von a modulo n*.

Unter einem *Ring* wollen wir in diesem Buch einen kommutativen Ring mit Eins verstehen.

Für eine ganze Zahl $n \geq 2$ bezeichnet $\mathbf{Z}_n$ die Menge der Zahlen $\{0, 1, \ldots, n-1\}$, die man zu einem Ring erweitert, indem man eine Addition $+_n$ und eine Multiplikation $\cdot_n$ durch

$$a +_n b = a + b \bmod n$$
$$a \cdot_n b = a \cdot b \bmod n \qquad\qquad \text{für } a, b \in \mathbf{Z}_n$$

definiert. Man nennt diesen Ring auch den *Restklassenring modulo n*; jede Zahl in $\mathbf{Z}_n$ ist ein Repräsentant einer Restklasse modulo n.

Für einen Ring R bezeichnet R^* die Menge der Elemente, die ein multiplikatives Inverses besitzen, d. h., $R^* = \{a \in R \mid \exists b (b \in R \wedge ab = 1)\}$. Die Elemente dieser Menge werden als *Einheiten* bezeichnet, zusammen mit der Multiplikation des Ringes bildet diese Menge eine Gruppe, die sogenannte *Einheitengruppe* des Ringes.

Ein von Null verschiedenes Element a eines Ringes heißt *Nullteiler*, wenn es ein von Null verschiedenes Element b gibt, so dass $ab = 0$ gilt. Es gilt:

Lemma 3.5.1. *In jedem endlichen Ring ist jedes Element entweder 0, eine Einheit oder ein Nullteiler.*   □

Dies gilt insbesondere für den Restklassenring $\mathbf{Z}_n$. Man beachte, dass die Einschränkung auf endliche Ringe wichtig ist: Im Ring $\mathbf{Z}$ der ganzen Zahlen (mit der üblichen Addition und Multiplikation) ist zum Beispiel die Zahl 2 weder 0, eine Einheit noch ein Nullteiler. Ein Ring, in dem es keine Nullteiler gibt, heißt *Integritätsring*. Ein Beispiel für einen solchen Ring ist der Ring $\mathbf{Z}$ der ganzen Zahlen.

In einem beliebigen Ring R ist a ein *Teiler* von b (kurz: $a \mid b$), wenn es $c \in R$ mit $ac = b$ gibt. Ein *größter gemeinsamer Teiler* von Elementen $a, b \in R$ ist ein Teiler von a und b, der von jedem Teiler von a und b geteilt wird. Ist nun c ein größter gemeinsamer Teiler von a und b und e eine Einheit, dann ist auch ce ein größter gemeinsamer Teiler von a

und b. Umgekehrt findet man in jedem Integritätsring zu je zwei größten gemeinsamen Teilern c und d jeweils eine Einheit e, so dass $c = ed$ gilt. Mit anderen Worten:

Lemma 3.5.2. *Es sei R ein Integritätsring, $a, b \in R$ und $c \in R$ ein größter gemeinsamer Teiler von a und b. Dann ist $\{ce \mid e \in R^*\}$ die Menge aller größten gemeinsamen Teiler von a und b.* $\square$

Im Ring $\mathbf{Z}$ der ganzen Zahlen gibt es zu je zwei Zahlen a und b einen größten gemeinsamen Teiler. Da 1 und -1 die einzigen Einheiten von $\mathbf{Z}$ sind und $\mathbf{Z}$ ein Integritätsring ist, folgt mit Lemma 3.5.2, dass es genau zwei größte gemeinsame Teiler von a und b gibt, etwa d und d', und dass für diese $d = -d'$ gilt. Es sei denn, es gilt $a = b = 0$. In diesem Fall ist 0 der einzige größte gemeinsame Teiler. Für $\mathbf{Z}$ trifft man die Vereinbarung, dass $\mathrm{ggT}(a, b)$ der nicht-negative größte gemeinsame Teiler von a und b ist.

Zwei ganze Zahlen a und b heißen *teilerfremd*, falls $\mathrm{ggT}(a, b) = 1$ gilt. Für $a \in \mathbf{Z}_n$ gilt:
i) $a = 0$ genau dann, wenn $\mathrm{ggT}(a, n) = n$.
ii) $a \in \mathbf{Z}_n^*$ (d. h. a ist eine Einheit) genau dann, wenn $\mathrm{ggT}(a, n) = 1$.
iii) a ist ein Nullteiler in $\mathbf{Z}_n$ genau dann, wenn $1 < \mathrm{ggT}(a, n) < n$.
Daraus folgt sofort, dass $\mathbf{Z}_n \setminus \{0\}$ (mit Multiplikation modulo n) genau dann eine Gruppe ist, wenn n eine Primzahl ist. Insbesondere ist $\mathbf{Z}_n$ (mit Addition und Multiplikation modulo n) ein Körper genau dann, wenn n eine Primzahl ist.

Über die Anzahl der Elemente von $\mathbf{Z}_n^*$ lässt sich Folgendes festhalten.

Satz 3.5.1 (Eulersche ϕ-Funktion). *Es sei $n \geq 2$ mit $n = p_0^{\alpha_0} \ldots p_{r-1}^{\alpha_{r-1}}$ für paarweise verschiedene Primzahlen p_i und von Null verschiedene natürliche Zahlen α_i. Die Anzahl der Elemente von $\mathbf{Z}_n^*$ ist*

$$\phi(n) = (p_0 - 1)p_0^{\alpha_0 - 1} \ldots (p_{r-1} - 1)p_{r-1}^{\alpha_{r-1} - 1} \ . \tag{3.5.1}$$

Die Funktion $\phi \colon \{2, 3, 4, \ldots\} \to \mathbf{N}$ wird Eulersche ϕ-Funktion *genannt.* $\square$

Beim algorithmischen Umgang mit Restklassenringen stellen sich häufig die beiden folgenden Probleme:
1. Berechne zu $a, b \in \mathbf{Z}$ die Zahl $\mathrm{ggT}(a, b)$. Damit läßt sich insbesondere feststellen, ob ein Element von $\mathbf{Z}_n$ zu $\mathbf{Z}_n^*$ gehört.
2. Berechne zu gegebenem Element $a \in \mathbf{Z}_n^*$ sein multiplikatives Inverses.
Beide Probleme können effizient mit Hilfe des erweiterten Euklidschen Algorithmus gelöst werden. Dazu halten wir zunächst folgenden Satz fest:

Satz 3.5.2 (erweiterter Euklidscher Algorithmus). *Algorithmus 3.1 ist bezüglich Vor- und Nachbedingung korrekt und terminiert nach höchstens $\log a$ Schleifendurchläufen, wenn die Vorbedingung erfüllt ist. Außerdem sind alle auftretenden Zahlen betragsmäßig durch a beschränkt.* $\square$

Die Korrektheit des Algorithmus ergibt sich – wie in der Beschreibung des Algorithmus angedeutet – aus $\mathrm{ggT}(a, b) = \mathrm{ggT}(b, a \bmod b)$, was für alle $a, b \in \mathbf{Z}$ mit $b > 0$ gilt. Aus den im Satz angegebenen Schranken für die Anzahl der Schleifendurchläufe und die Größe der auftretenden Zahlen lässt sich leicht ableiten, dass der erweiterte Euklidsche Algorithmus

---

Algorithmus 3.1 Erweiterter Euklidscher Algorithmus

EUKLID(a, b)

Vorbedingung: $a, b \in \mathbf{Z}$, $a \geq b \geq 0$

    1. *Initialisiere Schleife.*
       $a' = a$, $b' = b$
       $x_0 = 1$, $y_0 = 0$, $x_1 = 0$, $y_1 = 1$
    2. *Schleife: Bestimme ggT gemäß $ggT(a, b) = ggT(b, a \bmod b)$.*
       Invariante: $ggT(a, b) = ggT(a', b')$, $a' = x_0 a + y_0 b$, $b' = x_1 a + y_1 b$ und $a' \geq b' \geq 0$.
       solange $b' \neq 0$
           Führe einen Reduktionsschritt durch.
           $q = a' \operatorname{div} b'$, $r = a' \bmod b'$
           $a' = b'$, $b' = r$
           $(x_0, y_0, x_1, y_1) = (x_1, y_1, x_0 - qx_1, y_0 - qy_1)$
    Nachbedingung: $a' = ggT(a, b) = x_0 a + y_0 b$

---

polynomielle Laufzeit besitzt. Wichtig ist, dass sich das Attribut »polynomiell« auf die Länge (!) der Eingaben bezieht: Der Algorithmus hat polynomielle Laufzeit in $\log a$ und $\log b$.

Aus Satz 3.5.2 geht nun unmittelbar hervor, dass $ggT(a, b)$ effizient mit Hilfe des erweiterten Euklidschen Algorithmus berechnet werden kann. Aber auch die Bestimmung des multiplikativ Inversen zu $b \in \mathbf{Z}_a^*$, für $a \geq 2$, ist nun leicht möglich: Da $ggT(a, b) = 1$ im Fall $b \in \mathbf{Z}_a^*$ gilt, folgt aus der Nachbedingung direkt $1 = x_0 a + y_0 b$, woraus wir $1 = y_0 b \bmod a$ schließen können. Also ist $y_0 \bmod a$ das multiplikative Inverse von b in $\mathbf{Z}_a^*$. Die beiden Zahlen x_0 und y_0, für die $ggT(a, b) = x_0 a + y_0 b$ gilt, werden *Bézout-Koeffizienten* von a und b genannt.

3.6   Buchstaben- und blockweise Verschlüsselung

Bisher haben wir uns mit der Frage beschäftigt, wie man *eine* Nachricht $x \in X$, vorher bekannter, beschränkter Länge vertraulich übermitteln kann. Für dieses Problem haben wir auch eine sehr befriedigende Lösung gefunden, nämlich informationstheoretisch sichere Kryptosysteme. Wenn man nun mehrere Nachrichten $x_0, \ldots, x_{l-1} \in X$ oder längere Nachrichten $x = x_0 \cdots x_{l-1} \in X^*$ verschlüsseln möchte, kann man dies tun, indem man jedes x_i (interpretiert als Buchstabe oder Block) verschlüsselt und für *jeden* solchen Buchstaben/Block einen *neuen* Schlüssel wählt. Diese Vorgehensweise liefert in der Tat ein informationstheoretisch sicheres Verschlüsselungsverfahren, falls das zugrunde liegende Kryptosystem informationstheoretisch sicher ist (siehe Aufgabe 3.7.11). Allerdings ist bei diesem Verfahren der Schlüssel mindestens so lang wie der Klartext. Wie wir wissen, kann man dies auch nicht verhindern (siehe Proposition 3.4.3), wenn man an einer sicheren Verschlüsselung interessiert ist. Dennoch erliegt man leicht der Versuchung, nicht jeden Buchstaben/Block mit einem neuen Schlüssel zu verschlüsseln, sondern immer den gleichen Schlüssel zu verwenden. Klassische Verschlüsselungsverfahren gehen in der Tat so vor. In diesem abschließenden Abschnitt wollen wir uns überlegen, dass man diese klassischen Verfahren leicht »brechen« kann.

Wir beginnen mit neuer Notation. Um Segmente eines Wortes $x = x(0)x(1)\cdots x(n-1) \in X^*$ zu bezeichnen, benutzen wir eine suggestive Schreibweise: Für $i, j \leq |x|$ bezeichnet $x[i, j)$ das Wort $x(i)x(i+1)\cdots x(j-1)$.

3.6.1 Buchstabenweise Verschlüsselung mit einem Schlüssel

Es sei ein Kryptosystem $\mathscr{S} = (X, K, Y, e, d)$ (oder ein KSV $\mathscr{V}$) gegeben. Wir interpretieren die Elemente in X als Buchstaben. Bei der *(klassischen) buchstabenweisen Verschlüsselung* eines Klartextes $x = x(0)x(1)x(2)\ldots x(l-1) \in X^*$ verschlüsselt man nun jeden Buchstaben mit *demselben* Schlüssel. Wenn wir diese Verschlüsselung mit E bezeichnen, erhalten wir also

$$E(x, k) = e(x(0), k)e(x(1), k)\cdots e(x(l-1), k) \quad \text{für } x \in X^l. \tag{3.6.1}$$

Ist l groß genug gewählt, so ist die Anzahl der möglichen Klartexte größer als die Anzahl der Schlüssel, womit nach Proposition 3.2.3 und Proposition 3.4.3 ein solches Verfahren weder possibilistisch noch informationstheoretisch sicher sein kann. Aus Aufgabe 3.7.12 geht hervor, dass die beschriebene Vorgehensweise schon für $l = 2$ unsicher ist.

Betrachten wir aber zunächst ein konkretes Beispiel. Als Kryptosystem verwenden wir dabei die sogenannten Verschiebechiffren.

Beispiel 3.6.1 (Verschiebekryptosysteme). Das *Verschiebekryptosystem* mit Parameter $n > 0$ ist gegeben durch

$$(\mathbf{Z}_n, \mathbf{Z}_n, \mathbf{Z}_n, e, d) \tag{3.6.2}$$

mit

$$e(x, k) = x +_n k \quad \text{für } x, k \in \mathbf{Z}_n,$$
$$d(y, k) = y -_n k \quad \text{für } y, k \in \mathbf{Z}_n. \hspace{2cm} \triangleleft$$

Man sieht leicht, dass dieses Kryptosystem possibilistisch sicher ist. Aus Satz 3.4.2 folgt nun sofort, dass alle Verschiebekryptosysteme informationstheoretisch sicher sind, vorausgesetzt, die Schlüssel werden gleichverteilt gewählt. Man beachte, dass wir uns hierbei, gemäß der Definition der informationstheoretischen Sicherheit, auf ein Szenarium beziehen, in dem nur eine Nachricht (d. h., ein Element von $\mathbf{Z}_n$) vertraulich versendet wird bzw. in dem für jede solche Nachricht ein neuer Schlüssel zufällig gewählt wird, wie am Anfang von Abschnitt 3.6 beschrieben (siehe auch Aufgabe 3.7.11).

Um nun Klartexte der deutschen Sprache durch klassische buchstabenweise Verschlüsselung gemäß (3.6.1) zu übermitteln, benutzen wir das Verschiebekryptosystem mit Parameter $n = 26$. Wir identifizieren $\mathsf{a}, \ldots, \mathsf{z}$ mit $0, \ldots, 25$ und lassen in einem gegebenen Klartext alle Leerzeichen und jegliche Interpunktion weg. Außerdem verzichten wir auf Großschreibung und ersetzen Umlaute und ß wie üblich, z. B., ö durch oe und ß durch ss. Um Chiffretexte von Klartexten zu unterscheiden, schreiben wir erstere weiterhin in Großbuchstaben.

Beispiel 3.6.2. Wenn wir den Schlüssel $k = 2$ wählen, dann wird affe im Verschiebekryptosystem gemäß (3.6.1) zu CHHG verschlüsselt, d. h., $E(\mathsf{affe}, 2) = \text{CHHG}$. $\hspace{1cm} \triangleleft$

Tabelle 3.1 Häufigkeitsanalyse für das Deutsche

Die nachfolgenden Angaben beziehen sich auf Häufigkeitsangaben für Buchstaben, Digramme und Trigramme in Johann Wolfgang von Goethe, *Wilhelm Meisters Lehrjahre*, nach [79].

Relative Buchstabenhäufigkeiten $\geq 1\%$ in %

e	n	i	s	r	a	h	t	d	u	l	c	g	m	o	b	w	f	z	k
18,7	10,5	8,1	6,8	6,6	5,6	5,4	5,4	4,6	4,5	3,8	3,3	3,0	2,7	2,1	1,8	1,8	1,6	1,2	1,1

Relative Digrammhäufigkeiten $\geq 1\%$ in %

en	er	ch	ei	te	nd	de	in	ie	ge	es	ne	un	ic	se	he	be	re
4,3	3,6	3,0	2,3	2,1	2,1	1,9	1,9	1,8	1,7	1,7	1,5	1,5	1,5	1,3	1,2	1,1	1,0

Relative Trigrammhäufigkeiten $\geq 4‰$ in ‰

ich	ein	und	der	nde	sch	ine	che	cht	die	gen	den	ens	ten	end	ers	nge
14,0	11,9	8,4	7,6	7,5	7,3	7,2	6,3	6,1	6,1	5,8	5,4	5,4	5,3	5,1	4,8	4,2

Von den insgesamt 17576 möglichen Trigrammen treten nur 5498 auf, von denen lediglich 224 eine relative Häufigkeit $\geq 1‰$ aufweisen.

Hier erkennt man sofort das Problem, das die buchstabenweise Verschlüsselung mit sich bringt. Dem Chiffretext ist anzusehen, dass die beiden mittleren Buchstaben des Klartextes gleich sind. Alle Wörter der Länge 4, bei denen die beiden mittleren Buchstaben unterschiedlich sind, können wir also von vornherein als Klartext ausschließen. Possibilistische Sicherheit (und damit auch informationstheoretische Sicherheit) kann das Verfahren damit nicht garantieren. Diese Argumentation gilt offensichtlich bereits für Wörter der Länge zwei, siehe Aufgabe 3.7.12.

Es stellt sich natürlich die Frage, wie man konkret Nutzen aus der Unsicherheit der buchstabenweisen Verschlüsselung ziehen kann, d. h., wie man von einem Chiffretext auf den zugehörigen Klartext schließen kann. Das soll im Folgenden anhand einiger Beispiele gezeigt werden. Dabei nehmen wir an, dass Klartexte der deutschen Sprache entnommen sind, so dass wir für die Kryptanalyse der buchstabenweisen Verschlüsselung Eigenschaften der deutschen Sprache zunutze machen können: Wir betrachten die relativen Häufigkeiten einzelner Buchstaben, einzelner Buchstabenpaare, auch *Digramme* genannt, und einzelner Buchstabentripel, auch *Trigramme* genannt, in deutschen Texten, siehe Tabelle 3.1.

Nehmen wir nun an, dass ein deutscher Text buchstabenweise unter Verwendung des Verschiebekryptosystems mit Parameter 26 gemäß (3.6.1) verschlüsselt wird. Um vom gegebenen Chiffretext auf den zugehörigen Klartext zu schließen, brauchen wir nur die relativen Häufigkeiten der im Chiffretext auftretenden Buchstaben zu bestimmen: Es ist ziemlich wahrscheinlich, dass der am häufigsten auftretende Buchstabe im Chiffretext dem Buchstaben e entspricht, da dieser Buchstabe im Deutschen mit Abstand am häufigsten auftritt, siehe Tabelle 3.1. Damit lässt sich dann aber leicht der verwendete Schlüssel bestimmen: Ist der häufigste Buchstabe im Chiffretext z. B. T = 19, dann wird der Schlüssel k wohl durch $k = 19 - 4 \mod 26$ gegeben sein, denn es muss $19 = 4 + k \mod 26$ gelten.

Beispiel 3.6.3 (Kryptanalyse Verschiebekryptosysteme). Betrachten wir den folgenden Chiffretext:

$$y = \texttt{UTHIVTBPJTGIXCSTGTGSTCHITWISXTUDGBPJHATWBVTQGPCCI} \; , \tag{3.6.3}$$

von dem wir annehmen wollen, dass er durch buchstabenweise Verschlüsselung mit einer Verschiebechiffre entstanden ist.

Es ist unschwer zu erkennen, dass $\texttt{T}$ der Buchstabe ist, der im Chiffretext am häufigsten auftritt. Wir vermuten daher, dass $\texttt{e}$ zu $\texttt{T}$ verschlüsselt wurde, was bedeuten würde, dass der Schlüssel durch $19 - 4 = 15$ gegeben ist. Unter dieser Annahme ist der Klartext dann gegeben durch

$$x = \texttt{festgemauertindererdenstehtdieformauslehmgebrannt} \; , \tag{3.6.4}$$

was uns wiederum zu dem folgenden eigentlichen Klartext führt: »Fest gemauert in der Erden, steht die Form, aus Lehm gebrannt.«   .   ◁

Um diese Art der Kryptanalyse weiter zu studieren, wollen wir nun affine Kryptosysteme betrachten.

Beispiel 3.6.4 (affine Kryptosysteme). Das *affine Kryptosystem* mit Parameter $n > 0$ ist das Tupel

$$(\mathbf{Z}_n, \mathbf{Z}_n^* \times \mathbf{Z}_n, \mathbf{Z}_n, e, d) \; , \tag{3.6.5}$$

wobei e und d definiert sind durch:

$$e(x, (a, b)) = ax + b \bmod n \qquad \text{für } x, b \in \mathbf{Z}_n, \, a \in \mathbf{Z}_n^*,$$
$$d(y, (a, b)) = a^{-1}(x - b) \bmod n \quad \text{für } y, b \in \mathbf{Z}_n, \, a \in \mathbf{Z}_n^*.$$

Dabei bezeichnet a^{-1} das multiplikative Inverse von a in $\mathbf{Z}_n^*$.

Wählen wir $n = 26$, so ist $k = (21, 4)$ ein Schlüssel, denn $\text{ggT}(21, 26) = 1$. Mit diesen Werten erhalten wir $E(\texttt{affe}, k) = \texttt{EFFK}$.   ◁

Aus Aufgabe 3.7.8 geht hervor, dass alle affinen Kryptosysteme informationstheoretisch sicher sind, wenn man auf den Schlüsseln die Gleichverteilung annimmt.

Die buchstabenweise Verschlüsselung deutscher Texte mit affinen Kryptosystemen können wir allerdings in gleicher Weise brechen wie diejenige im Fall von Verschiebekryptosystemen: Um den benutzten Schlüssel bestimmen zu können, brauchen wir im ersten Schritt lediglich zwei verschiedene Klartext-Chiffretext-Buchstabenpaare (x_0, y_0) und (x_1, y_1) zu finden. Denn dann können wir im zweiten Schritt das lineare Gleichungssystem

$$x_0 a +_{26} b = y_0$$
$$x_1 a +_{26} b = y_1$$

im Ring $\mathbf{Z}_{26}$ lösen und erhalten den Schlüssel (a, b). (Dies könnte allerdings fehlschlagen, da $\mathbf{Z}_{26}$ kein Körper ist. In diesem Fall kann man verschiedene Schlüssel oder andere Klartext-Chiffretext-Buchstabenpaare probieren.) Geeignete Klartext-Chiffretext-

Buchstabenpaare lassen sich leicht durch Häufigkeitsanalysen der vorkommenden Buchstaben gewinnen, siehe Aufgabe 3.7.15.

Mit etwas größerem Aufwand lässt sich selbst die buchstabenweise Verschlüsselung mit Substitutionskryptosystemen brechen: Zuerst bestimmt man die relativen Häufigkeiten der einzelnen Buchstaben im Chiffretext und bringt dann die im Chiffretext am häufigsten auftretenden Buchstaben in Verbindung mit den am häufigsten auftretenden Buchstaben der deutschen Sprache. Um dann weitere Klartext-Chiffretext-Buchstabenpaare zu bestimmen, zieht man auch die Häufigkeiten von Digrammen in Betracht. Nach diesen beiden Schritten kennt man meist schon so viele Teile der benutzten Chiffre, dass man eine partielle Dechiffrierung vornehmen kann. Meistens ergeben sich dann der Klartext und der benutzte Schlüssel durch »scharfes Hinsehen«. In manchen Fällen wird man vielleicht auch noch die Häufigkeiten von Trigrammen in Betracht ziehen (müssen). Diese Vorgehensweise soll in Aufgabe 3.7.16 geübt werden.

3.6.2   Blockweise Verschlüsselung mit einem Schlüssel

Will man es dem Angreifer etwas schwerer machen, geht man von einer buchstaben- zu einer *blockweisen Verschlüsselung* über: Man wählt ein Kryptosystem $\mathscr{S} = (X, K, Y, e, d)$ (oder ein KSV $\mathscr{V}$), bei dem die Klartexte jeweils einen Block fester Länge von Buchstaben repräsentieren, d. h., die Klartextmenge X sollte von der Form $X = A^m$ sein, wobei A das benutzte Alphabet bezeichnet. Die blockweise Verschlüsselung mit $\mathscr{S}$ geschieht nun gemäß des folgenden Verfahrens:

$$E(x, k) = e(x[0, m), k) e(x[m, 2m), k) \ldots e(x[(l - 1)m, lm), k) \tag{3.6.6}$$

für $x \in A^*$ mit $|x| = lm$. Ist die Länge eines Klartextes kein Vielfaches von m, so füllt man einfach mit Buchstaben auf, und zwar so, dass die Nachricht weiterhin entschlüsselt werden kann.

Im Mittelpunkt unserer Betrachtungen in diesem Unterabschnitt steht eine klassische Familie von Kryptosystemen, die eine blockweise Verschlüsselung vorsehen und sich auf natürliche Weise aus den Verschiebekryptosystemen ergeben, die nach ihrem Erfinder Blaise de Vigenère (* 15. April 1523, Saint-Pourçain, Frankreich, † 1596) benannten Vigenère-Kryptosysteme.

Beispiel 3.6.5 (Vigenère-Kryptosysteme). Das *Vigenère-Kryptosystem* mit Parameter $n > 0$ und Blocklänge $m > 0$ ist gegeben durch

$$((\mathbf{Z}_n)^m, (\mathbf{Z}_n)^m, (\mathbf{Z}_n)^m, e, d) \tag{3.6.7}$$

mit

$$e(x, k) = (x(0) +_n k(0)) (x(1) +_n k(1)) \ldots (x(m - 1) +_n k(m - 1)) , \tag{3.6.8}$$

$$d(y, k) = (y(0) -_n k(0)) (y(1) -_n k(1)) \ldots (y(m - 1) -_n k(m - 1)) \tag{3.6.9}$$

für $x, y, k \in (\mathbf{Z}_n)^m$. ◁

Wie bei den Verschiebekryptosystemen, so sieht man auch hier leicht, dass Vigenère-Kryptosysteme possibilistisch sicher sind. Nach Satz 3.4.2 sind dann Vigenère-Kryptosysteme informationstheoretisch sicher, wenn die Schlüssel gleichverteilt gewählt werden.

Für die blockweise Verschlüsselung von Texten der deutschen Sprache mit dem Vigenère-Kryptosystem wählt man $n = 26$ und teilt den Klartext in Blöcke der Länge m ein. Man beachte, dass bei dieser Art der Verschlüsselung jeder m-te Klartextbuchstabe mit derselben Verschiebechiffre verschlüsselt wird. Genauer: Für alle $i \in \{0, \ldots, m-1\}$ werden alle Buchstaben an den Positionen $i, i+m, i+2m, \ldots$ mit derselben Verschiebechiffre verschlüsselt.

Beispiel 3.6.6 (blockweise Verschlüsselung mit Vigenère-Chiffren). Wenn wir $n = 26$, $m = 2$ und $k = (23, 1)$ wählen, so erhalten wir $E(\texttt{affe}, k) = \texttt{XGCF}$. Nun tritt kein Buchstabe im Chiffretext mehrfach auf, obwohl dies auf den Klartext zutrifft. $\triangleleft$

Es ist in diesem Zusammenhang vernünftig, anzunehmen, dass Eva die Blocklänge m nicht kennt (geschweige denn den Schlüssel). Damit weichen wir formal vom Kerckhoffs-Prinzip ab, denn das besagt ja, dass man annehmen soll, dass Eva das benutzte Kryptosystem bekannt ist. Formal sollte die Blocklänge also Teil des Schlüssels sein. Aber da die Klartext-, Schlüssel- und Chiffreträume von der Blocklänge abhängen, können wir dies nicht direkt als Kryptosystem beschreiben. Dies liegt letztlich an unserer engen Definition von Kryptosystemen, die keine Parametrisierung erlaubt, aber dafür leicht handhabbar ist.

Da wir die Blocklänge m nun als unbekannt annehmen, beschäftigen wir uns zuerst mit der Frage, wie diese bei gegebenem Chiffretext bestimmt werden kann. Ist die Blocklänge einmal bestimmt, kann man den verwendeten Schlüssel leicht durch die beschriebene Kryptanalyse auf das Verschiebekryptosystem bestimmen, da, wie gesagt, jeder m-te Buchstabe mit derselben Verschiebechiffre verschlüsselt wurde.

Die häufig nach seinem Erfinder Friedrich Wilhelm Kasiski (*29. November 1805, Schlochau, Westpreußen, †22. Mai 1881) als Kasiski-Test bezeichnete Heuristik für die Bestimmung von m lässt sich kurz wie folgt beschreiben.

Heuristik 3.6.1 (Kasiski-Heuristik). Es sei y ein Chiffretext, der aus einem Klartext in natürlicher Sprache durch blockweise Verschlüsselung mit Blocklänge m erstellt wurde. Falls i und j Positionen in y sind, an denen ein in y häufig auftretendes Trigramm vorkommt, so gilt $m \mid (j - i)$. $\triangleleft$

Wir werden diese Heuristik weiter unten begründen. Zunächst überlegen wir uns, wie sich diese Heuristik nutzen lässt, um Kandidaten für die Blocklänge zu finden: Man bestimmt ein im Chiffretext häufig auftretendes Trigramm und die Positionen, an denen die Vorkommen des Trigramms beginnen. Dann errechnet man den größten gemeinsamen Teiler aller Differenzen dieser Positionen. Dieser sollte dann ein guter Kandidat für die Blocklänge sein.

Beispiel 3.6.7 (Kryptanalyse Vigenère-Chiffren). Wir betrachten den Chiffretext

$$
\begin{array}{rllllllll}
y = & {}_{0}\text{OXLPX} & \text{ITNHJ} & \text{XVVXH} & \text{TBQPX} & \text{UWGJK} & \text{LWKGU} & \text{QMJGM} & \text{DWVKV} \\
& {}_{40}\text{TXHWH} & \text{OTUOX} & \text{LPXPC} & \text{XGEAH} & \text{PLNQF} & \text{PGBFJ} & \text{SXGBQ} & \text{GKWWX} \\
& {}_{80}\text{UJXUC} & \text{NVFXU} & \text{DHGGG} & \text{YQKPK} & \text{KLUMU} & \text{QMXPW} & \text{CWKOK} & \text{GNGGJ} \\
& {}_{120}\text{GAWGB} & \text{QGMUG} & \text{ISGAL} & \text{PNQVX} & \text{UFBHG} & \text{UHPLR} & \text{THWKL} & \text{WIXJG} \\
& {}_{160}\text{GXGUH} & \text{TORPN} & \text{QUBQU} & \text{XODXU} & \text{JHHJX} & \text{RGYIP} & \text{XWUBF} & \text{JXLPX} \\
& {}_{200}\text{WWXUW} & \text{GGGBQ} & \text{NTHEA} & \text{HNGGG} & \text{KPCGQ} & \text{VKLVM} & \text{KGKDW} & \text{LGGKI} \\
& {}_{240}\text{TXXPW} & \text{OKVKC} & \text{NIOBF} & \text{JSXIX} & \text{KV} & . & &
\end{array}
$$

Zur einfacheren Lesbarkeit wurde der Chiffretext in Blöcke der Länge fünf zerlegt und jeweils acht von diesen in einer Zeile angeordnet.

Durch Auszählen finden wir heraus, dass kein Trigramm viermal oder häufiger vorkommt, während XLP eines der Trigramme ist, das dreimal auftritt, nämlich beginnend an den Positionen 1 (das ist die zweite Position), 49 und 196. Der größte gemeinsame Teiler von 48 (= 49 − 1) und 147 (= 196 − 49) ist 3. Also erhalten wir nach der Kasiski-Heuristik als Hypothese für die Blocklänge die Zahl 3, die sich auch als richtig herausstellt, wenn man, wie oben angedeutet, mit einfachen Häufigkeitsanalysen die Schlüsselkomponenten bestimmt, siehe Aufgabe 3.7.17.   ◁

Wir wollen uns überlegen, dass die Kasiski-Heuristik Sinn ergibt. Es sei dazu y ein Chiffretext, $k \in (\mathbf{Z}_n)^m$ der zugehörige Schlüssel und $t \in (\mathbf{Z}_n)^3$ ein Trigramm. Wir setzen

$$
e_{i,j} = t(i) + k(i + j \bmod m) \bmod n \; ,
$$
$$
e_j = e_{0,j} e_{1,j} e_{2,j} \qquad \qquad \text{für } i < 3, \, j < m.
$$

Dann ist $\{e_0, \ldots, e_{m-1}\}$ die Menge aller möglichen Trigramme im Chiffretext, die durch Verschlüsseln von t mit einer Vigenère-Chiffre an unterschiedlichen Positionen entstehen. Diese Menge wollen wir mit $E_{t,k}$ bezeichnen.

Wir machen zunächst zwei Beobachtungen: i) Da der Schlüssel k beim Vigenère-Kryptosystem zufällig gewählt wird und in nicht zu langen Klartexten nur wenige Trigramme auftreten (vgl. empirische Daten in Tabelle 3.1), sind mit hoher Wahrscheinlichkeit alle $E_{t,k}$ für Trigramme t im zu y gehörenden Klartext disjunkt. ii) Da außerdem m typischerweise recht klein ist, ist die Wahrscheinlichkeit gering, dass k mehrfach auftretende Trigramme enthält. Mit anderen Worten: die Wahrscheinlichkeit ist gering, dass $i \neq j$ existieren mit $e_i = e_j$ für die e_i's von oben. Aus Beobachtung i) folgt, dass ein Trigramm, das an verschiedenen Stellen im Chiffretext y auftaucht, mit hoher Wahrscheinlichkeit für genau ein Trigramm t des Klartextes zu $E_{t,k}$ gehört. Zusammen mit Beobachtung ii) erhalten wir, dass das Trigramm im Chiffretext mit hoher Wahrscheinlichkeit das Resultat der Verschlüsselung von t durch immer genau denselben Teil des Schlüssels ist. Insgesamt bedeutet dies, dass gleiche Trigramme im Chiffretext einen Abstand haben, der ein Vielfaches von m ist.

3.7   Aufgaben

Aufgabe 3.7.1. Beschreiben Sie die Dechiffrierfunktion d zu dem durch (3.2.5) und (3.2.6) nur partiell bestimmten Kryptosystem.

Aufgabe 3.7.2 (Substitutionskryptosysteme). Überlegen Sie sich, dass alle Substitutions-kryptosysteme wohldefiniert sind, siehe Beispiel 3.2.3.

Aufgabe 3.7.3 (possibilistische Sicherheit des trivialen Kryptostystems). Betrachten Sie das triviale Kryptosystem $\mathscr{S}_{\mathrm{triv}}$ aus Beispiel 3.2.1.
1. Beweisen Sie, dass $\mathscr{S}_{\mathrm{triv}}$ possibilistisch sicher ist.
2. Ist es sinnvoll, $\mathscr{S}_{\mathrm{triv}}$ als possibilistisch sicher anzusehen?

Aufgabe 3.7.4 (kleine Kryptosysteme). Bestimmen Sie alle Kryptosysteme mit $|X| = |K| = 2$ (bis auf das Umbenennen von Chiffretexten) und stellen Sie fest, welche dieser Kryptosysteme possibilistisch sicher sind und welche nicht.

Aufgabe 3.7.5 (bedingte Wahrscheinlichkeit). Zeigen Sie, dass die in (3.3.2) definierte Wahrscheinlichkeitsverteilung tatsächlich eine Wahrscheinlichkeitsverteilung ist.

Aufgabe 3.7.6 (unabhängige Zufallsvariablen). Beweisen Sie Lemma 3.3.6.

Aufgabe 3.7.7 (P^x). Zeigen Sie, dass die in (3.4.14) definierte Funktion P^x eine Wahr-scheinlichkeitsfunktion auf Y ist.

Aufgabe 3.7.8 (Sicherheit der affinen Kryptosysteme). Zeigen Sie, dass alle affinen Kryp-tosysteme (siehe Beispiel 3.6.4) informationstheoretisch sicher sind, wenn die Schlüssel gleichverteilt gewählt werden.

Aufgabe 3.7.9 (Tabellenrepräsentation). Betrachten Sie die Tabellen, die wir benutzt haben, um Chiffriertransformationen zu beschreiben. Überlegen Sie sich Bedingungen an die Zeilen und Spalten dieser Tabellen, die zur
1. Dechiffriereigenschaft und zur
2. possibilistischen Sicherheit
äquivalent sind.
3. Wie sieht es mit informationstheoretischer Sicherheit aus?

Aufgabe 3.7.10 (Shannons Satz). Es sei $\mathscr{V} = \mathscr{S}[P_K]$ ein KSV, für das $|X| = |K|$ gilt, und es sei P_X eine Klartextverteilung auf X mit ausschließlich aktiven Klartexten. Zeigen Sie, dass

$$P(y) = P(y') \qquad\qquad \text{für } y, y' \in Y \qquad\qquad (3.7.1)$$

gilt, sofern $\mathscr{V}$ informationstheoretisch sicher bezüglich P_X ist.

Aufgabe 3.7.11 (informationstheoretisch sichere buchstabenweise Verschlüsselung). Es sei $l > 0$. Zu einem KSV $\mathscr{V} = (X, K, Y, e, d, P_K)$ sei dessen l-faches Produkt $\mathscr{V}^{[l]}$ das KSV $(X^l, K^l, Y^l, e^{[l]}, d^{[l]}, P_K^{[l]})$ mit

$$e^{[l]}(x, k) = e(x(0), k(0)) \cdots e(x(l-1), k(l-1)) \ ,$$
$$d^{[l]}(y, k) = d(y(0), k(0)) \cdots d(y(l-1), k(l-1))$$

$y =$	$_0$IHOOL	XHSOJ	RKNIH	SKEWK	OKXEN	HUAKI	RKHNW	KCHEC
	$_{40}$HEHWE	HWKRU	RAKFH	NHUOB	KUOWK	ESUIX	TELXW	KTCIR
	$_{80}$KDSWO	LXKUU	RLXWE	HOOKN	UPTNN	WKUOR	KKEPH	EWKWK
	$_{120}$FHERH	UKURX	EKOLX	TKUKA	KCRKW	KERUI	RKXKS	WKRFU
	$_{160}$HLXOJ	RKNKH	NOZSU	AKETB	BRVRK	EAKDN	KRIKW	IHOJS
	$_{200}$CNRDS	FKUWV	SKLDW	KFRWA	ETKOO	KEKES	UAKIS	NIHNO
	$_{240}$OTUOW	PKUUO	RKRXE	USEKR	UFHKO	ORAKO	HCKUI	KOOKU
	$_{280}$GTEVS	OKWVK	UXHWW	KIRKO	FHNOT	NNWKO	RKFRW	KRUKF
	$_{320}$JHDKW	SKCKE	EHOLX	WPKEI	KUIHO	UTECK	EAKRU	ZSUAK
	$_{360}$EEKRL	XKEDH	SBFHU	UFRWI	KEJTO	WAKOL	XRLDW	XHWWK
	$_{400}$SFVSV	KRAKU	IHOOK	EHSLX	RUIKE	KUWBK	EUSUA	OKRUK
	$_{440}$EAKNR	KCWKU	AKIKU	DK				

Abbildung 3.1: Chiffretext zu Aufgabe 3.7.16

für alle $x = x(0) \cdots x(l-1) \in X^l$, $y = y(0) \cdots y(l-1) \in Y^l$ und $k = k(0) \cdots k(l-1) \in K^l$ und $P_K^{[l]}$ das l-fache Produkt von P_K, d. h., $P_K^{[l]}(k) = \prod_{i<l} P_K(k(i))$ für alle $k = k(0) \cdots k(l-1) \in K^l$. Damit modelliert $\mathscr{V}^{[l]}$ die in Abschnitt 3.6 diskutierte buchstabenweise Verschlüsselung von Wörtern über X der Länge l, wobei für jeden Buchstaben ein neuer Schlüssel gewählt wird.

Zeigen Sie: Ist $\mathscr{V}$ informationstheoretisch sicher, so auch $\mathscr{V}^{[l]}$.

Aufgabe 3.7.12 (Blockquadrat). Zu einem Kryptosystem $\mathscr{S}$ sei dessen *Blockquadrat* das Kryptosystem $\mathscr{S}^{[2]} = (X^2, K, Y', e^{[2]}, d^{[2]})$ definiert durch

$$Y' = \{e(x(0), k)e(x(1), k) \mid x(0)x(1) \in X^2, k \in K\}$$

und

$$e^{[2]}(x, k) = e(x(0), k)e(x(1), k) \qquad \text{für } x = x(0)x(1) \in X^2 \text{ und } k \in K,$$
$$d^{[2]}(y, k) = d(y(0), k)d(y(1), k) \qquad \text{für } y = y(0)y(1) \in Y' \text{ und } k \in K.$$

Dann modelliert $\mathscr{S}^{[2]}$ die in Abschnitt 3.6.1 diskutierte buchstabenweise Verschlüsselung von Wörtern über X der Länge zwei, wobei jeder Buchstabe mit demselben Schlüssel verschlüsselt wird.

Zeigen Sie: Ist $\mathscr{S}$ ein Kryptosystem mit mindestens zwei Klartexten, dann ist $\mathscr{S}^{[2]}$ possibilistisch unsicher.

Aufgabe 3.7.13 (Rollentausch bei Chiffretexten und Schlüsseln). Es sei $\mathscr{V} = \mathscr{S}[P_K]$ ein informationstheoretisch sicheres KSV mit $|X| = |K|$. Überlegen Sie sich, dass und wie man $\mathscr{V}' = (X, K', Y', e', d', P_{K'})$ mit $K' = Y$ und $Y' = K$ durch geeignete Definition von e', d' und $P_{K'}$ ebenfalls zu einem informationstheoretisch sicheren KSV machen kann.

Aufgabe 3.7.14 (Eindeutigkeit der Schlüsselverteilung). Unter den besonderen Umständen des Satzes von Shannon ist die Schlüsselverteilung eindeutig bestimmt, wenn man

$$
\begin{array}{llllllll}
y = {}_{0}\text{ZCRKH} & \text{VRQKU} & \text{FPHYP} & \text{KACTH} & \text{TYRUB} & \text{HGHYG} & \text{ODBWU} & \text{XUXHH} \\
{}_{40}\text{IYEVP} & \text{WUZVF} & \text{XHUOA} & \text{GZNRU} & \text{UYFLL} & \text{FNVZY} & \text{AVPWU} & \text{IHBEH} \\
{}_{80}\text{UPBPO} & \text{CZPSC} & \text{FFOYA} & \text{KHOPK} & \text{TCGKL} & \text{LEHUV} & \text{YLJEV} & \text{QKCRI} \\
{}_{120}\text{LLAHZ} & \text{CRVJB} & \text{NXRYY} & \text{QRIXH} & \text{ANVQK} & \text{YFVJB} & \text{VFRMN} & \text{OZBNQ} \\
{}_{160}\text{KQVHA} & \text{LHQRY} & \text{AHZWU} & \text{PLNGH} & \text{YFVQN} & \text{YNELL} & \text{FLLNE} & \text{DNYAY} \\
{}_{200}\text{VHYDU} & \text{XMXSU} & \text{AGMOR} & \text{UZIEJ} & \text{SCPKD} & \text{YEWCI} & \text{YOLXV} & \text{QNYJL} \\
{}_{240}\text{LXNVP} & \text{GJLUX} & \text{YLLAG} & \text{XUXFL} & \text{JBJLL} & \text{AGWHO} & \text{JHIOR} & \text{ELLFS} \\
{}_{280}\text{HHAWK} & \text{OEFOX} & \text{VHDIT} & \text{HUXNL} & \text{ZNRLU} & \text{YXXUM} & \text{GGPYS} & \text{UPYQO} \\
{}_{320}\text{PWUVP} & \text{YTWBH} & \text{QLOLS} & \text{OLCVV} & \text{AHVFO} & \text{NIHYF} & \text{BJLHR} & \text{VYUHV} \\
{}_{360}\text{JBGZP} & \text{YSULC} & \text{UHPNR} & \text{VYCRF} & \text{ONJLL} & \text{QROAH} & \text{NWBLT} & \text{HDIEG} \\
{}_{400}\text{LHRSS} & \text{UANLH} & \text{FLUXF} & \text{HNYYV} & \text{JBVIM} & \text{YVKYU} & \text{AESCP} & \text{NLLUH} \\
{}_{440}\text{SFGXU} & \text{XJHPN} & \text{RWBHF} & \text{ULARG} & \text{HHXHU} & & &
\end{array}
$$

Abbildung 3.2: Chiffretext zu Aufgabe 3.7.18

informationstheoretische Sicherheit verlangt. Wir wollen untersuchen, ob dies auch allgemeiner gilt.

a) Finden Sie ein Kryptosystem $\mathscr{S}$ und zwei unterschiedliche Schlüsselverteilungen P_K und P_K', so dass sowohl $\mathscr{S}[P_K]$ wie auch $\mathscr{S}[P_K']$ informationstheoretisch sicher sind. Damit hätte man unter gewissen Umständen Alternativen bei der Wahl der Schlüsselverteilung!

b) Zeigen Sie: Ist $\mathscr{S}$ ein Kryptosystem und sind P_K und P_K' zwei unterschiedliche Schlüsselverteilungen derart, dass $\mathscr{S}[P_K]$ wie auch $\mathscr{S}[P_K']$ informationstheoretisch sicher sind, dann gibt es unendlich viele Schlüsselverteilungen P_K'', so dass $\mathscr{S}[P_K'']$ informationstheoretisch sicher ist.

Aufgabe 3.7.15 (Kryptanalyse für affines Kryptosystem). Der Klartext x wurde buchstabenweise mit einer affinen Chiffre zu

$$
\begin{array}{llllllll}
y = {}_{0}\text{FBALY} & \text{WUFBP} & \text{ILGRD} & \text{UFBAI} & \text{GLYXL} & \text{UIFEV} & \text{LDIRU} & \text{IMXLF} \\
{}_{40}\text{LYDLB} & \text{AMFVX} & \text{RIIVU} & \text{NLAWF} & \text{YELE} & & &
\end{array}
$$

verschlüsselt. Bestimmen Sie den Klartext x, indem Sie wie in Abschnitt 3.6 beschrieben vorgehen.

Aufgabe 3.7.16 (Kryptanalyse für Substitutionskryptosystem). Der Klartext x wurde buchstabenweise mit einer Substitutionschiffre zu dem in Abbildung 3.1 dargestellten Chiffretext verschlüsselt. Bestimmen Sie den Klartext, indem Sie wie in Abschnitt 3.6 beschrieben vorgehen.

Aufgabe 3.7.17 (Kryptanalyse für Vigenère-Kryptosysteme). Führen Sie Beispiel 3.6.7 zu Ende. Nehmen Sie dazu an, dass der Kasiski-Test mit $m = 3$ die richtige Blocklänge bestimmt hat, und untersuchen Sie mit Häufigkeitsanalysen die »Chiffretexte«

$$
y_0 = y(0)y(3)y(6)\cdots \ , \qquad y_1 = y(1)y(4)y(7)\cdots \ , \qquad y_2 = y(2)y(5)y(8)\cdots
$$

die jeweils aus den Klartexten

$$x_0 = x(0)x(3)x(6)\cdots \, , \qquad x_1 = x(1)x(4)x(7)\cdots \, , \qquad x_2 = x(2)x(5)x(8)\cdots$$

durch Anwendung einer Verschiebechiffre entstanden sein müssen.

Aufgabe 3.7.18 (Kryptanalyse für Vigenère-Kryptosysteme). Der Klartext x wurde blockweise mit einer Vigenère-Chiffre zu dem in Abbildung 3.2 dargestellten Chiffretext verschlüsselt. Bestimmen Sie den Klartext und den verwendeten Schlüssel, indem Sie den Kasiski-Test zu Hilfe nehmen.

3.8　Anmerkungen und Hinweise

Der Begriff des Kryptosystems (mit Klartext- und Schlüsselverteilung) wurde in Shannons wegweisendem Aufsatz [149] geprägt, genauso wie der Begriff der informationstheoretischen Sicherheit. (Selbst unsere Abbildung 2.1 ist in fast derselben Weise schon in [149] zu finden.) Shannon sprach in seiner Arbeit von *secrecy system* und *perfect secrecy* und bewies in ihr Satz 3.4.2.

Der Begriff der possibilistischen Sicherheit kommt unseres Wissens nur in diesem Buch vor und hat auch nur geringe praktische Bedeutung, ist aber aus didaktischer Sicht sehr gut geeignet, einen leichten Einstieg in eine formale Betrachtung kryptographischer Systeme zu finden.

Die in diesem Kapitel vorgestellten Kryptosysteme bilden nur einen winzigen Ausschnitt dessen, was über die Jahrhunderte erfunden, genutzt und studiert wurde. Einen guten Überblick über die hier vorgestellten sowie weitere klassische Kryptosysteme geben sowohl das »Standardwerk« zur Geschichte der Kryptographie, das 1181 Seiten starke Buch von Kahn [98], als auch das ungleich kürzere, nämlich nur halb so dicke Werk von Bauer [12], das allerdings ebenso interessant und lehrreich ist. Beide der genannten Bücher geben ebenfalls einen guten Einblick in die Kryptanalyse klassischer Verschlüsselungsverfahren. Im Hinblick auf statistische Kryptanalyseverfahren ist auch das Handbuch von Menezes et al. [123] eine sehr gute Quelle, in der zudem zahlreiche weitere Referenzen zu finden sind. Wir verweisen zudem auf das Lehrbuch von Stinson [157].

Die in Beispiel 3.2.2 eingeführten Vernam-Kryptosysteme gehen auf Gilbert Sandford Vernam (*30. April 1890, Brooklyn, USA, †7. Februar 1960) zurück, einen amerikanischen Ingenieur, der bei der Telefongesellschaft AT&T in einem Projekt arbeitete, dessen Ziel die Entwicklung einer Chiffriermaschine zur Absicherung von telegraphischen Übermittlungen war. Im Rahmen des Projekts entwarf er die beschriebenen Systeme, die am 22. Juli 1919 in den USA als Patent anerkannt wurden, siehe [161]. Genau genommen, wird in der Patentschrift eine elektromechanische Chiffriermaschine beschrieben, die das Kryptosystem für den Parameter $l = 5$ verwirklicht: Vernam benutzt das 5-Bit-Morse-Alphabet. Interessant ist, dass Kryptographen annahmen, Vernam-Kryptosysteme seien sicher, dies aber nicht beweisen konnten, bevor Shannon eine erste formale Sicherheitsdefinition für Kryptosysteme gab.

Ein Verschiebekryptosystem wie in Beispiel 3.6.1 wurde, folgt man Suetonius [158], schon von Gaius Julius Caesar genutzt, allerdings mit dem festen Schlüssel $k = 3$.

Die in Beispiel 3.6.7 definierten Vigenère-Kryptosysteme gehen auf Blaise de Vigenère zurück, der ein französischer Diplomat und Kryptograph war. Er schlug in seinem kryptographischen Hauptwerk, [162], mehrere Verschlüsselungssysteme vor, von denen die besseren (die, bei denen der Schlüssel sich abhängig vom Klartext verändert) in Vergessenheit gerieten, während das in Beispiel 3.6.7 vorgestellte weiter verfolgt wurde.

Der aufgezeigte Kasiski-Test wurde von Friedrich Wilhelm Kasiski (* 29. November 1805, Schlochau, Westpreußen (heute Człuchów, Polen), † 22. Mai 1881), einem preußischen Infanteriemajor und Freizeitkryptographen, entwickelt. Aus heutiger Sicht war der wesentliche Beitrag seiner 1863 erschienenen Abhandlung über Kryptographie, [99], die im Text beschriebene Kasiski-Heuristik zum Brechen von Vigenère- und ähnlichen Chiffren. Unabhängig von Kasiski gelang es, [98] zufolge, Charles Babbage schon etwas früher, kompliziertere der von Vigenère vorgeschlagenen Chiffren zu brechen. Kerckhoffs nimmt in [104] Bezug auf das Buch von Kasiski.

4 Frische symmetrische Verschlüsselung: Blockchiffren

4.1 Einführung

Das im vorherigen Kapitel untersuchte Szenarium 1 ist sehr eingeschränkt in mehrfacher Hinsicht. Erstens haben wir dort angenommen, dass nur eine Nachricht vorher bekannter, beschränkter Länge verschlüsselt wird – sollten mehrere Nachrichten geschickt werden, so mussten Alice und Bob für jede Nachricht einen Schlüssel zufällig wählen. Zweitens haben wir nur solche Angreifer zugelassen, die den unsicheren Kanal lediglich abhören (Nur-Chiffretext-Angriffe, nach der Klassifikation in Abschnitt 2.4). Dafür konnten wir jedoch nachweisen, dass geeignete Verschlüsselungsverfahren absolute Sicherheit, nämlich informationstheoretische Sicherheit, garantieren.

In diesem Kapitel wollen wir ein erweitertes Szenarium studieren:

Szenarium 2 (frische Verschlüsselung). *Alice möchte Bob mehrere unterschiedliche Klartexte vorher bekannter, begrenzter Länge zukommen lassen, wobei Alice und Bob immer den gleichen zu Anfang gewählten Schlüssel verwenden. Eva hört die gesendeten Chiffretexte ab und kann sich einige wenige Klartexte mit dem von Alice und Bob verwendeten Schlüssel verschlüsseln lassen.*

Die Einschränkung, dass unterschiedliche Nachrichten verschlüsselt werden – wir wollen das als »frische Verschlüsselung« bezeichnen – ist hier wesentlich. Denn diese vielleicht skurril anmutende Einschränkung enthebt uns der Verpflichtung, dafür zu sorgen, dass derselbe Klartext bei mehrfacher Übertragung unterschiedlich verschlüsselt wird. Dass diese Verpflichtung im Allgemeinen besteht, ist einfach einzusehen: Würde Alice immer wieder denselben Chiffretext für denselben Klartext benutzen, könnte Eva leicht erkennen, ob ein Klartext mehrfach übertragen wird. Das möchte man aber häufig vermeiden, insbesondere dann, wenn Eva zwischenzeitlich erfahren hat, wie der Klartext lautet, z. B., weil Alice oder Bob ihn direkt oder indirekt preisgegeben haben (siehe auch Aufgabe 4.9.1).

Die Annahme, dass Eva sich einige wenige Klartexte verschlüsseln lassen kann, kann unter Verwendung der in Abschnitt 2.4 eingeführten Terminologie auch wie folgt beschrieben werden: Eva werden (bis zu einem gewissen Grad) Angriffe mit Klartextwahl ermöglicht.

Fast alle der im letzten Kapitel beispielhaft betrachteten Kryptosysteme sind im Kontext von Szenarium 2 völlig nutzlos: Bei Vernamsystemen reicht ein beliebiges Klartext-Schlüsseltext-Paar, um den Schlüssel zu bestimmen. Eva braucht sich zum Beispiel nur 0^l verschlüsseln zu lassen, um direkt den Schlüssel zu erfahren. Anschließend kann sie jeden weiteren Chiffretext »brechen«. Bei Verschiebe- und Vigenèrechiffren ist dies ebenso. Bei affinen Chiffren reichen zwei beliebige Klartext-Schlüsseltext-Paare.

Die Situation ist allerdings anders bei Substitutionschiffren; diese sind nämlich »optimal«: Wenn Eva von N Klartexten N_0 Klartexte abgefragt hat und Alice dann einen (neuen) Chiffretext zu einem neuen Klartext sendet, dann weiß Eva natürlich, dass der zum Chiffretext gehörende Klartext nicht einer der N_0 abgefragten Klartexte sein kann, aber ansonsten ist jeder der anderen $N - N_0$ Klartexte möglich.

Nach diesen Überlegungen wollen wir einen geeigneten (possibilistischen) Sicherheitsbegriff prägen, der weiter unten näher erläutert wird; eine informationstheoretische Variante soll in Aufgabe 4.9.3 entwickelt werden:

Definition 4.1.1 (possibilistische Sicherheit). Ein Kryptosystem $\mathscr{S} = (X, K, Y, e, d)$ heißt *possibilistisch sicher im Hinblick auf Szenarium 2*, wenn für jedes r, $0 \leq r < |X|$, jede Folge $x_0, \ldots, x_r$ von Klartexten ohne Wiederholungen, jeden Schlüssel k und jedes $y \in Y \setminus \{e(x_i, k) \mid i < r\}$ ein Schlüssel $k' \in K$ existiert, so dass $e(x_i, k') = e(x_i, k)$ für alle $i < r$ und $e(x_r, k') = y$ gilt. $\triangleleft$

Hinter dieser Definition steckt die folgende Intuition: Eva kann sich beliebige Nachrichten verschlüsseln lassen, also etwa $x_0, \ldots, x_{r-1}$, und erhält $y_0, \ldots, y_{r-1}$. Nun sendet Alice den Chiffretext y einer *neuen* Nachricht. Dann muss $y \in Y \setminus \{e(x_i, k) \mid i < r\}$ gelten. Eva soll nun keine Rückschlüsse auf den zu y gehörenden Klartext ziehen können, d. h., sie soll jeden Klartext für möglich halten außer den Klartexten $x_0, \ldots, x_{r-1}$, von denen sie sowieso weiß, dass sie nicht in Frage kommen. Mit anderen Worten: Für jeden Klartext $x_r \notin \{x_0, \ldots, x_{r-1}\}$ muss es einen Schlüssel k' geben, für den $e(x_i, k') = y_i$ für jedes $i < r$ und $e(x_r, k') = y$ gilt.

Bemerkung 4.1.1 (Zusammenhang mit possibilistischer Sicherheit). Für $r = 0$ ergibt sich in der obigen Definition die possibilistische Sicherheit aus dem letzten Kapitel (siehe Definition 3.2.2). $\triangleleft$

Wir können nun die Sicherheit der Substitutionskryptosysteme beweisen:

Proposition 4.1.1 (Sicherheit der Substitutionskryptosysteme). *Für jede nicht leere, endliche Menge X ist das Substitutionskryptosystem auf X possibilistisch sicher im Hinblick auf Szenarium 2.*

Beweis. Es sei $\mathscr{S}$ das Substitutionskryptosystem auf einer nicht leeren, endlichen Menge X und seien $x_0, \ldots, x_r$ wie in der obigen Definition. Es sei weiterhin π ein beliebiger Schlüssel und $y \notin \{\pi(x_0), \ldots, \pi(x_{r-1})\}$. Dann betrachten wir einen Schlüssel π' für den $\pi'(x_i) = \pi(x_i)$ für alle $i < r$ und $\pi'(x_r) = y$ gilt. Man sieht leicht, dass ein solcher Schlüssel in der Tat existiert. Dieser erfüllt die Bedingungen aus der Definition. $\square$

Andererseits können wir auch zeigen, dass Substitutionskryptosysteme im Wesentlichen die einzigen Kryptosysteme sind, die im Hinblick auf den neuen Sicherheitsbegriff sicher sind:

Proposition 4.1.2. *Es sei $\mathscr{S} = (X, K, X, e, d)$ ein Kryptosystem, das possibilistisch sicher ist im Hinblick auf Szenarium 2. Dann gilt $\{e(\cdot, k) \mid k \in K\} = \mathcal{P}_X$.*

Beweis. Wegen der Dechiffrierbedingung ist klar, dass $\{e(\cdot, k) \mid k \in K\} \subseteq \mathcal{P}_X$ gilt.

Es sei nun $\pi \in \mathcal{P}_X$ beliebig. Wir zeigen, dass es einen Schlüssel k gibt, für den $e(\cdot, k) = \pi$ gilt. Es gelte $|X| = n$ und $X = \{x_0, \ldots, x_{n-1}\}$. Wir konstruieren den Schlüssel per Induktion mit der folgenden Induktionsbehauptung: Für jedes $i < n$ gibt es einen

Schlüssel k_i, für den $e(x_j, k_i) = \pi(x_j)$ für alle $j \leq i$ gilt. Der Induktionsanfang $(i = 0)$ folgt aus Bemerkung 4.1.1. Der Induktionsschritt $(i \to i + 1)$ ergibt sich sofort aus Definition 4.1.1. $\square$

Aus dieser Proposition folgt insbesondere, dass der Schlüsselraum eines Kryptosystems, das im obigen Sinne possibilistisch sicher ist, mindestens $|\mathcal{P}_X|$, also mindestens $|X|!$ Elemente besitzen muss, was für übliche Mengen X eine gigantische große Schlüsselzahl ist. Nehmen wir zur Verdeutlichung an, dass $X = \{0, 1\}^l$ gilt, d. h., X besteht aus Bitvektoren der Länge l. Dann hat $\mathcal{P}_X$ genau $2^l!$ Elemente. Die Darstellung *einer* Permutation, also *eines* Schlüssels, würde (als Tabelle dargestellt) etwa $2^l \cdot l$ Bits benötigen. Für übliche Blocklängen, etwa $l = 128$, erhalten wir also $2^{128} \cdot 128$ Bits, was weit jenseits dessen ist, was man auf allen weltweit vorhandenen Speichermedien zusammen speichern kann.

Unser Ziel wird es sein, Kryptosysteme zu konstruieren, die mit kurzen Schlüsseln, in der Größenordnung von wenigen hundert Bits, auskommen, aber dennoch »sicher« sind: nicht possibilistisch oder informationstheoretisch sicher, denn das wird uns wie gesehen nicht gelingen, aber sicher bezüglich eines schwächeren Begriffes, der immer noch »genügend« Sicherheit bietet. Es wird darauf hinauslaufen, dass wir uns Eva als einen Computer mit *beschränkten* Ressourcen vorstellen. Die Tatsache, dass ein Kryptosystem possibilistisch oder informationstheoretisch unsicher ist, braucht (hoffentlich) eben nicht zu bedeuten, dass diese Unsicherheit auch von einem Angreifer ausgenutzt werden kann, der in seinen Ressourcen begrenzt ist.

Da wir, wie gerade erläutert, ab jetzt eher an die Implementierung auf Computern denken, wollen wir annehmen, dass Klar- und Chiffretexte sowie Schlüssel Bitvektoren fester Länge sind. Das führt zu folgender Definition.

Definition 4.1.2 (Block-Kryptosystem). Es sei $l > 0$. Ein *l-Block-Kryptosystem* $\mathscr{B}$ ist ein Kryptosystem der Form $(\{0, 1\}^l, K, \{0, 1\}^l, E, D)$ mit $K \subseteq \{0, 1\}^s$ für ein $s > 0$. $\triangleleft$

Entgegen der bisherigen Notation benutzen wir in dieser Definition Großbuchstaben E und D für die Chiffrier- bzw. Dechiffriertransformation, um deutlich zu machen, dass wir uns unter diesen Transformationen Algorithmen vorstellen. Wir sprechen mithin auch vom *Chiffrier-* und *Dechiffrieralgorithmus*.

Zum Beispiel ist das Vernamsystem der Länge l ein l-Block-Kryptosystem. Ein weiteres l-Block-Kryptosystem ist das Substitutionskryptosystem auf $\{0, 1\}^l$, falls Permutationen durch Bitvektoren kodiert werden. Dieses Kryptosystem wollen wir auch als das *Substitutionskryptosystem mit Parameter l* bezeichnen. Wie oben beschrieben ist der Schlüsselraum für dieses Kryptosystem gigantisch groß, da er die Menge aller Permutationen auf $\{0, 1\}^l$ umfasst.

Überblick über das Kapitel

Bevor wir im Abschnitt 4.7 den oben angedeuteten algorithmischen Sicherheitsbegriff einführen werden, wollen wir uns zunächst weitere Beispiele von Block-Kryptosystemen ansehen. Wir fangen im folgenden Abschnitt mit einer sehr einfachen Klasse von Block-Kryptosystemen an, den Substitutionspermutationskryptosystemen. Deren Struktur ähnelt der eines in der Praxis weit verbreiteten Block-Kryptosystems, AES (Rijndael), welches wir in Abschnitt 4.5 einführen werden. Die Substitutionspermutationskryptosysteme erlauben es allerdings, bekannte Angriffstechniken auf Block-Kryptosysteme, wie die lineare Kryptanalyse, zu demonstrieren – AES ist so konstruiert, dass es gegen diese Techniken immun ist. Die lineare Kryptanalyse, welche einen Angriff mit bekannten Klartexten (gemäß Abschnitt 2.4) darstellt und die (teilweise) Bestimmung des verwendeten Schlüssels erlaubt, wird in Abschnitt 4.3 vorgestellt werden. Dies gibt einen Eindruck davon, wie schwierig es ist, »sichere« Block-Kryptosysteme zu entwerfen, wobei, wie gesagt, in Abschnitt 4.7 präzise formuliert werden wird, was unter »sicher« genau zu verstehen ist. Wir schließen das Kapitel in Abschnitt 4.8 mit einer alternativen Sicherheitsdefinition ab, für die wir aber zeigen werden, dass sie äquivalent ist zu derjenigen aus Abschnitt 4.7. Diese alternative Definition ist dadurch motiviert, dass sie in Sicherheitsbeweisen, wie wir sie in Kapitel 5 führen werden, einfacher zu handhaben ist.

4.2   Substitutionspermutationskryptosysteme

Substitutionspermutationskryptosysteme (SPKS) bilden eine Familie von l-Block-Kryptosystemen. Ein wesentlicher Aspekt solcher Kryptosysteme ist die Aufteilung des Klartextes in mehrere kürzere »Blöcke« gleicher Länge, die wir *Wörter* nennen wollen. Bei einer Wortlänge von n und einer Wortanzahl von m ergibt sich also eine Blocklänge von $l = m \cdot n$. Ist ein Bitvektor $x \in \{0,1\}^l$ gegeben, so bezeichnen wir das i-te Wort von x, also $x[i \cdot n, (i+1) \cdot n)$ gemäß unserer bisherigen Notation, mit $x^{(i)}$.

Ein wichtiger Bestandteil von SPKS sind Operationen, die die Bits eines Blocks vertauschen. Um dies leicht beschreiben zu können, wollen wir eine eigene Notation einführen: Ist $x \in \{0,1\}^l$ ein Bitvektor und $\beta \in \mathcal{P}_{[l]}$ eine Permutation auf $[l] = \{0, \dots, l-1\}$ (diese Notation werden wir im Folgenden häufiger benutzen), dann ist $x^\beta \in \{0,1\}^l$ definiert durch $x^\beta(\beta(i)) = x(i)$ für alle $i < l$. Wir werden nur selbstinverse Permutationen betrachten, d.h., solche Permutationen β, für die die Komposition $\beta \circ \beta$ von β mit sich selbst die Identität ist. Für diese kann x^β auch definiert werden durch $x^\beta(i) = x(\beta(i))$ für alle $i < l$.

Nach diesen Vorbemerkungen können wir uns nun der Definition von SPKS zuwenden, welche wir in Abbildung 4.1 (siehe auch Beispiel 4.2.1) illustrieren.

Definition 4.2.1 (Substitutionspermutationskryptosystem)**.** Ein *Substitutionspermutationsnetzwerk (SPN)* ist ein Tupel

$$\mathcal{N} = (m, n, r, s, S, \beta, K) \tag{4.2.1}$$

bestehend aus einer *Wortanzahl* m, einer *Wortlänge* n, einer *Rundenanzahl* r, einer *Schlüssellänge* s, einer Permutation $S \in \mathcal{P}_{\{0,1\}^n}$ auf Wörtern, die sogenannte *S-Box*, einer selbstinversen *Bitpermutation* $\beta \in \mathcal{P}_{[m \cdot n]}$ und einer *Rundenschlüsselfunktion* $K : \{0,1\}^s \times [r+1] \to \{0,1\}^{mn}$.

Das zugehörige *Substitutionspermutationskryptosystem (SPKS)*, das mit $\mathcal{B}(\mathcal{N})$ bezeichnet wird, ist ein mn-Block-Kryptosystem der Form

$$\mathcal{B}(\mathcal{N}) = (\{0,1\}^{mn}, \{0,1\}^s, \{0,1\}^{mn}, E, D) \ , \tag{4.2.2}$$

Algorithmus 4.1 Chiffrieralgorithmus für ein SPKS

$E(x: \{0,1\}^{mn}, k: \{0,1\}^s): \{0,1\}^{mn}$

1. *initialer Weißschritt (Rundenschlüsseladdition)*
   $u = x \oplus K(k, 0)$
2. $r - 1$ *reguläre Runden*
   für $i = 1$ bis $r - 1$
     a. *Wortsubstitutionen*
       für $j = 0$ bis $m - 1$
         $v^{(j)} = S(u^{(j)})$
     b. *Bitpermutation*
       $w = v^\beta$
     c. *Rundenschlüsseladdition*
       $u = w \oplus K(k, i)$
3. *abschließende verkürzte Runde (ohne Bitpermutation)*
   für $j = 0$ bis $m - 1$
       $v^{(j)} = S(u^{(j)})$
   $y = v \oplus K(k, r)$
   gib y zurück

---

dessen Chiffrierfunktion E durch Algorithmus 4.1 definiert ist. Die Definition der Dechiffrierfunktion D wird vorerst zurückgestellt.   ◁

Am besten lassen sich SPKS durch Blockschaltbilder veranschaulichen. Dazu betrachten wir das bereits erwähnte Beispiel.

Beispiel 4.2.1. Wir wählen ein SPKS mit Wortanzahl $m = 3$, Wortlänge $n = 4$, Rundenanzahl $r = 3$, Schlüssellänge $s = 24$ und einer Rundenschlüsselfunktion, die durch $K(k, i) = k^{(i)} k^{(i+1)} k^{(i+2)}$ definiert ist. Die Bitpermutation soll gegeben sein durch

0	1	2	3	4	5	6	7	8	9	10	11
4	5	8	9	0	1	10	11	2	3	6	7

,

während die S-Box durch

0000	0001	0010	0011	0100	0101	0110	0111	1000	1001	1010	1011	1100	1101	1110	1111
0101	0100	1101	0001	0011	1100	1011	1000	1010	0010	0110	1111	1001	1110	0000	0111

definiert ist. Die Berechnung des Chiffretextes aus dem Klartext ist in Abbildung 4.1 wiedergegeben, allerdings ohne Berücksichtigung der Einzelheiten der S-Box.   ◁

Der erste Schritt bei der Verschlüsselung besteht also aus einer *Rundenschlüsseladdition*, dem sogenannten *Weißschritt*, der verhindern soll, dass Angreifer ohne Kenntnis des Schlüssels überhaupt anfangen, den Chiffrieralgorithmus auszuführen. Dann folgen $r - 1$ *Runden*, von denen jede aus drei Schritten besteht: 1. der mehrfachen parallelen Anwendung einer Substitution auf *Wörtern*, also der mehrfachen parallelen Anwendung einer *Wortsubstitution*, 2. der Anwendung einer Permutation aller Bits, der *Bitpermutation*, und 3. einer *Rundenschlüsseladdition*. Es folgt eine *verkürzte letzte Runde*, in der die Bitpermutation fehlt.

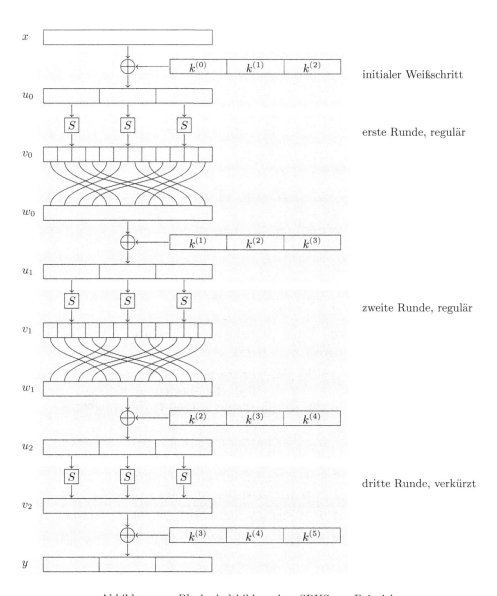

Abbildung 4.1: Blockschaltbild zu dem SPKS aus Beispiel 4.2.1

Die Forderung nach einem selbstinversen β und die Festlegung auf eine verkürzte letzte Runde haben den Vorteil, dass die Dechiffrierung der Chiffrierung sehr ähnlich ist. Sie kann einfach durch den Chiffrieralgorithmus erfolgen, sofern man die S-Box durch ihr Inverses ersetzt und die folgende modifizierte Rundenschlüsselfunktion benutzt:

$$K'(k, i) = \begin{cases} K(k, r - i) \,, & \text{falls } i \in \{0, r\}, \\ K(k, r - i)^\beta \,, & \text{sonst.} \end{cases} \tag{4.2.3}$$

Dass dies korrekt ist, kann man leicht am Blockschaltbild in Abbildung 4.1 nachvollziehen: Dechiffrieren kann man offensichtlich dadurch, dass man das Netzwerk in Abbildung 4.1 von unten nach oben durchläuft. Die ersten beiden Schritte bestehen also darin, zunächst den letzten Rundenschlüssel zu y zu addieren und dann für jedes resultierende Wort die Transformation der S-Box zu invertieren. Durchläuft man das Netzwerk stattdessen von oben nach unten, so sind die durchgeführten ersten beiden Schritte ähnlich, nur dass der erste Rundenschlüssel durch den letzten ersetzt werden muss und die S-Boxen durch ihr Inverses. Problematisch sind die folgenden Schritte. Durchläuft man das Netzwerk weiter von unten nach oben, dann folgt nun zunächst eine Rundenschlüsseladdition (mit dem vorletzten Rundenschlüssel) und dann eine Bitpermutation. Im Gegensatz dazu wird beim weiteren Durchlauf von oben nach unten nun zunächst die Bitpermutation und dann die Rundenschlüsseladdition durchgeführt. Glücklicherweise kann man diese beiden Operationen vertauschen, denn es gilt:

$$(u_2 \oplus K(k, 2))^{\beta^{-1}} = (u_2 \oplus K(k, 2))^\beta = u_2^\beta \oplus K(k, 2)^\beta \,,$$

wobei die zweite Gleichheit leicht einzusehen ist und die erste Gleichheit gilt, da β selbstinvers ist. Statt also zunächst die Rundenschlüsseladdition anzuwenden und dann zu permutieren, kann man auch zunächst permutieren, was u_2^β liefert, und daran anschließend die Rundenschlüsseladdition mit dem permutierten Rundenschlüssel $K(k, 2)^\beta$ anwenden. Iteriert man dieses Argument, so erhält man, auch im allgemeinen Fall:

Proposition 4.2.1 (Dechiffrierung SPKS). *Es sei $\mathcal{N}$ ein SPN und $\mathcal{N}'$ das SPN, das aus $\mathcal{N}$ durch Ersetzen der S-Box durch ihr Inverses und durch Austauschen der Rundenschlüsselfunktion gemäß (4.2.3) entsteht.*

Dann ist die Dechiffrierfunktion von $\mathcal{B}(\mathcal{N})$ durch die Chiffrierfunktion von $\mathcal{B}(\mathcal{N}')$ gegeben. □

Auch bei modernen Block-Kryptosystemen, wie z. B. AES (siehe Abschnitt 4.5), ergibt sich die Dechiffrierfunktion durch leichte Modifikation der Chiffrierfunktion. Dies hat den Vorteil, dass weniger Hardwarekomponenten benötigt werden, wenn man ein solches Kryptosystem durch spezielle Hardware realisiert, was wiederum mit geringeren Kosten verbunden ist.

Sicherheit soll bei SPKS erreicht werden durch eine Kombination der drei Bestandteile: Rundenschlüsseladdition, Wortsubstitution und Bitpermutation. In Aufgabe 4.9.6 wird diskutiert, was passiert, wenn man auf die Wortsubstitution verzichtet. Wenn alle Bestandteile eines SPKS geeignet gewählt werden und die Parameter groß genug sind, so dass der Schlüsselraum nicht einfach durchsucht werden kann, etwa $s = mn = 128$, so ist es nicht leicht, ein SPKS zu brechen. In der Tat hat es einige Zeit gedauert, bis Techniken entwickelt wurden, die unter gewissen Umständen erfolgreich sind. Eine dieser Techniken werden wir nun kennenlernen.

4.3   Lineare Kryptanalyse

In diesem Abschnitt stellen wir den Ansatz der linearen Kryptanalyse vor. Um die folgenden Überlegungen besser zu veranschaulichen, werden wir immer wieder Bezug nehmen auf das SPKS aus Beispiel 4.2.1. Bevor wir aber die lineare Kryptanalyse besprechen, gehen wir kurz auf einen Angriff auf Block-Kryptosysteme ein, der prinzipiell immer möglich ist, die erschöpfende Schlüsselsuche. Diese ergänzt die lineare Kryptanalyse.

Erschöpfende Schlüsselsuche

Bei der erschöpfenden Schlüsselsuche (*exhaustive key search* oder *brute force attack*) geht man davon aus, dass der Angreifer eine Menge T von Klartext-Chiffretext-Paaren gegeben hat, wobei immer derselbe Schlüssel k zur Verschlüsselung verwendet wurde; in der Terminologie von Abschnitt 2.4 geht man also von einem Angriff mit bekannten Klartexten aus. Hat man Informationen über die Klartexte, z. B., dass es sich um Texte in deutscher Sprache handelt, dann funktioniert die erschöpfende Suche auch, wenn nur die Chiffretexte ohne Klartexte gegeben sind (Nur-Chiffretext-Angriff). Ziel der erschöpfenden Schlüsselsuche ist es, den Schlüssel k zu finden.

Wie der Name andeutet, geht man bei der erschöpfenden Schlüsselsuche alle Schlüssel durch und entschlüsselt mit jedem dieser Schlüssel die gegebenen Chiffretexte. Diejenigen Schlüssel, für die die Dechiffrierung genau die gegebenen Klartexte liefert (oder Klartexte, die, im Fall des Nur-Chiffretext-Angriffs, der Vorinformation entsprechen, z. B., deutscher Text), sind Schlüsselkandidaten. Häufig erhält man auf diese Weise genau einen Schlüsselkandidaten, der dann auch der gesuchte Schlüssel k ist.

Aus der obigen Überlegung heraus ergibt sich eine grundsätzliche Forderung an die Anzahl der in einem Block-Kryptosystem verfügbaren Schlüssel. Wenn wir zum Beispiel möchten, dass ein Chiffretext für mindestens 20 Jahre sicher sein soll, so sprechen wir ungefähr über $20 \cdot 365 \cdot 24 \cdot 60 \cdot 60$ Sekunden, was etwa $6 \cdot 10^8$ Sekunden sind. Nehmen wir an, uns würden zum Dechiffrieren Prozessoren mit Taktfrequenzen im Bereich von 10 ZettaHertz ($= 10^{22}$ Hz) zur Verfügung stehen und davon etwa eine Million, dann hätten wir insgesamt $6 \cdot 10^{36}$ Taktzyklen zur Dechiffrierung zur Verfügung. Zur Basis 2 umgerechnet sind das ungefähr 2^{123} Taktzyklen. Wenn wir des Weiteren optimistisch annehmen, dass wir eine Dechiffrierung in einem Taktzyklus durchführen können, dann bedeutet dies, dass die Schlüssel aus mindestens 123 Bits bestehen sollten. Umgekehrt bedeutet das aber auch, dass 128 bis 256 Bits (heutzutage gängige Größen) ausreichend sind, wenn unser System so sicher ist, dass man nur mit einer erschöpfenden Schlüsselsuche zum Erfolg kommen kann.

Zielsetzung und grobe Idee der linearen Kryptanalyse

Die lineare Kryptanalyse ist, wie die erschöpfende Schlüsselsuche, ein Angriff mit bekannten Klartexten, d. h., der Angreifer kennt eine Menge T von Klartext-Chiffretext-Paaren, wobei immer derselbe Schlüssel zur Verschlüsselung verwendet wurde. Auch hier ist letztlich das Ziel des Angreifers, den benutzten Schlüssel zu bestimmen oder zumindest eine kleine Menge von Schlüsseln, die für den benutzten Schlüssel in Frage kommen; wir wollen wie zuvor von *Kandidaten* für den benutzten Schlüssel sprechen.

Im Gegensatz zur erschöpfenden Suche, bei der der Aufwand sehr hoch sein kann, da im schlimmsten Fall alle Schlüssel durchprobiert werden müssen, ermöglicht es die lineare Kryptanalyse, Teile des verwendeten Schlüssels mit relativ geringem Aufwand zu bestimmen. Die restlichen Teile des Schlüssels kann man dann versuchen, durch iteriertes Anwenden der linearen Kryptanalyse oder durch erschöpfende Suche zu bestimmen.

Genauer zielt der Angriff bei der linearen Kryptanalyse darauf ab, eines der Wörter des letzten Rundenschlüssels zu bestimmen bzw. wenige Kandidaten für ein solches Wort zu finden. Von einem solchen Wort versucht man dann, auf Bits im eigentlichen Schlüssel zu schließen. In Beispiel 4.2.1 ist denn auch Wort i des letzten Rundenschlüssels identisch mit Wort $i+3$ des eigentlichen Schlüssels: $K(k,3)^{(i)} = k^{(i+3)}$. Hat man also zum Beispiel Wort 1 des letzten Rundenschlüssels bestimmt, so kennt man auch Wort 4 des benutzten Schlüssels.

Um beschreiben zu können, wie man das gesuchte Rundenschlüsselwort bestimmt (bzw. Kandidaten dafür findet), führen wir einige neue Begriffe ein. Wir benutzen die Bezeichnung *Vorchiffretext* für das Zwischenergebnis vor der letzten Runde (u_{r-1}). Dieses bezeichnen wir auch mit z. Wir nennen den letzten Rundenschlüssel den *Finalschlüssel*. Die Abbildung, die Klar- auf Vorchiffretext abbildet, bezeichnen wir mit E_0, und die Abbildung, die Vorchiffretext auf Chiffretext abbildet, bezeichnen wir mit E_1, d. h., $E_0(x,k)$ bezeichnet den Vorchiffretext zu x und k und der Chiffretext ist $E_1(E_0(x,k),k)$. Dabei ist zu beachten, dass E_1 eine relativ einfache Abbildung ist, denn es gilt für jedes Vorchiffretext-Chiffretext-Paar (z,y):

$$y^{(t)} = E_1(z,k)^{(t)} = S(z^{(t)}) \oplus K(k,r)^{(t)} \qquad \text{für alle } t < m. \qquad (4.3.1)$$

Oder anders ausgedrückt:

$$z^{(t)} = S^{-1}(y^{(t)} \oplus K(k,r)^{(t)}) \qquad \text{für alle } t < m. \qquad (4.3.2)$$

Für den Rest des Abschnitts wählen wir nun t fest und bezeichnen $z^{(t)}$ als *Vorchiffrewort* und $K(k,r)^{(t)}$ als *Finalschlüsselwort*. Letzteres ist der Bitvektor, den wir bestimmen möchten.

Wäre eine Prozedur TEST gegeben, die mit hoher Erfolgswahrscheinlichkeit feststellt, ob eine Menge $U \subseteq \{0,1\}^{mn} \times \{0,1\}^n$ überhaupt aus Klartext-Vorchiffrewort-Paaren zu *irgendeinem* Schlüssel besteht, d. h., ob ein Schlüssel k existiert mit $z = E_0(x,k)^{(t)}$ für alle $(x,z) \in U$, dann könnten wir mit folgendem Algorithmus leicht Kandidaten für das Finalschlüsselwort finden:

FINALSCHLÜSSELWORTSUCHE(T)

Vorbedingung: T Menge von Klartext-Chiffretext-Paaren zu einem unbekannten Schlüssel

 Durchlaufe alle Finalschlüsselwörter.
 für $\kappa \in \{0,1\}^m$
  a. *Bestimme hypothetische Klartext-Vorchiffrewort-Paare.*
   $U = \{(x, S^{-1}(y^{(t)} \oplus \kappa)) \mid (x,y) \in T\}$
  b. *Teste hypothetische Menge U.*
   falls TEST(U)
    gib »κ ist Kandidat für das Finalschlüsselwort« aus

Eine naive Umsetzung des Tests TEST(U), bei der für alle Schlüssel k probiert wird, ob $z = E_0(x,k)^{(t)}$ für alle $(x,z) \in U$ erfüllt ist, wäre natürlich wegen der Größe des Schlüsselraums unmöglich. Stattdessen sollte TEST eine *schlüsselinvariante Eigenschaft* des Kryptosystems ausnutzen, die zudem leicht überprüfbar sein sollte.

Ist das betrachtete Wort κ im beschriebenen Algorithmus für die Finalschlüsselwortsuche tatsächlich das gesuchte Finalschlüsselwort, so sollte TEST(U) (mit hoher Wahrscheinlichkeit) erfüllt sein. Ist dagegen κ nicht das gesuchte Wort, so ist die Hoffnung, dass durch Verwenden dieses falschen Wortes die schlüsselinvariante Eigenschaft zerstört wird, der Test also fehlschlägt. Ist dies für fast alle Wörter κ der Fall, dann ist die Kandidatenmenge für das Finalschlüsselwort klein.

Nun stellt sich natürlich die Frage, wie die Prozedur TEST und damit die schlüsselinvariante Eigenschaft des Kryptosystems aussehen könnte. Bei der linearen Kryptanalyse ist die Idee wie folgt: Man sucht eine lineare Gleichung in den Klartext-Bits und den Vorchiffrewort-Bits, die auf deutlich mehr als die Hälfte oder auf deutlich weniger als die Hälfte aller Klartext-Vorchiffrewort-Paare zutrifft, *unabhängig* vom verwendeten Schlüssel. Für jeden Schlüssel k sollten also deutlich mehr oder deutlich weniger als die Hälfte aller Paare in $\{(x, E_0(x,k)^{(t)}) \mid x \in \{0,1\}^{mn}\}$ die Gleichung erfüllen. Wir werden zunächst annehmen, dass eine solche Gleichung gegeben ist, und uns später überlegen, wie eine solche Gleichung bestimmt werden kann.

Die beschriebenen Gleichungen haben also die folgende Form:

$$x(i_0) \oplus \cdots \oplus x(i_{p-1}) = z^{(t)}(j_0) \oplus \cdots \oplus z^{(t)}(j_{q-1}) \ , \tag{4.3.3}$$

wobei $0 \le i_l < mn$ für alle $l < p$ und $j_l < n$ für alle $l < q$ gelten sollte. Ohne Einschränkung nehmen wir an, dass keine Variable mehrfach vorkommt.

Mit einer solchen Gleichung kann TEST im Fall der linearen Kryptanalyse wie folgt implementiert werden, wobei δ eine zu wählende kleine positive reelle Zahl, der sogenannte *Schwellwert*, ist:

LINEARERAPPROXIMATIONSTEST(U)

Vorbedingung: $U \subseteq \{0,1\}^{mn} \times \{0,1\}^n$

 1. *Initialisiere Zähler für Anzahl der erfüllenden Paare.*
  $c = 0$

2. *Durchlaufe alle Klartext-Vorchiffrewort-Paare.*
   für $(x, \zeta) \in U$
       falls $x(i_0) \oplus \cdots \oplus x(i_{p-1}) = \zeta(j_0) \oplus \cdots \oplus \zeta(j_{q-1})$
       $c = c + 1$
3. *Überprüfe Anzahl der erfüllenden Paare.*
   falls $2 \cdot |c/|U| - 1/2| \geq \delta$
       gib »wahr« zurück
   sonst
       gib »falsch« zurück

Der Ausdruck $2 \cdot |c/|U| - 1/2|$ im dritten Schritt erfüllt nur den Zweck einer Normierung. In dem Fall, dass $c = |U|$ oder $c = 0$ gilt, nimmt dieser Ausdruck den Wert 1 an.

Der obige Test bestimmt nicht mit Sicherheit, ob U die gewünschte Eigenschaft besitzt, d. h., ob ein Schlüssel k existiert mit $U = \{(x, E_0(x, k)^{(t)}) \mid (x, z) \in U$ für ein $z\}$. In der Praxis zeigt sich aber, dass der Test gut funktioniert.

Bevor wir uns nun der Frage zuwenden, wie man Gleichungen wie (4.3.3) mit den beschriebenen Eigenschaften zu einem gegebenen SPKS findet (und warum es diese überhaupt gibt), wollen wir noch einige Definitionen treffen, um die Güte solcher Gleichungen quantitativ erfassen zu können.

Lineare Abhängigkeiten

Zunächst führen wir eine Kurzschreibweise für Gleichungen wie (4.3.3) ein. Es seien natürliche Zahlen a und b, Bitvektoren $x \in \{0,1\}^a$, $y \in \{0,1\}^b$ sowie ein Indexpaar (I, J) mit $I \subseteq [a]$ und $J \subseteq [b]$ gegeben. (Zur Erinnerung: $[a] = \{0, \ldots, a - 1\}$, analog für $[b]$.) Dann bezeichnet $G_I^J(x, y)$ die Gleichung

$$\bigoplus_{i \in I} x(i) = \bigoplus_{j \in J} y(j).$$

Man beachte, dass die Gleichung $G_I^J(x, y)$ äquivalent ist zu

$$\bigoplus_{i \in I} x(i) \oplus \bigoplus_{j \in J} y(j) = 0.$$

Ist nun ein Indexpaar (I, J) gegeben und ebenfalls eine Funktion $f : \{0,1\}^a \to \{0,1\}^b$, so sei $n_I^J[f]$ die Zahl, die angibt, wie oft $G_I^J(x, f(x))$ *nicht* zutrifft, also

$$n_I^J[f] = \sum_{x \in \{0,1\}^a} \left(\bigoplus_{i \in I} x(i) \oplus \bigoplus_{j \in J} f(x)(j) \right). \tag{4.3.4}$$

Man beachte hier, dass das Summenzeichen wie üblich für die Addition von Zahlen steht; es steht nicht für das exklusive Oder.

Beispiel 4.3.1 (Beispiel 4.2.1 fortgef.). Wenn wir für f die S-Box S aus Beispiel 4.2.1 und $I = \{0, 1, 3\}$ sowie $J = \{2\}$ wählen, dann erhalten wir $n_I^J[f] = 12$, denn die Gleichung

$x(0) \oplus x(1) \oplus x(3) = S(x)(2)$ trifft genau 12-mal auf die Argument-Wert-Paare der S-Box zu. ◁

Da wir eigentlich daran interessiert sein werden, ob $n_I^J[f]$ weit von der Hälfte der Anzahl der Eingaben entfernt ist, normieren wir diesen Wert und definieren:

$$\epsilon_I^J[f] = 1 - 2\frac{n_I^J[f]}{2^a} \; . \tag{4.3.5}$$

Wir nennen $\epsilon_I^J[f]$ die *Ausrichtung* von f bezüglich I und J. Offensichtlich gilt $\epsilon_I^J[f] \in [-1, 1]$. Außerdem ist die Ausrichtung genau 1, wenn die Gleichung $G_I^J(x, f(x))$ für alle Bitvektoren $x \in \{0,1\}^a$ zutrifft, genau -1, wenn sie für kein $x \in \{0,1\}^a$ zutrifft, und genau 0, wenn sie auf die Hälfte aller Bitvektoren $x \in \{0,1\}^a$ zutrifft.

Beispiel 4.3.2 (Beispiel 4.2.1 fortgef.)**.** Wählen wir f, I und J wie in Beispiel 4.3.1, so erhalten wir $\epsilon_I^J[f] = 1/2$. ◁

Definition 4.3.1. Es seien f, I und J wie oben. Das Paar (I, J) bezeichnet eine *lineare Abhängigkeit* für f bzgl. eines vorgegebenen Schwellwertes δ, wenn $|\epsilon_I^J[f]| \geq \delta$ gilt. Ist der Schwellwert sogar 1, so sprechen wir von einer *idealen linearen Abhängigkeit*. ◁

Beispiel 4.3.3 (Beispiel 4.2.1 fortgef.)**.** Eine nicht triviale ideale lineare Abhängigkeit liegt für die S-Box nicht vor, denn nur für $I = J = \emptyset$ erhalten wir $|\epsilon_I^J[f]| = 1$. ◁

Jetzt können wir genauer sagen, nach welcher schlüsselinvarianten Eigenschaft eines SPKS wir im Rahmen der linearen Kryptanalyse suchen, nämlich nach einer linearen Abhängigkeit für das SPKS:

Definition 4.3.2. Ein Paar (I, J) mit $I \subseteq [mn]$ und $\emptyset \neq J \subseteq [n]$ heißt *lineare Abhängigkeit für das SPKS* (4.2.2) bzgl. eines Schwellwertes $\delta \geq 0$ und dem t-ten Finalschlüsselwort, falls (I, J) für $E_0(\cdot, k)^{(t)}$ und für *jeden* Schlüssel k eine lineare Abhängigkeit bzgl. δ ist. ◁

Abschließend wollen wir noch eine neue Sicht auf die Ausrichtung einer Funktion bzgl. eines Indexpaares entwickeln. Dazu seien f, I und J wie üblich gegeben und die Zufallsvariable $X_I^J[f] \colon \{0,1\}^a \to \{-1, 1\}$ sei definiert durch

$$X_I^J[f](x) = 1 - 2\left(\bigoplus_{i \in I} x(i) \oplus \bigoplus_{j \in J} f(x)(j)\right) \tag{4.3.6}$$

für alle $x \in \{0,1\}^a$. Der zugrunde liegende Wahrscheinlichkeitsraum ist die Gleichverteilung auf $\{0,1\}^a$. Diese Zufallsvariable steht in direktem Zusammenhang zu $\epsilon_I^J[f]$:

Lemma 4.3.1. *Es sei $f \colon \{0,1\}^a \to \{0,1\}^b$ gegeben und zusätzlich $I \subseteq [a]$ und $J \subseteq [b]$. Dann gilt*

$$\epsilon_I^J[f] = \mathrm{Exp}\left(X_I^J[f]\right) \; . \tag{4.3.7}$$

Beweis. Zum Beweis betrachten wir die folgende Gleichungskette:

$$\epsilon_I^J[f] = 1 - 2\frac{n_I^J[f]}{2^a} \qquad \text{Definition der Ausrichtung}$$

$$= 1 - \frac{2}{2^a} \sum_{x \in \{0,1\}^a} (\bigoplus_{i \in I} x(i) \oplus \bigoplus_{j \in J} f(x)(j)) \qquad \text{Definition von } n_I^J[f]$$

$$= \sum_{x \in \{0,1\}^a} (1 - 2(\bigoplus_{i \in I} x(i) \oplus \bigoplus_{j \in J} f(x)(j))) \cdot 2^{-a} \qquad \text{elementare Umformungen}$$

$$= \sum_{x \in \{0,1\}^a} X_I^J[f](x) \cdot 2^{-a} \qquad \text{Definition von } X_I^J[f]$$

$$= \mathrm{Exp}\left(X_I^J[f]\right) \ .$$

$\square$

Aufspüren linearer Abhängigkeiten

Wir überlegen uns nun, wie man lineare Abhängigkeiten für ein SPKS findet. Ein naiver Ansatz wäre der folgende:

Wir wählen zufällig ein Indexpaar (I, J) mit $I \subseteq [mn]$ und $\emptyset \neq J \subseteq [n]$. Nun bestimmen wir für jeden Schlüssel k die Ausrichtung $\epsilon_I^J[E_0(\cdot, k)]$. Diese können wir bestimmen, in dem wir $n_I^J[E_0(\cdot, k)]$ berechnen. Wir wählen nun $\delta = \min\{\epsilon_I^J[E_0(\cdot, k)] \mid k \in \{0,1\}^s\}$. Damit ist (I, J) eine lineare Abhängigkeit für das SPKS mit Schwellwert δ. Diese sollten wir allerdings nur verwenden, wenn δ ausreichend groß ist, etwa $\delta \geq 1/8$. Ansonsten würden wir keine aussagekräftige lineare Abhängigkeit erhalten. Ist δ zu klein, dann raten wir ein anderes Indexpaar (I, J) und so weiter.

Dieser Ansatz ist natürlich völlig unpraktikabel, da wir, um festzustellen, ob (I, J) eine (gute) lineare Abhängigkeit ist, alle Klartexte und Schlüssel durchlaufen müssten, was mindestens genauso aufwändig ist wie die erschöpfende Suche. Wir müssen also einen Weg finden, lineare Abhängigkeiten zu finden, ohne den gesamten Schlüssel- und Klartextraum zu durchlaufen.

Die Idee dazu ist die folgende: Wir bestimmen zunächst eine lineare Abhängigkeit für eine S-Box; dies ist relativ leicht möglich, da S-Boxen schlüsselunabhängige Abbildungen mit nur kleinen Definitions- und Wertebereichen sind. Diese lineare Abhängigkeit erweitern wir dann auf das gesamte SPKS. Wir stellen die Vorgehensweise nun im Detail dar.

Für die S-Box stellt man die Werte $\epsilon_I^J[S]$ für alle Indexmengen I und J in einer Tabelle zusammen, die *lineare Approximationstabelle* für S genannt wird. Der Einfachheit halber identifiziert man eine Indexmenge $I \subseteq [n]$ mit dem Bitvektor $u \in \{0,1\}^n$, der wie folgt definiert ist: $u(i) = 1$ genau dann, wenn $i \in I$, für jedes $i < n$.

Beispiel 4.3.4 (Beispiel 4.2.1 fortgef.). Die lineare Approximationstabelle für die S-Box aus Beispiel 4.2.1 ist in Tabelle 4.1 dargestellt. Der größte auftretende Wert, außer dem Wert in der linken oberen Ecke, ist $3/4$, der kleinste auftretende Wert ist $-1/2$. Zum

Tabelle 4.1 Lineare Approximationstabelle für die S-Box aus Beispiel 4.2.1

$x \setminus S(x)$	0000	0001	0010	0011	0100	0101	0110	0111	1000	1001	1010	1011	1100	1101	1110	1111
0000	1	0	0	0	0	0	0	0	0	0	0	0	0	0	0	0
0001	0	-1/4	0	-1/4	1/4	0	-1/4	1/2	0	1/4	0	1/4	-1/4	0	1/4	1/2
0010	0	1/4	0	-1/4	0	-1/4	-1/2	-1/4	0	-1/4	0	1/4	0	1/4	-1/2	1/4
0011	0	-1/2	0	0	1/4	1/4	1/4	-1/4	0	-1/2	0	0	-1/4	-1/4	-1/4	1/4
0100	0	0	0	-1/2	-1/4	1/4	-1/4	-1/4	1/4	1/4	1/4	1/4	-1/4	0	-1/2	0	0
0101	0	1/4	0	-1/4	-1/2	1/4	0	1/4	-1/4	-1/2	-1/4	0	-1/4	0	1/4	0
0110	0	1/4	0	1/4	1/4	1/2	-1/4	0	1/4	0	1/4	0	-1/2	1/4	0	-1/4
0111	0	0	0	0	0	0	0	0	-1/4	-1/4	3/4	-1/4	1/4	1/4	1/4	1/4
1000	0	-1/4	1/2	1/4	0	-1/4	-1/2	1/4	0	-1/4	0	-1/4	0	-1/4	0	-1/4
1001	0	-1/2	-1/2	0	-1/4	1/4	-1/4	1/4	0	0	0	0	1/4	1/4	-1/4	-1/4
1010	0	0	0	1/2	-1/2	0	0	0	1/2	0	0	0	0	0	0	1/2
1011	0	1/4	0	-1/4	1/4	0	1/4	1/2	1/2	-1/4	0	-1/4	1/4	0	-1/4	0
1100	0	-1/4	1/2	-1/4	-1/4	0	1/4	0	1/4	0	1/4	1/2	0	1/4	0	-1/4
1101	0	0	1/2	0	0	1/2	0	0	-1/4	1/4	-1/4	-1/4	1/4	1/4	-1/4	1/4
1110	0	0	0	0	-1/4	-1/4	1/4	1/4	-1/4	1/4	1/4	-1/4	-1/2	0	-1/2	0
1111	0	-1/4	0	-1/4	0	-1/4	0	-1/4	1/4	0	-1/4	-1/2	-1/4	1/2	1/4	0

Beispiel ist der Eintrag bei 0110 für x und 0101 für $S(x)$ die Zahl 1/2, was bedeutet, dass die Gleichung $x(1) \oplus x(2) = S(x)(1) \oplus S(x)(3)$ in 12 von 16 Fällen erfüllt ist.   ◁

Wir schauen uns nun an, wie eine lineare Abhängigkeit für die S-Box auf das gesamte SPKS erweitert werden kann.

Dazu betrachten wir zunächst die Abbildungen 4.2, (a)–(d). Diese veranschaulichen Operationen, aus denen ein SPKS zusammengesetzt wird: (a) Parallelschaltung von zwei Funktionsblöcken, (b) Permutation der Ausgänge eines Funktionsblocks (analog: Permutation der Eingänge eines Funktionsblocks), (c) Addieren eines konstanten Bitvektors zur Ausgabe (analog: zur Eingabe) und (d) Hintereinanderschaltung zweier Funktionsblöcke.

Wir werden im Folgenden sehen, dass lineare Abhängigkeiten für Teilfunktionen nach Anwendung der beschriebenen Operationen im Wesentlichen erhalten bleiben bzw. nicht vollends zerstört werden; wirklich problematisch ist lediglich die Hintereinanderschaltung. Die für Teilfunktionen ermittelten linearen Abhängigkeiten können wir also sukzessive auf komplexere Funktionen erweitern, bis wir schließlich eine lineare Abhängigkeit für das gesamte SPKS erhalten.

Zunächst betrachten wir den Fall der Parallelschaltung (Abbildung 4.2, (a)), welche später für die Parallelschaltung der S-Boxen wichtig sein wird. Im folgenden Lemma bezeichnet, wie üblich, $v \cdot w$ die Konkatenation von Bitvektoren v und w.

Lemma 4.3.2. *Es seien* $f\colon \{0,1\}^a \to \{0,1\}^b$ *und* $f'\colon \{0,1\}^{a'} \to \{0,1\}^{b'}$ *zwei Funktionen und* $h\colon \{0,1\}^{a+a'} \to \{0,1\}^{b+b'}$ *definiert durch* $h(x \cdot x') = f(x) \cdot f'(x')$ *für alle* $x \in \{0,1\}^a$ *und* $x' \in \{0,1\}^{a'}$. *Es seien zusätzlich* (I, J) *und* (I', J') *Indexpaare für* f *bzw.* f'.

Für $L = I \cup \{a + i \mid i \in I'\}$ *und* $M = J \cup \{b + j \mid j \in J'\}$ *gilt dann*

$$\epsilon_L^M[h] = \epsilon_I^J[f] \cdot \epsilon_{I'}^{J'}[f'] \ . \tag{4.3.8}$$

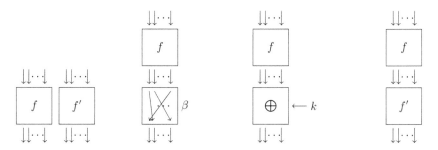

a: Parallelschaltung b: Bitpermutation c: Konstantenaddition d: Hintereinanderschaltung

Abbildung 4.2: Operationen zum Aufbau eines SPKS

Beweis. Wir halten zunächst fest, dass für die Funktion $H\colon \{0,1\} \to \{-1,1\}$, die durch $H(x) = 1 - 2x$ definiert ist,

$$H(x \oplus x') = H(x) \cdot H(x') \qquad\qquad \text{für } x, x' \in \{0,1\} \qquad (4.3.9)$$

gilt, wobei hier »·« die Multiplikation bezeichnet. Zudem verwenden wir im Folgenden die Darstellung der Ausrichtung aus Lemma 4.3.1 und erhalten:

$$\epsilon_L^M[h] = 2^{-(a+a')} \sum_{\substack{x\in\{0,1\}^a \\ x'\in\{0,1\}^{a'}}} (1 - 2(\bigoplus_{i\in I} x(i) \oplus \bigoplus_{i'\in I'} x'(i') \oplus \bigoplus_{j\in M} h(x \cdot x')(j)))$$

$$= 2^{-(a+a')} \sum_{\substack{x\in\{0,1\}^a \\ x'\in\{0,1\}^{a'}}} (1 - 2(\bigoplus_{i\in I} x(i) \oplus \bigoplus_{j\in J} f(x)(j) \oplus \bigoplus_{i'\in I'} x'(i') \oplus \bigoplus_{j'\in J'} f'(x')(j')))$$

$$\overset{(1)}{=} 2^{-(a+a')} \sum_{\substack{x\in\{0,1\}^a \\ x'\in\{0,1\}^{a'}}} X_I^J[f](x) \cdot X_{I'}^{J'}[f'](x')$$

$$= 2^{-a} \sum_{x\in\{0,1\}^a} X_I^J[f](x) \cdot 2^{-a'} \sum_{x'\in\{0,1\}^{a'}} X_{I'}^{J'}[f'](x')$$

$$= 2^{-a} \sum_{x\in\{0,1\}^a} X_I^J[f](x) \cdot \epsilon_{I'}^{J'}[f']$$

$$= \epsilon_I^J[f] \cdot \epsilon_{I'}^{J'}[f'] \; ,$$

wobei wir (1) wegen (4.3.9) erhalten. □

Aus dem Lemma folgt insbesondere, dass (L, M) für h eine ideale lineare Abhängigkeit ist, wenn (I, J) eine ideale lineare Abhängigkeit für f und (I', J') eine ideale lineare Abhängigkeit für f' ist.

Beispiel 4.3.5 (Beispiel 4.2.1 fortgef.). In unserem Beispiel gilt für die S-Box S und $I = \{3\}$, $J = \{2,3\}$, $I' = \{1,3\}$, $J' = \{1\}$: $\epsilon_I^J[S] = -1/4$ und $\epsilon_{I'}^{J'}[S] = -1/2$. Damit erhalten wir für $h(x \cdot x') = S(x) \cdot S(x')$ sowie L und M definiert wie im obigen Lemma: $\epsilon_L^M[h] = 1/8$. Die Gleichungen, um die es geht, sind:

$$x(3) = S(x)(2) \oplus S(x)(3) \ ,$$
$$x'(1) \oplus x'(3) = S(x')(1) \ ,$$
$$x''(3) \oplus x''(5) \oplus x''(7) = h(x'')(2) \oplus h(x'')(3) \oplus h(x'')(5) \ .$$

Dabei ergibt sich in der letzten Gleichung $x''(3)$ aus $x(3)$, $x''(5) \oplus x''(7)$ aus $x'(1) \oplus x'(3)$, $h(x'')(2) \oplus h(x'')(3)$ aus $S(x)(2) \oplus S(x)(3)$ und $h(x'')(5)$ aus $S(x')(1)$.   ◁

Für Bitpermutationen (siehe Abbildung 4.2, (b)) gibt es ein entsprechendes Lemma, das jedoch einen trivialen Beweis hat.

Lemma 4.3.3. *Es sei $f \colon \{0,1\}^a \to \{0,1\}^b$ eine Funktion, (I, J) ein Indexpaar mit $I \subseteq [a]$, $J \subseteq [b]$ und $\beta \in \mathcal{P}_{[b]}$. Es sei zusätzlich $h \colon \{0,1\}^a \to \{0,1\}^b$ definiert durch $h(x) = f(x)^\beta$ für jedes $x \in \{0,1\}^a$.*
Für $J' = \{\beta(j) \mid j \in J\}$ gilt

$$\epsilon_I^{J'}[h] = \epsilon_I^J[f] \ . \tag{4.3.10}$$

Analoges gilt für die Funktion h, die durch $h(x) = f(x^\beta)$ für jedes $x \in \{0,1\}^a$ definiert ist.   □

Das Lemma formalisiert das, was man erwarten würde: Transformiert man die Indizes der Variablen auf der rechten Seite einer linearen Abhängigkeit gemäß der angewendeten Bitpermutation, so verändert sich die Ausrichtung nicht.

Eine weitere leicht zu berücksichtigende Operation ist das Addieren eines konstanten Bitvektors (Abbildung 4.2, (c)).

Lemma 4.3.4. *Es sei $f \colon \{0,1\}^a \to \{0,1\}^b$ eine Funktion, (I, J) ein Indexpaar mit $I \subseteq [a]$, $J \subseteq [b]$ und $k \in \{0,1\}^b$. Es sei zusätzlich $h \colon \{0,1\}^a \to \{0,1\}^b$ definiert durch $h(x) = f(x) \oplus k$ für jedes $x \in \{0,1\}^a$.*
Dann gilt

$$\epsilon_I^J[h] = \begin{cases} \epsilon_I^J[f] \ , & \text{falls } \bigoplus_{j \in J} k(j) = 0 \ , \\ -\epsilon_I^J[f] \ , & \text{sonst.} \end{cases} \tag{4.3.11}$$

Analoges gilt für die Funktion h, die durch $h(x) = f(x \oplus k)$ für jedes $x \in \{0,1\}^a$ und ein $k \in \{0,1\}^a$ definiert ist.

Beweis. Wir betrachten hier lediglich den Fall $\bigoplus_{j \in J} k(j) = 1$; der Fall $\bigoplus_{j \in J} k(j) = 0$ kann analog gezeigt werden. Wir erhalten:

$$\begin{aligned}
\epsilon_I^J[h] &= \mathrm{Exp}\left(X_I^J[h]\right) && \text{Lemma 4.3.1} \\
&= \mathrm{Exp}\left(X_I^J[f \oplus k]\right) && \text{Definition von } h \\
&= \mathrm{Exp}\left(-X_I^J[f]\right) && \text{siehe (4.3.9) und Fall } \bigoplus_{j \in J} k(j) = 1
\end{aligned}$$

$$= -\mathrm{Exp}\left(X_I^J[f]\right) \qquad\qquad \text{Eigenschaft des Erwartungswerts}$$

$$= -\epsilon_I^J[f] \qquad\qquad\qquad\qquad \text{Lemma 4.3.1}$$

$\square$

Das Addieren eines Bitvektors, wie bei der Rundenschlüsseladdition in einem SPKS verwendet, verändert die Ausrichtung also nicht im Betrag: Es ändert sich höchstens das Vorzeichen.

Die einzige Operation, die schwieriger einzuschätzen ist, ist die Hintereinanderschaltung von Funktionen. Das zugehörige Lemma ist nicht so aussagekräftig wie die vorherigen, da es ideale lineare Abhängigkeiten annimmt, reicht aber, um die Vorgehensweise bei der linearen Kryptanalyse zu motivieren.

Lemma 4.3.5. *Es seien* $f\colon \{0,1\}^a \to \{0,1\}^b$ *und* $g\colon \{0,1\}^b \to \{0,1\}^c$ *Funktionen und* (I, J) *und* (J, L) *dazu passende* ideale *lineare Abhängigkeiten. Dann ist* (I, L) *eine ideale lineare Abhängigkeit für* $g \circ f$, *mit* $(g \circ f)(x) = g(f(x))$ *für alle* $x \in \{0,1\}^a$. *Genauer gilt:*

$$\epsilon_I^L[g \circ f] = \epsilon_I^J[f] \cdot \epsilon_J^L[g] \; . \qquad\qquad (4.3.12)$$

Beweis. Nach Annahme gibt es $d, d' \in \{0,1\}$, so dass gilt:

$$\bigoplus_{i \in I} x(i) \oplus \bigoplus_{j \in J} f(x)(j) = d \qquad\qquad \text{für alle } x \in \{0,1\}^a,$$

$$\bigoplus_{j \in J} y(j) \oplus \bigoplus_{l \in L} g(y)(l) = d' \qquad\qquad \text{für alle } y \in \{0,1\}^b.$$

Durch Spezialisierung erhalten wir aus der zweiten Gleichung:

$$\bigoplus_{j \in J} f(x)(j) \oplus \bigoplus_{l \in L} g(f(x))(l) = d' \qquad\qquad \text{für alle } x \in \{0,1\}^a.$$

Addiert man zu dieser die allererste, so erhält man

$$\bigoplus_{i \in I} x(i) \oplus \bigoplus_{l \in L} g(f(x))(l) = d \oplus d' \qquad\qquad \text{für alle } x \in \{0,1\}^a.$$

Daraus ergibt sich sofort die Behauptung. $\qquad\qquad\qquad\qquad\qquad\qquad \square$

Im Allgemeinen kann man nichts über die Ausrichtung der Komposition zweier Funktionen sagen; es lässt sich jedoch zeigen (siehe auch Aufgabe 4.9.7), dass (4.3.12) in weiteren Situationen gilt:

Lemma 4.3.6. *Es seien* $f\colon \{0,1\}^a \to \{0,1\}^a$ *und* $g\colon \{0,1\}^a \to \{0,1\}^b$ *Funktionen, so dass* f *bijektiv ist. Weiter seien* (I, J) *und* (J, L) *dazu passende Indexpaare, so dass die Zufallsvariable* $X_I^J[f]$ *und die durch*

$$X'^L_J[g](x) = X_J^L[g](f(x)) \qquad\qquad \text{für alle } x \in \{0,1\}^a$$

definierte Zufallsvariable voneinander stochastisch unabhängig sind. Dann gilt (4.3.12).

$\square$

Die oben bewiesenen Lemmas zeigen also, dass man eine lineare Abhängigkeit für ein SPKS aus den linearen Abhängigkeiten seiner S-Box gewinnen kann, sofern man über die Komposition weitere Annahmen macht. In der Praxis macht man diese Annahmen, ohne sie weiter nachzuprüfen, und kommt damit häufig sehr weit, wie wir nun sehen werden.

Beispielhafte Umsetzung

Zum Abschluss wollen wir erläutern, wie man nun unter Berücksichtigung der obigen Lemmas eine lineare Abhängigkeit findet, die für den weiter oben beschriebenen Test benutzt werden kann. Dazu betrachten wir wieder Beispiel 4.2.1. Zur Veranschaulichung sind die relevanten Bits in Abbildung 4.3 markiert.

Für die S-Box S betrachten wir zum Beispiel die lineare Abhängigkeit $(\{1\}, \{2,3\})$, also die Gleichung $x(1) = S(x)(2) \oplus S(x)(3)$. Die zugehörige Ausrichtung hat den Wert $-1/2$ (siehe Tabelle 4.1). Nehmen wir nun diese Gleichung für die zweite S-Box und die triviale Gleichung, d. h. die Gleichung zum Indexpaar $(\emptyset, \emptyset)$, für die erste und dritte S-Box bei der ersten Wortsubstitution, so erhalten wir nach Lemma 4.3.2 für die gesamte Wortsubstitution eine Ausrichtung von $-1/2$ bzgl. der Gleichung

$$u_0(5) = v_0(6) \oplus v_0(7) \ . \tag{4.3.13}$$

Zieht man die erste Rundenschlüsseladdition mit in Betracht, dann ist nach Lemma 4.3.4 die Ausrichtung bzgl.

$$x(5) = v_0(6) \oplus v_0(7) \tag{4.3.14}$$

betragsmäßig $1/2$. Zieht man nun außerdem die erste Bitpermutation mit in Betracht, erhält man nach Lemma 4.3.3 betragsmäßig eine Ausrichtung von $1/2$ bezüglich der Gleichung

$$x(5) = w_0(10) \oplus w_0(11) \ . \tag{4.3.15}$$

Eine weitere Rundenschlüsseladdition führt zu einer betragsmäßigen Ausrichtung von $1/2$ bzgl.

$$x(5) = u_1(10) \oplus u_1(11) \ . \tag{4.3.16}$$

Wie zu Beginn erhält man für die zweite Wortsubstitution unter Benutzung der linearen Approximationstabelle von S und Lemma 4.3.2 eine Ausrichtung von $-1/4$ bezüglich der Gleichung

$$u_1(10) \oplus u_1(11) = v_1(8) \oplus v_1(9) \ . \tag{4.3.17}$$

Während wir dabei durch die vorherige Gleichung auf die Bits 10 und 11 für u_1 festgelegt waren, kommen prinzipiell verschiedene Teilmengen $J \subseteq \{8, 9, 10, 11\}$ für die Bits v_1 im

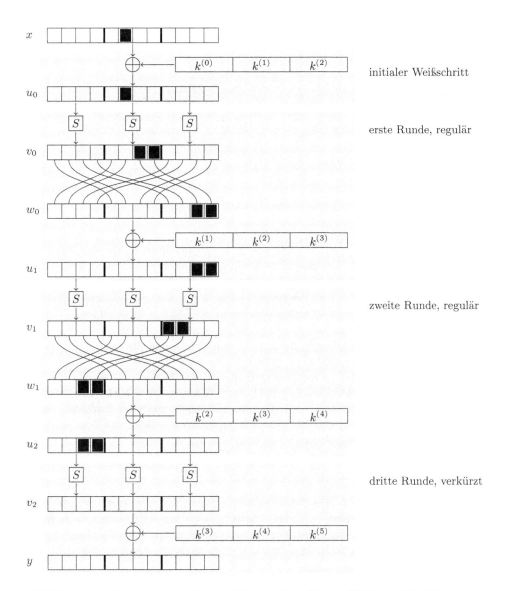

Abbildung 4.3: Illustration der linearen Kryptanalyse für das SPKS aus Beispiel 4.2.1

Bild der dritten S-Box in Frage. Wir erläutern unsere Wahl $J = \{8, 9\}$ weiter unten. Unter den Voraussetzungen von Lemma 4.3.6 (siehe auch Bemerkungen nach Lemma 4.3.6) würde sich nun eine betragsmäßige Ausrichtung von $1/8$ für die Gleichung

$$x(5) = v_1(8) \oplus v_1(9) \tag{4.3.18}$$

ergeben. Diese wiederum ließe sich in zwei weiteren Schritten erweitern zu einer betragsmäßigen Ausrichtung von $1/8$ bezüglich

$$x(5) = z(2) \oplus z(3) \ . \tag{4.3.19}$$

Zur Erinnerung: Mit z bezeichnen wir den Vorchiffretext, also in diesem Fall $z = u_2$. Damit ist

$$x(5) = z^{(0)}(2) \oplus z^{(0)}(3) \tag{4.3.20}$$

die gesuchte Gleichung für das 0-te Vorchiffrewort.

Wie erwähnt, hatten wir für die Wahl von J in (4.3.17) etwas Spielraum. Allerdings muss J so gewählt sein, dass i) die Ausrichtung der dritten S-Box für das Indexpaar $(\{10, 11\}, J)$ möglichst groß ist und ii) wir für den Vorchiffretext Bits innerhalb *eines* Wortes erhalten. Neben $J = \{8, 9\}$ kommen dafür in der Tat verschiedene Mengen in Betracht. Es gibt sogar eine Indexmenge, die besser als $\{8, 9\}$ geeignet wäre (siehe Aufgabe 4.9.8).

Abschließend folgen einige experimentelle Daten. Wir haben für das SPKS aus Beispiel 4.2.1 zu dem Schlüssel 1001 1110 1000 0111 1100 0001 eine Menge von 10.000 Klartext-Chiffretext-Paaren zufällig erzeugt. Da die hypothetische Ausrichtung der Klartext-Vorchiffrewort-Transformation bzgl. (4.3.19) betragsmäßig zu $1/8 = 0{,}125$ berechnet wurde, setzten wir den Schwellwert auf 0,1. Der Angriff lieferte dann als Kandidat für das Finalschlüsselwort nur das Wort 0111, was auch richtig ist. Für den Wert $2 \cdot |c/|U| - 1/2|$ im linearen Approximationstest ergab sich ungefähr 0,1096, also weniger als $1/8$, aber natürlich mehr als 0,1. Die (exakte) Ausrichtung für den gewählten Schlüssel, die wir in diesem kleinen SPKS leicht ausrechnen können, da die Anzahl möglicher Klartexte recht klein ist, war betragsmäßig exakt $1/8$.

Die lineare Kryptanalyse ist für Substitutionspermutationskryptosysteme recht erfolgreich. Moderne Kryptosysteme, wie z. B. das Kryptosystem AES, welches wir in Abschnitt 4.5 kennenlernen werden, sind allerdings so konstruiert, dass die lineare Kryptanalyse sowie andere bekannte Techniken für die Kryptanalyse (siehe auch Abschnitt 4.10) nicht erfolgreich sind.

4.4   Wiederholung Polynomringe und endliche Körper

Im nächsten Abschnitt wollen wir, wie erwähnt, ein modernes Block-Kryptosystem studieren, das in einigen Teilen algebraischer Natur ist. Wir wiederholen deshalb Grundlegendes über Polynomringe und endliche Körper. Für eine eingehendere Einführung verweisen wir auf die einschlägige Literatur.[1]

Es sei R ein Ring. Ein *Polynom* über R ist eine unendliche Folge $(a_0, a_1, \dots)$ von Elementen aus R, die die Eigenschaft besitzt, dass nur endliche viele Elemente von Null verschieden sind. Die Glieder der unendlichen Folge werden *Koeffizienten* des Polynoms genannt. Der *Grad* des Polynoms ist der größte Index i, für den a_i von Null verschieden ist. In dem Fall, dass alle Koeffizienten Null sind, spricht man vom *Nullpolynom* und weist ihm den Grad $-\infty$ zu. Wenn das Polynom mit f bezeichnet wird, dann bezeichnet $\deg(f)$ seinen Grad.

Ein Polynom $f = (a_0, a_1, \dots)$ schreibt man meist in der Form

$$f = \sum_{i \leq \deg(f)} a_i x^i \tag{4.4.1}$$

für ein neues Symbol x. Um die Verwendung von x zu verdeutlichen, schreibt man manchmal auch $f(x)$. Für das Polynom $a \cdot x^0$ schreibt man meist einfach a. Die Menge aller Polynome über R bezeichnet man mit $R[x]$.

Die Menge aller Polynome über R kann auf einfache Weise in einen Ring verwandelt werden. Dazu definiert man die Addition komponentenweise, $(a_0, a_1, \dots) + (b_0, b_1, \dots) = (a_0 + b_0, a_1 + b_1, \dots)$. Stellt man Polynome in der Form (4.4.1) dar, dann entspricht die gerade definierte Addition genau der »üblichen« Addition von Polynomen. Die Multiplikation von Polynomen entspricht auch der »üblichen« Multiplikation von Polynomen. Formal wird die Multiplikation durch eine Faltung definiert: $(a_0, a_1, \dots) \cdot (b_0, b_1, \dots) = (c_0, c_1, \dots)$ mit $c_i = \sum_{j \leq i} a_j b_{i-j}$ für jedes i. In diesem Ring ist das Nullpolynom 0 das neutrale Element bezüglich der Addition und 1 das neutrale Element bezüglich der Multiplikation.

In dem Fall, dass R ein Körper ist, hat der Ring $R[x]$ spezielle Eigenschaften. Ist nämlich g ein Polynom vom Grad mindestens 1, so lässt sich jedes Polynom f eindeutig schreiben als $f = g \cdot h + r$ mit $\deg(r) < \deg(g)$. Man schreibt dann auch f div $g = h$ und f mod $g = r$, in Anlehnung an die Schreibweise bei den ganzen Zahlen. Außerdem besitzen je zwei Polynome größte gemeinsame Teiler, die sich mit Algorithmus 3.1 (erweiterter Euklidscher Algorithmus) bestimmen lassen: Man muss lediglich die Stellen, an denen $\geq$ auftritt, bezüglich der Ordnung interpretieren, die durch die natürliche Ordnung auf den Graden der beteiligten Polynome gegeben ist. Da, wie man sich leicht überlegt, $R[x]$ ein Integritätsring ist, folgt mit Lemma 3.5.2, dass sich die größten gemeinsamen Teiler nur durch Einheiten unterscheiden; für $R[x]$ sind die Einheiten alle Element aus $R \setminus \{0\}$, da R ein Körper ist.

Genau wie $\mathbf{Z}_n$ durch geeignete Definition von Addition und Multiplikation zu einem Ring wird, wird auch die Menge aller Polynome vom Grad $< \deg(g)$, die mit $R[x]/(g)$ bezeichnet wird, für einen Körper R zu einem Polynomring, dem *Faktorring modulo g*:

$$f +_g h = f + h \bmod g \tag{4.4.2}$$
$$f \cdot_g h = f \cdot h \bmod g \quad \text{für } f, h \in R[x]/(g). \tag{4.4.3}$$

Die Einheitengruppe von $R[x]/(g)$ besteht wie bei $\mathbf{Z}_n$ aus den Polynomen f, für die gilt,

---

1 Siehe, zum Beispiel, [153].

dass das Polynom 1 ein größter gemeinsamer Teiler von f und g ist. Multiplikative Inverse lassen sich wie bei $\mathbf{Z}_n$ mit dem erweiterten Euklidschen Algorithmus bestimmen. Ist R endlich und besitzt R genau m Elemente, dann besitzt $R[x]/(g)$ genau $m^{\deg(g)}$ Elemente.

Analog zu den ganzen Zahlen, für die gilt, dass $\mathbf{Z}_p$ ein Körper ist, falls p eine Primzahl ist, gilt für Faktorringe: Ist $g \in R[x]$, für einen Körper R, ein irreduzibles Polynom, d. h., gilt $\deg(g) > 0$ und folgt aus $g = g_0 \cdot g_1$, dass $\deg(g_0) = 0$ oder $\deg(g_1) = 0$ gilt, dann ist $R[x]/(g)$ ein Körper. Man kann sogar das Folgende zeigen:

Proposition 4.4.1. *Für jede Primzahl p und jede natürliche Zahl $n > 0$ gilt:*
1. *Es gibt bis auf Isomorphie genau einen Körper mit p^n Elementen.*
2. *Es existiert ein irreduzibles Polynom $g \in \mathbf{Z}_p[x]$ vom Grad n.*
3. *Für jedes irreduzible Polynom $g \in \mathbf{Z}_p[x]$ vom Grad n ist $\mathbf{Z}_p[x]/(g)$ ein endlicher Körper mit p^n Elementen.* $\qquad\qquad\square$

Der (bis auf Isomorphie einzige) Körper mit p^n Elementen wird mit $\mathbb{F}_{p^n}$ oder $\mathrm{GF}(p^n)$ bezeichnet.

4.5 AES

Am 12. September 1997 veröffentlichte das *National Institute of Standards and Technology (NIST)* eine Ausschreibung, in der um Vorschläge für ein neues Block-Kryptosystem gebeten wurde, welches den neuen *Advanced Encryption Standard (AES)* bilden und den altgedienten *Digital Encryption Standard (DES)* ablösen sollte. In einer ersten Auswahlrunde legte NIST 15 der eingegangenen Vorschläge der »kryptographischen Gemeinde« zur genaueren Untersuchung und Kommentierung vor. In die zweite Auswahlrunde gelangten nur noch fünf Vorschläge, aus denen *Rijndael*, ein von Joan Daemon und Vincent Rijmen vorgeschlagenes Block-Kryptosystem, am 2. Oktober 2000 schließlich als Sieger hervorging. Damit wurde Rijndael zum neuen Standard, AES. Es gibt kleine Unterschiede zwischen Rijndael und AES, die allerdings für unsere Diskussion keine Rolle spielen. Wir verwenden deshalb »Rijndael« und »AES« synonym. AES wird sowohl für die Geheimhaltung nicht klassifizierter als auch klassifizierter Daten bei den Behörden der Vereinigten Staaten von Amerika verwendet. Auch ansonsten ist AES weit verbreitet und wird zum Beispiel zur sicheren Kommunikation im Internet in Protokollen wie *Secure Sockets Layer (SSL)/Transport Layer Security (TLS)* und *Secure Shell (SSH)* eingesetzt. In diesem Abschnitt werden wir AES als Beispiel für ein reales Block-Kryptosystem kennenlernen.

AES ist ein Block-Kryptosystem in mehreren Varianten, nämlich mit Schlüsseln der Länge 128, 192 oder 256 und Blocklängen von 128, 160, 192, 224 oder 256 Bit. Hier betrachten wir nur die 128-128-Bit-Variante.

Die Verschlüsselung eines Bitvektors der Länge 128 erfolgt in 10 Runden, wobei die letzte wie bei einem SPKS verkürzt ist. Im Vergleich zu einem SPKS besteht jede Runde aber nicht aus drei, sondern aus vier Schritten. Der Klartext wird als Matrix aufgefasst. An die Stelle der Anwendung der Bitpermutation treten zwei Operationen: Im ersten Schritt werden die Einträge in der Matrix zeilenweise umgeordnet, in einem zweiten werden die Einträge spaltenweise verändert (nicht nur umgeordnet). Um dies genauer erläutern zu können, müssen wir einige Festlegungen treffen.

Eine $(m \times n)$-Matrix M schreiben wir in der Form

$$M = \begin{bmatrix} M_{0,0} & M_{0,1} & \cdots & M_{0,n-1} \\ M_{1,0} & M_{1,1} & \cdots & M_{1,n-1} \\ \vdots & \vdots & \ddots & \vdots \\ M_{m-1,0} & M_{m-1,1} & \cdots & M_{m-1,n-1} \end{bmatrix} .$$

Es bezeichne M^T die Transponierte der Matrix M, d. h., die Zeilen in M werden zu Spalten und die Spalten zu Zeilen:

$$M^T = \begin{bmatrix} M_{0,0} & M_{1,0} & \cdots & M_{m-1,0} \\ M_{0,1} & M_{1,1} & \cdots & M_{m-1,1} \\ \vdots & \vdots & \cdots & \vdots \\ M_{0,n-1} & M_{1,n-1} & \cdots & M_{m-1,n-1} \end{bmatrix} .$$

Des Weiteren bezeichne $\mathrm{col}_i(M)$ für $i < n$ den Spaltenvektor $\begin{bmatrix} M_{0,i} \\ M_{1,i} \\ \vdots \\ M_{m-1,i} \end{bmatrix}$ sowie $\mathrm{row}_i(M)$

den Zeilenvektor $\begin{bmatrix} M_{i,0} & M_{i,1} & \cdots & M_{i,n-1} \end{bmatrix}$. Ist $v = \begin{bmatrix} v_0 & v_1 & \cdots & v_{n-1} \end{bmatrix}$ ein Zeilenvektor der Dimension n und ist $i < n$, so steht $\mathrm{rotLeft}_i(v)$ für den Zeilenvektor

$$\begin{bmatrix} v_i & v_{i+1 \bmod n} & \cdots & v_{i+n-1 \bmod n} \end{bmatrix} ,$$

also den um i Stellen nach links rotierten Zeilenvektor.

Unsere Beschreibung von AES wird mit (4×4)-Matrizen über dem endlichen Körper $\mathbb{F}_{2^8}$ arbeiten, wobei $\mathbb{F}_{2^8}$ als Faktorring $\mathbf{Z}_2[x]/(g)$ mit dem irreduziblen Polynom

$$g = x^8 + x^4 + x^3 + x + 1 \qquad (4.5.1)$$

aufgefasst wird. Zu einem Byte $b \in \{0,1\}^8$ sei $\kappa(b)$, definiert durch

$$\kappa(b) = b(0)x^7 + b(1)x^6 + \cdots + b(7) , \qquad (4.5.2)$$

das zugehörige Element von $\mathbb{F}_{2^8}$. Zu einem Bitvektor $x \in \{0,1\}^{128}$ und $q < 16$ bezeichne $x^{[q]}$ das q-te Byte von x, genauer: $x^{[q]} = x[8q, 8(q+1))$.

Ein gegebener Klartext $x \in \{0,1\}^{128}$ wird mit der (4×4)-Matrix X, die durch $X_{i,j} = \kappa(x^{[4j+i]})_{i,j<4}$ bestimmt ist, identifiziert:

$$X = \begin{bmatrix} \kappa(x^{[0]}) & \kappa(x^{[4]}) & \kappa(x^{[8]}) & \kappa(x^{[12]}) \\ \kappa(x^{[1]}) & \kappa(x^{[5]}) & \kappa(x^{[9]}) & \kappa(x^{[13]}) \\ \kappa(x^{[2]}) & \kappa(x^{[6]}) & \kappa(x^{[10]}) & \kappa(x^{[14]}) \\ \kappa(x^{[3]}) & \kappa(x^{[7]}) & \kappa(x^{[11]}) & \kappa(x^{[15]}) \end{bmatrix} . \qquad (4.5.3)$$

Entsprechend wird eine berechnete »Chiffretextmatrix« Y in einen Chiffretext y umgewandelt.

Algorithmus 4.2 AES-Chiffrieralgorithmus (128 Bit Klartext und Schlüssel)

$\mathrm{AES}(X, k)$

Vorbedingung: (4×4)-*Klartextmatrix* X *über* $\mathbb{F}_{2^8}$, *Schlüssel* $k \in \{0,1\}^{128}$

   1. *initialer Weißschritt (Schlüsseladdition)*
      $U = X \oplus K(k, 0)$

   2. *9 reguläre Runden*
      für $r = 1$ bis 9
        a. *Substitutionen (siehe Substitutionstabelle)*
          für $i = 0$ bis 3 und $j = 0$ bis 3
            $V_{i,j} = S(U_{i,j})$
        b. *Zeilenrotation*
          für $i = 0$ bis 3
            $\mathrm{row}_i(W) = \mathrm{rotLeft}_i(\mathrm{row}_i(V))$
        c. *lineare Spaltendurchmischung*
          für $j = 0$ bis 3
            $\mathrm{col}_j(Z) = M \cdot \mathrm{col}_j(W)$ mit $M = \begin{bmatrix} 02 & 03 & 01 & 01 \\ 01 & 02 & 03 & 01 \\ 01 & 01 & 02 & 03 \\ 03 & 01 & 01 & 02 \end{bmatrix}$
        d. *Schlüsseladdition*
          $U = Z \oplus K(k, r)$

   3. *abschließende verkürzte Runde (ohne Spaltendurchmischung)*
        a. *Substitutionen (siehe Substitutionstabelle)*
          für $i = 0$ bis 3 und $j = 0$ bis 3
            $V_{i,j} = S(U_{i,j})$
        b. *Zeilenrotation*
          für $i = 0$ bis 3
            $\mathrm{row}_i(Z) = \mathrm{rotLeft}_i(\mathrm{row}_i(V))$
        c. *Schlüsseladdition*
          $Y = Z \oplus K(k, 10)$

Nachbedingung: Y *Chiffretextmatrix zu Klartextmatrix* X *und Schlüssel* k

---

Der Chiffrieralgorithmus von AES ist nun in Algorithmus 4.2 angegeben, wobei die Rundenschlüssel $K(k, r)$ später definiert werden. Die Addition $C \oplus D$ von zwei (4×4)-Matrizen C und D über $\mathbb{F}_{2^8}$, wie sie für die Schlüsseladdition durchgeführt wird, ist dabei komponentenweise definiert. Man beachte, dass die Addition von zwei Elementen aus $\mathbb{F}_{2^8}$ der Berechnung des exklusiven Oders dieser Elemente, aufgefasst als Bitvektoren, entspricht. Aus diesem Grund wird das Symbol »$\oplus$« für die Addition verwendet. Zu beachten ist in Algorithmus 4.2 zudem, dass konkrete Elemente von $\mathbb{F}_{2^8}$ in Hexadezimalschreibweise angegeben sind, sowohl in der Definition der Matrix M wie auch in der Definition der S-Box S, die durch eine Substitutionstabelle spezifiziert ist (siehe Tabelle 4.2). Zum Beispiel steht 02 für das Polynom x, während 30 für $x^5 + x^4$ steht. Die Substitutionstabelle definiert die durch S realisierte Abbildung. Dabei stehen in der Zeile jeweils die höherwertigen 4 Bits des Arguments und in der Spalte die niederwertigen 4 Bits. Die Tabelleneinträge bestimmen dann die Werte, die S zum zugehörigen Argument liefert. Zur Illustration einer regulären Runde von AES dient Abbildung 4.4.

Wir beschreiben nun, wie sich die Rundenschlüssel $K(k, r)$ aus dem Schlüssel k ergeben.

Tabelle 4.2 Substitutionstabelle für die S-Box S von AES

	0	1	2	3	4	5	6	7	8	9	A	B	C	D	E	F
0	63	7C	77	7B	F2	6B	6F	C5	30	01	67	2B	FE	D7	AB	76
1	CA	82	C9	7D	FA	59	47	F0	AD	D4	A2	AF	9C	A4	72	C0
2	B7	FD	93	26	36	3F	F7	CC	34	A5	E5	F1	71	D8	31	15
3	04	C7	23	C3	18	96	05	9A	07	12	80	E2	EB	27	B2	75
4	09	83	2C	1A	1B	6E	5A	A0	52	3B	D6	B3	29	E3	2F	84
5	53	D1	00	ED	20	FC	B1	5B	6A	CB	BE	39	4A	4C	58	CF
6	D0	EF	AA	FB	43	4D	33	85	45	F9	02	7F	50	3C	9F	A8
7	51	A3	40	8F	92	9D	38	F5	BC	B6	DA	21	10	FF	F3	D2
8	CD	0C	13	EC	5F	97	44	17	C4	A7	7E	3D	64	5D	19	73
9	60	81	4F	DC	22	2A	90	88	46	EE	B8	14	DE	5E	0B	DB
A	E0	32	3A	0A	49	06	24	5C	C2	D3	AC	62	91	95	E4	79
B	E7	C8	37	6D	8D	D5	4E	A9	6C	56	F4	EA	65	7A	AE	08
C	BA	78	25	2E	1C	A6	B4	C6	E8	DD	74	1F	4B	BD	8B	8A
D	70	3E	B5	66	48	03	F6	0E	61	35	57	B9	86	C1	1D	9E
E	E1	F8	98	11	69	D9	8E	94	9B	1E	87	E9	CE	55	28	DF
F	8C	A1	89	0D	BF	E6	42	68	41	99	2D	0F	B0	54	BB	16

Der erste Rundenschlüssel, $K(k,0)$, ist der in eine (4×4)-Matrix umgewandelte eigentliche Schlüssel. Jeder weitere Rundenschlüssel, $K(k, r + 1)$, ergibt sich aus dem vorherigen gemäß Algorithmus 4.3, in dem die Rotation von Spaltenvektoren um eine Position nach oben benutzt wird: Dort bezeichnet $\mathrm{rotUp}_1(U)$ für einen Spaltenvektor U die Rotation um eins nach oben, also $\mathrm{rotUp}_1(U) = \mathrm{rotLeft}_1(U^T)^T$.

Es sei bemerkt, dass man die Dechiffrierfunktion für AES, ähnlich wie für die SPKS aus Abschnitt 4.2, als (leicht) modifizierte Chiffrierfunktion beschreiben kann. Auf die Angabe von Details verzichten wir an dieser Stelle, verweisen aber auf Abschnitt 4.10. Damit ist die Beschreibung von AES abgeschlossen. Wir erläutern allerdings noch, dass in AES sowohl die verwendete S-Box als auch die Spaltendurchmischung algebraische Interpretationen besitzen.

Die Substitutionstabelle für die AES S-Box ergibt sich aus der folgenden geschlossenen Formel:

$$S(x) = h(x^{-1}) + 63 \quad (\text{in } \mathbb{F}_{2^8}) \;, \qquad (4.5.4)$$

wobei h eine noch zu spezifizierende Hilfsfunktion ist und $00^{-1} = 00$ gesetzt wird. Es wird also zunächst x invertiert (in $\mathbb{F}_{2^8}$), dann wird h auf das Ergebnis angewendet und schließlich 63 addiert (in $\mathbb{F}_{2^8}$). Die Hilfsfunktion h ist eine lineare Funktion auf Elementen von $\mathbb{F}_{2^8}$, wobei ein Element von $\mathbb{F}_{2^8}$ als Element eines achtdimensionalen Vektorraums über $\mathbf{Z}_2$ interpretiert wird. Genauer sei im Folgenden $\mathrm{conv}_V(b)$ der zu $b \in \mathbb{F}_{2^8}$ korrespondierende Spaltenvektor über $\mathbf{Z}_2$, d. h.,

$$\mathrm{conv}_V(b(0)x^7 + \cdots + b(7)) = \begin{bmatrix} b(0) & b(1) & \cdots & b(7) \end{bmatrix}^T \;. \qquad (4.5.5)$$

Umgekehrt sei $\mathrm{conv}_B(s)$ für jeden Spaltenvektor s über $\mathbf{Z}_2$ das korrespondierende Element

1. Substitution

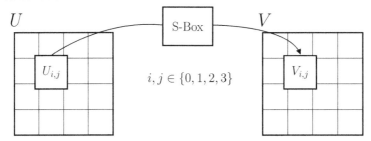

2. Zeilenrotation

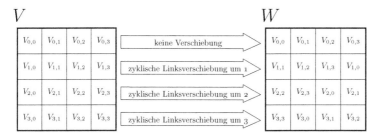

3. Lineare Zeilendurchmischung

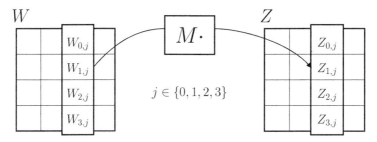

4. Schlüsseladdition

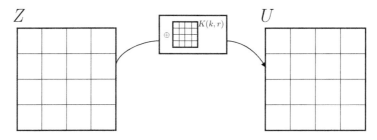

Abbildung 4.4: Illustration einer regulären AES-Runde

Algorithmus 4.3 AES-Rundenschlüsseliteration

NächsterAESschlüssel(K_r)

Vorbedingung: $K_r = K(k, r)$ *für* $r < 10$

    1. *erstes Wort*
       a. *Rotation*
          $U = \mathrm{rotUp}_1(\mathrm{col}_3(K_r))$
       b. *Substitutionen*
          für $j = 0$ *bis* 3
              $V_j = S(U_j)$ – *V (wie U) Spaltenvektor mit vier Einträgen aus* $\mathbb{F}_{2^8}$
       c. *Konstantenaddition*
          $V_0 = V_0 + x^{r-1}$ – *in* $\mathbb{F}_{2^8}$
       d. *Rückgriff auf vorigen Schlüssel*
          $\mathrm{col}_0(K_{r+1}) = \mathrm{col}_0(K_r) + V$ – *Vektoraddition in* $\mathbb{F}_{2^8}$
    2. *zweites, drittes und viertes Wort*
       für $j = 1$ *bis* 3
          Rückgriff auf vorigen Schlüssel und vorige Spalte
          $\mathrm{col}_j(K_{r+1}) = \mathrm{col}_j(K_r) + \mathrm{col}_{j-1}(K_{r+1})$ – *Vektoraddition in* $\mathbb{F}_{2^8}$

Nachbedingung: $K_{r+1} = K(k, r+1)$

---

aus $\mathbb{F}_{2^8}$. Nun ist die Abbildung $h\colon \mathbb{F}_{2^8} \to \mathbb{F}_{2^8}$ definiert durch

$$
h(b) = \mathrm{conv}_B(M \cdot \mathrm{conv}_V(b)) \text{ mit } M = \begin{bmatrix}
1 & 1 & 1 & 1 & 1 & 0 & 0 & 0 \\
0 & 1 & 1 & 1 & 1 & 1 & 0 & 0 \\
0 & 0 & 1 & 1 & 1 & 1 & 1 & 0 \\
0 & 0 & 0 & 1 & 1 & 1 & 1 & 1 \\
1 & 0 & 0 & 0 & 1 & 1 & 1 & 1 \\
1 & 1 & 0 & 0 & 0 & 1 & 1 & 1 \\
1 & 1 & 1 & 0 & 0 & 0 & 1 & 1 \\
1 & 1 & 1 & 1 & 0 & 0 & 0 & 1
\end{bmatrix} . \tag{4.5.6}
$$

Die lineare Spaltendurchmischung hat die folgende algebraische Interpretation: Eine Spalte $\mathrm{col}_j(W)$ (siehe Algorithmus 4.2) wird als Element $a(x)$ des Faktorrings $\mathbb{F}_{2^8}[x]/(x^4 + 1)$ aufgefasst. Die Operation $M \cdot \mathrm{col}_j(W)$ entspricht nun der Multiplikation der Polynome $a(x)$ und

$$
c(x) = 03 \cdot x^3 + 01 \cdot x^2 + 01 \cdot x + 02 \tag{4.5.7}
$$

in $\mathbb{F}_{2^8}[x]/(x^4 + 1)$. Die Koeffizienten von $c(x)$ sind dabei Elemente aus $\mathbb{F}_{2^8}$, dargestellt in Hexadezimalschreibweise. Das Resultat dieser Multiplikation ist wieder ein Polynom in $\mathbb{F}_{2^8}[x]/(x^4 + 1)$, welches als Spaltenvektor über $\mathbb{F}_{2^8}$ aufgefasst werden kann.

    Zum Abschluss sei bemerkt, dass AES u. a. mit dem Ziel konstruiert wurde, dass alle bekannten Angriffe auf Blockchiffren nicht fruchten, in der Hoffnung, dass auch andere, bislang unbekannte Angriffe scheitern. Bisher gilt AES als sicher (siehe auch Abschnitt 4.10). Idealerweise sollte AES ein im Sinne von Abschnitt 4.7 sicheres Block-Kryptosystem sein.

4.6   Wiederholung Algorithmen

Ab dem nächsten Abschnitt werden Algorithmen ein wichtiger Gegenstand unserer Untersuchungen werden, denn – wie in der Einführung des Kapitels angedeutet – werden wir uns Angreifer zukünftig als Algorithmen vorstellen. Daher müssen wir Schreibweisen und andere Festlegungen im Zusammenhang mit Algorithmen ansprechen.

Unter einem Algorithmus wollen wir uns formal eine Turing-Maschine vorstellen, auch wenn wir Algorithmen weiterhin in Pseudocode schreiben werden. Für unsere weiteren Studien werden allerdings Aspekte wichtig sein, die bisher nicht aufgetreten sind. Zum einen werden wir nun zufallsgesteuerte Algorithmen betrachten, statt, wie bisher, nur deterministische Algorithmen. Zum anderen werden unsere Algorithmen nun Prozeduren/Orakel als Eingaben übergeben bekommen, statt nur gewöhnliche Daten wie Bitvektoren oder Zahlen. Auf beide Aspekte gehen wir deshalb im Folgenden näher ein. Zunächst besprechen wir allerdings den Ressourcenverbrauch eines Algorithmus. Dieser Aspekt ist wichtig, da, wie angedeutet, im Rest des Buches Angreifer ressourcenbeschränkt sein werden.

4.6.1   Ressourcenverbrauch

Die Laufzeit eines Algorithmus wird wie für Turing-Maschinen üblich gemessen, d. h., sie ergibt sich aus der Anzahl ausgeführter Programmschritte bzw. Transitionen. Allerdings treffen wir folgende, etwas ungewöhnliche, in der Kryptographie aber übliche Festlegung: Die Laufzeit eines Algorithmus ergibt sich als die Summe aus der eigentlichen Laufzeit des Algorithmus (Anzahl ausgeführter Programmschritte) *plus* der *Länge des Programmcodes* des Algorithmus (formal: Größe der Transitionstabelle der Turing-Maschine). Diese Festlegung ist wichtig für die Ressourcenbeschränkung von Angreifern. Ohne diese Festlegung könnte ein Angreifer/Algorithmus mit realistischer Laufzeitbeschränkung durch ein unrealistisch großes Programm beschrieben sein, welches es ihm erlauben würde, komplexe Berechnungen in unrealistisch kurzer Zeit auszuführen, wie im Folgenden näher erläutert wird.

Betrachten wir zum Beispiel einen Angreifer auf ein l-Block-Kryptosystem. Dieser könnte für jede Menge T von, sagen wir, fünf Klartext-Chiffretext-Paaren speichern, welche Schlüsselkandidaten für T in Frage kommen, d. h., welche Schlüssel die Klartexte in T zu den in T angegebenen zugehörigen Chiffretexten verschlüsseln würden. (Für die meisten in der Praxis eingesetzen Block-Kryptosysteme wird jeweils höchstens ein Schlüsselkandidat in Frage kommen; siehe auch Aufgabe 4.9.23.) Sind dem Angreifer nun fünf Klartext-Chiffretext-Paare gegeben, so kann er einfach in seiner Tabelle die zugehörigen Schlüsselkandidaten nachschlagen. Dieses Nachschlagen benötigt nur sehr wenig Laufzeit, auch wenn die Tabelle selbst und damit der Programmcode des Angreifers, gigantisch groß sind ($\geq 2^l$). Genau genommen hängt die benötigte Zeit zum Nachschlagen vom Maschinenmodell ab. Im Fall einer Turing-Maschine könnte die Tabelle in Form der Transitionstabelle der Turing-Maschine, die dem Programmcode einer Turing-Maschine entspricht, vorliegen. Eine solche Maschine müsste lediglich die fünf Klartext-Chiffretext-Paare einlesen und könnte dann direkt von ihrem internen Zustand die in Frage kommenden Schlüssel ablesen. In der Terminologie von Abschnitt 2.4 wären damit Angriffe mit bekannten Klartexten möglich. Insbesondere würde die sehr aufwändige erschöpfende Suche (siehe Abschnitt 4.3) überflüssig sein.

Diese Diskussion verdeutlicht, dass ohne die Beschränkung der Größe des Programmcodes keine vernünftigen Aussagen über die Sicherheit kryptographischer Verfahren, wie etwa Block-Kryptosysteme, gemacht werden könnten.

4.6.2 Zufallssteuerung

Wir wollen in der Beschreibung von Algorithmen zukünftig den Ausdruck flip() erlauben. Bei der Abarbeitung dieses Ausdrucks soll ein zufällig gewähltes Bit, ein sogenanntes *Zufallsbit*, als Ergebnis zurückgeliefert werden. Genauso wollen wir flip(l), für $l \geq 0$, zulassen. Bei der Ausführung soll ein zufällig gewählter Bitvektor der Länge l zurückgeliefert werden. Algorithmen, die die Operationen flip() und flip(l) verwenden (dürfen), bezeichnen wir als *zufallsgesteuert*.[2] Bei gegebener Eingabe x werden unsere zufallsgesteuerten Algorithmen immer eine feste, obere Schranke für ihre Laufzeit haben. Diese obere Schranke bezeichnen wir häufig mit t_x oder einfach t. Die Wahl eines Zufallsbits soll einen Zeitschritt erfordern. Insbesondere erfordert dann die Ausführung von flip(l) l Zeitschritte. Damit kann ein zufallsgesteuerter Algorithmus bei Eingabe x und Laufzeit $\leq t$ in einem Lauf höchstens t Zufallsbits wählen.

Wir stellen uns vor, dass zufallsgesteuerte Algorithmen bei Eingabe x und Laufzeit $\leq t$ Lesezugriff auf eine Folge $\alpha \in \{0,1\}^t$ von Bits (Zufallsbits) haben. Wenn flip() oder flip(l) aufgerufen wird, dann werden ein bzw. l *neue* Bits aus α ausgelesen und als Werte von flip() bzw. flip(l) zurückgegeben. Ein Zufallsbit wird also immer höchstens einmal gelesen; es ist in diesem Sinne »frisch«. Da die Laufzeit des Algorithmus bei Eingabe x durch t beschränkt ist, ist sichergestellt, dass immer genügend neue Zufallsbits zur Verfügung stehen. Wenn $A(x\colon \{0,1\}^n)\colon \{0,1\}^m$ einen zufallsgesteuerten Algorithmus bezeichnet, der einen Bitvektor der Länge n als Eingabe erwartet und einen Bitvektor der Länge m als Ausgabe liefert, dann wollen wir mit $A^\alpha(x)$ das Ergebnis der Berechnung von A auf der Eingabe x bezeichnen, bei der die Zufallsbits, die die Operationen flip() und flip(l) zurückliefern, gemäß α gewählt werden. Man beachte, dass der Lauf von A auf der Eingabe x und mit den Zufallsbits α eindeutig bestimmt ist. Wir werden deshalb einen Lauf von A auf Eingabe x mit α identifizieren und von einem Lauf α von A auf Eingabe x sprechen.

Wir werden des Weiteren $A(x)$ als Zufallsvariable interpretieren mit $A(x)(\alpha) = A^\alpha(x)$ für alle $\alpha \in \{0,1\}^t$. Der zugrunde liegende Wahrscheinlichkeitsraum ist die Gleichverteilung auf $\{0,1\}^t$. Insbesondere werden wir die Zufallsvariable $A(x)$ zur Beschreibung von Ereignissen verwenden. Für einen Bitvektor c bezeichnet zum Beispiel Prob$\{A(x) = c\}$ die Wahrscheinlichkeit dafür, dass der Algorithmus A bei (fester) Eingabe x den Bitvektor c ausgibt, also Prob$\{A(x) = c\}$ = Prob$\{\{\alpha \in \{0,1\}^t \mid A^\alpha(x) = c\}\}$ (siehe auch die Bemerkung zur Verwendung von Prob$\{\cdot\}$ in Abschnitt 3.3).

---

2 Formal stellen wir uns unter einem zufallsgesteuerten Algorithmus eine zufallsgesteuerte Turing-Maschine vor. In der Literatur finden sich unterschiedliche Definitionen solcher Maschinen. Eine für unsere Zwecke geeignete Variante sind Maschinen, die mit einem Zufallsband ausgestattet sind, d. h., einem Band, auf das vor einem Lauf der Maschine Bits (Zufallsbits) geschrieben werden, die dann während des Laufes gelesen werden können. Auf eine formale Definition solcher Maschinen wollen wir hier aber verzichten.

Anhand des folgenden Beispiels werden wir den Umgang mit zufallsgesteuerten Algorithmen einüben und dabei weitere Notation einführen, die für den Rest des Buches wichtig sein wird.

Beispiel 4.6.1 (einfacher zufallsgesteuerter Algorithmus). Wir betrachten den folgenden Algorithmus ohne Eingabe und Laufzeit $t \geq 4$ (der genaue Wert von t spielt keine Rolle):

$A \colon \{0,1\}$

$\qquad x = 1110 \quad (\in \{0,1\}^4)$
$\qquad b_0 = \mathrm{flip}()$
$\qquad b_1 = \mathrm{flip}()$
$\qquad b_2 = \mathrm{flip}()$
$\qquad b_3 = \mathrm{flip}()$
$\qquad$ falls $b_0 = 1$, so gib $x(0)$ aus und halte
$\qquad$ falls $b_1 = 1$, so gib $x(1)$ aus und halte
$\qquad$ falls $b_2 = 1$, so gib $x(2)$ aus und halte
$\qquad$ falls $b_3 = 1$, so gib $x(3)$ aus und halte
$\qquad$ gib 1 aus.

Für diesen Algorithmus gilt zum Beispiel

$$A^{0100w} = 1 \ , \tag{4.6.1}$$

$$A^{0001w} = 0 \ , \tag{4.6.2}$$

$$A^{0000w} = 1 \tag{4.6.3}$$

für alle $w \in \{0,1\}^{t-4}$, denn im Lauf von A in (4.6.1) ist $b_0 = 0$ und $b_1 = 0$, in (4.6.2) ist $b_0 = b_1 = b_2 = 0$ und $b_3 = 1$, in (4.6.3) ist $b_0 = b_1 = b_2 = b_3 = 0$.

Weiter gilt, zum Beispiel:

$$\mathrm{Prob}\,\{A = 0\} = \mathrm{Prob}\,\big\{\{w \in \{0,1\}^t \mid \text{es gibt ein } w' \in \{0,1\}^{t-4} \text{ mit } w = 0001w'\}\big\}$$

$$= \frac{1}{16} \ . \qquad\qquad\qquad\qquad\qquad \triangleleft$$

Häufig werden in einem zufallsgesteuerten Algorithmus Variablen mit Zufallsbits belegt. Im obigen Beispiel etwa $b_0, \ldots, b_3$. Diese Variablen kann man, genau wie den zufallsgesteuerten Algorithmus selbst, als Zufallsvariable über der Menge der Läufe des Algorithmus auffassen. Um dies zu präzisieren, nehmen wir an, dass ein Algorithmus $A(x)$ mit Eingabe x gegeben ist, dessen Laufzeit durch t beschränkt ist. Damit kann $A(x)$, wie besprochen, als Zufallsvariable über $\{0,1\}^t$ aufgefasst werden. Wir nehmen nun weiter an, dass in jedem Lauf von $A(x)$ der Variablen y *höchstens einmal* ein Wert zugewiesen wird, nämlich durch eine Zuweisung der Form $y = \mathrm{flip}(l)$. Damit kann auch y als Zufallsvariable über $\{0,1\}^t$ aufgefasst werden: Für alle $\alpha \in \{0,1\}^t$ ist entweder $y(\alpha) \in \{0,1\}^l$ oder $y(\alpha) = \bot$, d. h., $y(\alpha)$ ist undefiniert. Für den Fall, dass in jedem Lauf $\alpha \in \{0,1\}^t$ von $A(x)$ die Zuweisung $y = \mathrm{flip}(l)$ *genau einmal* ausgeführt wird, gilt für jedes $c \in \{0,1\}^l$: $\mathrm{Prob}\,\{y = c\} = \mathrm{Prob}\,\{y^{-1}(c)\} = \mathrm{Prob}\,\{\{\alpha \in \{0,1\}^t \mid y(\alpha) = c\}\} = 1/2^l$ (siehe auch Aufgabe 4.9.13).

Wir wollen den Umgang mit durch Programmvariablen induzierten Zufallsvariablen anhand von Beispiel 4.6.1 weiter vertiefen.

Beispiel 4.6.2 (Beispiel 4.6.1 fortgef.)**.** Für den Algorithmus aus Beispiel 4.6.1 gilt zum Beispiel:

$$\text{Prob}\,\{A = 1, b_0 = 0, b_1 = 0, b_2 = 0\} = \text{Prob}\,\{b_0 = 0, b_1 = 0, b_2 = 0, b_3 = 0\}$$
$$= \frac{1}{16} \;.$$

Für die Wahrscheinlichkeit, dass A das Bit 1 liefert unter der Bedingung, dass $b_0 = 0$ und $b_1 = 0$ gilt, erhalten wir

$$
\begin{aligned}
\text{Prob}\,\{A = 1 \mid b_0 = 0, b_1 = 0\} &= \text{Prob}\,\{b_2 = 1 \text{ oder } (b_2 = 0, b_3 = 0) \mid b_0 = 0, b_1 = 0\} \\
&= \text{Prob}\,\{b_2 = 1 \mid b_0 = 0, b_1 = 0\} + \\
&\quad\; \text{Prob}\,\{b_2 = 0, b_3 = 0 \mid b_0 = 0, b_1 = 0\} \\
&\stackrel{(1)}{=} \text{Prob}\,\{b_2 = 1\} + \text{Prob}\,\{b_2 = 0, b_3 = 0\} \\
&= 1/2 + 1/4 \\
&= 3/4 \;.
\end{aligned}
$$

Dabei gilt (1), da die Bits $b_0, \dots, b_3$ unabhängig voneinander gewählt werden (siehe auch Aufgabe 4.9.13).

Die Wahrscheinlichkeit, dass A das Bit 1 liefert unter der Bedingung, dass $b_0 = b_1$ gilt, errechnet sich wie folgt:

$$
\begin{aligned}
\text{Prob}\,\{A = 1 \mid b_0 = b_1\} &= \text{Prob}\,\{(A = 1, b_0 = 1) \text{ oder } (A = 1, b_0 = 0) \mid b_0 = b_1\} \\
&= \text{Prob}\,\{A = 1, b_0 = 1 \mid b_0 = b_1\} + \\
&\quad\; \text{Prob}\,\{A = 1, b_0 = 0 \mid b_0 = b_1\} \\
&\stackrel{(1)}{=} \text{Prob}\,\{b_0 = 1 \mid b_0 = b_1\} + \\
&\quad\; \text{Prob}\,\{b_0 = 0 \mid b_0 = b_1\} \cdot \text{Prob}\,\{A = 1 \mid 0 = b_0 = b_1\} \\
&= 1/2 + 1/2 \cdot 3/4 \\
&= 7/8 \;,
\end{aligned}
$$

wobei wir in (1) für den zweiten Summanden Lemma 3.3.3 verwenden.   ◁

Es sei nun wieder $A(x)$ ein zufallsgesteuerter Algorithmus mit maximaler Laufzeit t, so dass in jedem Lauf von $A(x)$ die Zuweisung $y = \text{flip}(l)$ *genau einmal* ausgeführt wird. Es sei $c \in \{0,1\}^l$. Mit $A(x)\langle y = c\rangle$ bezeichnen wir den Algorithmus, der sich aus Algorithmus $A(x)$ ergibt, in dem man die Variable y fest auf den Wert c setzt, also die Zuweisung $y = \text{flip}(l)$ durch $y = c$ ersetzt. Man sieht leicht, dass folgende Aussage für alle $c' \in \{0,1\}^*$ gilt (siehe Aufgabe 4.9.14):

$$\text{Prob}\,\{A(x)\langle y = c\rangle = c'\} = \text{Prob}\,\{A(x) = c' \mid y = c\} \;. \tag{4.6.4}$$

Man beachte, dass die bedingte Wahrscheinlichkeit definiert ist, da Prob $\{y = c\} > 0$ gilt. Es sei auch darauf hingewiesen, dass $A(x)\langle y = c\rangle$ und $A(x)$ unterschiedliche Algorithmen mit potentiell unterschiedlichen maximalen Laufzeiten und damit auch unterschiedliche Zufallsvariablen mit (potentiell) unterschiedlichen Wahrscheinlichkeitsräumen sind. Dies ist gemäß der in Abschnitt 3.3 beschriebenen Verwendung des Symbols Prob $\{\cdot\}$ erlaubt.

Beispiel 4.6.3 (Beispiel 4.6.1 fortgef.). Für den Algorithmus A aus Beispiel 4.6.1 gilt offensichtlich Prob $\{A\langle b_0 = 1\rangle = 1\} = 1$, denn in $A\langle b_0 = 1\rangle$ wird b_0 auf 1 gesetzt, womit garantiert ist, dass $x(0)$, also 1, ausgegeben wird. Wegen (4.6.4) gilt Prob $\{A = 1 \mid b_0 = 1\} =$ Prob $\{A\langle b_0 = 1\rangle = 1\}$ und damit Prob $\{A = 1 \mid b_0 = 1\} = 1$. Letzteres kann man auch leicht direkt nachrechnen. $\triangleleft$

Es sei betont, dass $A(x)\langle y = c\rangle$ nicht definiert ist, falls y lediglich *höchstens* einmal, statt *genau* einmal einen Wert zugewiesen bekommt. Natürlich könnte man die Definition von $A(x)\langle y = c\rangle$ erweitern und festlegen, dass man $A(x)\langle y = c\rangle$ aus A gewinnt, indem man, *falls* die Zuweisung $y = \mathrm{flip}(l)$ ausgeführt wird, stattdessen die Zuweisung $y = c$ ausführt. In diesem Fall würde aber (4.6.4) im Allgemeinen nicht mehr gelten (siehe Aufgabe 4.9.15).

Wir schreiben kurz $A(x)\langle y_1 = c_1, y_2 = c_2, \ldots, y_l = c_l\rangle$ für

$$(\cdots((A(x)\langle y_1 = c_1\rangle)\langle y_2 = c_2\rangle)\cdots)\langle y_l = c_l\rangle \ ,$$

unter der Voraussetzung, dass $(\cdots((A(x)\langle y_1 = c_1\rangle)\langle y_2 = c_2\rangle)\cdots)\langle y_i = c_i\rangle$ für alle $i \in \{1, \ldots, l\}$ definiert ist. Insbesondere sollte, zum Beispiel, in jedem Lauf von $A(x)\langle y_1 = c_1\rangle$ der Variablen y_2 genau einmal ein Wert zugewiesen werden. Man beachte, dass dies nicht zwingend bedeutet, dass dies auch für $A(x)$ gilt.

Per Induktion erhalten wir aus (4.6.4) für alle $c' \in \{0,1\}^*$:

$$\mathrm{Prob}\,\{A(x)\langle y_1 = c_1, \ldots, y_l = c_l\rangle = c'\} = \mathrm{Prob}\,\{A(x) = c' \mid y_1 = c_1, \ldots, y_l = c_l\} \ .$$
$$(4.6.5)$$

Beispiel 4.6.4. Wir betrachten die folgende Variante A' des Algorithmus A aus Beispiel 4.6.1:

$A'\colon \{0,1\}$

    $x = 1110 \quad (\in \{0,1\}^4)$
    $b_0 = \mathrm{flip}()$
    falls $b_0 = 1$, so gib $x(0)$ aus und halte
    $b_1 = \mathrm{flip}()$
    falls $b_1 = 1$, so gib $x(1)$ aus und halte
    $b_2 = \mathrm{flip}()$
    falls $b_2 = 1$, so gib $x(2)$ aus und halte
    $b_3 = \mathrm{flip}()$
    falls $b_3 = 1$, so gib $x(3)$ aus und halte
    gib 1 aus.

Zunächst beobachten wir, dass, zum Beispiel, $(A'\langle b_0 = 0\rangle)\langle b_1 = 0\rangle$ wohldefiniert ist, aber $(A'\langle b_0 = 1\rangle)\langle b_1 = 0\rangle$ nicht. Insbesondere können wir $A'\langle b_0 = 0, b_1 = 0\rangle$ schreiben. Es gilt:

$$\mathrm{Prob}\left\{A'\langle b_0 = 0, b_1 = 0\rangle = 1\right\} = \frac{3}{4}$$
$$= \mathrm{Prob}\left\{A' = 1 \mid b_0 = 0, b_1 = 0\right\} \ .$$

$\triangleleft$

Neben durch Programmvariablen induzierte Zufallsvariablen werden wir häufig auch gänzlich neue Zufallsvariablen auf der Menge der Läufe eines Algorithmus betrachten.

Beispiel 4.6.5. Es sei B der Algorithmus, den man aus Algorithmus A in Beispiel 4.6.1 erhält, indem man die letzte Zeile durch »gib flip() aus« ersetzt. Es bezeichne weiterhin X die Zufallsvariable, die für jeden Lauf $\alpha \in \{0,1\}^t$ von B das Bit liefert, welches bei Ausführung der letzten Zeile des Algorithmus gewählt wird, wobei t die maximale Laufzeit von B bezeichnet. Der Wert von $X(\alpha)$ sei 1, falls im Lauf α von B die letzte Zeile nicht ausgeführt wird. Es gilt nun zum Beispiel:

$$\mathrm{Prob}\left\{X = 0\right\} = \mathrm{Prob}\left\{b_0 = b_1 = b_2 = b_3 = 0, X = 0\right\}$$
$$= \frac{1}{32} \ .$$

Weiter gilt:

$$\mathrm{Prob}\left\{B = 1 \mid X = 1\right\} = \frac{\mathrm{Prob}\left\{B = 1, X = 1\right\}}{\mathrm{Prob}\left\{X = 1\right\}}$$
$$\overset{(1)}{=} \frac{\frac{29}{32}}{1 - \frac{1}{32}}$$
$$= \frac{29}{31} \ ,$$

wobei wir (1) wegen $\mathrm{Prob}\left\{B = 1, X = 1\right\} = \mathrm{Prob}\left\{b_0 = 1\right\} + \mathrm{Prob}\left\{b_0 = 0, b_1 = 1\right\} + \mathrm{Prob}\left\{b_0 = b_1 = 0, b_2 = 1\right\} + \mathrm{Prob}\left\{b_0 = b_1 = b_2 = b_3 = 0, X = 1\right\} = \frac{1}{2} + (\frac{1}{2})^2 + (\frac{1}{2})^3 + (\frac{1}{2})^5 = \frac{29}{32}$ erhalten.

Man beachte, dass $\mathrm{Prob}\left\{B = 1 \mid X = 1\right\} \neq \mathrm{Prob}\left\{A = 1\right\} = \frac{15}{16}$ gilt, was vielleicht zunächst überraschend ist. $\triangleleft$

Ein alternativer Wahrscheinlichkeitsraum. Häufig werden wir zufallsgesteuerte Algorithmen betrachten, in deren Pseudocode selbst nicht weiter spezifizierte zufallsgesteuerte Algorithmen genannt werden. Die Laufzeit dieser nicht weiter spezifizierten Algorithmen wird dabei immer parameterunabhängig durch eine Konstante nach oben beschränkt werden können. Des Weiteren wird der Pseudocode Flipoperationen enthalten, die höchstens einmal ausgeführt werden.

Beispiel 4.6.6. Zum Beispiel könnte ein solcher Pseudocode wie folgt aussehen:

$A\colon \{0,1\}$

$y_0 = \text{flip}()$
falls $y_0 = 1$, so setze $y_1 = \text{flip}(l_1)$, sonst setze $y_1 = \text{flip}(l_2)$
$y_3 = B(\textit{Parameter})$
gib y_3 aus

Dabei bezeichnet B einen beliebigen zufallsgesteuerten Algorithmus, dessen Laufzeit parameterunabhängig durch eine Konstante t_B nach oben beschränkt ist. Mit »$\textit{Parameter}$« bezeichnen wir mögliche Parameter, die B übergeben werden. Wie diese genau aussehen, spielt hier keine Rolle. Man beachte, dass die drei im Pseudocode explizit genannten Flipoperationen, wie gefordert, in jedem Lauf von A höchstens einmal ausgeführt werden. ◁

Bezeichnet t_A die maximale Laufzeit eines durch Pseudocode spezifizierten zufallsgesteuerten Algorithmus A der oben betrachteten Form, so war bisher der zu A gehörende Wahrscheinlichkeitsraum definiert als die Gleichverteilung auf $\{0,1\}^{t_A}$. Dabei greifen sowohl alle im Pseudocode genannten, aber nicht weiter spezifizierten zufallsgesteuerten Algorithmen, also auch die genannten Flipoperationen, auf die in einem Lauf $\alpha \in \{0,1\}^{t_A}$ festgelegten Zufallsbits zu. In Beispiel 4.6.6 greifen also sowohl die drei im Pseudocode erwähnten Flipoperationen als auch der zufallsgesteuerte Algorithmus B auf diese Zufallsbits zu.

In Beweisen ist es allerdings häufig bequemer, den Wahrscheinlichkeitsraum zu A als gleichverteilten Produktraum der Form $\{0,1\}^{r_1} \times \cdots \times \{0,1\}^{r_n}$ zu begreifen, der eine Komponente $\{0,1\}^{r_i}$ für jeden im Pseudocode von A erwähnten und nicht weiter spezifizierten zufallsgesteuerten Algorithmus sowie für jede im Pseudocode von A erwähnte Flipoperation enthält.

Für Algorithmus A aus Beispiel 4.6.6 bedeutet dies, dass der zugehörige Wahrscheinlichkeitsraum die Gleichverteilung über

$$\Omega_A^{\text{prod}} = \{0,1\} \times \{0,1\}^{l_1} \times \{0,1\}^{l_2} \times \{0,1\}^{t_B}$$

ist, wobei die Komponenten in offensichtlicher Weise den Flipoperationen bzw. dem Algorithmus B zugeordnet sind. Ein Tupel $(1, z_1, z_2, z_B) \in \Omega_A^{\text{prod}}$ entspricht also einem Lauf von A, indem y_0 den Wert 1 und y_1 den Wert z_1 zugewiesen bekommt sowie B seine Zufallsbits gemäß z_B wählt; entsprechend würde in einem Lauf zu $(0, z_1, z_2, z_B)$ der Variablen y_0 der Wert 0 und der Variablen y_1 der Wert z_2 zugewiesen werden und B würde seine Zufallsbits wie zuvor gemäß z_B wählen.

Man überzeugt sich leicht davon, dass ein solcher Produktraum die Verteilung der Ausgabe eines Algorithmus im Vergleich zur ursprünglich eingeführten Gleichverteilung auf Mengen der Form $\{0,1\}^t$ nicht ändert; die Argumentation ist ähnlich wie diejenige in Aufgabe 4.9.13. Da die Aussagen, die wir beweisen werden, lediglich die Verteilung der Ausgaben von Algorithmen betreffen, können wir demnach ohne Einschränkung den Produktraum zugrunde legen, was wir im Rest des Buches für Pseudocode der betrachteten Form auch meist tun werden.

Die Operation flip(M).   Wir werden in Pseudocode der oben eingeführten Form neben den Operationen flip() und flip(l) zudem Operationen der Form flip(M) für eine endliche Menge M erlauben. Bei Aufruf von flip(M) soll zufällig ein Element aus M gewählt und zurückgeliefert werden. Formal wird flip(M) durch einen zufallsgesteuerten Algorithmus $A_{\text{flip}(M)}()$ realisiert, der nur die Operation flip() verwendet. Ist $|M|$ allerdings keine Zweierpotenz, dann kann der Algorithmus $A_{\text{flip}(M)}()$, da seine maximale Laufzeit durch eine Konstante beschränkt ist, nicht genau die Gleichverteilung auf M realisieren. Durch die Wahl genügend vieler Zufallsbits kann aber jedes Element von M mit einer Wahrscheinlichkeit, die sehr nahe bei $1/|M|$ liegt, gewählt werden (siehe dazu auch Aufgabe 4.9.12). Eine geringe Abweichung von $1/|M|$ ist unproblematisch, weil die Aussagen, die wir treffen werden, einen »stetigen« Charakter besitzen. Wir werden hier deshalb einfach annehmen, dass flip(M) (genauer $A_{\text{flip}(M)}()$) genau die Gleichverteilung auf M realisiert.

Wird flip(M) im Pseudocode der oben besprochenen Form verwendet, so wird deshalb die zugehörige Komponente im Produktraum die Menge M sein. Um dies zu illustrieren, betrachten wir nochmals Beispiel 4.6.6, wobei nun die Zuweisung »$y_1 = \text{flip}(l_1)$« durch »$y_1 = \text{flip}(M)$« ersetzt wird. Dann ist der zugehörige Produktraum von der Form:

$$\Omega_A^{\text{prod}} = \{0,1\} \times M \times \{0,1\}^{l_2} \times \{0,1\}^{t_B} \ .$$

Bzgl. dieses Produktraumes wird nun flip(M) in der Tat als Operation interpretiert, die ein Element aus M gemäß der Gleichverteilung auf M liefert. Während die eigentliche Realisierung $A_{\text{flip}(M)}()$ von flip(M) von dieser Gleichverteilung etwas abweichen kann, ist, wie gesagt, diese Ungenauigkeit vernachlässigbar.

4.6.3   Prozedurparameter

Wir wollen zulassen, dass Algorithmen andere Funktionen oder Algorithmen zur Eingabe haben können, zum Beispiel dann, wenn wir einem Algorithmus eine Blockchiffre zur Verfügung stellen. Wir sprechen dann von einem *Prozedurparameter* oder einem *Orakel*. Steht einem Algorithmus ein Orakel zur Verfügung, so kann er dieses mit entsprechenden Eingaben aufrufen und den Rückgabewert entgegennehmen; er kann aber nicht dessen Programmtext oder sonstige Repräsentation inspizieren.

Sollte das Orakel selbst zufallsgesteuert sein, so kann man sich zum einen vorstellen, dass es auf dieselbe Zufallsfolge wie der gegebene Algorithmus zugreift, allerdings in einer Weise, dass jedes Zufallsbit, wie üblich, nur einmal genutzt wird. Insbesondere wird das Zufallsbit entweder von dem aufrufenden Algorithmus oder dem Orakel verwendet, aber nicht von beiden.

Zum anderen kann man sich aber auch vorstellen, und diese Sichtweise werden wir typischerweise einnehmen, dass ein Orakel auf seine eigenen Zufallsbits zugreift. Betrachten wir genauer Algorithmen mit Orakeln in Pseudocode der oben besprochenen Form, dann wird die Anzahl der maximal möglichen Orakelaufrufe immer durch eine Konstante nach oben beschränkt sein. Der zugehörige Produktraum wird dann für jeden möglichen Orakelaufruf eine entsprechende Komponente enthalten, die die Menge der möglichen Zufallsfolgen für den jeweiligen Orakelaufruf enthält.

Betrachten wir dazu nochmals Beispiel 4.6.6, wobei wir nun die Programmzeile $y_3 = B(\textit{Parameter})$ durch $y_3 = B(O(\cdot))$ ersetzen. Dabei bezeichnet O ein Orakel, das wir als durch einen zufallsgesteuerten Algorithmus realisiert annehmen und an das der ebenfalls zufallsgesteuerte Algorithmus B maximal q Anfragen stellt. Ist die Laufzeit von O in jedem Aufruf durch t_O beschränkt, dann hat der zugehörige Produktraum zum betrachteten Pseudocode die folgende Form:

$$\Omega_A^{\texttt{prod}} = \{0,1\} \times \{0,1\}^{l_1} \times \{0,1\}^{l_2} \times \{0,1\}^{t_B} \times \underbrace{\{0,1\}^{t_O} \times \cdots \times \{0,1\}^{t_O}}_{q\text{-fach}} \ .$$

Steht $O(\cdot)$ im obigen Beispiel für eine Funktion (oder einen deterministischen Algorithmus), dann werden im Produktraum zu A natürlich keine Zufallskomponenten für $O(\cdot)$ vorgesehen.

4.7   Algorithmische Sicherheit von Block-Kryptosystemen

Nachdem wir uns schon mehrere Block-Kryptosysteme angesehen haben, wollen wir uns nun der Frage zuwenden, was es bedeutet, dass ein Block-Kryptosystem sicher ist, natürlich unter der Annahme, dass es in Szenarium 2 verwendet wird.

Zuerst einmal wollen wir uns überlegen, unter welchen Umständen wir ein Kryptosystem als unsicher ansehen wollen. Dazu sind gemäß der Abschnitte 2.3 und 2.4 zwei Dinge zu klären: die Sicherheitsziele und die Bedrohungsszenarien.

Zunächst wenden wir uns den Bedrohungsszenarien zu. Gemäß Szenarium 2 gehen wir von *Angriffen mit Klartextwahl* aus (siehe auch Abschnitt 2.4.1). Eva hat also Zugriff auf die Verschlüsselungsmaschinerie und kann sich Klartexte ihrer Wahl verschlüsseln lassen. Dabei gehen wir, gemäß Abschnitt 2.4.2, davon aus, dass Eva nur eine feste, beschränkte Anzahl von Rechenoperationen durchführen kann (*konkrete Sicherheit*).

Betrachten wir nun die Sicherheitsziele, also die Frage, inwieweit die zu übermittelnden Klartexte gegen Aufdeckung geschützt werden müssen/können. Wir hatten uns dazu in Abschnitt 4.1 bereits überlegt, dass Substitutionskryptosysteme diesbezüglich »optimal« sind: Wenn Eva von N Klartexten N_0 Klartexte abgefragt hat und Alice dann einen (neuen) Chiffretext zu einem neuen Klartext sendet, dann weiß Eva natürlich, dass der zum Chiffretext gehörende Klartext nicht einer der N_0 abgefragten Klartexte sein kann, aber ansonsten ist jeder der anderen $N - N_0$ Klartexte möglich. Die Information, die Eva über den neuen Klartext erhält, ist also minimal. Das Problem mit Substitutionskryptosystemen ist nur, dass sie, wie wir uns bereits überlegt haben, völlig unpraktikabel sind. Allerdings können sie dazu dienen, die Sicherheit von Block-Kryptosystemen zu definieren. Die Idee ist denkbar einfach. Wenn jeder ressourcenbeschränkte Angreifer nicht oder nur mit verschwindend geringer Wahrscheinlichkeit unterscheiden kann, ob er mit dem eigentlichen Block-Kryptosystem interagiert oder mit dem Substitutionskryptosystem, dann ist das Block-Kryptosystem (fast) so sicher wie das Substitutionskryptosystem, bietet also etwa das gleiche Maß an Sicherheit.

Den erwähnten Angreifer werden wir ab jetzt als »Unterscheider« bezeichnen, da seine Aufgabe sein wird, zwischen dem eigentlichen Block-Kryptosystem und dem Substitutionskryptosystem zu unterscheiden.

Definition 4.7.1. Ein *l-Unterscheider* ist ein zufallsgesteuerter Algorithmus der Form $U(F\colon \{0,1\}^l \to \{0,1\}^l)\colon \{0,1\}$, dessen Laufzeit durch eine Konstante nach oben beschränkt ist. ◁

Ein Unterscheider erhält also ein Orakel F. Dieses Orakel ist eine Funktion, welche er mit Bitvektoren der Länge l befragen kann und welche Bitvektoren der Länge l als Antwort zurückliefert.

Wir lassen den Unterscheider nun in einem Experiment in einer von zwei unterschiedlichen sogenannten Welten laufen. In der ersten Welt, der sogenannten *Realwelt*, wird dem Unterscheider eine zufällig gewählte Chiffre des betrachteten Block-Kryptosystems als Orakel gegeben. In der zweiten Welt, der sogenannten *Zufallswelt*, wird dem Angreifer eine zufällig gewählte Substitutionschiffre als Orakel gegeben. Der Unterscheider muss dann entscheiden, in welcher der beiden Welten er glaubt zu laufen. Wir vereinbaren, dass er 1 für »Realwelt« und 0 für »Zufallswelt« ausgibt. Die Güte des Unterscheiders wird dann einfach nach seiner »Gewinnwahrscheinlichkeit« bemessen, also danach wie gut er zwischen den beiden Welten unterscheiden kann. Wir werden später ein Block-Kryptosystem sicher nennen, wenn die Gewinnwahrscheinlichkeit jedes (geeignet) ressourcenbeschränkten Unterscheiders klein ist.

Das beschriebene Experiment formalisieren wir nun wie folgt, wobei $\mathcal{P}_{\{0,1\}^l}$ die Menge aller Permutationen auf $\{0,1\}^l$, also die Menge aller Substitutionschiffren auf $\{0,1\}^l$, bezeichnet.

Definition 4.7.2 (Experiment zu einem Unterscheider und einem Block-Kryptosystem). Es sei $l > 0$, U ein l-Unterscheider und $\mathscr{B}$ ein l-Block-Kryptosystem mit Schlüsselraum K. Das zugehörige *Experiment*,[3] das wir mit $\mathbb{E}_U^{\mathscr{B}}$, $\mathbb{E}_U$ oder einfach $\mathbb{E}$ bezeichnen, ist der Algorithmus, der gegeben ist durch:

$\mathbb{E}\colon \{0,1\}$

    1. *Wähle Real- oder Zufallswelt.*
       $b = \mathrm{flip}()$
       falls $b = 1$, so setze $k = \mathrm{flip}(K)$ und $F = E(\cdot, k)$, sonst setze $F = \mathrm{flip}(\mathcal{P}_{\{0,1\}^l})$
    2. *Ratephase*
       $b' = U(F)$
    3. *Auswertung*
       falls $b' = b$, so gib 1 zurück, sonst 0.

Mit $\mathbb{S}_U^{\mathscr{B}}$, $\mathbb{S}_U$ oder einfach $\mathbb{S}$ bezeichnen wir den Algorithmus, der aus $\mathbb{E}$ dadurch entsteht, dass der dritte Schritt ersetzt wird durch »gib b' zurück«. Wir nennen $\mathbb{S}_U^{\mathscr{B}}$ das *verkürzte Experiment* (zu $\mathbb{E}_U^{\mathscr{B}}$). ◁

Ein Unterscheider besteht das Experiment $\mathbb{E}$ also erfolgreich, wenn seine Vermutung b' mit dem tatsächlich gewählten b übereinstimmt, er also korrekt bestimmt hat, in welcher Welt er läuft. Die Wahrscheinlichkeit dafür lässt sich nun schreiben als $\mathrm{Prob}\{\mathbb{E} = 1\}$, d. h., die Wahrscheinlichkeit, dass der Algorithmus $\mathbb{E}$ die Zahl 1 ausgibt.

---

3 In der kryptographischen Literatur spricht man manchmal auch von einem Spiel (*game*).

Für unsere weiteren Untersuchungen ist folgende Beobachtung nützlich: Statt im Experiment $\mathbb{E}$ für den Fall $b = 0$ die Permutation F auf einen Schlag vollständig zu bestimmen, kann man sie alternativ auch partiell und dynamisch bestimmen. Dazu wird im Experiment $\mathbb{E}$ für den Fall $b = 0$ eine Tabelle T mit Einträgen der Form $(x, y) \in \{0, 1\}^l \times \{0, 1\}^l$ verwaltet, die anfangs leer ist. Es bezeichne T_{links} bzw. T_{rechts} die Menge der Bitvektoren, die in der linken bzw. rechten Komponente der Einträge von T zu finden sind. Ein Tabelleneintrag der Form (x, y) bedeutet, dass F mit x angefragt wurde und dass als Chiffretext y zurückgegeben wurde. Wird nun von U eine neue Anfrage an F gestellt mit Klartext x', so wird zunächst geschaut, ob diese Anfrage bereits gestellt wurde, also ob $x' \in T_{links}$ gilt. Existiert bereits ein y' mit $(x', y') \in T$, dann wird y' zurückgegeben. Ansonsten wird zufällig gleichverteilt ein Element (ein Chiffretext), aus der Menge $\{0, 1\}^l \setminus T_{rechts}$ gewählt, d. h. es wird $\mathrm{flip}(\{0, 1\}^l \setminus T_{rechts})$ ausgeführt (siehe dazu auch Aufgabe 4.9.12); sei y'' das gewählte Element. Dann wird der Eintrag (x', y'') zu T hinzugefügt und y'' wird zurückgegeben. Man sieht nun leicht, dass diese dynamische Implementierung von F aus der Sicht eines Unterscheiders keinen Unterschied macht. Die Sichtweise, dass eine Permutation F dynamisch gewählt wird, hat aber verschiedene Vorteile, weshalb wir im Rest des Buches auch häufig von dieser Sichtweise ausgehen werden: Sie hilft bei Sicherheitsanalysen, da deutlich wird, dass Chiffretexte zu neuen Klartexten, zufällig aus der Menge der noch nicht verbrauchten Chiffretexte gewählt werden. Außerdem erlaubt sie eine realistischere Messung von in einem Experiment verbrauchten Ressourcen. Auf den letzten Punkt kommen wir am Ende dieses Abschnitts noch einmal zu sprechen.

Eine einfache Überlegung zeigt, dass ein Unterscheider leicht mit Wahrscheinlichkeit $1/2$ das Experiment bestehen kann: Er muss dazu lediglich b' zufällig wählen. Um ein normiertes Ergebnis zu erhalten, könnten wir von der Gewinnwahrscheinlichkeit $\mathrm{Prob}\{\mathbb{E} = 1\}$ den Wert $1/2$ abziehen. Dann könnte ein sehr guter Angreifer aber maximal den Wert $1/2$ erzielen. Deshalb ziehen wir nicht nur $1/2$ von der obigen Wahrscheinlichkeit ab, sondern multiplizieren dann auch noch mit 2.

Damit können wir nun die normierte Gewinnwahrscheinlichkeit eines Unterscheiders, die wir Vorteil nennen wollen, definieren.

Definition 4.7.3 (Vorteil eines Unterscheiders). Es sei U ein l-Unterscheider und $\mathscr{B}$ ein l-Block-Kryptosystem. Der *Vorteil (advantage)* von U bezüglich $\mathscr{B}$ ist definiert durch

$$\mathrm{adv}(U, \mathscr{B}) = 2\left(\mathrm{Prob}\{\mathbb{E}_U^{\mathscr{B}} = 1\} - \frac{1}{2}\right) . \tag{4.7.1}$$

$\lhd$

Wir können direkt festhalten:

Bemerkung 4.7.1. Es sei $l > 0$.
1. Für jeden l-Unterscheider U und jedes l-Block-Kryptosystem $\mathscr{B}$ gilt $\mathrm{adv}(U, \mathscr{B}) \in [-1, 1]$.
2. Für den oben beschriebenen einfachen l-Unterscheider U, der b' zufällig wählt, und jedes l-Block-Kryptosystem $\mathscr{B}$ gilt $\mathrm{adv}(U, \mathscr{B}) = 0$. $\lhd$

Bevor wir uns ein Beispiel ansehen, um den Begriff des Unterscheiders und des Vorteils zu illustrieren, werden wir zunächst eine Charakterisierung des Vorteils eines Unterscheiders durch den sogenannten Erfolg bzw. Misserfolg des Unterscheiders beweisen. Dadurch erhalten wir zum einen einen etwas anderen Blickwinkel auf die bisherige Definition. Zum anderen ist die äquivalente Darstellung bei Sicherheitsanalysen häufig leichter zu handhaben. Erfolg und Misserfolg werden in der folgenden Definition präzise gefasst. Die Idee ist die folgende: Der Erfolg gibt die Wahrscheinlichkeit dafür an, dass, unter der Bedingung, dass der Unterscheider in der Realwelt läuft, er dies auch vermutet, also 1 ausgibt. Umgekehrt gibt der Misserfolg die Wahrscheinlichkeit dafür an, dass, unter der Bedingung, dass der Unterscheider in der Zufallswelt läuft, er trotzdem vermutet in der Realwelt zu laufen, also 1 ausgibt.

Definition 4.7.4 (Erfolg und Misserfolg). Es sei U ein l-Unterscheider auf ein Block-Kryptosystem $\mathscr{B}$ und $\mathbb{S} = \mathbb{S}_U^{\mathscr{B}}$ das zugehörige verkürzte Experiment.

Der *Erfolg (success)* und der *Misserfolg (failure)* von U bzgl. $\mathscr{B}$ sind gegeben durch

$$\mathrm{suc}(U, \mathscr{B}) = \mathrm{Prob}\left\{\mathbb{S}\langle b = 1\rangle = 1\right\} \text{ und}$$
$$\mathrm{fail}(U, \mathscr{B}) = \mathrm{Prob}\left\{\mathbb{S}\langle b = 0\rangle = 1\right\} ,$$

wobei wir die in Abschnitt 4.6.2 eingeführte Schreibweise verwenden.   ◁

Der Vorteil eines Unterscheiders ist nun einfach die Differenz zwischen Erfolg und Misserfolg.

Lemma 4.7.1 (Vorteil, Erfolg, Misserfolg). *ES sei $l > 0$. Für jeden l-Unterscheider U und jedes l-Block-Kryptosystem $\mathscr{B}$ gilt*

$$adv(U, \mathscr{B}) = suc(U, \mathscr{B}) - fail(U, \mathscr{B}) .$$

Beweis. Mit $\mathbb{E} = \mathbb{E}_U^{\mathscr{B}}$ und $\mathbb{S} = \mathbb{S}_U^{\mathscr{B}}$ erhalten wir:

$$\mathrm{Prob}\left\{\mathbb{E} = 1\right\} \overset{(1)}{=} \mathrm{Prob}\left\{\mathbb{S} = b\right\}$$

$$\overset{(2)}{=} \mathrm{Prob}\left\{\mathbb{S} = b, b = 1\right\} + \mathrm{Prob}\left\{\mathbb{S} = b, b = 0\right\}$$

$$\overset{(3)}{=} \mathrm{Prob}\left\{\mathbb{S} = b \mid b = 1\right\} \cdot \mathrm{Prob}\left\{b = 1\right\} +$$
$$\mathrm{Prob}\left\{\mathbb{S} = b \mid b = 0\right\} \cdot \mathrm{Prob}\left\{b = 0\right\}$$

$$\overset{(4)}{=} \mathrm{Prob}\left\{\mathbb{S}\langle b = 1\rangle = 1\right\} \cdot \frac{1}{2} + \mathrm{Prob}\left\{\mathbb{S}\langle b = 0\rangle = 0\right\} \cdot \frac{1}{2}$$

$$\overset{(5)}{=} \mathrm{Prob}\left\{\mathbb{S}\langle b = 1\rangle = 1\right\} \cdot \frac{1}{2} + (1 - \mathrm{Prob}\left\{\mathbb{S}\langle b = 0\rangle = 1\right\}) \cdot \frac{1}{2}$$

$$\overset{(6)}{=} \mathrm{suc}(U, \mathscr{B}) \cdot \frac{1}{2} + (1 - \mathrm{fail}(U, \mathscr{B})) \cdot \frac{1}{2} ,$$

wobei sich die Gleichungen wie folgt ergeben: (1) folgt direkt aus der Definition von $\mathbb{E}$ und $\mathbb{S}$; (4) folgt aus der Definition von $\mathbb{S}\langle b = 1\rangle$ bzw. $\mathbb{S}\langle b = 0\rangle$ (siehe auch Abschnitt 4.6.2) sowie aus der Tatsache, dass $\mathrm{Prob}\left\{b = 1\right\} = \mathrm{Prob}\left\{b = 0\right\} = 1/2$ gilt; (6) gilt wegen Definition 4.7.4; alle anderen Gleichungen sind elementare Wahrscheinlichkeitstheorie.

Die Behauptung ergibt sich nun durch Auflösen nach $\mathrm{suc}(U, \mathscr{B}) - \mathrm{fail}(U, \mathscr{B})$ und der Definition von $\mathrm{adv}(U, \mathscr{B})$. $\qquad\square$

Wir wollen uns ein erstes einfaches Beispiel für einen Unterscheider und dessen Vorteil ansehen.

Beispiel 4.7.1 (Unterscheider auf Vernamsystem)**.** Es sei $l > 0$. Wir betrachten den l-Unterscheider, der wie folgt gegeben ist (siehe unten für weitere Erklärung):

l-Vernamunterscheider(F)

    1. *Stelle Vermutung über verwendeten Schlüssel an*
       $k = F(0^l)$
    2. *Erfrage Chiffretext für anderen Klartext*
       $y = F(1^l)$
    3. *Gib Vermutung aus*
       falls $1^l \oplus k = y$, dann gib 1 aus, sonst 0

Es bezeichne $\mathscr{B}$ das in Beispiel 3.2.2 eingeführte Vernamsystem der Länge $l \geq 1$. Wir kürzen im Folgenden l-Vernamunterscheider mit U ab.

Der Unterscheider U bestimmt in 1. den Schlüssel unter der Annahme, dass die übergebene Chiffre F eine Vernamchiffre ist. Dann überprüft er, ob die Anwendung von F auf 1^l mit der Verschlüsselung von 1^l unter dem hypothetischen Schlüssel übereinstimmt. Ist dies der Fall, vermutet der Unterscheider, dass er sich in der Realwelt befindet, also F tatsächlich eine Vernamchiffre ist; ansonsten vermutet er, dass er sich in der Zufallswelt befindet, F also eine Substitutionschiffre ist.

Wir schätzen nun den Erfolg und Misserfolg von U bzgl. $\mathscr{B}$ ab, um den Vorteil von U zu bestimmen.

Man sieht leicht, dass, wenn U in der Realwelt läuft, also F eine Vernamchiffre ist, U immer 1 ausgeben wird. Wir erhalten also für den Erfolg von U:

$$\mathrm{suc}(U, \mathscr{B}) = \mathrm{Prob}\left\{\mathbb{S}_U^{\mathscr{B}}\langle b = 1\rangle = 1\right\} = 1 \ .$$

Um den Misserfolg von U abschätzen zu können, müssen wir uns überlegen, mit welcher Wahrscheinlichkeit U das Bit 1 ausgibt, obwohl U in der Zufallswelt läuft, in der U eine zufällig gewählte Permutation F als Orakel erhält. Der Unterscheider gibt nur 1 aus, falls $1^l \oplus k = y$ gilt, also $1^l \oplus F(0^l) = F(1^l)$. Es gilt also die Wahrscheinlichkeit $\mathrm{Prob}\left\{1^l \oplus F(0^l) = F(1^l)\right\}$ zu bestimmen, wobei, wie in Abschnitt 4.6.2 besprochen, F als Zufallsvariable über der Menge der Läufe von $\mathbb{S}_U^{\mathscr{B}}\langle b = 0\rangle$ aufgefasst werden kann. Als solche liefert F offensichtlich eine zufällig gewählte Permutation aus der Menge $\mathcal{P}_{\{0,1\}^l}$. Wir erhalten deshalb:

$$\mathrm{Prob}\left\{1^l \oplus F(0^l) = F(1^l)\right\} = \sum_{x \in \{0,1\}^l} \mathrm{Prob}\left\{1^l \oplus F(0^l) = F(1^l), F(0^l) = x\right\}$$

$$= \sum_{x \in \{0,1\}^l} \mathrm{Prob}\left\{1^l \oplus F(0^l) = F(1^l) \mid F(0^l) = x\right\} \cdot$$

$$\mathrm{Prob}\left\{F(0^l) = x\right\}$$

$$= \sum_{x \in \{0,1\}^l} \text{Prob} \left\{ 1^l \oplus x = F(1^l) \mid F(0^l) = x \right\} \cdot \frac{1}{2^l}$$

$$\overset{(1)}{=} \sum_{x \in \{0,1\}^l} \frac{1}{2^l - 1} \cdot \frac{1}{2^l}$$

$$= \frac{1}{2^l - 1} \ ,$$

wobei (1) leicht aus der Beobachtung folgt, dass unter der Bedingung, dass $F(0^l) = x$ gilt, $F(1^l)$ nur noch $2^l - 1$ mögliche Werte annehmen kann, da F eine Permutation liefert.

Für den Misserfolg von U erhalten wir demnach:

$$\text{fail}(U, \mathscr{B}) = \text{Prob} \left\{ \mathbb{S}_U^{\mathscr{B}} \langle b = 0 \rangle = 1 \right\}$$

$$= \frac{1}{2^l - 1} \ .$$

Insgesamt folgt für den Vorteil von U also:

$$\text{adv}(U, \mathscr{B}) = \text{suc}(U, \mathscr{B}) - \text{fail}(U, \mathscr{B})$$

$$= 1 - \frac{1}{2^l - 1} \ .$$

Für übliche Werte von l, z. B., $l = 128$, ist $\frac{1}{2^l - 1}$ praktisch 0. Wir haben also einen sehr guten, zudem effizienten Unterscheider gefunden. Das Vernamsystem lässt sich also leicht von einem Substitutionskryptosystem unterscheiden und ist deshalb als unsicher anzusehen. ◁

Wir wollen noch ein weiteres Beispiel betrachten, das zeigt, wie man aus einem Algorithmus, der Chiffretexten Klartexteigenschaften ansieht, einen erfolgreichen Unterscheider konstruieren kann. In diesem Beispiel werden wir zudem eine Beweistechnik kennenlernen, die uns später in ähnlicher Form häufig begegnen wird.

Beispiel 4.7.2 (Unterscheider basierend auf Orakel für erstes Bit). Wir nehmen an, dass es zu einem l-Block-Kryptosystem $\mathscr{B}$ mit Schlüsselraum K einen deterministischen Algorithmus O mit fester, beschränkter Laufzeit t gibt, der zu jedem Chiffretext sagen kann, ob der zugehörige Klartext mit 0 oder 1 beginnt. Wir nehmen an, dass dies dem Algorithmus gelingt, ohne Zugriff auf ein Verschlüsselungsorakel zu haben; in Aufgabe 4.9.19 wird diese Annahme aufgehoben. Genauer nehmen wir an, dass O bei Eingabe eines Chiffretextes $y = F(x)$ das erste Bit von x mit einer Wahrscheinlichkeit $\geq 3/4$ richtig bestimmt, gemittelt über alle Klartexte und Schlüssel. Für das folgende Experiment $\mathbb{E}_{bit}$, bei dem $x(0)$ das erste Bit von x bezeichnet, gilt also $\text{Prob} \{ \mathbb{E}_{bit} = 1 \} \geq 3/4$.

$$\mathbb{E}_{bit} \colon \{0, 1\}$$
$$\quad k = \text{flip}(K); \ F = E(\cdot, k)$$
$$\quad x = \text{flip}(l)$$
$$\quad y = F(x)$$

$b = O(y)$
falls $b = x(0)$, gib 1 zurück, sonst 0.

Wir betrachten den folgenden Unterscheider, den wir auch kurz mit U bezeichnen werden.

UNTERSCHEIDERERSTESBIT($F\colon \{0,1\}^l \to \{0,1\}^l$): $\{0,1\}$

   1. *Wähle zufälligen Klartext.*
      $x = \mathrm{flip}(l)$
   2. *Verschlüssel diesen Klartext durch Aufruf von F.*
      $y = F(x)$
   3. *Bestimme das erste Bit des Klartextes durch Aufruf von O.*
      $b'' = O(y)$
   4. *Gib Vermutung zurück.*
      falls $b'' = x(0)$, gib 1, sonst 0 zurück

Die Intuition ist wie folgt: Läuft U in der Realwelt, ist F also eine Chiffre von $\mathscr{B}$, dann sollte O mit großer Wahrscheinlichkeit, d. h., einer Wahrscheinlichkeit deutlich über $1/2$, $x(0)$ richtig bestimmen. Aus diesem Grund gibt U in einem Lauf 1 aus, d. h., »Realwelt«, falls in diesem Lauf O das Bit $x(0)$ richtig bestimmt hat. Läuft U dagegen in der Zufallswelt, so sollte die Wahrscheinlichkeit dafür, dass O das Bit $x(0)$ richtig bestimmt, klein, d. h., etwa $1/2$, sein. Bestimmt O in einem Lauf das Bit $x(0)$ falsch, so vermutet U deshalb in der Zufallswelt zu laufen.

Wir schätzen nun Erfolg und Misserfolg von U ab, um seinen Vorteil zu bestimmen. Es bezeichne im Folgenden $\mathbb{S} = \mathbb{S}_U^{\mathscr{B}}$ das zu $\mathscr{B}$ und U gehörende verkürzte Experiment. Der Erfolg von U lässt sich leicht bestimmen. Offensichtlich gilt:

$$
\begin{aligned}
\mathrm{suc}(U,\mathscr{B}) &= \mathrm{Prob}\,\{\mathbb{S}\langle b=1\rangle = 1\} \\
&= \mathrm{Prob}\,\{\mathbb{E}_{bit} = 1\} \\
&\geq \frac{3}{4}\ ,
\end{aligned}
$$

denn $\mathbb{S}\langle b=1\rangle$ und $\mathbb{E}_{bit}$ beschreiben dieselben Experimente.

Betrachten wir nun den Misserfolg von U. Ist $z \in \{0,1\}^l$, dann bezeichnen wir mit $\hat{z}$ den Bitvektor, den man aus z erhält, indem man das erste Bit kippt. Ist z. B. $z = 0100$, dann ist $\hat{z} = 1100$. Ist $\pi \in \mathcal{P}_{\{0,1\}^l}$ eine Permutation über $\{0,1\}^l$, dann bezeichnen wir mit π_z die Permutation, die man aus π durch Vertauschen der Werte an z und $\hat{z}$ erhält.

Es sei nun $z \in \{0,1\}^l$, $\pi \in \mathcal{P}_{\{0,1\}^l}$ und $\mathbb{S}' = \mathbb{S}\langle b=0\rangle$. Wir bezeichnen mit $\alpha(z,\pi)$ den Lauf von $\mathbb{S}'$, in dem $x = z$ und $F = \pi$ gewählt wird.[4] Man sieht nun leicht, dass

$$\mathbb{S}'(\alpha(z,\pi)) = 1 - \mathbb{S}'(\alpha(\hat{z},\pi_z)) \tag{4.7.2}$$

---

4 Zur Erinnerung: Gemäß den Ausführungen in Abschnitt 4.6.2 und Abschnitt 4.6.3 können wir den Wahrscheinlichkeitsraum zu $\mathbb{S}'$ als Produktraum der Form $\{0,1\}^l \times \mathcal{P}_{\{0,1\}^l}$ auffassen. (Man beachte, dass O laut Annahme ein deterministischer Algorithmus ist, also keine Zufallsbits verwendet.) Damit entspricht $\alpha(z,\pi)$ dem Tupel (z,π). Betrachtet man die partielle und dynamische Wahl von F, wie nach Definition 4.7.2 beschrieben, und da F in $\mathbb{S}'$ lediglich einmal (mit x) aufgerufen wird, kann man zu $\mathbb{S}'$ auch alternativ den Produktraum $\{0,1\}^l \times \{0,1\}^l$ betrachten, wobei die erste Komponente die Wahl von x festlegt und die zweite den Chiffretext zu x. Daraus ergeben sich noch einfachere Beweise für die Bestimmung des Misserfolgs von U (siehe Aufgabe 4.9.18).

gilt, denn sowohl in $\alpha(z, \pi)$ als auch in $\alpha(\hat{z}, \pi_z)$ erhält O dieselbe Eingabe $y = \pi(z) = \pi_z(\hat{z})$, liefert also dieselbe Ausgabe. Allerdings unterscheiden sich in den beiden Läufen das erste Bit von x, so dass die Ausgabe der verkürzten Experimente gerade komplementär ist.

Des Weiteren sieht man leicht, dass die Abbildung β, die einen Lauf $\alpha(z, \pi)$ von $\mathbb{S}'$ auf einen Lauf $\alpha(\hat{z}, \pi_z)$ von $\mathbb{S}'$ abbildet, bijektiv ist. Zusammen mit (4.7.2) folgt daraus, dass $\mathbb{S}'$ genau für die Hälfte der Läufe das Bit 1 ausgibt. Wegen der Gleichverteilung auf der Menge der Läufe von $\mathbb{S}'$ erhalten wir somit:

$$\text{fail}(U, \mathscr{B}) = \text{Prob}\{\mathbb{S}' = 1\}$$
$$= \frac{1}{2}\ . \tag{4.7.3}$$

Insgesamt folgt für den Vorteil von U:

$$\text{adv}(U, \mathscr{B}) = \text{suc}(U, \mathscr{B}) - \text{fail}(U, \mathscr{B})$$
$$\geq \frac{3}{4} - \frac{1}{2}$$
$$= \frac{1}{4}\ . \qquad \triangleleft$$

Um nun abschließend zu einem geeigneten Sicherheitsbegriff zu gelangen, nehmen wir, wie bereits in Abschnitt 4.1 angedeutet, an, dass ein Unterscheider für ein Block-Kryptosystem ressourcenbeschränkt ist. Konkreter nehmen wir an, dass der Unterscheider nur eine beschränkte Rechenzeit t zur Verfügung hat und die Anzahl der möglichen Klartexte, die sich der Unterscheider verschlüsseln lassen kann, durch q beschränkt ist.

Bevor wir nun zur Definition des Sicherheitsbegriffs kommen, müssen wir noch klären, wie die Ressourcen zu messen sind. Bei der Anzahl q der Klartextanfragen ist die Sache klar. Wie sieht es mit der Rechenzeit t aus? Ein Unterscheider U läuft nur in Verbindung mit einem Orakel, welches im Experiment $\mathbb{E}_U^{\mathscr{B}}$ bestimmt wird. Wir werden deshalb verlangen, dass die Laufzeit des gesamten Experiments $\mathbb{E}_U^{\mathscr{B}}$ durch t beschränkt ist. Hierbei ist die Sichtweise, dass für den Fall $b = 0$ die Chiffre F dynamisch gewählt wird, wie nach Definition 4.7.2 beschrieben, wichtig, da sich dies leicht umsetzen lässt. Die Wahl von F auf einen Schlag würde dagegen für realistische Werte für l, etwa $l = 128$, gigantisch viele Ressourcen benötigen, da alleine F hinzuschreiben etwa $2^l \cdot l$ Bits benötigen würde. Insbesondere wäre damit auch die Anzahl benötigter Rechenschritte in $\mathbb{E}_U^{\mathscr{B}}$ unverhältnismäßig groß. Sie würde die eigentliche Laufzeit, die man realistischerweise für den Unterscheider ansetzen würde, völlig überdecken.

Definition 4.7.5 ((q, t)-beschränkt, (q, t, ε)-sicher)**.** Es seien q, t, l natürliche Zahlen, U ein l-Unterscheider und $\mathscr{B}$ ein l-Block-Kryptosystem.

Der Unterscheider U ist (q, t)-*beschränkt*, wenn die Laufzeit des zugehörigen Experiments $\mathbb{E}_U^{\mathscr{B}}$ durch t beschränkt ist und höchstens q Anfragen an das Verschlüsselungsorakel gestellt werden.

Es sei

$$\mathrm{insec}(q, t, \mathscr{B}) = \sup\{\mathrm{adv}(U, \mathscr{B}) \mid U \; (q, t)\text{-beschränkter } l\text{-Unterscheider}\} \; . \qquad (4.7.4)$$

Weiter sei $\varepsilon \geq 0$ eine reelle Zahl. Ein l-Block-Kryptosystem $\mathscr{B}$ heißt (q, t, ε)-*unsicher,* wenn $\mathrm{insec}(q, t, \mathscr{B}) \geq \varepsilon$ gilt. Es heißt (q, t, ε)-*sicher,* wenn $\mathrm{insec}(q, t, \mathscr{B}) \leq \varepsilon$ gilt.   ◁

Bemerkung 4.7.2. Mit den Bezeichnungen aus Definition 4.7.5 sieht man leicht, dass $\mathrm{insec}(q, t, \mathscr{B}) \geq 0$ gilt.   ◁

Es sei, wie in Abschnitt 4.6.1 beschrieben, darauf hingewiesen, dass mit der Laufzeit eines Algorithmus insbesondere auch die Größe seines Programmcodes beschränkt ist. Damit kann für einen (q, t)-beschränkten Unterscheider die Länge des Programmcodes den Wert t nicht überschreiten – ohne diese Festlegung wäre die obige Definition sinnlos (siehe Aufgabe 4.9.23). Insbesondere folgt, dass die Anzahl (q, t)-beschränkter Unterscheider endlich ist, weshalb man in (4.7.4) »sup« durch »max« ersetzen könnte.

Beispiel 4.7.3 (Beispiel 4.7.1 fortgef.). Es sei $\mathscr{B}$ das Vernamsystem der Länge $l \geq 1$ und U der Unterscheider l-VERNAMUNTERSCHEIDER aus Beispiel 4.7.1. Man sieht leicht, dass die Laufzeit des Experiments $\mathbb{E}_U^{\mathscr{B}}$ durch $c \cdot l$, für eine geeignete Konstante c, nach oben beschränkt ist. Wir wissen zudem aus Beispiel 4.7.1, dass $\mathrm{adv}(U, \mathscr{B}) = 1 - \frac{1}{2^l - 1}$ für $l \geq 1$ gilt. Daraus können wir schließen, dass das Vernamsystem $(2, c \cdot l, 1 - \frac{1}{2^l - 1})$-unsicher ist.   ◁

Letzlich würden wir gern nachweisen, dass es Blockchiffren mit kurzen Schlüssellängen gibt, die (q, t, ε)-sicher sind für große Werte von q und t und ein kleines ε; dabei könnte t so gewählt werden, wie das in der Diskussion zur erschöpfenden Schlüsselsuche am Anfang von Abschnitt 4.3 angedeutet wurde. Konkreter noch würden wir gern eine entsprechende Behauptung für AES beweisen. Festzuhalten ist jedoch, dass dies bisher für AES, wie auch jedes andere in der Praxis verwendete moderne Block-Kryptosystem, nicht gelungen ist. Konkrete Sicherheitsaussagen sind für in der Praxis verwendete Block-Kryptosysteme also bisher nicht bekannt. Für moderne Block-Kryptosysteme versucht man aber wenigstens die Abwesenheit bekannter Angriffe, wie etwa Angriffe basierend auf der linearen Kryptanalyse, nachzuweisen bzw. die Effektivität solcher Angriffe zu bestimmen. Dies liefert wertvolle Hinweise darauf, welchen Grad an Sicherheit bei welcher Wahl der Parameter (etwa q und t) man erwarten kann und wie Sicherheitsparameter (etwa die Länge von Schlüsseln) zu wählen sind.

Obwohl man die Sicherheit moderner Block-Kryptosysteme bisher also nicht nachweisen konnte, ist es dennoch wichtig, zu definieren, was von einem Block-Kryptosystem erwartet wird, damit klar ist, worauf die Entwicklung solcher Systeme abzielen sollte und man darauf bei der Entwicklung weiterer kryptographischer Primitive, die Block-Kryptosysteme verwenden, aufbauen kann.

Es sei erwähnt, dass es Konstruktionen für in unserem Sinne sichere Block-Kryptosysteme gibt, die auf plausiblen Annahmen beruhen, wie z. B. der Existenz sogenannter Einwegfunktionen (siehe auch Abschnitt 6.4.2), d. h., Funktionen die leicht zu berechnen, aber schwer zu invertieren sind. Leider sind diese Konstruktionen nicht praktikabel (siehe auch Abschnitt 4.10).

Wir wollen nun noch eine generelle Bemerkung zur Sprechweise bzgl. der algorithmischen Sicherheit in diesem Buch machen. Wie in Abschnitt 2.4.2 erwähnt und wie bereits in Definition 4.7.5 gesehen, folgen wir in diesem Buch dem Ansatz der konkreten Sicherheit, d. h., die dem Angreifer zur Verfügung stehenden Ressourcen, z. B., seine maximale Laufzeit und die maximale Anzahl möglicher Orakelanfragen, sowie sein Vorteil im betrachteten Experiment werden präzise angegeben. Eine Aussage zur Sicherheit eines kryptographischen Verfahrens, zum Beispiel eines Kryptosystems, macht deshalb nur im Zusammenhang mit der Angabe der Ressourcen und des Vorteils des Angreifers Sinn: Sicherheit ist keine ja/nein-Frage, sondern wird gemessen. Wir werden aber in informellen Diskussionen trotzdem häufig von einem »sicheren Kryptosystem«, genauso für andere kryptographische Verfahren, sprechen (und haben dies oben bereits getan), ohne die Ressourcen des Angreifers und seinen Vorteil anzugeben. Mit einer solchen Aussage ist dann intuitiv gemeint, dass der Vorteil eines Angreifers im entsprechenden Experiment »klein« ist, auch wenn seine Ressourcen »groß« sind, wobei »groß« und »klein« nicht genau spezifiziert werden. In mathematischen Sätzen zur Sicherheit kryptographischer Verfahren werden unsere Aussagen natürlich präzise sein.

4.8   Funktionen statt Permutationen

Im vorherigen Abschnitt haben wir – aus gutem Grund – festgelegt, dass l-Block-Kryptosysteme dann als sicher zu betrachten sind, wenn sie (fast) nicht von einem Substitutionskryptosystem auf $\{0,1\}^l$ zu unterscheiden sind. Die Menge der Chiffren eines Substitutionskryptosystems auf $\{0,1\}^l$ umfasst, wie wir wissen, alle Permutationen über $\{0,1\}^l$. Zur Verschlüsselung wird zufällig eine dieser Permutationen gewählt. In der Literatur wird ein Substitutionskryptosystem deshalb häufig auch als *zufällige Permutation* (*random permutation*) bezeichnet. Entsprechend bezeichnet man ein sicheres l-Block-Kryptosystem als *pseudozufällige Permutation (PRP)* (*pseudorandom permutation*), da es (fast) nicht von einer zufälligen Permutation zu unterscheiden ist.

Verwendet man Block-Kryptosysteme zur Konstruktion komplexerer kryptographischer Primitive, wie wir dies etwa im nächsten Kapitel sehen werden, so stellt sich heraus, dass es einfacher ist, wenn man ein Kryptosystem nicht als pseudozufällige Permutation modelliert, sondern als *pseudozufällige Funktion (PRF)* (*pseudorandom function*). Man nimmt also an, dass sich ein Block-Kryptosystem (fast) nicht von einer *zufälligen Funktion* unterscheiden lässt, also einem Kryptosystem, bei dem die Menge der Chiffren alle *Funktionen* von $\{0,1\}^l$ nach $\{0,1\}^l$ umfasst und zur Verschlüsselung zufällig eine dieser Chiffren gewählt wird. Formal kann man eine zufällige Funktion natürlich nicht als Kryptosystem betrachten, da eine Funktion, im Gegensatz zu einer Permutation, keine eindeutige Umkehrung und deshalb keine eindeutige Entschlüsselung zulässt. Aber wir müssen eine zufällige Funktion auch nicht als Kryptosystem interpretieren. Wir werden zufällige Funktionen lediglich verwenden, um die Sicherheit eines Block-Kryptosystems zu definieren. Der wesentliche Grund dafür, dass (pseudo-)zufällige Funktionen leichter zu handhaben sind als (pseudo-)zufällige Permutationen, ist, dass man sich bei Funktionen nicht darum kümmern muss, dass verschiedene Klartexte verschiedene Funktionswerte bekommen.

Nun stellt sich natürlich die Frage, ob pseudozufällige Funktionen ein adäquates Mittel sind, sichere Block-Kryptosysteme zu modellieren, schließlich sind Chiffren von Block-Kryptosystemen Permutationen. Die Antwort ist glücklicherweise: Ja! Grob gesagt, werden wir in diesem Abschnitt zeigen, dass ein Block-Kryptosystem genau dann eine pseudozufällige Permutation ist, wenn es eine pseudozufällige Funktion ist. Wir können bei der Modellierung sicherer Block-Kryptosysteme also beliebig zwischen pseudozufälligen Permutationen und pseudozufälligen Funktionen hin- und herwechseln.

Bevor wir diese Äquivalenz zeigen, übertragen wir die Begriffe und Notationen aus Abschnitt 4.7 auf (pseudo-)zufällige Funktionen. Dazu bezeichne $\mathcal{F}_{\{0,1\}^l}$ die Menge der Funktionen von $\{0,1\}^l$ nach $\{0,1\}^l$ und es sei $\mathscr{B}$ ein l-Block-Kryptosystem.

Wir ersetzen nun $\mathcal{P}_{\{0,1\}^l}$ in Definition 4.7.2 durch $\mathcal{F}_{\{0,1\}^l}$. Das so erhaltene Experiment zum l-Unterscheider U (und zum Block-Kryptosystem $\mathscr{B}$) bezeichnen wir mit $\mathbb{E}_U^{\mathrm{PRF}}$. Basierend auf diesem Experiment definieren wir das verkürzte Experiment $\mathbb{S}_U^{\mathrm{PRF}}$, den Erfolg $\mathrm{suc}_{\mathrm{PRF}}(U, \mathscr{B})$, den Misserfolg $\mathrm{fail}_{\mathrm{PRF}}(U, \mathscr{B})$ und den Vorteil $\mathrm{adv}_{\mathrm{PRF}}(U, \mathscr{B})$ analog zu den entsprechenden Begriffen aus Abschnitt 4.7. Offensichtlich überträgt sich Lemma 4.7.1 auf die neuen Begriffe für Erfolg, Misserfolg und Vorteil.

Ähnlich wie nach Definition 4.7.2 beschrieben, ist es auch hier nützlich, sich vorzustellen, dass in $\mathbb{E}_U^{\mathrm{PRF}}$ bzw. $\mathbb{S}_U^{\mathrm{PRF}}$ eine zufällige Funktion partiell und dynamisch bestimmt wird, statt zu Anfang des (verkürzten) Experiments und vollständig: Sobald eine Orakelanfrage gestellt wird, wird, falls der Klartext bisher noch nicht angefragt wurde, ein Funktionswert bestimmt, indem zufällig, gleichverteilt ein Bitvektor aus $\{0,1\}^l$ gewählt wird, sonst wird der für diesen Klartext gespeicherte Funktionswert zurückgeliefert. Der entscheidende Unterschied zu Permutationen ist also, dass wir uns nicht darum kümmern müssen, dass ein neu zu wählender Funktionswert vorher noch nicht verwendet wurde. Genau diese Tatsache vereinfacht, wie wir sehen werden, den Umgang mit Funktionen im Vergleich zu Permutationen.

Zur besseren Unterscheidung der Begriffe schreiben wir im Fall pseudozufälliger Permutationen von nun an auch $\mathbb{E}_U^{\mathrm{PRP}}$, $\mathbb{S}_U^{\mathrm{PRP}}$, $\mathrm{suc}_{\mathrm{PRP}}(U, \mathscr{B})$, $\mathrm{fail}_{\mathrm{PRP}}(U, \mathscr{B})$ und $\mathrm{adv}_{\mathrm{PRP}}(U, \mathscr{B})$ statt einfach $\mathbb{E}_U$, $\mathbb{S}_U$, $\mathrm{suc}(U, \mathscr{B})$, $\mathrm{fail}(U, \mathscr{B})$ bzw. $\mathrm{adv}(U, \mathscr{B})$, wie in Abschnitt 4.7.

Wir können nun die Äquivalenz der Sicherheitsbegriffe zeigen. Das folgende Lemma wird auch *PRF/PRP-Switching Lemma* genannt.

Lemma 4.8.1. *Es seien $q \geq 0$, $l > 0$, mit $2^l \geq q$, $\mathscr{B}$ ein l-Block-Kryptosystem und U ein l-Unterscheider, der maximal q Orakelanfragen stellt. Dann gilt*

$$|\mathrm{adv}_{PRP}(U, \mathscr{B}) - \mathrm{adv}_{PRF}(U, \mathscr{B})| \leq \frac{q \cdot (q-1)}{2^{l+1}} \ .$$

Beweis. Es seien U und $\mathscr{B}$ wie oben gegeben. Wir können annehmen, dass U *genau q verschiedene* Klartexte anfragt. Ansonsten können wir leicht einen solchen Unterscheider U' konstruieren: U' simuliert U merkt sich allerdings alte Antworten und muss deshalb niemals einen Klartext mehrfach anfragen. Stellt U weniger als q Anfragen, so stellt U' einfach noch weitere Anfragen mit anderen Klartexten, so dass es am Ende genau q Anfragen sind. Die für diese Anfragen erhaltenen Antworten werden ignoriert. Offensichtlich gilt $\mathrm{adv}_{\mathrm{PRP}}(U', \mathscr{B}) = \mathrm{adv}_{\mathrm{PRP}}(U, \mathscr{B})$ und $\mathrm{adv}_{\mathrm{PRF}}(U', \mathscr{B}) = \mathrm{adv}_{\mathrm{PRF}}(U, \mathscr{B})$. Wir nehmen deshalb im Folgenden an, dass U genau q verschiedene Klartexte anfragt.

Für den Erfolg können wir direkt

$$\mathrm{suc}_{\mathrm{PRP}}(U, \mathscr{B}) = \mathrm{suc}_{\mathrm{PRF}}(U, \mathscr{B}) \tag{4.8.1}$$

festhalten, da sich $\mathbb{S}_U^{\mathrm{PRF}}$ und $\mathbb{S}_U^{\mathrm{PRP}}$ für den Fall $b = 1$ völlig gleich verhalten.

Wir wenden uns nun dem Misserfolg von U zu. Im Folgenden schreiben wir kurz $\mathbb{S}_U^{\mathrm{PRF}}\langle 0 \rangle$ für $\mathbb{S}_U^{\mathrm{PRF}}\langle b = 0 \rangle$ und $\mathbb{S}_U^{\mathrm{PRP}}\langle 0 \rangle$ für $\mathbb{S}_U^{\mathrm{PRP}}\langle b = 0 \rangle$.

Zur Abschätzung des Misserfolgs betrachten wir das verkürzte Experiment $\mathbb{S}_U^{\mathrm{PRF}}\langle 0 \rangle$ in der Zufallswelt. Es bezeichne C das Ereignis, dass in einem Lauf von $\mathbb{S}_U^{\mathrm{PRF}}\langle 0 \rangle$ das Orakel für zwei verschiedene Orakelanfragen (und damit verschiedene Klartexte) den gleichen Funktionswert zurückgeliefert hat; da wir nun zufällige *Funktionen* betrachten, kann es in der Tat vorkommen, dass Funktionswerte kollidieren. Es bezeichne $\overline{C}$ das Gegenereignis zu C. Wir bezeichnen mit Y_i^{PRF}, $i \in \{1, \ldots, q\}$, die Zufallsvariable, die für einen Lauf von $\mathbb{S}_U^{\mathrm{PRF}}\langle 0 \rangle$ den Wert des Funktionswertes annimmt, den das Orakel für die i-te Orakelanfrage zurückgeliefert hat. Entsprechend definieren wir Y_i^{PRP} für Läufe von $\mathbb{S}_U^{\mathrm{PRP}}\langle 0 \rangle$.

Nun können wir zunächst feststellen, dass Kollisionen (von Funktionswerten) nur mit geringer Wahrscheinlichkeit auftreten. Mit Lemma 3.3.4 und der Sichtweise, dass zufällige Funktionen partiell und dynamisch gewählt werden, erhalten wir sofort:

$$\mathrm{Prob}\,\{C\} \leq \frac{q \cdot (q-1)}{2^{l+1}} \quad . \tag{4.8.2}$$

Im Folgenden kürzen wir »$Y_1^{\mathrm{PRF}} = y_1, \ldots, Y_q^{\mathrm{PRF}} = y_q$« mit »$\vec{Y}^{\mathrm{PRF}} = \vec{y}$« und »$Y_1^{\mathrm{PRP}} = y_1, \ldots, Y_q^{\mathrm{PRP}} = y_q$« mit »$\vec{Y}^{\mathrm{PRP}} = \vec{y}$« ab.

Es ist leicht zu sehen, dass

$$\mathrm{Prob}\,\left\{\mathbb{S}_U^{\mathrm{PRF}}\langle 0 \rangle = 1 \mid \vec{Y}^{\mathrm{PRF}} = \vec{y}\right\} = \mathrm{Prob}\,\left\{\mathbb{S}_U^{\mathrm{PRP}}\langle 0 \rangle = 1 \mid \vec{Y}^{\mathrm{PRP}} = \vec{y}\right\} \tag{4.8.3}$$

gilt, falls $y_i \neq y_j$ für alle $i \neq j$: Liegen die Antworten der Orakelanfragen bereits fest und sind diese paarweise verschieden, dann verhalten sich $\mathbb{S}_U^{\mathrm{PRF}}\langle 0 \rangle$ und $\mathbb{S}_U^{\mathrm{PRP}}\langle 0 \rangle$ nämlich gleich (siehe auch Aufgabe 4.9.24). Daraus können wir

$$\mathrm{Prob}\,\left\{\mathbb{S}_U^{\mathrm{PRF}}\langle 0 \rangle = 1 \mid \overline{C}\right\} = \mathrm{Prob}\,\left\{\mathbb{S}_U^{\mathrm{PRP}}\langle 0 \rangle = 1\right\}$$
$$= \mathrm{fail}_{\mathrm{PRP}}(U, \mathscr{B})$$

folgern, denn mit $T = \{(y_1, \ldots, y_q) \mid y_i \in \{0,1\}^l, y_i \neq y_j \text{ für alle } i \neq j\}$ gilt:

$$\mathrm{Prob}\,\left\{\mathbb{S}_U^{\mathrm{PRF}}\langle 0 \rangle = 1 \mid \overline{C}\right\} \overset{(1)}{=} \sum_{(y_1, \ldots, y_q) \in T} \mathrm{Prob}\,\left\{\mathbb{S}_U^{\mathrm{PRF}}\langle 0 \rangle = 1, \vec{Y}^{\mathrm{PRF}} = \vec{y} \mid \overline{C}\right\}$$

$$\overset{(2)}{=} \sum_{(y_1, \ldots, y_q) \in T} \mathrm{Prob}\,\left\{\mathbb{S}_U^{\mathrm{PRF}}\langle 0 \rangle = 1 \mid \overline{C}, \vec{Y}^{\mathrm{PRF}} = \vec{y}\right\} \cdot$$

$$\mathrm{Prob}\,\left\{\vec{Y}^{\mathrm{PRF}} = \vec{y} \mid \overline{C}\right\}$$

$$\overset{(3)}{=} \sum_{(y_1,\ldots,y_q)\in T} \mathrm{Prob}\left\{\mathbb{S}_U^{\mathrm{PRF}}\langle 0\rangle = 1 \mid \vec{Y}^{\mathrm{PRF}} = \vec{y}\right\} \cdot \mathrm{Prob}\left\{\vec{Y}^{\mathrm{PRF}} = \vec{y} \mid \overline{C}\right\}$$

$$\overset{(4)}{=} \sum_{(y_1,\ldots,y_q)\in T} \mathrm{Prob}\left\{\mathbb{S}_U^{\mathrm{PRP}}\langle 0\rangle = 1 \mid \vec{Y}^{\mathrm{PRP}} = \vec{y}\right\} \cdot \mathrm{Prob}\left\{\vec{Y}^{\mathrm{PRF}} = \vec{y} \mid \overline{C}\right\}$$

$$\overset{(5)}{=} \sum_{(y_1,\ldots,y_q)\in T} \mathrm{Prob}\left\{\mathbb{S}_U^{\mathrm{PRP}}\langle 0\rangle = 1 \mid \vec{Y}^{\mathrm{PRP}} = \vec{y}\right\} \cdot \frac{1}{2^l \cdot (2^l - 1)\cdots(2^l - (q-1))}$$

$$\overset{(6)}{=} \sum_{(y_1,\ldots,y_q)\in T} \mathrm{Prob}\left\{\mathbb{S}_U^{\mathrm{PRP}}\langle 0\rangle = 1 \mid \vec{Y}^{\mathrm{PRP}} = \vec{y}\right\} \cdot \mathrm{Prob}\left\{\vec{Y}^{\mathrm{PRP}} = \vec{y}\right\}$$

$$\overset{(7)}{=} \mathrm{Prob}\left\{\mathbb{S}_U^{\mathrm{PRP}}\langle 0\rangle = 1\right\}$$

$$\overset{(8)}{=} \mathrm{fail}_{\mathrm{PRP}}(U, \mathscr{B}) \ ,$$

wobei (1) aus der Tatsache folgt, dass $\mathrm{Prob}\left\{\vec{Y}^{\mathrm{PRF}} = \vec{y} \mid \overline{C}\right\} = 0$ ist, falls unter den Funktionswerten eine Kollision auftritt, also $y_i = y_j$ für ein i und ein j mit $i \neq j$ gilt. Wir erhalten (2) aus Lemma 3.3.3. Gleichung (3) gilt, da das Ereignis $\overline{C}$ durch »$\vec{Y}^{\mathrm{PRF}} = \vec{y}$« impliziert wird, falls unter den Funktionswerten keine Kollision auftritt. Aus (4.8.3) folgt direkt (4). Die Gleichungen (5), (6) und (7) ergeben sich aus einfachen wahrscheinlichkeitstheoretischen Kalkulationen und der Tatsache, dass Orakelanfragen unabhängig von allen anderen Zufallsentscheidungen beantwortet werden und dass für die Werte von $\vec{Y}^{\mathrm{PRP}}$ nie Kollisionen auftreten können.

Wir erhalten nun

$$\begin{aligned}
\mathrm{fail}_{\mathrm{PRF}}(U, \mathscr{B}) &= \mathrm{Prob}\left\{\mathbb{S}_U^{\mathrm{PRF}}\langle 0\rangle = 1\right\} \\
&= \mathrm{Prob}\left\{\mathbb{S}_U^{\mathrm{PRF}}\langle 0\rangle = 1 \mid \overline{C}\right\} \cdot \mathrm{Prob}\left\{\overline{C}\right\} + \\
&\quad \mathrm{Prob}\left\{\mathbb{S}_U^{\mathrm{PRF}}\langle 0\rangle = 1 \mid C\right\} \cdot \mathrm{Prob}\left\{C\right\} \\
&= \mathrm{fail}_{\mathrm{PRP}}(U, \mathscr{B}) \cdot \mathrm{Prob}\left\{\overline{C}\right\} + \\
&\quad \mathrm{Prob}\left\{\mathbb{S}_U^{\mathrm{PRF}}\langle 0\rangle = 1 \mid C\right\} \cdot \mathrm{Prob}\left\{C\right\} \ .
\end{aligned}$$

Zum einen folgt mit (4.8.2) daraus

$$\mathrm{fail}_{\mathrm{PRF}}(U, \mathscr{B}) \leq \mathrm{fail}_{\mathrm{PRP}}(U, \mathscr{B}) + \frac{q \cdot (q-1)}{2^{l+1}} \ .$$

Zum anderen gilt

$$\begin{aligned}
\mathrm{fail}_{\mathrm{PRF}}(U, \mathscr{B}) &\geq \mathrm{fail}_{\mathrm{PRP}}(U, \mathscr{B}) \cdot \mathrm{Prob}\left\{\overline{C}\right\} \\
&= \mathrm{fail}_{\mathrm{PRP}}(U, \mathscr{B}) \cdot (1 - \mathrm{Prob}\left\{C\right\}) \\
&\geq \mathrm{fail}_{\mathrm{PRP}}(U, \mathscr{B}) - \frac{q \cdot (q-1)}{2^{l+1}} \ .
\end{aligned}$$

Nun können wir alles zusammenfügen und erhalten:

$$
\begin{aligned}
\mathrm{adv_{PRF}}(U, \mathscr{B}) &= \mathrm{suc_{PRF}}(U, \mathscr{B}) - \mathrm{fail_{PRF}}(U, \mathscr{B}) \\
&\leq \mathrm{suc_{PRP}}(U, \mathscr{B}) - \mathrm{fail_{PRP}}(U, \mathscr{B}) + \frac{q \cdot (q-1)}{2^{l+1}} \\
&= \mathrm{adv_{PRP}}(U, \mathscr{B}) + \frac{q \cdot (q-1)}{2^{l+1}}
\end{aligned}
$$

sowie

$$
\begin{aligned}
\mathrm{adv_{PRF}}(U, \mathscr{B}) &= \mathrm{suc_{PRF}}(U, \mathscr{B}) - \mathrm{fail_{PRF}}(U, \mathscr{B}) \\
&\geq \mathrm{suc_{PRP}}(U, \mathscr{B}) - \mathrm{fail_{PRP}}(U, \mathscr{B}) - \frac{q \cdot (q-1)}{2^{l+1}} \\
&= \mathrm{adv_{PRP}}(U, \mathscr{B}) - \frac{q \cdot (q-1)}{2^{l+1}} \quad ,
\end{aligned}
$$

was zu zeigen war. □

Für übliche Werte von q und l ist $\frac{q \cdot (q-1)}{2^{l+1}}$ verschwindend klein. Lemma 4.8.1 besagt also, dass es (kaum) einen Unterschied macht, ob man ein (sicheres) Block-Kryptosystem als pseudozufällige Permutation oder als pseudozufällige Funktion auffasst. Da in Beweisen, wie gesagt, letzteres einfacherer zu handhaben ist, wird man ein Block-Kryptosystem zunächst als pseudozufällige Funktion auffassen und dann das PRF/PRP-Switching Lemma verwenden, um eine Aussage für das Block-Kryptosystem interpretiert als pseudozufällige Permutation zu erhalten. In Abschnitt 5.4 werden wir ein Beispiel für diese Vorgehensweise sehen.

4.9 Aufgaben

Aufgabe 4.9.1 (Mehrfachverschlüsselung). Stellen Sie sich die folgende Situation vor: Bob nimmt als Alices Repräsentant an einer Auktion teil und erhält von Alice Anweisungen darüber, ob er weiter mitbieten soll (»ja«) oder nicht (»nein«). Warum wäre in dieser Situation ein Verschlüsselungsverfahren unsicher, bei dem für denselben Klartext immer derselbe Chiffretext verwendet wird, selbst wenn die Mitbieter nur passive Angreifer sind, also die Kommunikation zwischen Alice und Bob nur abhören?

Aufgabe 4.9.2 (parametrisierte Sicherheit). Definieren Sie c-Sicherheit ausgehend von Definition 4.1.1, indem Sie die Variable r durch eine Konstante c beschränken. Bestimmen Sie für Vernamsysteme und für affine Kryptosysteme die maximale Konstante c, für die diese Kryptosysteme c-sicher sind.

Aufgabe 4.9.3 (informationstheoretische Sicherheit bzgl. Szenarium 2). In Definition 4.1.1 wurde die possibilistische Sicherheit auf Szenarium 2 übertragen. Überlegen Sie sich, wie auch die informationstheoretische Sicherheit (Definition 3.4.2) auf das neue Szenarium übertragen werden kann. Zeigen Sie, dass ihre Definition possibilistische Sicherheit bzgl. Szenarium 2 impliziert.

Aufgabe 4.9.4 (Beispielberechnung Substitutionspermutationskryptosystem). Verschlüsseln Sie, mit dem in Beispiel 4.2.1 angegebenen Substitutionspermutationskryptosystem, den Klartext 100011101111 unter Verwendung des Schlüssels 1001100101000001011110101.

Aufgabe 4.9.5 (Dechiffrierung SPKS). Beweisen Sie Proposition 4.2.1.

Aufgabe 4.9.6 (SPKS ohne Wortsubstitution). Beschreiben Sie einen Angriff mit bekannten Klartexten auf ein SPKS, bei dem die Wortsubstitution weggelassen wird. Mit anderen Worten, im SPKS werden S-Boxen durch die Identität ersetzt.

Aufgabe 4.9.7 (Beweis von Lemma 4.3.6). Beweisen Sie Lemma 4.3.6. Hinweis: Es ist hilfreich, sich daran zu erinnern, dass $\mathrm{Exp}\,(X \cdot Y) = \mathrm{Exp}\,(X) \cdot \mathrm{Exp}\,(Y)$ für unabhängige Zufallsvariablen X und Y gilt.

Aufgabe 4.9.8 (lineare Kryptanalyse). Betrachten Sie die beispielhafte Umsetzung der linearen Kryptanalyse am Ende von Abschnitt 4.3 und versuchen Sie, eine lineare Abhängigkeit mit größerer Ausrichtung als die angegebene zu finden (die Annahmen der Lemmas vorausgesetzt). Betrachten Sie dazu Alternativen zu $J = \{8, 9\}$ in Gleichung (4.3.17).

Aufgabe 4.9.9 (lineare Kryptanalyse). Wir betrachten wieder Beispiel 4.2.1. Bestimmen Sie die betragsmäßige Ausrichtung für die folgende Gleichung: $x(0) \oplus x(1) \oplus x(3) = z^{(1)}(2)$. Dabei können Sie die Voraussetzungen für Lemma 4.3.6 als gegeben annehmen.

Hinweis: Verwenden Sie für die erste S-Box die Gleichung $x(0) \oplus x(1) \oplus x(3) = S(x)(2)$.

Aufgabe 4.9.10 (Euklidscher Algorithmus für Polynome). Benutzen Sie den erweiterten Euklidschen Algorithmus in abgewandelter Form, um einen größten gemeinsamen Teiler der Polynome $x^4 + x^2 + 1$ und $x^2 + x$ und die dazu passenden Bézout-Koeffizienten zu bestimmen.

Benutzen Sie den erweiterten Euklidschen Algorithmus außerdem, um ein zu $x^3 + 1$ inverses Element in $\mathbb{F}_{2^8}$ zu bestimmen, wobei $\mathbb{F}_{2^8}$ gemäß der Definition von AES konstruiert sei.

Aufgabe 4.9.11 (Rijndael S-Box). Überprüfen Sie die algebraische Beschreibung von Rijndaels S-Box, indem sie stichprobenweise die Werte zu 04 und 4A bestimmen.

Aufgabe 4.9.12 (Realisierung von flip(M)). Es sei M eine endliche Menge. Geben Sie einen zufallsgesteuerten Algorithmus an, dessen Laufzeit durch eine Konstante nach oben beschränkt ist und der die Operation flip(M) durch zufällige Wahl von Bitvektoren möglichst präzise realisiert.

Aufgabe 4.9.13 (Produktraum). Es sei $A(x\colon \{0,1\}^*)\colon \{0,1\}^*$ ein Algorithmus, bei dem in *jedem* Lauf die Variablen $y_0, \ldots, y_{n-1}$ genau einmal belegt werden, nämlich durch die Zuweisung $y_i = \mathrm{flip}(l_i)$. Es sei $x \in \{0,1\}^*$ und es bezeichne t die maximale Laufzeit von A bei Eingabe x. Anstelle der Gleichverteilung auf $\{0,1\}^t$ betrachten wir nun einen alternativen Wahrscheinlichkeitsraum: die Gleichverteilung auf $\Omega = \{0,1\}^{t'} \times \{0,1\}^{l_0} \times \cdots \times \{0,1\}^{l_{n-1}}$, mit $t' = t - \sum_{i<n} l_i$. Dieser Wahrscheinlichkeitsraum ist der Produktraum der Gleichverteilungen über $\{0,1\}^{t'}, \{0,1\}^{l_0}, \ldots, \{0,1\}^{l_{n-1}}$. Wir definieren eine Abbildung $\pi\colon \{0,1\}^t \to \Omega$ wie folgt. Es sei $\alpha \in \{0,1\}^t$ und $j_i(\alpha) < t$ so, dass $\alpha[j_i(\alpha), j_i(\alpha) + l_i)$ die Zufallsbits sind, die in einem Lauf von $A^\alpha(x)$ für $y_i = \mathrm{flip}(l_i)$ genutzt werden. Dann ist $\pi(\alpha) := (\alpha', \alpha[j_0(\alpha), j_0(\alpha) + l_0), \ldots, \alpha[j_{n-1}(\alpha), j_{n-1}(\alpha) + l_{n-1}))$, wobei α' die restlichen Zufallsbits von α enthält, d. h., α' ensteht aus α durch Entfernen der Teile $\alpha[j_i(\alpha), j_i(\alpha) + l_i)$. Insbesondere gilt $y_i(\alpha) = \alpha[j_i(\alpha), j_i(\alpha) + l_i)$ für alle $i < n$, wobei y_i, wie üblich, als Zufallsvariable über $\{0,1\}^t$ aufgefasst wird. Zeigen Sie die folgenden Aussagen:

a) Die Abbildung π ist bijektiv.

b) Für jede Zufallsvariable $X \colon \{0,1\}^t \to \mathcal{X}$ gilt $\mathrm{Prob}\,\{X = c\} = \mathrm{Prob}\,\{X \circ \pi^{-1} = c\}$ für jedes $c \in \mathcal{X}$. Beachte: $X \circ \pi^{-1}$ ist eine Zufallsvariable über Ω.

c) Es gilt $\mathrm{Prob}\,\{y_i = c\} = 1/2^{l_i}$ für alle $i < n$ und $c \in \{0,1\}^{l_i}$.

d) Die Zufallsvariablen $y_0, \ldots, y_{n-1}$ sind paarweise unabhängig.

Hinweis: Verwenden Sie b) für den Beweis von c) und d).

Aufgabe 4.9.14 (Beweis von Aussage (4.6.4)). Es seien Ω_1 und Ω_2 endliche nicht leere Mengen und $\Omega_2' \subseteq \Omega_2$ nicht leer. Wir betrachten die beiden Wahrscheinlichkeitsräume ($\Omega_1 \times \Omega_2, 2^{\Omega_1 \times \Omega_2}, P$) und ($\Omega_1 \times \Omega_2', 2^{\Omega_1 \times \Omega_2'}, P'$), wobei P bzw. P' die Gleichverteilung auf $\Omega_1 \times \Omega_2$ bzw. $\Omega_1 \times \Omega_2'$ bezeichne. Zeigen Sie zunächst, dass $P(E|\Omega_1 \times \Omega_2') = P'(E \cap (\Omega_1 \times \Omega_2'))$ für alle $E \subseteq \Omega_1 \times \Omega_2$ gilt. Folgern Sie daraus, zusammen mit den Aussagen aus Aufgabe 4.9.13, dass Gleichung (4.6.4) gilt.

Aufgabe 4.9.15 (bedingte Wahrscheinlichkeiten und der Algorithmus $A(x)\langle y = c\rangle$). In dieser Aufgabe wollen wir zeigen, dass für die Aussage (4.6.4) die Voraussetzung, dass der Variablen y genau einmal (statt lediglich höchstens einmal) ein Wert zugewiesen wird, notwendig ist. Wir betrachten dazu die nach Beispiel 4.6.3 beschriebene verallgemeinerte Definition der Zufallsvariablen $A(x)\langle y = c\rangle$. Des Weiteren betrachten wir Algorithmus A' aus Beispiel 4.6.4. Zeigen Sie, dass $i \in \{0,1,2,3\}$ und $c, c' \in \{0,1\}$ existieren, so dass

$$\mathrm{Prob}\,\{A'\langle b_i = c\rangle = c'\} \neq \mathrm{Prob}\,\{A' = c' \mid b_i = c\}$$

gilt.

Aufgabe 4.9.16 (Unterscheider auf Verschiebe-, affine und Vigenèrechiffren). Beschreiben Sie nach dem Muster von Beispiel 4.7.1 gute Unterscheider für Verschiebe- und affine sowie Vigenèrechiffren und bestimmen Sie ihre Vorteile.

Aufgabe 4.9.17 (Unterscheider auf Vernamsystem). Der Unterscheider auf das Vernamsystem aus Beispiel 4.7.1 ist nicht erfolgreich für $l = 1$. Zeigen Sie, dass dies in der Tat für jeden Unterscheider gilt, d. h., dass es keinen 1-Unterscheider gibt, der bzgl. des Vernamsystems mit $l = 1$ einen Vorteil > 0 besitzt.

Aufgabe 4.9.18 (alternativer Wahrscheinlichkeitsraum: Orakel für erstes Bit). Betrachten Sie den in der Fußnote auf Seite 86 beschriebenen alternativen Produktraum zu $\mathbb{S}'$.

a) Geben Sie auf dieser Basis einen alternativen Beweis zu Aussage (4.7.3) an, in dem, wie zuvor, eine bijektive Abbildung zwischen Läufen betrachtet wird.

b) Geben Sie einen weiteren alternativen Beweis zu Aussage (4.7.3) an, der die Unabhängigkeit der Zufallsvariablen x und y sowie Lemma 3.3.6 ausnutzt.

Aufgabe 4.9.19 (Orakel für erstes Bit mit Anfrage). Wir betrachten die Situation aus Beispiel 4.7.2, nehmen aber nun an, dass der (deterministische) Algorithmus O neben dem Chiffretext y zusätzlich Zugriff auf eine l-Blockchiffre F von $\mathcal{B}$ besitzt, die er genau einmal abfragt. Das Experiment $\mathbb{E}_{bit}$ sowie der Unterscheider U sind wie in Beispiel 4.7.2 definiert, wobei allerdings $O(y)$ durch $O(F, y)$ ersetzt wird. Es soll wieder

Prob $\{\mathbb{E}_{bit} = 1\} \geq 3/4$ gelten. Schätzen Sie den Vorteil von U analog zu Beispiel 4.7.2 ab.

Hinweis: Um den Misserfolg von U abzuschätzen, betrachten Sie das Ereignis Q, dass in einem Lauf von $\mathbb{S}'$ (wobei $\mathbb{S}'$ wie in Beispiel 4.7.2 definiert ist) weder x noch $\hat{x}$ von O abgefragt wurde, wobei x den in diesem Lauf von U gewählten Klartext bezeichnet; formal ist Q die Menge solcher Läufe. Zeigen Sie nun, mit ähnlicher Argumentation wie in Beispiel 4.7.2, dass Prob $\{\mathbb{S}' = 1 \mid Q\} = \frac{1}{2}$ gilt. Bestimmen Sie des Weiteren die Wahrscheinlichkeit Prob $\{\overline{Q}\}$ für das Auftreten des Gegenereignisses von Q.

Aufgabe 4.9.20 (zufallsgesteuertes Orakel für erstes Bit). Erweitern Sie die Argumentation aus Aufgabe 4.9.19 für den Fall, dass der Algorithmus zur Bestimmung des ersten Bits des Klartextes zufallsgesteuert ist. Betrachten Sie auch den Fall, dass der Algorithmus höchstens 10 (statt nur eine) Anfrage stellt.

Aufgabe 4.9.21 (zufallsgesteuertes Orakel für den Schlüssel). Konstruieren Sie analog zu Aufgabe 4.9.20 einen möglichst guten Unterscheider auf ein Block-Kryptosystem unter der Annahme, dass ein zufallsgesteuerter Algorithmus gegeben ist, der mit Wahrscheinlichkeit $\geq 3/4$ nach höchstens 10 Anfragen den verwendeten Schlüssel bestimmen kann. Schätzen Sie den Vorteil Ihres Unterscheiders ab und beweisen Sie Ihre Aussage.

Aufgabe 4.9.22 (zufallsgesteuertes Orakel für die Anzahl der Einsen). Konstruieren Sie analog zu den vorherigen Aufgaben einen möglichst guten Unterscheider auf ein Block-Kryptosystem unter der Annahme, dass ein zufallsgesteuerter Algorithmus gegeben ist, der mit Wahrscheinlichkeit $\geq 3/4$ zu einem gegebenen Chiffretext nach höchstens 10 Anfragen die Anzahl der Einsen im Klartext bestimmen kann. Schätzen Sie den Vorteil Ihres Unterscheiders ab und beweisen Sie Ihre Aussage.

Aufgabe 4.9.23 (Größe des Programmcodes). Damit unsere Sicherheitsdefinitionen Sinn ergeben, haben wir festgelegt, dass die Laufzeit eines Algorithmus die Summe aus der eigentlichen Laufzeit (Anzahl ausgeführter Operationen) und der Programmlänge ist. In dieser Aufgabe wollen wir untersuchen, was passiert, wenn die Programmlänge unbeschränkt ist, d. h. die Laufzeit eines Algorithmus lediglich durch die Anzahl ausgeführter Operationen definiert ist.

Es sei $\mathcal{B}$ ein l-Block-Kryptosystem mit Schlüsselraum $K \subseteq \{0,1\}^s$. Wir nehmen an, dass für alle paarweise verschiedenen Klartexte $x_0, \ldots, x_9 \in \{0,1\}^l$ und alle paarweise verschiedenen Chiffretexte $y_0, \ldots, y_9 \in \{0,1\}^l$ gilt, dass es höchstens einen Schlüssel $k \in K$ gibt mit $E(x_0, k) = y_0, \ldots, E(x_9, k) = y_9$.

a) Begründen Sie, dass für praktische Block-Kryptosysteme, z. B. AES, die obige Annahme sinnvoll ist.

b) Konstruieren Sie einen guten Unterscheider U, der eine feste Anzahl von Anfragen an das Orakel stellt und dessen Laufzeit, gemessen in der Anzahl ausgeführter Operationen (und ohne die Größe des Programmcodes zu berücksichtigen), $O(l+s)$ ist. Schätzen Sie den Vorteil von U bezüglich $\mathcal{B}$ geeignet ab und bestimmen Sie die Programmlänge von U.

Aufgabe 4.9.24 (Funktionen statt Permutationen). Beweisen Sie Aussage (4.8.3).

Hinweis: Stellen Sie sich dazu $\mathbb{S}_U^{\mathrm{PRP}}\langle 0 \rangle$ und $\mathbb{S}_U^{\mathrm{PRF}}\langle 0 \rangle$ als Algorithmen vor, die nicht am Anfang $F = \mathrm{flip}(\mathcal{P}_{\{0,1\}^l})$ bzw. $F = \mathrm{flip}(\mathcal{F}_{\{0,1\}^l})$ berechnet, sondern stattdessen $y_i =$

flip($\{0,1\}^l \setminus \{y_1, \ldots, y_{i-1}\}$) bzw. $y_i = \text{flip}(\{0,1\}^l)$ für $i = 1, \ldots, q$. Die i-te Orakelanfrage wird dann mit y_i beantwortet. Verwenden Sie außerdem (4.6.5).

Aufgabe 4.9.25 (Unterscheider auf Vernamsystem und PRF/PRP-Switching Lemma). Es sei $l > 0$, $\mathscr{B}$ das Vernamsystem der Länge l und U der l-Unterscheider aus Beispiel 4.7.1. Bestimmen Sie den Vorteil $\text{adv}_{\text{PRF}}(U, \mathscr{B})$ von U bzgl. $\mathscr{B}$. Benutzen Sie dann das PRF/PRP-Switching Lemma, um eine Abschätzung von $\text{adv}_{\text{PRP}}(U, \mathscr{B})$ zu erhalten. Vergleichen Sie die erhaltene Abschätzung mit dem in Beispiel 4.7.1 bestimmten Wert von $\text{adv}_{\text{PRP}}(U, \mathscr{B})$.

4.10   Anmerkungen und Hinweise

Substitutionspermutationskryptosysteme wurden bereits von Shannon [149] und Feistel [73] eingeführt. Eine ausführliche Beschreibung von AES (Rijndael), einschließlich der Beschreibung der Dechiffrierfunktion, die wir in Abschnitt 4.5 nicht im Detail behandelt haben, findet sich u.a. in einem Buch der Entwickler selbst [59]. Die bereits erwähnte Ausschreibung des *National Institute of Standards and Technology (NIST)* vom September 1997, in der um Vorschläge für ein neues Block-Kryptosystem gebeten wurde und die schließlich zur Wahl von Rijndael als neuer Standard, AES, führte, ist in [178] zu finden. Diese Ausschreibung enthält u.a. eine Liste von Kriterien, die ein Block-Kryptosystem erfüllen soll, darunter natürlich die Forderung, dass ein Block-Kryptosystem sich möglichst wenig von einer zufälligen Permutation unterscheiden sollte. Zum Zeitpunkt der Ausschreibung und in den Jahren danach wurde sehr deutlich, dass die Ablösung des altgedienten *Digital Encryption Standard (DES)* überfällig war:

Der Digital Encryption Standard, ein Block-Kryptosystem mit Blocklänge 64 und effektiver Schlüsselbreite 56, wurde am 15. Januar 1977 als Standard für die Verschlüsselung nicht klassifizierter Daten in US-amerikanischen Behörden veröffentlicht, siehe [176]. Matsui gelang es im Jahr 1994 erstmals, mit der von ihm zuvor entwickelten linearen Kryptanalyse, DES zu »brechen« [119, 120]. Er berichtet in [120], dass er mit 12 Computern zunächst 40 Tage lang 2^{43} zufällige Klartext-Chiffretext-Paare erzeugte und dafür anschließend innerhalb von 10 Tagen mit Hilfe der linearen Kryptanalyse alle 56 Schlüsselbits bestimmte, viel schneller als dies bei einer erschöpfenden Schlüsselsuche zu erwarten gewesen wäre. Am 17. Juli 1998 brach ein von der *Electronic Frontier Foundation (EFF)* für weniger als 250.000 Dollar gebauter Spezialrechner nach knapp drei Tagen eine mit DES verschlüsselte Nachricht, siehe [70], und gewann damit die *DES Challenge II*. Am 19. Januar 1999 wurde die Nachricht der *DES Challenge III* in weniger als einem Tag von dem *DES Cracker* der EFF in einem Verbund von mehr als 100.000 Arbeitsplatzrechnern gebrochen, und damit die Unsicherheit von DES unwiderlegbar demonstriert.

Neben DES und AES (Rijndael) gibt es viele weitere Block-Kryptosysteme, wobei Blowfish, Triple DES, Serpent und Twofish zu den bekanntesten und verbreitetsten gehören. Zum Beispiel ist Triple DES eine in der Praxis immer noch verwendete Erweiterung von DES mit einer Schlüssellänge von 168 Bits, wobei die effektive Sicherheit bei etwa 112 Bits liegt.

Die in Abschnitt 4.3 vorgestellte lineare Kryptanalyse ist nur eine von mehreren ausgefeilten Kryptanalyse-Techniken, die auch bei komplizierteren Block-Kryptosystemen fruchten. Zum Beispiel wurde Matsui inspiriert durch die einige Jahre zuvor von Biham und Shamir entwickelte differenzielle Kryptanalyse [33, 34, 32]. Eine gute einführende Beschreibung der linearen und differentiellen Kryptanalyse findet sich in [92].

Wie bereits in Abschnitt 4.5 erwähnt ist AES so konstruiert, dass zumindest die bekannten Kryptanalyse-Techniken scheitern (sollen). Bisher gilt AES in der Tat als sicher. Allerdings wurden bereits Schwachstellen aufgedeckt, die glücklicherweise bisher jedoch nicht von praktischer Bedeutung sind. Während sich viele Arbeiten zur Kryptanalyse von AES mit vereinfachten Varianten von AES beschäftigen, insbesondere mit Varianten, in denen die Anzahl der Runden reduziert ist (siehe, z. B. [35]), wird in [36] ein erster kryptographischer Angriff auf AES mit Schlüsseln der Länge 256 Bit und voller Rundenzahl vorgestellt. Von größerer praktischer Bedeutung sind zur Zeit aber Schwachstellen, die sich auf die Implementierung von AES und damit zusammenhängende Seitenkanalangriffe (siehe auch Abschnitt 1.4) beziehen. So wurden zum Beispiel in [29, 159] Angriffe auf Implementierungen von AES gefunden, die es erlauben, den verwendeten Schlüssel dadurch zu extrahieren, dass die Zeit für die Verschlüsselung von Nachrichten gemessen wird (*timing attacks*).

Der Begriff der pseudozufälligen Funktionen (PRF) wurde von Goldreich, Goldwasser und Micali [82] definiert und es wurde gezeigt, wie man diese Funktionen aus sogenannten Pseudozufallsgeneratoren konstruieren kann. Das Konzept der Pseudozufallsgeneratoren wurde von Yao [170] eingeführt. Ein Pseudozufallsgenerator ist ein effizienter Algorithmus, der einen Bitvektor bestimmter Länge als Eingabe bekommt und einen längeren Bitvektor als Ausgabe liefert. Wird die Eingabe zufällig gewählt, so sollte ein Unterscheider nicht zwischen der Ausgabe des Generators und einem tatsächlich zufällig gewählten Bitvektor gleicher Länge unterscheiden können. Ein Pseudozufallsgenerator erweitert also einen zufällig gewählten Bitvektor auf einen längeren zufällig »aussehenden« Bitvektor. Eine erste Konstruktion eines Pseudozufallsgenerators basierend auf speziellen Annahmen in der algorithmischen Zahlentheorie wurde von Blum und Micali [40] vorgestellt. In [170] hat Yao gezeigt, dass Pseudozufallsgeneratoren aus beliebigen Einwegfunktionen (siehe Bemerkungen am Ende von Abschnitt 4.7) konstruiert werden können. Das Konzept der Einwegfunktionen wurde bereits von Diffie und Hellman vorgeschlagen [64] und später von Yao [170] formalisiert. Wir werden Einwegfunktionen (mit Hintertür) in Abschnitt 6.4.2 kennenlernen. Wie man aus Pseudozufallsfunktionen Pseudozufallspermutationen (PRP) gewinnt, wurde von Luby und Rackoff in [116] gezeigt. Aus den genannten Resultaten folgt, dass Pseudozufallsfunktionen und -permutationen aus Einwegfunktionen konstruiert werden können, wobei die Existenz solcher Funktionen wiederum aus bestimmten Annahmen in der algorithmischen Zahlentheorie folgt. Umgekehrt wurde von Impagliazzo und Luby gezeigt, dass die Existenz von Einwegfunktionen notwendig für die Existenz von Pseudozufallsgeneratoren, -funktionen, -permutationen sowie anderer Primitive ist [94]. Im Lehrbuch von Goldreich [80] werden die genannten Konstruktionen und die Zusammenhänge zwischen den genannten kryptographischen Primitiven ausführlich beschrieben. Wie bereits am Ende von Abschnitt 4.7 erwähnt, sind diese (beweisbar sicheren) Konstruktionen leider nicht praktikabel.

Das in Abschnitt 4.8 vorgestellte PRF/PRP-Switching Lemma wurde u. a. in [27, 152] bewiesen (siehe auch Referenzen in diesen Arbeiten). In diesen Arbeiten wird eine nützliche und in der Kryptographie mittlerweile weitverbreitete Beweistechnik erläutert, bei der eine Folge von Experimenten betrachtet wird. Man spricht von »Folgen von Spielen« (*sequences of games*), wobei, wie in Definition 4.7.2 erwähnt, mit dem Begriff »Spiel« ein Experiment in unserem Sinne gemeint ist.

5 Uneingeschränkte symmetrische Verschlüsselung

5.1 Einführung

In diesem Kapitel wollen wir uns nun keine wesentlichen Beschränkungen mehr auferlegen:

Szenarium 3. *Alice möchte Bob mehrere Klartexte beliebiger Länge zukommen lassen, wobei Alice und Bob immer den gleichen zu Anfang gewählten Schlüssel verwenden. Eva hört die gesendeten Chiffretexte ab und kann sich einige wenige Klartexte mit dem von Alice und Bob verwendeten Schlüssel verschlüsseln lassen.*

Mit anderen Worten, wir erweitern Szenarium 2 in zweierlei Hinsicht. Erstens ist es Alice nun möglich, beliebig lange Klartexte zu versenden. Zweitens ist es ihr möglich, Klartexte mehrfach zu senden. Letzteres ist die eigentlich wichtige Erweiterung, denn offensichtlich kann die Übertragung eines langen Klartextes durch die Übertragung mehrerer kurzer Klartexte erfolgen, sofern die Reihenfolge der gesendeten Klartexte bei der Übertragung erhalten bleibt. Die mehrfache Übertragung desselben Klartextes ist dagegen ein wirkliches Novum, denn wie bereits in Abschnitt 4.1 erläutert, sollte Eva nicht erkennen, dass derselbe Klartext mehrfach gesendet wird. Dies bedingt, dass die mehrfache Verschlüsselung eines Klartextes verschiedene Chiffretexte liefern muss (zumindest mit großer Wahrscheinlichkeit). Dies kann man zum einen dadurch erreichen, dass der Verschlüsselungsalgorithmus zustandsbasiert ist und sich der Zustand des Algorithmus nach jeder Verschlüsselung ändert. Alternativ kann man auch zufallsgesteuerte Verschlüsselungsalgorithmen betrachten. Wir werden in diesem Buch die letztere, auch gebräuchlichere Variante betrachten.

Zunächst halten wir fest, dass, wie bereits in Szenarium 2, informationstheoretische Sicherheit in Szenarium 3 offensichtlich nicht erreicht werden kann, da Alice und Bob immer denselben Schlüssel verwenden. Wir werden deshalb, wie bereits für Szenarium 2, einen anderen Sicherheitsbegriff benötigen. Allerdings ist auch der in Abschnitt 4.7 eingeführte Sicherheitsbegriff für Block-Kryptosysteme ungeeignet, da dieser das mehrfache Versenden von Klartexten nicht berücksichtigt hat: Substitutionskryptosysteme boten dort optimale Sicherheit und es war deshalb erstrebenswert, Block-Kryptosysteme so zu konstruieren, dass sie vergleichbar mit Substitutionskryptosystemen sind. In Szenarium 3 müssen Substitutionskryptosysteme aber als unsicher betrachtet werden, da die mehrfache Verschlüsselung eines Klartextes immer denselben Chiffretext liefert.

Wir erweitern nun den Begriff des Kryptosystems zum Begriff des Kryptoschemas, um zum einen der Forderung Rechnung zu tragen, dass unsere Verschlüsselungsverfahren Klartexte beliebiger Länge handhaben können sollten, und zum anderen von Verschlüsselungsfunktionen zu zufallsgesteuerten Verschlüsselungsalgorithmen überzugehen.

In der nun folgenden Definition und auch danach benutzen wir eine vereinfachende

Schreibweise. Anstatt $(\{0,1\}^l)^*$ zu schreiben, um die Menge der Bitvektoren zu bezeichnen, deren Länge ein Vielfaches von l ist, schreiben wir einfach $\{0,1\}^{l*}$. Des Weiteren definieren wir $\{0,1\}^{l+} = \{0,1\}^{l*} \setminus \{\varepsilon\}$.

Definition 5.1.1 (symmetrisches Kryptoschema). Es sei $l > 0$. Ein *symmetrisches l-Kryptoschema (symmetric encryption scheme)* ist ein Tupel

$$\mathscr{S} = (K, E, D) \ , \tag{5.1.1}$$

bestehend aus einer *Schlüsselmenge* $K \subseteq \{0,1\}^s$ für ein $s \geq 1$, einem zufallsgesteuerten *Chiffrieralgorithmus* $E(x\colon \{0,1\}^{l*}, k\colon K)\colon \{0,1\}^*$ und einem deterministischen *Dechiffrieralgorithmus* $D(y\colon \{0,1\}^*, k\colon K)\colon \{0,1\}^{l*}$. Dabei müssen die Laufzeiten von E und D polynomzeitbeschränkt sein in der Länge von x bzw. y, d. h., es existieren Polynome p und q, so dass die Laufzeiten von $E(x,k)$ und $D(y,k)$ für alle x, y und k beschränkt sind durch $p(|x|)$ bzw. $q(|y|)$. Außerdem muss für jeden Klartext $x \in \{0,1\}^{l*}$, jede Zufallsfolge $\alpha \in \{0,1\}^{p(|x|)}$ und jeden Schlüssel $k \in K$ gelten:

$$D(E^\alpha(x,k),k) = x \qquad \text{(Dechiffrierbedingung)} \ . \tag{5.1.2}$$

$\triangleleft$

Diese Definition bedarf einiger Erläuterungen. Erstens: Die wichtigste Änderung im Vergleich zu Kryptosystemen ist, wie gesagt, dass der Chiffrieralgorithmus nun zufallsgesteuert ist. Dieser Algorithmus wird wie folgt verwendet. Für jede zu verschlüsselnde Nachricht unter einem geheimen Schlüssel k wird der Chiffrieralgorithmus mit *frischen* Zufallsbits α verwendet und es wird $E^\alpha(x,k)$ als Chiffretext ausgegeben. Wird insbesondere x mehrfach verschickt, so wird jedes Mal zufällig ein α gewählt. Die Wahrscheinlichkeit, dass bei zweifacher Ausführung von $E(x,k)$ derselbe Chiffretext zurückgeliefert wird, ist, wie wir sehen werden, für sichere Verschlüsselungsverfahren verschwindend gering. Formal ist, wie üblich für zufallsgesteuerte Algorithmen, $E(x,k)$, für festes x und k, eine Zufallsvariable auf der Gleichverteilung über $\{0,1\}^{p(|x|)}$. In der kryptographischen Literatur findet man auch Kryptoschemen, bei denen der Dechiffrieralgorithmus ebenfalls zufallsgesteuert ist. Man erhält allerdings bereits sichere Kryptoschemen für den Fall, dass der verwendete Dechiffrieralgorithmus deterministisch ist. Deshalb belassen wir es in diesem Buch dabei. Zweitens: Die Schlüssel der Menge K werden als gleichverteilt angenommen. Häufig werden Kryptoschemen auch so definiert, dass statt einer Menge K von Schlüsseln ein Schlüsselgenerierungsalgorithmus betrachtet wird. Da wir hier aber immer von einem gleichverteilten Schlüsselraum ausgehen, verzichten wir auf die Angabe eines solchen Algorithmus. Drittens: Der Einfachheit halber lassen wir nur Klartexte zu, die aus Blöcken geeigneter Länge bestehen. Was bei Nachrichten beliebiger Länge zu tun ist, besprechen wir in Aufgabe 5.7.2.

Beim Entwurf eines symmetrischen Kryptoschemas beginnt man meist nicht bei Null, sondern baut auf Block-Kryptosystemen in geeigneter Weise auf: Durch einfache Regeln erklärt man, wie ein Klartext (also eine endliche Folge von Blöcken) durch iterierte Anwendung des Block-Kryptosystems chiffriert wird. Man sagt auch, dass das Block-Kryptosystem in einer bestimmten *Betriebsart (mode)* genutzt wird. Wir wollen im nächsten Abschnitt einige der gebräuchlichsten und interessantesten Betriebsarten vorstellen

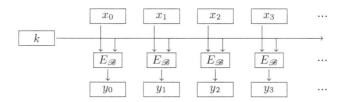

Abbildung 5.1: Die ECB-Betriebsart

und dabei schon erste informelle Sicherheitsbetrachtungen durchführen. Ein präziser Sicherheitsbegriff wird dann in Abschnitt 5.3 eingeführt werden. In Abschnitt 5.4 werden wir für eine der vorgestellten Betriebsarten zeigen, dass sie zusammen mit einem sicheren Block-Kryptosystem ein sicheres Kryptoschema liefert. Abschließend diskutieren wir noch einen weiteren Sicherheitsbegriff, um mehr Vertrauen in unsere Sicherheitsdefinition zu gewinnen.

5.2   Betriebsarten

Eine einfache, aber unsichere Art, ein Block-Kryptosystem zu einem Kryptoschema zu erweitern, ist in der folgenden Definition beschrieben. Die Idee ist, dass man den Klartext in Blöcke zerlegt und einfach blockweise verschlüsselt. Im Folgenden werden wir häufig von l-Blöcken sprechen und meinen damit Bitvektoren der Länge l.

Definition 5.2.1 (ECB-Betriebsart). Es sei $l > 0$ und $\mathscr{B} = (\{0,1\}^l, K_{\mathscr{B}}, \{0,1\}^l, E_{\mathscr{B}}, D_{\mathscr{B}})$ ein l-Block-Kryptosystem. Dann ist das zu $\mathscr{B}$ gehörende l-ECB-$Kryptoschema$ $\mathscr{S} = $ ECB-$\mathscr{B}$ *(electronic code book mode)* gegeben durch

$$\text{ECB-}\mathscr{B} = (K_{\mathscr{B}}, E_{\mathscr{S}}, D_{\mathscr{S}})$$

mit

$E_{\mathscr{S}}(x\colon \{0,1\}^{l*}, k\colon K_{\mathscr{B}})\colon \{0,1\}^{l*}$

    1. Zerlege x in l-Blöcke: $x = x_0 \ldots x_{m-1}$.
    2. Für $i = 0, \ldots, m-1$ bestimme $y_i = E_{\mathscr{B}}(x_i, k)$.
    3. Gib $y = y_0 \ldots y_{m-1}$ zurück.

sowie

$D_{\mathscr{S}}(y\colon \{0,1\}^{l*}, k\colon K_{\mathscr{B}})\colon \{0,1\}^{l*}$

    1. Zerlege y in l-Blöcke: $y = y_0 \ldots y_{m-1}$.
    2. Für $i = 0, \ldots, m-1$ bestimme $x_i = D_{\mathscr{B}}(y_i, k)$.
    3. Gib $x = x_0 \ldots x_{m-1}$ zurück.

$\triangleleft$

Das Verfahren ist in Abbildung 5.1 veranschaulicht. Man kann sich leicht überlegen, dass es sich hierbei tatsächlich um ein Kryptoschema im Sinne von Definition 5.1.1 handelt.

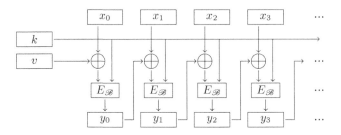

Abbildung 5.2: Die CBC-Betriebsart

Kein ECB-Kryptoschema ist sicher, egal wie das zugrunde liegende Block-Krypto-system aussieht, denn es ist z. B. sehr leicht, dem Chiffretext anzusehen, ob zweimal hintereinander derselbe Block verschlüsselt wurde. Für alle Chiffretexte $y_0 y_1$ mit $y_0, y_1 \in \{0,1\}^l$ gilt nämlich: $y_0 = y_1$ genau dann, wenn $x_0 = x_1$. Der Chiffretext offenbart also nicht-triviale Eigenschaften des Klartextes.

Das nächste Konstruktionsprinzip für Block-Kryptosysteme – also die nächste Betriebsart – besitzt die gerade beschriebene Schwäche der ECB-Betriebsart nicht mehr.

Definition 5.2.2 (CBC-Betriebsart). Es sei $l > 0$ und $\mathscr{B} = (\{0,1\}^l, K_{\mathscr{B}}, \{0,1\}^l, E_{\mathscr{B}}, D_{\mathscr{B}})$ ein l-Block-Kryptosystem. Dann ist das zu $\mathscr{B}$ gehörende l-*CBC-Kryptoschema* $\mathscr{S} =$ CBC-$\mathscr{B}$ *(cipher block chaining)* gegeben durch

$$\text{CBC-}\mathscr{B} = (K_{\mathscr{B}} \times \{0,1\}^l, E_{\mathscr{S}}, D_{\mathscr{S}})$$

mit

$E_{\mathscr{S}}(x \colon \{0,1\}^{l*}, (k,v) \colon K_{\mathscr{B}} \times \{0,1\}^l) \colon \{0,1\}^{l*}$

1. Zerlege x in l-Blöcke: $x = x_0 \ldots x_{m-1}$.
2. Setze $y_{-1} = v$.
3. Für $i = 0, \ldots, m-1$ bestimme $y_i = E_{\mathscr{B}}(y_{i-1} \oplus x_i, k)$.
4. Gib $y = y_0 \ldots y_{m-1}$ aus.

sowie

$D_{\mathscr{S}}(y \colon \{0,1\}^{l*}, (k,v) \colon K_{\mathscr{B}} \times \{0,1\}^l) \colon \{0,1\}^{l*}$

1. Zerlege y in l-Blöcke: $y = y_0 \ldots y_{m-1}$.
2. Setze $y_{-1} = v$.
3. Für $i = 0, \ldots, m-1$ bestimme $x_i = D_{\mathscr{B}}(y_i, k) \oplus y_{i-1}$.
4. Gib $x = x_0 \ldots x_{m-1}$ aus.

◁

Eine gute Vorstellung von der Betriebsart gewinnt man durch Abbildung 5.2. Die zweite Komponente des Schlüssels wird als *Initialisierungsvektor* bezeichnet. Alice und Bob einigen sich auf ihn, genau wie sie sich auf den Schlüssel des zugrunde liegenden Block-Kryptosystems einigen. Möchte man sich ersteres sparen, dann kann man den

Initialisierungsvektor auch ein für alle Mal festlegen. Man erhält dann allerdings ein anderes Kryptoschema.

In der CBC-Betriebsart wird also durch die Verknüpfung eines Klartextblockes mit dem vorangehenden Chiffretextblock durch das exklusive Oder dafür gesorgt, dass Blöcke nicht ohne weiteres als identisch erkennbar sind.

Aber auch CBC-Schemen sind nicht sicher, denn, genau wie ECB-Schemen, ist der Verschlüsselungalgorithmus deterministisch. Wird also zweimal derselbe Chiffretext beobachtet, so wurde auch zweimal derselbe Klartext geschickt. Es reicht aber eine leichte Abwandlung dieses Verfahrens, genannt R-CBC-Betriebsart, um ein sicheres Kryptoschema zu erhalten, sofern das zugrunde liegende Block-Kryptosystem sicher ist (siehe auch Bemerkung 5.4.1): In der R-CBC-Betriebsart wird der Initialisierungsvektor vor jeder Verschlüsselung zufällig gewählt. Das sorgt dafür, dass die Verschlüsselung zufallsgesteuert ist. Da Bob den zufällig gewählten Initialisierungsvektor kennen muss, um entschlüsseln zu können, wird er unverschlüsselt mitgeschickt.

Definition 5.2.3 (R-CBC-Betriebsart). Es sei $l > 0$ und $\mathcal{B} = (\{0,1\}^l, K_{\mathcal{B}}, \{0,1\}^l, E_{\mathcal{B}}, D_{\mathcal{B}})$ ein l-Block-Kryptosystem. Dann ist das zu $\mathcal{B}$ gehörende l-R-CBC-$Kryptoschema$ $\mathcal{S} = $ R-CBC-$\mathcal{B}$ *(randomized CBC)* gegeben durch

$$\text{R-CBC-}\mathcal{B} = (K_{\mathcal{B}}, E_{\mathcal{S}}, D_{\mathcal{S}})$$

mit

$E_{\mathcal{S}}(x\colon \{0,1\}^{l*}, k\colon K_{\mathcal{B}})\colon \{0,1\}^{l+}$

    1. Zerlege x in l-Blöcke: $x = x_0 \ldots x_{m-1}$.
    2. Setze $y_{-1} = \text{flip}(l)$.
    3. Für $i = 0, \ldots, m-1$ bestimme $y_i = E_{\mathcal{B}}(y_{i-1} \oplus x_i, k)$.
    4. Gib $y = y_{-1}y_0 \ldots y_{m-1}$ aus.

sowie

$D_{\mathcal{S}}(y\colon \{0,1\}^{l+}, k\colon K_{\mathcal{B}})\colon \{0,1\}^{l*}$

    1. Zerlege y in l-Blöcke: $y = y_{-1}y_0 \ldots y_{m-1}$.
    2. Für $i = 0, \ldots, m-1$ bestimme $x_i = D_{\mathcal{B}}(y_i, k) \oplus y_{i-1}$.
    3. Gib $x = x_0 \ldots x_{m-1}$ aus.

$\lhd$

Der Beweis der Sicherheit der R-CBC-Schemen ist zu aufwändig, um ihn im Rahmen dieses Buches vorzuführen. Wir betrachten deshalb noch eine weitere Betriebsart, die, wie R-CBC, in der Praxis eingesetzt wird und zusammen mit einem sicheren Block-Kryptosystem auch ein sicheres Kryptoschema liefert, aber einen einfacheren Sicherheitsbeweis hat (siehe Abschnitt 5.4).

Definition 5.2.4 (R-CTR-Betriebsart). Es sei $l > 0$ und $\mathcal{B} = (\{0,1\}^l, K_{\mathcal{B}}, \{0,1\}^l, E_{\mathcal{B}}, D_{\mathcal{B}})$ ein l-Block-Kryptosystem. Dann ist das zu $\mathcal{B}$ gehörende l-R-CTR-$Kryptoschema$ $\mathcal{S} = $ R-CTR-$\mathcal{B}$ *(randomized counter)* gegeben durch

$$\text{R-CTR-}\mathcal{B} = (K_{\mathcal{B}}, E_{\mathcal{S}}, D_{\mathcal{S}})$$

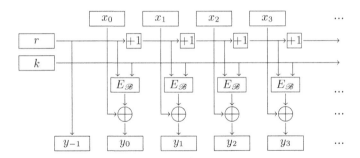

Abbildung 5.3: Die R-CTR-Betriebsart

mit

$$E_{\mathscr{S}}(x\colon \{0,1\}^{l*}, k\colon K_{\mathscr{B}})\colon \{0,1\}^{l+}$$

1. Zerlege x in l-Blöcke: $x = x_0 \ldots x_{m-1}$.
2. Setze $r = \mathrm{flip}(l)$.
3. Für $i = 0, \ldots, m-1$ bestimme $y_i = E_{\mathscr{B}}(r +_{2^l} i, k) \oplus x_i$.
4. Gib $y = r y_0 \ldots y_{m-1}$ aus.

sowie

$$D_{\mathscr{S}}(y\colon \{0,1\}^{l+}, k\colon K_{\mathscr{B}})\colon \{0,1\}^{l*}$$

1. Zerlege y in l-Blöcke: $y = r y_0 \ldots y_{m-1}$.
2. Für $i = 0, \ldots, m-1$ bestimme $x_i = E_{\mathscr{B}}(r +_{2^l} i, k) \oplus y_i$.
3. Gib $x = x_0 \ldots x_{m-1}$ aus.

Dabei werden r und i zur Auswertung von $r +_{2^l} i$ (Addition modulo 2^l) als natürliche Zahlen $< 2^l$ interpretiert. Das Resultat von $r +_{2^l} i$ wird dann wieder als Bitvektor der Länge l interpretiert und kann als solches durch $E_{\mathscr{B}}(\cdot, k)$ chiffriert werden. $\triangleleft$

Diese Betriebsart ist in Abbildung 5.3 dargestellt. Dieses Kryptoschema hat einen wesentlichen Unterschied zu den bisher betrachteten: Der Dechiffrieralgorithmus greift nicht auf die Dechiffriertransformation des zugrunde liegenden Kryptosystems zurück. Es ist sogar so, dass die Chiffren des Kryptosystems, also die Funktionen, die durch $E_{\mathscr{B}}(\cdot, k)$ gegeben sind, keine injektiven Abbildungen sein müssen, damit entschlüsselt werden kann.

Folgende Sicht auf die R-CTR-Betriebsart liefert einen Hinweis auf die Sicherheit dieser Betriebsart: In der R-CTR-Betriebsart wird zunächst ein Bitvektor

$$E_{\mathscr{B}}(r, k) E_{\mathscr{B}}(r +_{2^l} 1, k) E_{\mathscr{B}}(r +_{2^l} 2, k) \cdots$$

erzeugt, wobei r zufällig gewählt wird. Diesen Bitvektor nennt man »pseudozufällig«, da er, wie man zeigen kann, von einem ressourcenbeschränkten Angreifer (fast) nicht von einem wirklich zufälligen Bitvektor unterschieden werden kann, vorausgesetzt $\mathscr{B}$ ist ein sicheres Block-Kryptosystem (siehe auch Bemerkungen zu Pseudozufallsgeneratoren in

Abschnitt 4.10). In der R-CTR-Bebtriebsart wird dann genau wie im Vernamsystem verschlüsselt, nur dass man statt einer wirklich zufälligen Bitfolge die pseudozufällige wählt. Während dies keine informationstheoretische Sicherheit liefern kann, so doch Sicherheit bzgl. ressourcenbeschränkter Angreifer. Dies werden wir in den nächsten Abschnitten präzisieren und beweisen.

5.3   Algorithmische Sicherheit symmetrischer Kryptoschemen

Um die algorithmische Sicherheit von symmetrischen Kryptoschemen zu definieren, verschaffen wir uns, wie bereits in Abschnitt 4.7, zunächst Klarheit über das Bedrohungsszenarium sowie das Sicherheitsziel (siehe auch Abschnitt 2.3 und 2.4).

In Szenarium 3 wird bereits erwähnt, dass Eva Zugriff auf die Verschlüsselungsmaschinerie hat und sich Klartexte ihrer Wahl verschlüsseln lassen kann. Mit anderen Worten gehen wir, wie bereits für Block-Kryptosysteme, von *Angriffen mit Klartextwahl* aus (siehe auch Abschnitt 2.4.1). Wir nehmen auch wieder an, dass Eva nur eine feste, beschränkte Anzahl von Rechenoperationen durchführen kann (siehe Abschnitt 2.4.2).

Was das Sicherheitsziel angeht, also die Frage, inwieweit die zu übermittelnden Klartexte gegen Aufdeckung geschützt werden müssen/können, ist zunächst klar, dass Eva, nachdem sie sich einige Klartexte verschlüsseln gelassen hat, nicht auf den Schlüssel schließen können sollte. Auch sollte sie für von Alice neu gesendete Klartexte, anhand der Chiffretexte keine Information über die Klartexte erhalten, also weder den gesamten Klartext bestimmen können, noch das erste Bit, die Parität des Klartextes oder sonst eine nicht-triviale Information über den Klartext. Insbesondere – und das ist neu im Vergleich zu den Block-Kryptosystemen – sollte Eva einem Chiffretext nicht ansehen können, ob der zugehörige Klartext zuvor bereits gesendet wurde. Das mehrfache Senden derselben Klartexte sollte also nicht »auffliegen«. Wir sollten uns auch nicht zufrieden geben, wenn Eva derartige Informationen mit »nicht geringer« Erfolgswahrscheinlichkeit, etwa $1/100$, erhalten könnte. In einem Punkt allerdings gestatten wir Eva Informationen über den Klartext zu bekommen: Wir verlangen nicht, dass die Länge des Klartextes geheim bleibt. Da Alice Nachrichten beliebiger Länge versenden darf, muss mit der Länge der Klartexte zwangsläufig auch die Länge der Chiffretexte wachsen, um eine eindeutige Entschlüsselung gewährleisten zu können (siehe auch Aufgabe 5.7.3). Um auch die Länge von Klartexten geheim zu halten, müsste man sich ansonsten auf einen endlichen Nachrichtenraum einschränken, was wir aber nicht tun wollen.

Aber wie formalisieren wir nun, dass Eva keine nicht-triviale Information über einen von Alice übermittelten Klartext gewinnen können sollte (mit Ausnahme der Länge des Klartextes)? Die Idee ist die folgende: Wir betrachten ein Kryptoschema als unsicher, wenn es Eva mit realistischem Aufwand gelingt, nach einigen Anfragen an das Kryptoschema zwei Klartexte zu erzeugen, deren Chiffretexte sie – gegebenenfalls nach weiteren Klartext-Anfragen – zu unterscheiden vermag. Dies würde nämlich bedeuten, dass die Chiffretexte Informationen über den Klartext preisgeben.

Diese Idee kann sehr anschaulich durch ein Spiel formalisiert werden, das Eva gegen Charlie, dem Herausforderer (*challenger*) spielt, um ihn davon zu überzeugen, dass das Kryptoschema unsicher ist. Das Spiel ist in Abbildung 5.4 veranschaulicht. Charlie

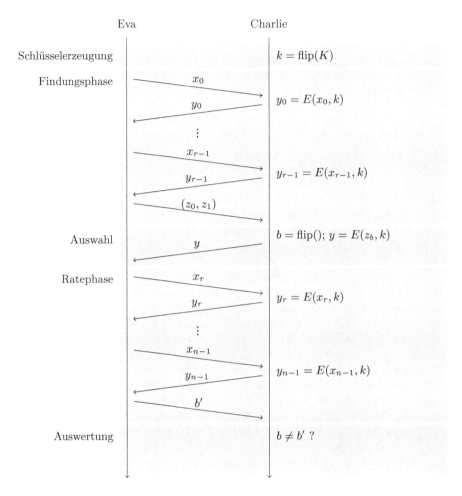

Abbildung 5.4: Spiel zwischen Eva und Charlie

übernimmt dabei unter anderem die Aufgabe eines Verschlüsselungsorakels, an das Eva Klartextanfragen schicken kann. Dazu erzeugt Charlie zunächst einen Schlüssel k zufällig, der nicht an Eva weitergegeben wird. In einer *Findungsphase* kann Eva nun Anfragen, d. h. Klartexte, an das Verschlüsselungsorakel schicken, die entsprechend von Charlie beantwortet werden. Am Ende der Findungsphase muss Eva zwei Klartexte (z_0, z_1) gleicher Länge (siehe unten), das sogenannte *Angebot*, an Charlie schicken. Charlie verschlüsselt dann nur einen dieser Klartexte. Welchen der beiden er verschlüsselt, wird durch das Zufallsbit b bestimmt. Den von Charlie zurückgesendeten Chiffretext $y = E(z_b, k)$ wollen wir *Probe* nennen. Evas Aufgabe ist es nun, herauszufinden, welchen der beiden Klartexte – z_0 oder z_1 – Charlie verschlüsselt hat, also das Bit b zu bestimmen. Dazu kann Eva in der *Ratephase* noch weitere Orakelanfragen stellen, um dann am Ende dieser Phase ihre Vermutung über b, nämlich das Bit b', die *Vermutung* von Eva, an Charlie zu schicken. Das Spiel ist für Eva gewonnen, wenn $b = b'$ gilt, sie also das Bit b richtig geraten/bestimmt hat. Gibt es eine Angreiferin Eva (mit beschränkten Ressourcen), für die die Wahrscheinlichkeit, das Spiel zu gewinnen, »nicht gering« ist, dann bezeichnen wir das Kryptoschema als unsicher.

Dieses Spiel spiegelt zum einen das erwähnte Bedrohungsszenarium wider: Eva darf sich beliebige Klartexte verschlüsseln lassen (Angriff mit Klartextwahl). Wir werden zudem annehmen, dass die Eva im Spiel zur Verfügung stehenden Ressourcen (Laufzeit, Anzahl Orakelanfragen) beschränkt sind.

Zum anderen fasst das Spiel auch das beschriebene Sicherheitsziel: Würde Eva (im Rahmen ihrer Rechenkapazität) aus einem Chiffretext Informationen über den zugehörigen Klartext gewinnen können, dann könnte sie z_0 und z_1 so konstruieren, dass sie feststellen könnte, ob z_0 oder z_1 von Charlie verschlüsselt wurde. Sie könnte also das Bit b bestimmen und das Spiel gewinnen, zumindest mit einer gewissen Erfolgswahrscheinlichkeit. Wie gesagt, erlauben wir, dass der Chiffretext Informationen über die Länge des Klartextes preisgibt. Aus diesem Grund verlangen wir im Spiel, dass die beiden Angebotshälften, z_0 und z_1, die gleiche Länge haben. Ansonsten könnte Eva leicht zwischen der Verschlüsselung von z_0 und derjenigen von z_1 unterscheiden, indem sie die beiden Angebotshälften so wählt, dass sie verschiedene Längen haben.

Im Hinblick auf Szenarium 3 kann man das Spiel auch wie folgt interpretieren: Unter einem Angebot (z_0, z_1) kann man sich vorstellen, dass Eva weiß, dass Alice z_0 oder z_1 an Bob schicken möchte (Eva hat z_0 und z_1 sogar selbst bestimmt). Eva weiß aber nicht, welchen der beiden Klartexte Alice nun tatsächlich an Bob schickt. Es ist Evas Aufgabe, dies anhand des von Alice gesendeten Chiffretextes herauszufinden. Dabei darf sie sogar alle anderen Klartexte, die Alice an Bob schickt, selbst bestimmen. Insbesondere dürfen unter diesen Klartexten auch z_0 und z_1 sein, d. h., Eva kann bestimmen, dass Alice z_0 und/oder z_1 mehrfach sendet. Trotzdem sollte Eva nicht in der Lage sein, zu entscheiden, welche Angebotshälfte Alice nach Unterbreitung des Angebots, (z_0, z_1), tatsächlich an Bob geschickt hat. Dies modelliert, dass, wie gefordert, das mehrfache Senden desselben Klartextes verborgen bleibt. Die Tatsache, dass Eva im Spiel alle Chiffretexte sieht, modelliert, dass sie den Kommunikationskanal zwischen Alice und Bob abhören kann.

Bevor wir das Spiel präziser fassen, legen wir in der folgenden Definition fest, dass Eva als Algorithmus modelliert wird.

Definition 5.3.1 (Angreifer). Es sei $l > 0$. Ein *l-Angreifer* oder einfach *Angreifer* *(adversary)* A auf symmetrische l-Kryptoschemen ist ein zufallsgesteuerter Algorithmus $A(H\colon \{0,1\}^{l*} \to \{0,1\}^*)\colon \{0,1\}$, der von der Form

$$(AF, AG) \, , \tag{5.3.1}$$

ist. Dabei bezeichnet AF ein Algorithmenstück, das *Finder (find)* genannt wird, und AG ein Algorithmenstück, das *Rater (guess)* genannt wird. Der Finder AF gibt am Ende ein Paar (z_0, z_1), $z_0, z_1 \in \{0,1\}^{l*}$, von Klartexten gleicher Länge aus (d. h., $|z_0| = |z_1|$), das *Angebot* mit *linker* bzw. *rechter Angebotshälfte*. Der Rater AG erwartet zunächst ein Argument, die *Probe* $y \in \{0,1\}^*$, und gibt am Ende ein Bit b', die *Vermutung* von A aus. Sowohl AF als auch AG erwarten als Argument das Verschlüsselungsorakel H, an das sie beliebige Anfragen stellen dürfen. In einem Lauf von A, im Rahmen eines

Experimentes (siehe unten), wird AG die Berechnung in der Konfiguration fortsetzen, in der AF angehalten hat. Wir verlangen, dass die Laufzeiten von AF und AG bei beliebigen Argumenten durch Konstanten nach oben beschränkt sind. ◁

Das in Abbildung 5.4 dargestellte Spiel formulieren wir nun präziser als Experiment in folgender Definition. Wir führen zudem den Begriff eines verkürzten Experimentes ein. Obwohl wir mit den Begriffen »Experiment« und »verkürztes Experiment« dieselbe Terminologie wie im Abschnitt 4.7 verwenden, sollte jeweils immer klar sein, auf welches Experiment wir uns beziehen.

Definition 5.3.2 (Experiment zu einem Angreifer). Es sei $A = (AF, AG)$ ein l-Angreifer und $\mathscr{S} = (K, E, D)$ ein l-Kryptoschema. Das zugehörige *Experiment*, das wir mit $\mathbb{E}_A^{\mathscr{S}}$, $\mathbb{E}_A$ oder einfach $\mathbb{E}$ bezeichnen, ist der folgende Algorithmus:

$\mathbb{E} \colon \{0, 1\}$

1. *Chiffrewahl*
   $k = \mathrm{flip}(K); H = E(\cdot, k)$
2. *Findungsphase*
   $(z_0, z_1) = AF(H)$
3. *Auswahl*
   $b = \mathrm{flip}(); y = H(z_b)$
4. *Ratephase*
   $b' = AG(H, y)$
5. *Auswertung*
   falls $b = b'$, so gib 1, sonst 0 zurück

In diesem Experiment werden AF und AG das Verschlüsselungsorakel H als Parameter übergeben, AG erhält zusätzlich die Probe y als Parameter. Außerdem setzt AG seine Berechnung in der Konfiguration fort, in der AF die Berechnung beendet hat.

Mit $\mathbb{S}_A^{\mathscr{S}}$, $\mathbb{S}_A$ oder einfach $\mathbb{S}$ bezeichnen wir den Algorithmus, der aus $\mathbb{E}$ dadurch entsteht, dass der fünfte Schritt ersetzt wird durch »gib b' zurück«. Er wird *verkürztes Experiment* genannt. ◁

Die Wahrscheinlichkeit, dass Eva das beschriebene und in Abbildung 5.4 dargestellte Spiel gewinnt, lässt sich nun schreiben als $\mathrm{Prob}\,\{\mathbb{E} = 1\}$, d. h., die Wahrscheinlichkeit, dass der Algorithmus $\mathbb{E}$ die Zahl 1 ausgibt.

Eine einfache Überlegung zeigt, dass Eva leicht mit Wahrscheinlichkeit $1/2$ das Spiel gewinnen kann: Eva muss dazu lediglich b' zufällig wählen. Formal ist der zugehörige l-Angreifer $A = (AF, AG)$ wie folgt definiert:

$$AF(H) = \quad \text{sende } (0^l, 0^l) \tag{5.3.2}$$

$$AG(H, y) = \quad b' = \mathrm{flip}(); \text{gib } b' \text{ zurück} . \tag{5.3.3}$$

Analog zur Definition des Vorteils eines Unterscheiders für Block-Kryptosysteme, motiviert dies die folgende Definition des Vorteils eines l-Angreifers. Erfolg und Misserfolg eines l-Angreifers sind ebenfalls analog zu Abschnitt 4.7 definiert.

Definition 5.3.3 (Vorteil, Erfolg und Misserfolg eines Angreifers). Es sei A ein l-Angreifer und $\mathscr{S}$ ein symmetrisches l-Kryptoschema. Der *Vorteil*, *Erfolg* und *Misserfolg* von A bezüglich $\mathscr{S}$ ist definiert durch:

$$\mathrm{adv}(A, \mathscr{S}) = 2 \left(\mathrm{Prob}\left\{ \mathbb{E}_A^{\mathscr{S}} = 1 \right\} - \frac{1}{2} \right) \ ,$$

$$\mathrm{suc}(A, \mathscr{S}) = \mathrm{Prob}\left\{ \mathbb{S}_A^{\mathscr{S}} \langle b = 1 \rangle = 1 \right\} \ ,$$

$$\mathrm{fail}(A, \mathscr{S}) = \mathrm{Prob}\left\{ \mathbb{S}_A^{\mathscr{S}} \langle b = 0 \rangle = 1 \right\} \ . \qquad \triangleleft$$

In der Definition von Erfolg und Misserfolg sprechen wir, anders als in Abschnitt 4.7, nun allerdings nicht mehr von einer »Realwelt« und einer »Zufallswelt« für den Fall $b = 1$ bzw. $b = 0$, sondern von einer »1-Welt« bzw. einer »0-Welt«. Der Erfolg von A gibt also die Wahrscheinlichkeit dafür an, dass, falls A in der 1-Welt läuft, A dies auch erkennt. Umgekehrt gibt der Misserfolg von A die Wahrscheinlichkeit dafür an, dass, falls A in der 0-Welt läuft, A irrtümlicherweise vermutet, in der 1-Welt zu laufen.

Analog zum Abschnitt 4.7 zeigt man:

Lemma 5.3.1. *Es sei $l > 0$. Für jeden l-Angreifer A auf ein symmetrisches l-Kryptoschema $\mathscr{S}$ gilt:*

$$adv(A, \mathscr{S}) \in [-1, 1] \ sowie$$
$$adv(A, \mathscr{S}) = suc(A, \mathscr{S}) - fail(A, \mathscr{S}) \ .$$

Für jedes l-Kryptoschema $\mathscr{S}$ sowie den in (5.3.2) und (5.3.3) definierten l-Angreifer A gilt: $adv(A, \mathscr{S}) = 0$. $\qquad\qquad\square$

Wir studieren eine Reihe von Beispielen, von denen wir die meisten informell bereits besprochen haben, und konstruieren vorteilhafte Angreifer, um zu zeigen, dass bestimmte Kryptoschemen unsicher sind.

Wir wissen aus den Betrachtungen im letzten Abschnitt, dass ECB-Kryptoschemen prinzipiell unsicher sind. Dies wollen wir jetzt in einem ersten Schritt durch Angabe eines geeigneten Angreifers formalisieren.

Beispiel 5.3.1 (Angriff auf ECB-Betriebsart). Wir betrachten den l-Angreifer, der gegeben ist durch:

AngreiferECB($H \colon \{0, 1\}^{l*} \to \{0, 1\}^*$): $\{0, 1\}$

$AF(H)$:
   1. $z_0 = 0^{2l}$
   2. $z_1 = 0^l 1^l$
   3. sende (z_0, z_1)
$AG(H, y)$:
   4. falls $y[0, l] = y[l, 2l]$, so gib 0, sonst 1 aus[1]

---

1 siehe Abschnitt 3.6 für die verwendete Notation.

Angewendet auf das Schema $\mathscr{S} = \text{ECB-}\mathscr{B}$ für ein l-Block-Kryptosystem $\mathscr{B} = (\{0,1\}^l,$ $K_\mathscr{B}, \{0,1\}^l, E_\mathscr{B}, D_\mathscr{B})$ rät der Angreifer $A = \text{ANGREIFERECB}$ immer richtig, denn es gilt für jeden Schlüssel k: $y_0 = E_\mathscr{S}(z_0, k) = E_\mathscr{B}(0^l)E_\mathscr{B}(0^l)$, also $y_0[0, l] = y_0[l, 2l]$, und $y_1 = E_\mathscr{S}(z_1, k) = E_\mathscr{B}(0^l)E_\mathscr{B}(1^l)$, also $y_1[0, l] \neq y_1[l, 2l]$, da ansonsten die Dechiffrierbedingung verletzt wäre. Wir können deshalb festhalten:

$$\text{Prob}\{\mathbb{E}_A^\mathscr{S} = 1\} = 1 \text{ und damit}$$
$$\text{adv}(A, \text{ECB-}\mathscr{B}) = 1 \ . \hspace{5cm} \triangleleft$$

Im nächsten Beispiel formalisieren wir den im letzten Abschnitt erwähnten Angriff auf CBC-Kryptoschemen, der ausnutzt, dass die Verschlüsselung bei CBC-Kryptoschemen deterministisch ist, d. h., für alle Schlüssel k, Klartexte x und Zufallsfolgen α und α' gilt: $E^\alpha(x, k) = E^{\alpha'}(x, k)$.

Beispiel 5.3.2 (Angriff auf CBC-Betriebsart). Der Angreifer lautet wie folgt:

$\text{ANGREIFERCBC}(H\colon \{0,1\}^{l*} \to \{0,1\}^*)\colon \{0,1\}$
$AF(H)$:
    1. $z_0 = 0^l$
    2. $y_0 = H(z_0)$
    3. $z_1 = 1^l$
    4. sende (z_0, z_1)
$AG(H, y)$:
    5. falls $y = y_0$, so gib 0, sonst 1 aus

Auch hier sehen wir sofort ein, dass der Angreifer immer richtig rät, sofern er auf ein CBC-Kryptoschema angesetzt wird. Denn im Fall $b = 0$ ist $y = y_0$, da H ein deterministischer Algorithmus ist, und im Fall $b = 1$ muss $y \neq y_0$ gelten, da ansonsten die Dechiffrierbedingung verletzt wäre. Also gilt für $A = \text{ANGREIFERCBC}$, alle l-Block-Kryptosysteme $\mathscr{B}$ und CBC-Kryptoschemen $\mathscr{S} = \text{CBC-}\mathscr{B}$:

$$\text{Prob}\{\mathbb{E}_A^\mathscr{S} = 1\} = 1 \text{ und damit}$$
$$\text{adv}(A, \text{CBC-}\mathscr{B}) = 1 \ . \hspace{5cm} \triangleleft$$

Der obige Angreifer nutzt neben der Determiniertheit des Verschlüsselungsverfahrens keine anderen Eigenschaften von CBC-Kryptoschemen. Die Argumentation gilt also für alle deterministischen Kryptoschemen, d. h. Kryptoschemen mit deterministischen Verschlüsselungsalgorithmen. Wir erhalten also, dass jedes deterministische Kryptoschema unsicher ist:

Folgerung 5.3.1 (deterministische Kryptoschemen sind unsicher). *Für jedes deterministische symmetrische l-Kryptoschema $\mathscr{S}$ gilt*

$$adv(\text{ANGREIFERCBC}, \mathscr{S}) = 1 \ . \hspace{4cm} \square$$

In den Aufgaben 5.7.4, 5.7.5 und 5.7.6 soll, angelehnt an Beispiel 4.7.2 und die zugehörigen Aufgaben in Abschnitt 4.9, gezeigt werden, dass ein Kryptoschema unsicher ist,

d. h., dass ein Angreifer mit »nicht geringem« Vorteil existiert, falls ein Algorithmus angenommen wird, der aus Chiffretexten nicht-triviale Informationen über die zugehörigen Klartexte liefern kann.

Abschließend wollen wir in gewohnter Weise eine Sicherheitsdefinition angeben, die algorithmische Ressourcen einbezieht. Neben der Laufzeit und der Anzahl der Orakelanfragen betrachten wir als zusätzlichen Parameter die Anzahl der insgesamt an das Verschlüsselungsorakel gesendeten l-Blöcke. Diese Anzahl als Parameter einzubeziehen, ist dadurch motiviert, dass ein Angreifer nun Anfragen beliebiger Länge an das Orakel schicken kann. Je mehr Bits ein Angreifer insgesamt an das Orakel schickt, desto größer werden potentiell seine Erfolgsaussichten sein. Bei der Messung der Güte eines Kryptoschemas sollte dieser Parameter deshalb Berücksichtigung finden.

Definition 5.3.4 $((n, q, t)$-beschränkt, (n, q, t, ε)-sicher$)$. Es seien n, q, t natürliche Zahlen, A ein l-Angreifer auf ein symmetrisches l-Kryptoschema $\mathscr{S}$. Der Angreifer A ist (n, q, t)-*beschränkt* bzgl. $\mathscr{S}$, wenn die Laufzeit des zugehörigen Experimentes durch t beschränkt ist, im Experiment höchstens q Anfragen gestellt werden (einschließlich des Angebots), mit insgesamt höchstens n l-Blöcken, wobei für das Angebot nur eine Angebotshälfte gezählt wird.

Es sei

$$\mathrm{insec}(n, q, t, \mathscr{S}) = \sup\{\mathrm{adv}(A, \mathscr{S}) \mid A \text{ ist } (n, q, t)\text{-beschränkter } l\text{-Angreifer auf } \mathscr{S}\} .$$

Weiter sei $\varepsilon \geq 0$ eine reelle Zahl. Das Kryptoschema $\mathscr{S}$ heißt (n, q, t, ε)-*unsicher*, wenn $\mathrm{insec}(n, q, t, \mathscr{S}) \geq \varepsilon$ gilt. Es heißt (n, q, t, ε)-*sicher*, wenn $\mathrm{insec}(n, q, t, \mathscr{S}) \leq \varepsilon$ gilt.   ◁

Es sei, wie in Abschnitt 2.4.2 beschrieben, nochmals darauf hingewiesen, dass durch den Parameter t die Größe des Programmcodes eines (n, q, t)-beschränkten Angreifers beschränkt ist. Ohne diese Festlegung würde die obige Definition keinen Sinn ergeben (siehe dazu auch Aufgabe 5.7.17). Wie bereits für Definition 4.7.5 bemerkt, kann wegen der Beschränkung der Größe des Programmcodes in Definition 5.3.4 »sup« durch »max« ersetzt werden.

Beispiel 5.3.3. Wegen Folgerung 5.3.1 gilt, dass deterministische l-Kryptoschemen $(2, 2, c, 1)$-unsicher sind für eine kleine Konstante c, die im Wesentlichen die durch das Verschlüsselungsorakel ausgeführte Chiffrierung widerspiegelt.   ◁

5.4 Sicherheit der R-CTR-Betriebsart

Wir wollen in diesem Abschnitt zeigen, dass die R-CTR-Betriebsart in dem im letzten Abschnitt beschriebenen Sinne sicher ist, d. h. betreibt man ein sicheres Block-Kryptosystem in der R-CTR-Betriebsart, dann ist das entstehende Kryptoschema sicher. Zu diesem Zweck konstruieren wir aus einem (guten) Angreifer A auf ein R-CTR-Kryptoschema einen (guten) Unterscheider U für das zugrunde liegende Block-Kryptosystem. Genauer werden wir U so aus A konstruieren, dass wir, grob gesagt, den Vorteil von A durch denjenigen von U beschränken können. Nehmen wir also an, dass es keinen guten Unterscheider auf das Block-Kryptosystem gibt, d. h. alle geeignet ressourcenbeschränkten

Unterscheider haben lediglich einen geringen Vorteil, dann kann es auch keinen guten Angreifer auf das R-CTR-Kryptoschema geben, d.h. der Vorteil von A muss ebenfalls klein sein. Mit anderen Worten führen wir einen in der Kryptographie klassischen *Reduktionsbeweis*: Die Sicherheit der einen kryptographischen Primitive wird auf die Sicherheit der anderen reduziert. Man spricht, wie bereits in Abschnitt 1.2 erwähnt, in diesem Zusammenhang auch von *beweisbarer Sicherheit*. Der folgende Satz fasst die Aussage, die wir beweisen wollen, präzise.

Satz 5.4.1. *Es existiert eine (kleine) Konstante c, so dass für alle $t, n, q, l > 0$, l-Block-Kryptosysteme $\mathscr{B}$, (n, q, t)-beschränkten l-Angreifer A auf $\mathscr{S} = $ R-CTR-$\mathscr{B}$ ein $(n, t + c \cdot (q \cdot \log(q) \cdot l + n \cdot l))$-beschränkter l-Unterscheider U existiert mit*

$$adv(A, \mathscr{S}) \leq 2 \cdot adv(U, \mathscr{B}) + \frac{2qn + n^2}{2^l} \ . \tag{5.4.1}$$

Bevor wir diesen Satz beweisen, stellen wir zunächst fest, dass aus diesem Satz direkt folgt, dass die Unsicherheit von R-CTR-$\mathscr{B}$ beschränkt ist durch diejenige von $\mathscr{B}$. Genauer gilt:

Folgerung 5.4.1. *Es existiert eine (kleine) Konstante c, so dass für alle $t, n, q, l > 0$ und l-Block-Kryptosysteme $\mathscr{B}$ gilt:*

$$insec(n, q, t, \text{R-CTR-}\mathscr{B}) \leq 2 \cdot insec(n, t + c \cdot (q \cdot \log(q) \cdot l + n \cdot l), \mathscr{B}) + \frac{2qn + n^2}{2^l} \ .$$

$$\square$$

Setzen wir die Blocklänge l auf $128 = 2^7$ Bits, die maximale Laufzeit t auf 2^{60} Rechenschritte und erlauben etwa eine Milliarde Orakelanfragen im Umfang von insgesamt maximal einem Terabyte, d.h., $q = 2^{30}$ und $n = 2^{43}/l = 2^{36}$, so erhalten wir folgende Abschätzung, für eine Konstante $c = 10$:

$$insec(2^{36}, 2^{30}, 2^{60}, \text{R-CTR-}\mathscr{B}) \leq 2 \cdot insec(2^{36}, 2^{61}, \mathscr{B}) + \frac{1}{2^{55}} \ .$$

Wäre für das Block-Kryptosystem $\mathscr{B}$, z.B. AES, die erschöpfende Schlüsselsuche (siehe Abschnitt 4.3) der beste mögliche Angriff, mit dem man $\mathscr{B}$ von einer zufälligen Permutation unterscheiden könnte, und könnte man in einem Rechenschritt einen Schlüssel testen, so wäre $insec(2^{36}, 2^{61}, \mathscr{B}) \approx \frac{1}{2^{67}}$: Dabei gehen wir davon aus, dass sich ein Angreifer maximal 2^{36} Klartexte mit dem Verschlüsselungsorakel verschlüsseln lässt und dann durch maximal 2^{61} Schlüssel läuft, um einen Schlüssel zu finden, mit dem die gegebenen Chiffretexte zu den jeweiligen Klartexten entschlüsselt werden. Es sei bemerkt, dass für in der Praxis eingesetzte Block-Kryptosysteme schon wenige Klartext-Chiffretext-Paare ausreichen (deutlich weniger als 2^{36}, eher < 10), um den verwendeten Schlüssel eindeutig zu bestimmen. Mit $insec(2^{36}, 2^{61}, \mathscr{B}) \approx \frac{1}{2^{67}}$ würde sich insgesamt ein gutes Maß an Sicherheit für das R-CTR-$\mathscr{B}$-Kryptoschema ergeben. Wie bereits in Abschnitt 4.7 erwähnt, ist allerdings für kein in der Praxis eingesetztes Kryptosystem eine konkrete Schranke für dessen Unsicherheit $insec(n, q, \mathscr{B})$ bekannt. Trotzdem zeigt Folgerung 5.4.1, dass die R-CTR-Betriebsart prinzipiell sicher ist. Die Unsicherheit kann höchstens vom verwendeten Kryptosystem herrühren.

Bemerkung 5.4.1. Für die R-CBC-Betriebsart können ähnliche Aussagen wie in Satz 5.4.1 und Folgerung 5.4.1 gemacht werden, allerdings ist, wie bereits erwähnt, der Beweis aufwändiger.   ◁

Im Rest des Abschnitts widmen wir uns dem Beweis von Satz 5.4.1. Es seien dazu t, n, q, l sowie $\mathcal{B}$, $\mathcal{S}$ und $A = (AF, AG)$ wie in den Voraussetzungen des Satzes gegeben.

Wir werden im Folgenden zunächst annehmen, dass $\mathcal{B}$ eine pseudozufällige Funktion ist, statt einer pseudozufälligen Permutation (siehe Abschnitt 4.8). Unsere Aussagen werden also zunächst $\text{adv}_{\text{PRF}}(U, \mathcal{B})$ statt $\text{adv}(U, \mathcal{B}) = \text{adv}_{\text{PRP}}(U, \mathcal{B})$ betreffen. Den Schritt zu $\text{adv}_{\text{PRP}}(U, \mathcal{B})$ wird uns dann das PRF/PRP-Switching Lemma (Lemma 4.8.1) erlauben.

Die Konstruktion des Unterscheiders U für $\mathcal{B}$ aus A ist sehr leicht. Der Unterscheider U simuliert einfach das Experiment $\mathbb{E}_A^{\mathcal{S}}$, wobei allerdings der erste Schritt, die Chiffrewahl, weggelassen wird (siehe unten). Auch die Ausgabe von U wird genau die Ausgabe des simulierten Experimentes sein.

Da U als Orakel lediglich eine Blockchiffre F zur Verfügung steht, A aber erwartet, dass Orakelanfragen gemäß dem R-CTR-Kryptoschema $\mathcal{S}$ beantwortet werden, muss U bei Orakelanfragen von A sein Orakel F verwenden, um die R-CTR-Betriebsart zu simulieren. Wie der folgende Algorithmus zeigt, ist dies aber einfach möglich. In diesem Algorithmus, wie auch im weiteren Verlauf des Abschnitts, bezeichnet '·' die Konkatenation von Bitvektoren. Mit $x^{(i)}$ bezeichnen wir, wie üblich, den i-ten l-Block im Klartext x.

$\text{SIM}(x \colon \{0,1\}^{l*}, F \colon \{0,1\}^l \to \{0,1\}^l) \colon \{0,1\}^*$

1. $r = \text{flip}(l)$.
2. Setze $m = |x|/l$ und $y = r \cdot (F(r) \oplus x^{(0)}) \cdot \cdots \cdot (F(r +_{2^l} m - 1) \oplus x^{(m-1)})$.
3. Gib y zurück.

Stellt A in der Simulation von $\mathbb{E}_A^{\mathcal{S}}$ eine Orakelanfrage x, so ruft U einfach $\text{SIM}(x, F)$ auf. Ebenso ruft U die Prozedur SIM auf, um eine Antwort auf das Angebot von A zu berechnen. Insgesamt ist der Unterscheider U zu $A = (AF, AG)$, der SIM als Prozedur verwendet, also wie folgt definiert:

$U(F \colon \{0,1\}^l \to \{0,1\}^l) \colon \{0,1\}$

1. *Findungsphase*
   $(z_0, z_1) = AF(\text{SIM}(\cdot, F))$
2. *Auswahl*
   $c = \text{flip}(); \ y = \text{SIM}(z_c, F)$
3. *Ratephase*
   $c' = AG(\text{SIM}(\cdot, F), y)$
4. *Auswertung*
   falls $c = c'$, so gib 1, sonst 0 zurück

Hinter dieser Konstruktion von U steckt die folgende Idee: Läuft U in der Realwelt, in der, nach Definition, F eine zufällig gewählte Blockchiffre von $\mathcal{B}$ ist, dann wird, wie man leicht sieht, genau das Experiment $\mathbb{E}_A^{\mathscr{S}}$ simuliert. Unter der Annahme, dass A ein guter Angreifer auf $\mathscr{S}$ ist, wird im Experiment $\mathbb{E}_A^{\mathscr{S}}$ das Bit 1 mit einer Wahrscheinlichkeit deutlich größer als $1/2$ ausgegeben. Damit ist auch die Wahrscheinlichkeit, dass U das Bit 1 ausgibt, also vermutet, in der Realwelt zu laufen, groß. Läuft dagegen U in der Zufallswelt, dann ist F eine zufällig gewählte Funktion. Es wird demnach das Experiment $\mathbb{E}_A^{\mathscr{S}'}$ simuliert, wobei $\mathscr{S}'$ das R-CTR-Kryptoschema bezeichnet, bei dem das Block-Kryptosystem die zufällige Funktion ist. Ähnlich wie für zufällige Permutationen (Substitutionskryptosysteme) kann man bei einer zufälligen Funktion von einem »optimalen« Block-Kryptosystem sprechen (obwohl formal eine zufällige Funktion kein Block-Kryptosystem ist). Wenn die R-CTR-Betriebsart überhaupt sicher ist, dann erst recht in Verbindung mit einer zufälligen Funktion. Der Angreifer A sollte in diesem Fall also nur mit sehr geringer Wahrscheinlichkeit im durch U simulierten Experiment $\mathbb{E}_A^{\mathscr{S}'}$ erfolgreich sein. Die Wahrscheinlichkeit, dass dieses Experiment 1 ausgibt wird folglich etwa $1/2$ sein. Der Unterscheider U wird, im Vergleich zur Realwelt, also seltener vermuten, in der Realwelt zu laufen. Insgesamt wird der Vorteil von U, der ein Maß dafür ist, wie gut U zwischen Real- und Zufallswelt unterscheiden kann, recht hoch sein. Wir werden dieses informelle Argument nun präzisieren.

Dazu schauen wir uns zunächst den Erfolg von U an, also die Wahrscheinlichkeit, dass U das Bit 1 ausgibt, was der Vermutung »Realwelt« entspricht, falls U tatsächlich in der Realwelt läuft. Dies sollte, wie gesagt, der Wahrscheinlichkeit entsprechen, dass $\mathbb{E}_A^{\mathscr{S}}$ das Bit 1 liefert. In der Tat können wir direkt Folgendes festhalten:

$$
\begin{aligned}
\mathrm{suc}_{\mathrm{PRF}}(U, \mathscr{B}) &\overset{(1)}{=} \mathrm{Prob}\left\{\mathbb{S}_U^{\mathrm{PRF}}\langle b = 1\rangle = 1\right\} \\
&\overset{(2)}{=} \mathrm{Prob}\left\{\mathbb{E}_A^{\mathscr{S}} = 1\right\} \\
&\overset{(3)}{=} \frac{\mathrm{adv}(A, \mathscr{S}) + 1}{2} .
\end{aligned}
\tag{5.4.2}
$$

Dabei erhalten wir (2), da in $\mathbb{S}_U^{\mathrm{PRF}}\langle b = 1\rangle$ genau $\mathbb{E}_A^{\mathscr{S}}$ simuliert wird und U das Bit 1 ausgibt, genau dann, wenn dies in der Simulation von $\mathbb{E}_A^{\mathscr{S}}$ der Fall ist. Man beachte, dass die Chiffrewahl in $\mathbb{E}_A^{\mathscr{S}}$, die U nicht direkt simuliert, in $\mathbb{S}_U^{\mathrm{PRF}}\langle b = 1\rangle$ erfolgt. Die Gleichungen (1) und (3) ergeben sich direkt aus den Definitionen.

Wenden wir uns nun dem Misserfolg $\mathrm{fail}_{\mathrm{PRF}}(U, \mathscr{B})$ von U zu, also der Wahrscheinlichkeit $\mathrm{Prob}\{\mathbb{S}' = 1\}$, mit $\mathbb{S}' = \mathbb{S}_U^{\mathrm{PRF}}\langle b = 0\rangle$. In $\mathbb{S}'$ wird das Experiment $\mathbb{S}_A^{\mathscr{S}'}$ simuliert, wobei $\mathscr{S}'$ das R-CTR-Kryptoschema bezeichnet, bei dem als Block-Kryptosystem die zufällige Funktion verwendet wird. Wir wollen uns nun klar machen, dass die Wahrscheinlichkeit, dass A richtig bestimmt, ob die linke oder rechte Angebotshälfte verschlüsselt wurde, lediglich $\approx 1/2$ ist. Damit ist dann auch $\mathrm{Prob}\{\mathbb{S}' = 1\} \approx 1/2$.

Um dies zu beweisen, überlegen wir uns zunächst, von welcher Form die Antworten sind, die der (simulierte) Angreifer A vom (simulierten) Verschlüsselungsorakel $\mathrm{SIM}(\cdot, F)$ geliefert bekommt. In einem Lauf von $\mathbb{S}'$ stellt A gemäß Annahme höchstens $q - 1$ Orakelanfragen, plus einem Angebot, im Umfang von insgesamt höchstens n l-Blöcken. Wir gehen im Folgenden der Einfachheit halber davon aus, dass A genau $q - 1$ Orakelanfragen, plus einem Angebot, macht. Alle Abschätzungen gelten ebenso, wenn A weniger Orakelanfragen macht. Es bezeichnen im Folgenden $x_1, \ldots, x_{q-1} \in \{0, 1\}^{l*}$ die von A

angefragten Klartexte und es sei (z_0, z_1), mit $z_0, z_1 \in \{0,1\}^{l*}$ und $|z_0| = |z_1|$, das von A gelieferte Angebot. Die Angebotshälfte, die in einem Lauf tatsächlich verschlüsselt wird, bezeichnen wir mit z. Wird die Funktion $F : \{0,1\}^l \to \{0,1\}^l$ als Chiffre verwendet, so haben die Antworten auf die Orakelanfragen, also die Chiffretexte, die folgende Form, wobei $r_1, \ldots, r_{q-1}, r_q \in \{0,1\}^l$ zufällig, unabhängig vom Rest des Laufes gewählte Bitvektoren sind und $n_1 + \cdots + n_q \leq n$ gilt:

$$
\begin{aligned}
x_1 &: & r_1 \cdot (F(r_1) \oplus x_1^{(0)}) \cdot \cdots \cdot (F(r_1 +_{2^l} (n_1 - 1)) \oplus x_1^{(n_1-1)}) \\
&\vdots& \\
x_i &: & r_i \cdot (F(r_i) \oplus x_i^{(0)}) \cdot \cdots \cdot (F(r_i +_{2^l} (n_i - 1)) \oplus x_i^{(n_i-1)}) \\
&\vdots& \\
x_{q-1} &: & r_{q-1} \cdot (F(r_{q-1}) \oplus x_{q-1}^{(0)}) \cdot \cdots \cdot (F(r_{q-1} +_{2^l} (n_{q-1} - 1)) \oplus x_{q-1}^{(n_{q-1}-1)}) \\
z &: & r_q \cdot (F(r_q) \oplus z^{(0)}) \cdot \cdots \cdot (F(r_q +_{2^l} (n_q - 1)) \oplus z^{(n_q-1)}) \ .
\end{aligned}
$$

(5.4.3)

Die Tatsache, dass z zum Schluss aufgeführt ist, soll nicht bedeuten, dass das Angebot immer zum Schluss unterbreitet wird. Wir bezeichnen die Bitvektoren $r_1, \ldots, r_q$ als *initiale Zähler* und $r_i +_{2^l} j$ als *Zähler* (von x_i bzw. z).

Sind nun die Zähler von z verschieden von allen anderen auftretenden Zählern, dann entspricht die Verschlüsselung von z derjenigen im Vernamsystem (one-time pad): Da F eine zufällig gewählte Funktion ist, sind die Funktionswerte für die Zähler von z zufällig gewählte Bitvektoren der Länge l. Diese sind unabhänig gewählt von den Funktionswerten für die anderen Zähler, da nach Annahme die Zähler von z nicht an anderer Stelle auftauchen. Insgesamt wird also z wie im Vernamsystem mit einem frischen, zufällig gewählten Bitvektor der Länge $|z|$ verschlüsselt, über den der Angreifer keinerlei Information hat. Wir wissen bereits, dass diese Art der Verschlüsselung informationstheoretische Sicherheit bietet. Insbesondere ist die Verteilung der Chiffretexte für $z = z_0$ und $z = z_1$ gleich (siehe Satz 3.4.1). Es ist also intuitiv zu erwarten, dass der l-Angreifer nicht zwischen der Verschlüsselung von $z = z_0$ und $z = z_1$ unterscheiden kann.

Die Argumentation bricht zusammen, wenn ein Zähler von z auch an anderer Stelle auftritt, d. h., wenn i mit $1 \leq i < q$ sowie $j < n_i$ und $h < n_q$ existieren mit $r_i +_{2^l} j = r_q +_{2^l} h$. Wir sprechen dann von einer *Kollision*. Da der Angreifer $x_i^{(j)}$ kennt, kann er dann auch leicht $F(r_i +_{2^l} j)$ aus dem Chiffretext zu x_i bestimmen. Damit ist dem Angreifer aber auch $F(r_q +_{2^l} h)$ bekannt, also ein Teil des Schlüssels zur Verschlüsselung von z, was bei geeigneter Konstruktion von z_0 und z_1, den Angreifer in die Lage versetzt, leicht zwischen der Verschlüsselung von z_0 und z_1 zu unterscheiden. Würde also mit »nicht geringer« Wahrscheinlichkeit eine Kollision auftreten, dann hätte der Angreifer gute Chancen, zwischen der Verschlüsselung von z_0 und z_1 unterscheiden zu können. (Da dem Angreifer die initialen Zähler bekannt sind, kann er leicht eine Kollision erkennen.) Glücklicherweise tauchen, bei geeigneter Wahl der Parameter, Kollisionen nur mit sehr geringer Wahrscheinlichkeit auf.

Wir wollen die obige informelle Argumentation dafür, dass $\text{Prob}\{\mathbb{S}' = 1\} \approx 1/2$ gilt, nun präzisieren. Dazu schätzen wir zunächst die Wahrscheinlichkeit dafür, dass eine Kollision auftritt, nach oben ab.

Es bezeichne *Coll* das Ereignis, dass in einem Lauf von $\mathbb{S}'$ eine Kollision im obigen Sinne auftritt; formal ist *Coll* also die Menge der Läufe von $\mathbb{S}'$, in denen eine Kollision auftritt. Das folgende Lemma erlaubt uns, die Wahrscheinlichkeit Prob $\{Coll\}$ für eine Kollision abzuschätzen.

Lemma 5.4.1. *Es seien* $l, q, n_1, \ldots, n_q > 0$. *Es bezeichne* P *die Gleichverteilung auf dem* q-*fachen kartesischen Produkt* $\Omega = \{0,1\}^l \times \cdots \times \{0,1\}^l$ *über* $\{0,1\}^l$. *Das Ereignis* C *enthalte ein Tupel* $(r_1, \ldots, r_q) \in \Omega$ *genau dann, wenn* $\{r_q +_{2^l} 0, \ldots, r_q +_{2^l} (n_q-1)\} \cap \bigcup_{i=1}^{q-1} \{r_i +_{2^l} 0, \ldots, r_i +_{2^l} (n_i-1)\} \neq \emptyset$ *gilt. (Wir sprechen dann von einer Kollision.) Für die Wahrscheinlichkeit einer Kollision gilt dann:*

$$P(C) \leq \frac{qn}{2^l} \ ,$$

mit $n = n_1 + \cdots + n_q$.

Beweis. Es sei $S = \bigcup_{i=1}^{q-1} \{r_i -_{2^l} (n_q-1), \ldots, r_i +_{2^l} 0, \ldots, r_i +_{2^l} (n_i-1)\}$. Man sieht sofort: $(r_1, \ldots, r_q) \in C$ genau dann, wenn $r_q \in S$. Weiter gilt $|S| \leq n_1 + \cdots + n_{q-1} + (q-1) \cdot n_q \leq qn$. Damit folgt nun leicht die Behauptung. $\qquad\square$

Da in Läufen von $\mathbb{S}'$ die für die Beantwortung der Orakelanfragen (einschließlich des Angebots) gewählten Zähler zufällig und unabhängig vom Rest des Laufes gewählt werden, folgt nun leicht (siehe auch Aufgabe 5.7.8):

$$\text{Prob}\{Coll\} \leq P(C) \tag{5.4.4}$$
$$\leq \frac{qn}{2^l} \ . \tag{5.4.5}$$

Diese Abschätzung gilt auch, wenn der l-Angreifer A weniger als q Orakelanfragen macht und/oder diese insgesamt kürzer als n sind, da dies die Wahrscheinlichkeit für eine Kollision lediglich mindert.

Mit dem bisher Gezeigten erhalten wir für den Misserfolg von U:

$$\text{Prob}\{\mathbb{S}' = 1\} = \text{Prob}\{\mathbb{S}' = 1, \overline{Coll}\} + \text{Prob}\{\mathbb{S}' = 1, Coll\}$$
$$\leq \text{Prob}\{\mathbb{S}' = 1, \overline{Coll}\} + \text{Prob}\{Coll\}$$
$$\leq \text{Prob}\{\mathbb{S}' = 1, \overline{Coll}\} + \frac{qn}{2^l} \ . \tag{5.4.6}$$

Es bleibt also, den Misserfolg für den Fall zu betrachten, dass keine Kollision auftritt. Wie bereits angedeutet, sollte der l-Angreifer A in diesem Fall nicht zwischen der Verschlüsselung der linken und rechten Angebotshälfte unterscheiden können. In der Tat werden wir nun

$$\text{Prob}\{\mathbb{S}' = 1 \mid \overline{Coll}\} = \frac{1}{2} \tag{5.4.7}$$

zeigen. Daraus erhalten wir insbesondere Prob $\{\mathbb{S}' = 1, \overline{Coll}\}$ = Prob $\{\mathbb{S}' = 1 \mid \overline{Coll}\} \cdot$ Prob $\{\overline{Coll}\} \leq \frac{1}{2}$. Mit (5.4.6) ergibt sich damit als Abschätzung für den Misserfolg von

U:

$$\text{fail}_{\text{PRF}}(U, \mathscr{B}) = \text{Prob}\left\{\mathbb{S}' = 1\right\}$$

$$\leq \frac{1}{2} + \frac{qn}{2^l} \ . \tag{5.4.8}$$

Um nun (5.4.7) zu beweisen, reicht es offensichtlich zu zeigen, dass

$$\text{Prob}\left\{\mathbb{S}' = 1, \overline{Coll}\right\} = \frac{\text{Prob}\left\{\overline{Coll}\right\}}{2} \tag{5.4.9}$$

gilt. Dazu sei c die durch die in U verwendete Variable c induzierte Zufallsvariable über der Menge der Läufe von $\mathbb{S}'$, d.h., c ist 1, falls in dem von U simulierten Experiment $\mathbb{E}_A^{\mathscr{S}'}$ die rechte Angebotshälfte verschlüsselt wird, und 0 sonst. Entsprechend bezeichne c' die Zufallsvariable, die die Ausgabe von A im von U simulierten Experiment $\mathbb{E}_A^{\mathscr{S}'}$ liefert. Ebenso verwenden wir, wie üblich, die anderen Variablen in $\mathbb{S}'$, nämlich F, z_0, z_1, und y, als Zufallsvariablen über der Menge der Läufe von $\mathbb{S}'$.

Offensichtlich gilt:

$$\text{Prob}\left\{\mathbb{S}' = 1, \overline{Coll}\right\} = \text{Prob}\left\{c' = c, \overline{Coll}\right\} \ .$$

Wir konstruieren nun eine bijektive Abbildung β von der Menge $\overline{Coll}$ in die Menge $\overline{Coll}$. Die Abbildung β bildet also einen Lauf α von $\mathbb{S}'$, in dem keine Kollision aufgetreten ist, auf einen (anderen) Lauf $\beta(\alpha)$ von $\mathbb{S}'$ ab, den wir häufig kurz mit α' bezeichnen, in dem ebenfalls keine Kollision aufgetreten ist. Dabei werden wir β so konstruieren, dass die Bedingung »$c' = c$« in α gilt, d.h., $c'(\alpha) = c(\alpha)$, genau dann, wenn sie in $\alpha' = \beta(\alpha)$ nicht gilt, d.h., $c'(\alpha') \neq c(\alpha')$. Mit einer solchen Abbildung und da Läufe von $\mathbb{S}'$ gleichverteilt sind, also insbesondere α und α' mit gleicher Wahrscheinlichkeit auftreten, folgt sofort (5.4.9).

Die Idee der Konstruktion von α' aus α ist, dass wir c in α' komplementieren und ansonsten α' so anpassen, dass die Sichten von A in α und α' gleich sind. Insbesondere wird A deshalb in α' dieselbe Vermutung c' wie in α zurückliefern, womit die gewünschte Beziehung zwischen α und α' gilt, nämlich $c'(\alpha) = c(\alpha)$ genau dann, wenn $c'(\alpha') \neq c(\alpha')$.

Genauer sieht die Konstruktion von $\alpha' = \beta(\alpha)$ aus α wie folgt aus.[2] Es sei α ein Lauf von $\mathbb{S}'$ mit $\alpha \in \overline{Coll}$. Es bezeichne $F = F(\alpha)$ die in diesem Lauf gewählte Chiffre, $(z_0, z_1) = (z_0(\alpha), z_1(\alpha))$ sei das in diesem Lauf unterbreitete Angebot, $z = z_{c(\alpha)}$ sei die

---

2 Zur Erinnerung: Gemäß Abschnitt 4.6.2 kann der Wahrscheinlichkeitsraum von $\mathbb{S}'$ als Produktraum der Form

$$\Omega_{\mathbb{S}'} = \mathcal{F}_{\{0,1\}^l} \times \{0,1\}^{t_A} \times \{0,1\} \times \underbrace{\{0,1\}^l \times \cdots \times \{0,1\}^l}_{q}$$

aufgefasst werden, wobei die Komponenten – von links nach rechts – der Wahl von F, der Wahl der Zufallsbits für A (maximale Laufzeit t_A angenommen), der Wahl von c und der Wahl der initialen Zähler für die (maximal) q Orakelanfragen von A entsprechen. Ein Lauf $\alpha \in \Omega_{\mathbb{S}'}$ von $\mathbb{S}'$ wird also als Tupel repräsentiert. (Da F maximal auf n l-Blöcke angewendet wird, könnte man $\mathcal{F}_{\{0,1\}^l}$ auch durch ein n-faches kartesisches Produkt über $\{0,1\}^l$ ersetzen.)

zur Verschlüsselung gewählte Angebotshälfte, $z' = z_{1-c(\alpha)}$ sei die andere Angebotshälfte und r_q der zur Verschlüsselung von z gewählte initiale Zähler. Damit hat die in diesem Lauf zurückgelieferte Probe $y = y(\alpha)$, also der Chiffretext zu z, die Form

$$y = r_q \cdot (F(r_q) \oplus z^{(0)}) \cdot \cdots \cdot (F(r_q +_{2^l} (n_q - 1)) \oplus z^{(n_q-1)}) \ .$$

Es sei nun $\alpha' = \beta(\alpha)$ der Lauf, der genau mit α übereinstimmt, bis auf die folgenden Änderungen. Das Bit $c(\alpha)$ werde gekippt, für α' gelte also $c(\alpha') = 1 - c(\alpha)$. Außerdem sei die in α' gewählte Chiffre $F' = F(\alpha')$ wie folgt definiert: $F'(j) = F(j)$ für alle $j \notin \{r_q, r_q +_{2^l} 1, \ldots, r_q +_{2^l} (n_q - 1)\}$ und

$$F'(r_q +_{2^l} i) = F(r_q +_{2^l} i) \oplus z[i \cdot l, (i + 1) \cdot l] \oplus z'[i \cdot l, (i + 1) \cdot l] \tag{5.4.10}$$

für alle $i \in \{0, \ldots, n_q - 1\}$.

Wegen $\alpha \in \overline{Coll}$ gilt offensichtlich auch $\alpha' \in \overline{Coll}$, da die Zähler in α' genauso gewählt sind wie in α. Die Annahme $\alpha \in \overline{Coll}$ bedeutet, dass die Zähler $\{r_q, r_q +_{2^l} 1, \ldots, r_q +_{2^l} n_q - 1\}$ für die Beantwortung des Angebots an keiner anderen Stelle auftreten. Der Wechsel von F (in α) hin zu F' (in α') hat also auf die gelieferten Antworten für die von A gestellten Orakelanfragen keinerlei Auswirkung. Insbesondere ist die Sicht von A bis zur Unterbreitung des Angebots in α und α' identisch. Folglich liefert A in beiden Läufen dasselbe Angebot. Gemäß der Definition von α' wird im Lauf α' die Angebotshälfte z', statt z, verschlüsselt. Nach Konstruktion von F' ist aber die zurückgelieferte Probe, also der Chiffretext zu z', genau die für z im Lauf α gelieferte Probe, nämlich y. Demnach bleibt die Sicht von A auch nach Unterbreitung des Angebots gleich. Folglich liefert A dieselbe Ausgabe, d. h., es gilt $c'(\alpha) = c'(\alpha')$. Aber da in α' das Bit c gekippt ist, d. h., $c(\alpha') = 1 - c(\alpha)$, erhalten wir, wie gewünscht, dass $c'(\alpha) = c(\alpha)$ gilt, genau dann, wenn $c'(\alpha') \neq c(\alpha')$ gilt. Es bleibt noch zu zeigen, dass β eine bijektive Abbildung von $\overline{Coll}$ nach $\overline{Coll}$ ist. Davon kann man sich aber leicht überzeugen (siehe Aufgabe 5.7.9).

Mit (5.4.2) und (5.4.8) ergibt sich nun für den Vorteil von U:

$$\begin{aligned}
\mathrm{adv}_{\mathrm{PRF}}(U, \mathscr{B}) &= \mathrm{suc}_{\mathrm{PRF}}(U, \mathscr{B}) - \mathrm{fail}_{\mathrm{PRF}}(U, \mathscr{B}) \\
&\geq \frac{\mathrm{adv}(A, \mathscr{S}) + 1}{2} - \left(\frac{1}{2} + \frac{qn}{2^l}\right) \\
&= \frac{\mathrm{adv}(A, \mathscr{S})}{2} - \frac{qn}{2^l} \ .
\end{aligned}$$

Mit Hilfe des PRP/PRF-Switching Lemmas (Lemma 4.8.1) folgt sofort

$$\begin{aligned}
\mathrm{adv}_{\mathrm{PRP}}(U, \mathscr{B}) &\geq \frac{\mathrm{adv}(A, \mathscr{S})}{2} - \frac{qn}{2^l} - \frac{n^2}{2^{l+1}} \\
&\geq \frac{\mathrm{adv}(A, \mathscr{S})}{2} - \frac{2qn + n^2}{2^{l+1}}
\end{aligned}$$

und damit (5.4.1).

Nach Konstruktion ist auch klar, dass U höchstens n Orakelanfragen macht. Außerdem ist die Laufzeit von $\mathbb{E}_U^{\mathscr{B}}$, wenn U in der Realwelt läuft, gleich zur Laufzeit von $\mathbb{E}_A^{\mathscr{S}}$, die nach Annahme durch t beschränkt ist. In der Zufallswelt werden Orakelanfragen in $\mathbb{E}_U^{\mathscr{B}}$ durch die zufällige Funktion beantworten, was höchstens $c \cdot (q \cdot \log(q) \cdot l + n \cdot l)$ zusätzliche Schritte benötigt, für eine Konstante c: Bei n Orakelanfragen müssen maximal n Funktionswerte zufällig bestimmt werden, also $n \cdot l$ Zufallsbits erzeugt werden. Um festzustellen, ob die zufällige Funktion mehrfach an der gleichen Stelle ausgewertet wird, muss der Abstand zwischen benachbarten initialen Zählern bestimmt werden, was höchstens $c \cdot q \cdot \log(q) \cdot l$ viele Rechenschritte benötigt. Dies schließt den Beweis von Satz 5.4.1 ab. $\qquad\square$

5.5   Ein alternativer Sicherheitsbegriff

Der bislang für Kryptoschemen benutzte Sicherheitsbegriff wird in der Literatur häufig als »Find-then-Guess« bezeichnet, da ein Angreifer in einer Findungsphase zunächst ein Angebot finden muss und dann raten muss, welche Angebotshälfte verschlüsselt wurde. Durch verschiedene Beispiele und Plausibilitätsbetrachtungen haben wir einige Indizien dafür gesammelt, dass dieser Sicherheitsbegriff, den wir im Folgenden auch kurz mit FG-Sicherheit bezeichnen wollen, sinnvoll ist. Um weiteres Vertrauen in diesen Sicherheitsbegriff zu gewinnen, werden wir in diesem Abschnitt einen alternativen Sicherheitsbegriff studieren, den wir mit *RR-Sicherheit* (»Real-or-Random«) bezeichnen, und zeigen, dass beide Sicherheitsbegriffe – FG- und RR-Sicherheit – im Wesentlichen zu den gleichen Ergebnissen führen.

Dem neuen Sicherheitsbegriff liegt die folgende abstrakte Überlegung zugrunde. Bei einem guten symmetrischen Kryptoschema sollte es dem Angreifer nicht gelingen, zwischen der Verschlüsselung von durch den Angreifer gewählten Nachrichten und der Verschlüsselung zufälliger Nachrichten zu unterscheiden. Dies kann, wie wir sehen werden, leicht als Spiel zwischen einem Unterscheider (Eva) und dem Verschlüsselungsorakel (Charlie) formuliert werden. Die RR-Sicherheit erinnert ein wenig an den Sicherheitsbegriff für Block-Kryptosysteme, bei dem ein Unterscheider zwischen der Interaktion mit dem eigentlichen Block-Kryptosystem und einer zufälligen Permutation unterscheiden musste. Allerdings ist, wie bereits zu Beginn von Kapitel 5 erwähnt, der Sicherheitsbegriff für Block-Kryptosysteme für Kryptoschemen nicht geeignet.

Wir werden nun zunächst die RR-Sicherheit definieren und in den beiden folgenden Unterabschnitten die Äquivalenz zur FG-Sicherheit beweisen.

Definition 5.5.1 (Unterscheider). Ein *l-Unterscheider* für symmetrische l-Kryptoschemen ist ein zufallsgesteuerter Algorithmus der Form $U(H\colon \{0,1\}^{l*} \to \{0,1\}^*)\colon \{0,1\}$, dessen Laufzeit durch eine Konstante nach oben beschränkt ist. $\qquad\triangleleft$

Das erwähnte Spiel formalisieren wir nun wieder als Experiment.

Definition 5.5.2 (Experiment zu einem Unterscheider). Es sei U ein l-Unterscheider und $\mathscr{S} = (K, E, D)$ ein symmetrisches l-Kryptoschema. Die *Zufallsvariante* eines Verschlüsselungsorakels $H(x\colon \{0,1\}^{l*})\colon \{0,1\}^*$ ist definiert durch

   RAND-$H(x\colon \{0,1\}^{l*})\colon \{0,1\}^*$

     1. $x' = \text{flip}(|x|)$
     2. $y = H(x')$
     3. gib y zurück

Das zu U und $\mathscr{S}$ gehörende *Experiment*, das mit $\mathbb{E}_U^{\mathscr{S}}$, $\mathbb{E}_U$ oder einfach $\mathbb{E}$ bezeichnet wird, ist der folgende Algorithmus.

$\mathbb{E}\colon \{0,1\}$

   1. *Schlüsselwahl und Wahl richtig/zufällig*
      $k = \mathrm{flip}(K)$
      $b = \mathrm{flip}()$
   2. *Bestimmung des Prozedurparameters.*
      falls $b = 0$, so $H = \textsc{rand-}E(\cdot, k)$, sonst $H = E(\cdot, k)$
   3. *Ratephase*
      $b' = U(H)$
   4. *Auswertung*
      falls $b = b'$, so gib 1, sonst 0 zurück

Mit $\mathbb{S}_U^{\mathscr{S}}$, $\mathbb{S}_U$ oder einfach $\mathbb{S}$ bezeichnen wir den Algorithmus, der aus $\mathbb{E}$ dadurch entsteht, dass der vierte Schritt ersetzt wird durch »gib b' zurück«. Er wird *verkürztes Experiment* genannt. $\lhd$

Wie im Fall für Block-Kryptosysteme werden wir sagen, dass U in der »Realwelt« läuft, falls im Experiment $b = 1$ gewählt wird, und dass U in der »Zufallswelt« läuft, falls im Experiment $b = 0$ gewählt wird.

Vorteil, Erfolg und Misserfolg sind nun wie üblich definiert.

Definition 5.5.3 (Vorteil, Erfolg und Misserfolg)**.** Es sei U ein l-Unterscheider und $\mathscr{S}$ ein symmetrisches l-Kryptoschema. Dann ist der Vorteil, Erfolg bzw. Misserfolg von U gegenüber $\mathscr{S}$ wie folgt definiert:

$$\mathrm{adv}_{RR}(U, \mathscr{S}) = 2\left(\mathrm{Prob}\left\{\mathbb{E}_U^{\mathscr{S}} = 1\right\} - \frac{1}{2}\right)\ ,$$

$$\mathrm{suc}_{RR}(U, \mathscr{S}) = \mathrm{Prob}\left\{\mathbb{S}_U^{\mathscr{S}}\langle b = 1\rangle = 1\right\}\ ,$$

$$\mathrm{fail}_{RR}(U, \mathscr{S}) = \mathrm{Prob}\left\{\mathbb{S}_U^{\mathscr{S}}\langle b = 0\rangle = 1\right\}\ .$$ $\lhd$

Analog zu Lemma 4.7.1 zeigt man nun:

Lemma 5.5.1 (Vorteil, Erfolg, Misserfolg)**.** *Es sei U ein l-Unterscheider und $\mathscr{S}$ ein symmetrisches l-Kryptoschema. Dann gilt*

$$\mathit{adv}_{RR}(U, \mathscr{S}) = \mathit{suc}_{RR}(U, \mathscr{S}) - \mathit{fail}_{RR}(U, \mathscr{S})\ .$$ $\square$

Die Unsicherheit $\mathrm{insec}_{RR}(n, q, t, \mathscr{S})$ eines Kryptoschemas $\mathscr{S}$ im RR-Ansatz ist analog zur Unsicherheit $\mathrm{insec}(n, q, t, \mathscr{S})$ im FG-Ansatz definiert.

Wir wollen uns ein einfaches Beispiel für einen Unterscheider ansehen:

Beispiel 5.5.1 (ECB-Unterscheider)**.** Es sei $l > 0$ und $\mathscr{B}$ ein l-Block-Kryptosystem. Wir wollen einen Unterscheider konstruieren, dessen Vorteil gegenüber ECB-$\mathscr{B}$ groß ist und der die in Abschnitt 5.2 aufgezeigte Schwäche ausnutzt. Einen solchen Unterscheider kann man leicht konstruieren:

UNTERSCHEIDERECB(H)

1. *Erzeuge Nachricht, die aus zwei gleichen Blöcken besteht.*
   $x = 0^{2l}$
2. *Frage Nachricht an.*
   $y = H(x)$
3. *Treffe Entscheidung anhand der Blöcke des Chiffretextes.*
   falls $y[0, l] = y[l, 2l]$, so gib 1, sonst 0 zurück

Offensichtlich gilt

$$\text{suc}_{RR}(\text{UNTERSCHEIDERECB}, \text{ECB-}\mathscr{B}) = 1 \ ,$$

da in der Realwelt der erste und zweite l-Block von y immer identisch sind. In der Zufallswelt ist das genau dann der Fall, wenn im ersten und zweiten Block der gleiche Klartext gewählt wird. Die Wahrscheinlichkeit dafür ist $\frac{2^l}{2^{2l}} = \frac{1}{2^l}$. Wir erhalten also:

$$\text{fail}_{RR}(\text{UNTERSCHEIDERECB}, \text{ECB-}\mathscr{B}) = \frac{1}{2^l} \ ,$$

und damit,

$$\text{adv}_{RR}(\text{UNTERSCHEIDERECB}, \text{ECB-}\mathscr{B}) = 1 - \frac{1}{2^l} \ . \qquad \triangleleft$$

Wir werden nun in den folgenden beiden Unterabschnitten die Beziehung zwischen der FG- und der RR-Sicherheit studieren. Zunächst zeigen wir, dass man zu jedem guten Angreifer (im FG-Ansatz) leicht einen guten Unterscheider (im RR-Ansatz) mit vergleichbaren Ressourcen konstruieren kann. Wäre also ein symmetrisches Kryptoschema bzgl. der FG-Sicherheit unsicher, dann wäre es auch bzgl. der RR-Sicherheit unsicher. Mit anderen Worten, RR-Sicherheit implizit FG-Sicherheit. In Abschnitt 5.5.2 zeigen wir, dass die Umkehrung auch gilt.

5.5.1 Von Angreifern zu Unterscheidern

Es sei im Folgenden $\mathscr{S}$ ein symmetrisches l-Kryptoschema. Es ist sehr leicht, aus einem guten Angreifer A auf $\mathscr{S}$ (im FG-Ansatz) einen guten Unterscheider U auf $\mathscr{S}$ (im RR-Ansatz) zu konstruieren. Die Idee ist nämlich sehr ähnlich zu derjenigen im Beweis der Sicherheit der R-CTR-Betriebsart (Abschnitt 5.4). Der Unterscheider muss lediglich das Experiment $\mathbb{E}_A^{\mathscr{S}}$ (ohne Chiffrewahl) mit Hilfe der ihm übergebenen Chiffre simulieren. Wenn der Unterscheider in der Realwelt arbeitet, dann wird genau das Experiment $\mathbb{E}_A^{\mathscr{S}}$ simuliert. Ist A ein guter Angreifer auf $\mathscr{S}$, dann wird A in diesem Experiment erfolgreich sein. Läuft dagegen U in der Zufallswelt, so wird A, wie wir sehen werden, wenig Erfolg im von U simulierten Experiment $\mathbb{E}_A^{\mathscr{S}}$ haben. Also machen wir die Entscheidung des Unterscheiders U davon abhängig, ob A in $\mathbb{E}_A^{\mathscr{S}}$ erfolgreich ist oder nicht. Ist A erfolgreich, dann wird der Unterscheider vermuten, dass er in der Realwelt läuft; ansonsten vermutet der Unterscheider, in der Zufallswelt zu laufen.

Genauer konstruieren wir den l-Unterscheider U wie folgt. Es sei $l > 0$ und $A = (AF, AG)$ ein l-Angreifer.

$U(H \colon \{0,1\}^{l*} \to \{0,1\}^*) \colon \{0,1\}$

1. *Simuliere Findungsphase.*
   $(z_0, z_1) = AF(H)$
2. *Wähle Angebotshälfte aus.*
   $c = \mathrm{flip}()$
   $y = H(z_c)$
3. *Simuliere Ratephase.*
   $c' = AG(H, y)$
4. *Gib Ergebnis zurück.*
   falls $c = c'$, gib 1, sonst 0 zurück

Man beachte, dass U die Chiffrewahl in $\mathbb{E}_A^{\mathscr{S}}$ nicht simuliert. Dies ist auch nicht nötig, denn U läuft selbst im Experiment $\mathbb{E}_U^{\mathscr{S}}$. In diesem Experiment wird eine Chiffre H (richtig oder zufällig) bestimmt und U übergeben. Mit dieser Chiffre simuliert U das Experiment $\mathbb{E}_A^{\mathscr{S}}$.

Wir zeigen nun, dass der Vorteil von U dem Vorteil von A entspricht.

Satz 5.5.1. *Es seien $l > 0$, A ein l-Angreifer, $\mathscr{S}$ ein symmetrisches l-Kryptoschema und U der oben konstruierte Unterscheider. Dann gilt*

$$\mathrm{adv}_{RR}(U, \mathscr{S}) = \frac{1}{2} \cdot \mathrm{adv}(A, \mathscr{S}) \ .$$

Beweis. Zuerst können wir festhalten, dass U in der Realwelt genau das Experiment $\mathbb{E}_A^{\mathscr{S}}$ simuliert. Wir erhalten also:

$$\begin{aligned}
\mathrm{suc}_{RR}(U, \mathscr{S}) &= \mathrm{Prob}\left\{\mathbb{S}_U \langle b = 1 \rangle = 1\right\} \\
&= \mathrm{Prob}\left\{\mathbb{E}_A^{\mathscr{S}} = 1\right\} \\
&= \frac{1}{2} \cdot \mathrm{adv}(A, \mathscr{S}) + \frac{1}{2} \ .
\end{aligned}$$

Läuft U in der Zufallswelt (also $b = 0$), dann wird im vom U simulierten Experiment $\mathbb{E}_A^{\mathscr{S}}$ das Verschlüsselungsorakel RAND-H verwendet. Also unabhängig davon, ob $c = 0$ oder $c = 1$ ist, wird z_c immer auf gleiche Weise verschlüsselt; es wird nämlich ein zufällig gewählter Bitvektor x' der Länge $|z_0|$ $(= |z_1|)$ verschlüsselt. Die Sicht von A ist also in $\mathbb{S}'\langle c = 0 \rangle$ und $\mathbb{S}'\langle c = 1 \rangle$, mit $\mathbb{S}' = \mathbb{S}_U \langle b = 0 \rangle$, gleich verteilt. Deshalb wird A nicht zwischen der Verschlüsselung der linken und rechten Angebotshälfte unterscheiden können. Insbesondere wird sich A genau in der Hälfte der Fälle für die richtige/falsche Angebotshälfte entscheiden. Demnach wird die Wahrscheinlichkeit, dass im vom U simulierten Experiment 1 ausgeben wird, $1/2$ sein (siehe Aufgabe 5.7.11). Damit folgt:

$$\mathrm{fail}_{RR}(U, \mathscr{S}) = \mathrm{Prob}\left\{\mathbb{S}' = 1\right\} = \frac{1}{2} \ . \tag{5.5.1}$$

Insgesamt erhalten wir:

$$\mathrm{adv}_{RR}(U,\mathscr{S}) = \frac{1}{2} \cdot \mathrm{adv}(A,\mathscr{S}) + \frac{1}{2} - \frac{1}{2}$$
$$= \frac{1}{2} \cdot \mathrm{adv}(A,\mathscr{S}) \ . \qquad \square$$

Man beachte, dass sich die Laufzeiten der Experimente $\mathbb{E}_A^{\mathscr{S}}$ und $\mathbb{E}_U^{\mathscr{S}}$ kaum unterscheiden. Der wesentliche Unterschied ist, dass falls $\mathbb{E}_U^{\mathscr{S}}$ in der Zufallswelt läuft, neben der eigentlichen Verschlüsselung zusätzlich Klartexte zufällig gewählt werden müssen. Damit erhöht sich die Laufzeit um maximal $c \cdot n \cdot l$, für eine (kleine) Konstante c, falls A insgesamt maximal n l-Blöcke an sein Verschlüsselungsorakel schickt. Als unmittelbare Folgerung aus Satz 5.5.1 erhalten wir deshalb:

Folgerung 5.5.1 (RR-Sicherheit impliziert FG-Sicherheit). *Es existiert eine kleine Konstante c, so dass für alle natürlichen Zahlen l, n, q und t und jedes symmetrische l-Kryptoschema $\mathscr{S}$ die Abschätzung*

$$insec(n,q,t,\mathscr{S}) \leq 2 \cdot insec_{RR}(n,q,t+c \cdot n \cdot l,\mathscr{S})$$

gilt.

5.5.2 Von Unterscheidern zu Angreifern

Wir werden nun die Umkehrung zu der im vorherigen Unterabschnitt gezeigten Aussage zeigen, nämlich dass aus der FG-Sicherheit die RR-Sicherheit folgt. Dazu konstruieren wir aus einem gegebenen (guten) Unterscheider U einen (guten) Angreifer A. Konstruktion und Beweis sind hier allerdings etwas aufwändiger als im vorherigen Unterabschnitt. Im Beweis werden wir die in der Kryptographie häufig eingesetzte Hybridtechnik verwenden.

In einem ersten Schritt nehmen wir an, es wäre ein Unterscheider U gegeben, der in jedem Lauf genau eine einzige Anfrage stellt. (Ein solcher Unterscheider wird in der Regel keinen sonderlich großen Vorteil haben, aber für die Motivation der späteren Konstruktion eignet er sich sehr gut.) Dann können wir uns vorstellen, dass U von der Form

$$V; y = H(x); W \qquad (5.5.2)$$

ist, d. h., vor der Orakelanfrage führt U zunächst V aus und danach W. Aus einem solchen Unterscheider U können wir leicht einen Angreifer A konstruieren:

$A(H \colon \{0,1\}^{l*} \to \{0,1\}^*) \colon \{0,1\}$

$AF(H)$:
    1. *Simuliere ersten Teil von U.*
       V
    2. *Sende Angebot.*
       $x' = \mathrm{flip}(|x|)$
       sende (x',x)

$AG(H, y)$:
  3. *Simuliere zweiten Teil von U.*
     W

Dieser Angreifer lässt sich auch leicht analysieren:

Lemma 5.5.2. *Es sei U ein l-Unterscheider für Kryptoschemen, der in jedem Lauf genau eine Orakelanfrage stellt, und $\mathscr{S}$ ein symmetrisches l-Kryptoschema. Dann gilt für den Angreifer A gemäß obiger Konstruktion:*

$$\mathrm{adv}(A, \mathscr{S}) = \mathrm{adv}_{RR}(U, \mathscr{S}) \ .$$

Beweis. Man sieht sofort, dass

$$\mathrm{suc}(A, \mathscr{S}) = \mathrm{Prob}\left\{\mathbb{S}_A^{\mathscr{S}}\langle b = 1\rangle = 1\right\} = \mathrm{Prob}\left\{\mathbb{S}_U^{\mathscr{S}}\langle b = 1\rangle = 1\right\} = \mathrm{suc}_{RR}(U, \mathscr{S})$$

gilt, denn die Sicht des durch A simulierten Unterscheiders U in $\mathbb{S}_A^{\mathscr{S}}\langle b = 1\rangle$ ist genau so verteilt, wie die Sicht von U in $\mathbb{S}_U^{\mathscr{S}}\langle b = 1\rangle$.

Genauso sieht man, dass

$$\mathrm{fail}(A, \mathscr{S}) = \mathrm{Prob}\left\{\mathbb{S}_A^{\mathscr{S}}\langle b = 0\rangle = 1\right\} = \mathrm{Prob}\left\{\mathbb{S}_U^{\mathscr{S}}\langle b = 0\rangle = 1\right\} = \mathrm{fail}_{RR}(U, \mathscr{S})$$

gilt. Insgesamt folgt:

$$\begin{aligned}
\mathrm{adv}(A, \mathscr{S}) &= \mathrm{suc}(A, \mathscr{S}) - \mathrm{fail}(A, \mathscr{S}) \\
&= \mathrm{suc}_{RR}(U, \mathscr{S}) - \mathrm{fail}_{RR}(U, \mathscr{S}) \\
&= \mathrm{adv}_{RR}(U, \mathscr{S}) \ .
\end{aligned}$$
$\qquad\square$

Wir werden nun die oben beschriebene Konstruktion auf Unterscheider verallgemeinern, die höchstens q Anfragen, für $q \geq 0$, durchführen. Dazu »zerschneiden« wir einen solchen Unterscheider zufällig an einer der Anfragen und gehen analog zu oben vor. Diese zusätzliche zufällige Entscheidung führt dann dazu, dass der gesamte Angreifer weniger erfolgreich ist als der gegebene Unterscheider; für seinen Vorteil können wir nur noch den q-ten Teil garantieren.

Wir gehen im Folgenden von einem Unterscheider U aus, der in jedem Lauf *genau q* Anfragen stellt, für $q > 0$. Sollte U dies nicht tun, so kann man leicht einen neuen Unterscheider U' konstruieren, der sich genau wie U verhält, allerdings weitere Orakelanfragen stellt, falls U weniger als q Anfragen gestellt hat. Die Antworten auf diese Anfragen werden einfach ignoriert. Offensichtlich hat U' denselben Vorteil, Erfolg und Misserfolg wie U.

Für jedes $i \in \{1, \dots, q\}$ konstruieren wir zunächst einen Angreifer A_i nach dem oben beschriebenen Muster. Wir können uns ohne Beschränkung der Allgemeinheit vorstellen, dass wir U für jedes i in der Form

$$V_i; \ y_i = H(x_i); \ W_i \tag{5.5.3}$$

schreiben können, wobei in V_i genau $i-1$ Anfragen an das Verschlüsselungsorakel H und in W_i genau $q - i$ Anfragen gestellt werden, jede von der Form $y_j = H(x_j)$.

Mit diesen Annahmen lässt sich A_i beschreiben:

$A_i(H\colon \{0,1\}^{l*} \to \{0,1\}^*)\colon \{0,1\}$

$AF(H)$:
   1. *Simuliere ersten Teil von U.*
      V_i
   2. *Sende Angebot*
      $x'_i = \mathrm{flip}(|x_i|)$.
      sende (x'_i, x_i)
$AG(H, y_i)$:
   3. *Simuliere zweiten Teil von U mit folgender Modifikation:*
      W_i *mit* $y_j = H(x_j)$ *ersetzt durch* $y_j = \text{RAND-}H(x_j)$.

Der Angreifer A_i simuliert also in den ersten $i-1$ Anfragen die Realwelt für U. Je nach Wahl von b, wird die i-te Anfrage gemäß Real- ($b=1$) bzw. Zufallswelt ($b=0$) simuliert. Für die restlichen Anfragen wird dann die Zufallswelt von U simuliert.

Insbesondere gilt, dass A_q bis zur einschließlich $(q-1)$-ten Anfrage immer die Realwelt für U simuliert. Ist zudem $b=1$, dann wird auch in der q-ten Anfrage die Realwelt für U simuliert. Es gilt also

$$\mathrm{suc}(A_q, \mathscr{S}) = \mathrm{Prob}\left\{\mathbb{S}^{\mathscr{S}}_{A_q}\langle b=1\rangle = 1\right\} = \mathrm{Prob}\left\{\mathbb{S}^{\mathscr{S}}_{U}\langle b=1\rangle = 1\right\} = \mathrm{suc}_{RR}(U, \mathscr{S}) \ .$$

Analog gilt

$$\mathrm{fail}(A_1, \mathscr{S}) = \mathrm{Prob}\left\{\mathbb{S}^{\mathscr{S}}_{A_1}\langle b=0\rangle = 1\right\} = \mathrm{Prob}\left\{\mathbb{S}^{\mathscr{S}}_{U}\langle b=0\rangle = 1\right\} = \mathrm{fail}_{RR}(U, \mathscr{S}) \ .$$

Wir können deshalb festhalten:

Lemma 5.5.3.

$$\mathrm{adv}_{RR}(U, \mathscr{S}) = \mathit{suc}(A_q, \mathscr{S}) - \mathit{fail}(A_1, \mathscr{S}) \ . \qquad \square$$

Als Nächstes beobachten wir, dass sich A_i in der 1-Welt genauso wie A_{i+1} in der 0-Welt verhält: In der 1-Welt werden bei A_i alle Anfragen ab der $(i+1)$-ten zufällig beantwortet und alle davor real; genauso wie für A_{i+1} in der 0-Welt. Insbesondere gilt $\mathrm{Prob}\left\{\mathbb{S}^{\mathscr{S}}_{A_i}\langle b=1\rangle = 1\right\} = \mathrm{Prob}\left\{\mathbb{S}^{\mathscr{S}}_{A_{i+1}}\langle b=0\rangle = 1\right\}$ und damit:

Lemma 5.5.4.

$$\mathit{suc}(A_i, \mathscr{S}) = \mathit{fail}(A_{i+1}, \mathscr{S}) \qquad\qquad \textit{für alle } 0 < i < q \ . \qquad \square$$

Wir konstruieren nun aus U den gewünschten Angreifer A_*. Dieser führt einfach zufällig einen der Angreifer A_i aus:

$$A_*(H\colon \{0,1\}^{l*} \to \{0,1\}^*)\colon \{0,1\}$$

1. *Wähle Teilangreifer aus.*
   $i = \text{flip}(\{1,\ldots,q\})$.
2. *Simuliere Teilangreifer.*
   $A_i(H)$

Es sei $\mathbb{S}' = \mathbb{S}_{A_*}^{\mathscr{S}}\langle b = 1\rangle$. Sofort können wir festhalten:

$$\text{suc}(A_*, \mathscr{S}) = \text{Prob}\{\mathbb{S}' = 1\}$$

$$= \sum_{j=1}^{q} \text{Prob}\{\mathbb{S}' = 1, i = j\}$$

$$= \sum_{j=1}^{q} \text{Prob}\{\mathbb{S}' = 1 \mid i = j\} \cdot \text{Prob}\{i = j\}$$

$$= \frac{1}{q} \cdot \sum_{j=1}^{q} \text{Prob}\{\mathbb{S}' = 1 \mid i = j\}$$

$$\overset{(1)}{=} \frac{1}{q} \cdot \sum_{j=1}^{q} \text{Prob}\{\mathbb{S}'\langle i = j\rangle = 1\}$$

$$\overset{(2)}{=} \frac{1}{q} \cdot \sum_{j=1}^{q} \text{Prob}\left\{\mathbb{S}_{A_j}^{\mathscr{S}}\langle b = 1\rangle = 1\right\}$$

$$= \frac{1}{q} \cdot \sum_{j=1}^{q} \text{suc}(A_j, \mathscr{S}) \ ,$$

dabei gilt (1) wegen (4.6.4) und (2) folgt direkt aus der Definition von A_* und A_j. Analog gilt:

$$\text{fail}(A_*, \mathscr{S}) = \frac{1}{q} \cdot \sum_{j=1}^{q} \text{fail}(A_j, \mathscr{S}) \ .$$

Insgesamt folgt:

Lemma 5.5.5.

$$\text{adv}(A_*, \mathscr{S}) = \frac{1}{q} \cdot \sum_{j=1}^{q} \text{adv}(A_j, \mathscr{S}) \ . \qquad \qquad \square$$

Jetzt können wir alles zusammenfügen:

Satz 5.5.2. *Es sei $\mathscr{S}$ ein l-Kryptoschema, U ein l-Unterscheider für $\mathscr{S}$, der höchstens* *q Orakelanfragen macht und A_* der oben konstruierte Angreifer. Dann gilt*

$$adv(A_*, \mathscr{S}) = \frac{1}{q} \cdot adv_{RR}(U, \mathscr{S}) \ . \tag{5.5.4}$$

Beweis. Es gilt

$$\mathrm{adv}(A_*, \mathscr{S}) \stackrel{(1)}{=} \frac{1}{q} \cdot \sum_{j=1}^{q} \mathrm{adv}(A_j, \mathscr{S})$$

$$\stackrel{(2)}{=} \frac{1}{q} \cdot \sum_{j=1}^{q} (\mathrm{suc}(A_j, \mathscr{S}) - \mathrm{fail}(A_j, \mathscr{S}))$$

$$\stackrel{(3)}{=} \frac{1}{q} \cdot (\mathrm{suc}(A_q, \mathscr{S}) - \mathrm{fail}(A_1, \mathscr{S})) + \frac{1}{q} \cdot \sum_{i=1}^{q-1} (\mathrm{suc}(A_i, \mathscr{S}) - \mathrm{fail}(A_{i+1}, \mathscr{S}))$$

$$\stackrel{(4)}{=} \frac{1}{q} \cdot \mathrm{adv}_{RR}(U, \mathscr{S}) \ ,$$

wobei (1) aufgrund von Lemma 5.5.5 gilt, (2) aus Lemma 5.3.1 folgt, (3) durch einfaches Umordnen entsteht und (4) sowohl Lemma 5.5.3 wie auch Lemma 5.5.4 nutzt. □

Untersucht man die maximalen Laufzeiten der Experimente $\mathbb{E}_{A_*}^{\mathscr{S}}$ und $\mathbb{E}_{U}^{\mathscr{S}}$ genauer und berücksichtigt man dabei auch den Fall, dass U weniger als q Orakelanfragen macht, so kann man mit Hilfe (des Beweises) von Satz 5.5.2 die folgende Implikation zwischen der FG- und der RR-Sicherheit zeigen.

Folgerung 5.5.2 (FG-Sicherheit impliziert RR-Sicherheit). *Es existiert eine Konstante c, so dass für alle natürlichen Zahlen $l, n, q, t > 0$ und jedes symmetrische l-Kryptoschema $\mathscr{S}$ gilt:*

$$insec_{RR}(n, q, t, \mathscr{S}) \leq q \cdot insec(n, q, t + c \cdot q, \mathscr{S}) \ . \qquad\qquad □$$

Der Beweis zu dieser Folgerung soll in Aufgabe 5.7.12 geführt werden.

Hybridtechnik.   Wie am Anfang von Abschnitt 5.5.2 angedeutet, haben wir im Beweis zu Satz 5.5.2 die sogenannte *Hybridtechnik* (auch *Hybridargument* genannt) verwendet. Wir wollen hier noch verdeutlichen, was genau die Hybridtechnik ist und wann sie üblicherweise eingesetzt wird.

Die Hybridtechnik wird meist benutzt, wenn in einem Sicherheitsbeweis ein »komplexer Sachverhalt« auf einen »einfachen Sachverhalt« reduziert werden muss. Sie stellt somit ein wichtiges Hilfsmittel bei Reduktionsbeweisen dar. Dabei kann ein »komplexer Sachverhalt« eine Aussage über die Sicherheit komplexer kryptographischer Primitive sein, welche man auf die Sicherheit anderer einfacherer kryptographischer Primitive reduzieren will, wobei im Rahmen der komplexen kryptographischen Primitive die einfachen kryptographischen Primitive evtl. sogar mehrfach angewendet werden. Ein Beispiel dafür werden wir in Abschnitt 6.6 kennenlernen, in dem es um die hybride Verschlüsselung geht, also um die Kombination von symmetrischer und asymmetrischer Verschlüsselung. Die Sicherheit der hybriden Verschlüsselung wird dort schrittweise auf die Sicherheit der symmetrischen und asymmetrischen Verschlüsselung heruntergebrochen. Im Beweis zu Satz 5.5.2 war der »komplexe Sachverhalt«, dass ein Unterscheider *mehrere* Orakelanfragen stellen konnte und *alle* Anfragen entweder in der Realwelt oder in der Zufallswelt beantwortet wurden. Anfragen wurden also immer richtig oder immer zufällig beantwortet. Dagegen werden im Experiment zu einem Angreifer alle Orakelanfragen real beantwortet und nur für *eine* Orakelanfrage (das Angebot) weiß der Angreifer nicht, ob die linke oder rechte Angebotshälfte verschlüsselt wurde, wobei in unserer Konstruktion die linke Angebotshälfte der zufällig gewählte Klartext war. Dies ist der »einfache Sachverhalt«.

Technisch gesehen dient die Hybridtechnik dazu, die Differenz zwischen zwei Wahrscheinlichkeiten abzuschätzen, die auf recht unterschiedlichen Verteilungen beruhen; in unserem Beispiel waren dies die Verteilungen $\mathbb{S}_U^{\mathscr{S}}\langle b=1\rangle$ und $\mathbb{S}_U^{\mathscr{S}}\langle b=0\rangle$. Die Differenz der betrachteten Wahrscheinlichkeiten dieser Verteilungen stellt man im Hybridargument nun als Teleskopsumme[3] mit Hilfe sogenannter hybrider Verteilungen dar, wobei das Attribut »hybrid« daher rührt, dass diese Verteilungen auf gewisse Weise die beiden betrachteten Verteilungen in einer Verteilung kombinieren. In unserem Beispiel waren dies die hybriden Verteilungen $\mathbb{S}_{A_j}^{\mathscr{S}}\langle b=1\rangle$ und $\mathbb{S}_{A_j}^{\mathscr{S}}\langle b=0\rangle$ und die Teleskopsumme war von der Form

$$\sum_{i=0}^{q-1}(\mathrm{suc}(A_{q-i},\mathscr{S})-\mathrm{fail}(A_{q-i},\mathscr{S}))\qquad(=\mathrm{suc}(A_q,\mathscr{S})-\mathrm{fail}(A_1,\mathscr{S}))\ ,$$

mit $\mathrm{suc}(A_{q-(i+1)},\mathscr{S})=\mathrm{fail}(A_{q-i},\mathscr{S})$ für alle $0<i<q$ (Lemma 5.5.4). Die hybriden Verteilungen an den äußeren Enden sollten (etwa) genau diejenigen Verteilungen sein, für die man sich interessiert; in unserem Beispiel stimmten die äußeren Enden $\mathbb{S}_{A_q}^{\mathscr{S}}\langle b=1\rangle$ und $\mathbb{S}_{A_1}^{\mathscr{S}}\langle b=0\rangle$ in der Tat genau mit $\mathbb{S}_U^{\mathscr{S}}\langle b=1\rangle$ bzw. $\mathbb{S}_U^{\mathscr{S}}\langle b=0\rangle$ überein (Lemma 5.5.3). Die Differenzen innerhalb der Teleskopsumme sollten sich jeweils mit Hilfe des »einfachen Sachverhaltes« abschätzen lassen; in unserem Beispiel konnte die Differenz $\mathrm{suc}(A_{q-i},\mathscr{S})-\mathrm{fail}(A_{q-i},\mathscr{S})$ direkt auf den »einfachen Sachverhalt« reduziert werden – sie stimmte nämlich mit dem Vorteil von A_{q-i} überein. Um Folgerung 5.5.2 zu zeigen, hätten wir den Angreifer A_* nicht gebraucht. Die Teleskopsumme, wie oben beschrieben, wäre ausreichend gewesen, denn es gilt: $\mathrm{adv}_{RR}(U,\mathscr{S})=\sum_{i=0}^{q-1}(\mathrm{suc}(A_{q-i},\mathscr{S})-\mathrm{fail}(A_{q-i},\mathscr{S}))=\sum_{i=0}^{q-1}\mathrm{adv}(A_{q-i},\mathscr{S})\leq q\cdot\mathrm{insec}(n,q,t+c\cdot q,\mathscr{S})$, falls U ein (n,q,t)-beschränkter Unterscheider ist. Die Einführung von A_* erlaubte allerdings eine uniforme Darstellung der hybriden Verteilungen. Sie ist vor allem im Kontext asymptotischer Sicherheit nützlich (siehe Abschnitt 2.4.2).

Die Anwendung der Hybridtechnik soll in Aufgabe 5.7.15 weiter vertieft werden.

5.6   Ein stärkerer Sicherheitsbegriff

In unseren bisherigen Betrachtungen haben wir uns Eva als eine Angreiferin vorgestellt, die Angriffe mit Klartextwahl durchführen kann. Man könnte sich, wie in Abschnitt 2.4.1

---

3 Eine Teleskopsumme ist eine Summe der Form $\sum_{i=1}^{n-1}(a_i-a_{i+1})=a_1-a_n$.

bereits angedeutet, allerdings zusätzlich auch Angriffe mit Chiffretextwahl vorstellen, in denen Eva selbst gewählte Chiffretexte entschlüsseln lassen kann. Derartige Angriffe spielen vor allem in Verbindung mit kryptographischen Protokollen, z. B. Authentifizierungs- und Schlüsselaustauschprotokollen, eine Rolle. In diesen sendet häufig eine Partei einer anderen einen Chiffretext. Der Empfänger entschlüsselt dann den Chiffretext und sendet den Klartext, evtl. in abgewandelter Form, zurück. Ein solcher Protokollteilnehmer kann einem Angreifer somit als Dechiffrierorakel dienen (siehe auch Abschnitt 6.4.3).

Ein Sicherheitsbegriff, der Angriffe mit Klartext- und Chiffretextwahl berücksichtigt, kann analog zum Begriff in Abschnitt 5.3 definiert werden. Wir sprechen dabei von CCA-Sicherheit, wobei »CCA« für »Chosen Ciphertext Attack« steht. Wir wollen hier lediglich das zugehörige Experiment definieren. Alle anderen Begriffe, wie Vorteil, Erfolg und Misserfolg, ergeben sich daraus in gewohnter Weise.

Das Experiment ist ähnlich wie in Abschnitt 5.3 definiert. Der wesentliche Unterschied zum im Abschnitt 5.3 definierten Experiment ist, dass dem Angreifer nun auch ein Dechiffrierorakel zur Verfügung steht, welches der Angreifer benutzen darf, um von ihm erzeugte Chiffretexte zu dechiffrieren. Allerdings darf der Angreifer die Probe nicht auf dieses Orakel anwenden, da er sonst leicht herausfinden könnte, ob die linke oder rechte Angebotshälfte verschlüsselt wurde.

Definition 5.6.1 (Experiment zu einem Angreifer). Es sei $A = (AF, AG)$ ein l-Angreifer, der zwei Orakel als Eingabe erhält, ein Chiffrier- und ein Dechiffrierorakel. Weiter sei $\mathscr{S} = (K, E, D)$ ein l-Kryptoschema. Das zugehörige *Experiment*, das wir mit $\mathbb{E}_A^{\mathscr{S}}$, $\mathbb{E}_A$ oder einfach $\mathbb{E}$ bezeichnen, ist der Algorithmus, der gegeben ist durch:

$\mathbb{E}\colon \{0,1\}$

1. *Chiffrewahl*
   $k = \mathrm{flip}(K)$; $H = E(\cdot, k)$; $H^{-1} = D(\cdot, k)$
2. *Findungsphase*
   $(z_0, z_1) = AF(H, H^{-1})$
3. *Auswahl*
   $b = \mathrm{flip}()$; $y = H(z_b)$
4. *Ratephase*
   $b' = AG(H, H^{-1}, y)$
5. *Auswertung*
   falls $b = b'$ und A hat H^{-1} in der Ratephase nicht auf y angewendet, so gib 1, sonst 0 zurück   ◁

Der Vorteil $\mathrm{adv}_{\mathrm{CCA}}(A, \mathscr{S})$ von A bzgl. $\mathscr{S}$ im gerade definierten Experiment ist wie üblich definiert.

Man überlegt sich leicht, dass die bisher kennengelernten Kryptoschemen bzgl. der CCA-Sicherheit völlig unsicher sind. Dies wollen wir für die R-CTR-Betriebsart nachweisen. Dazu zeigen wir, dass es einen Angreifer A gibt, so dass $\mathrm{adv}_{\mathrm{CCA}}(A, \text{R-CTR-}\mathscr{B}) = 1$ für jedes Block-Kryptosystem $\mathscr{B}$ gilt.

Der Angreifer liefert als Angebot $(0^l, 1^l)$. Empfängt er die Probe y, so kippt er einfach das erste Bit im zweiten l-Block, d. h., er berechnet $y' = y \oplus (0^l \cdot 10^{l-1})$ und fragt dann sein Dechiffrierorakel mit $y' (\neq y)$ an. Wird 10^{l-1} als Klartext zurückgeliefert, so gibt

A das Bit $b' = 0$ aus. Ansonsten wird 01^{l-1} als Klartext zurückgeliefert. In diesem Fall gibt A das Bit $b' = 1$ aus. Man sieht leicht, dass sich A niemals irrt, d. h., es gilt immer $b' = b$. Also erhalten wir $\mathrm{adv}_{\mathrm{CCA}}(A, \mathrm{R\text{-}CTR}\text{-}\mathscr{B}) = 1$.

Die Eigenschaft, die der Angreifer hier ausnutzt, ist, dass ein gegebener Chiffretext leicht so manipuliert werden kann, dass sich vorhersagbare Änderungen im resultierenden Klartext ergeben. Die CCA-Sicherheit macht solche Manipulationen unmöglich. Man spricht deshalb auch von *unverformbarer Verschlüsselung* (*non-malleable encryption*).

Es sei zum Schluss bemerkt, dass man ein Kryptoschema, das sicher ist im Sinne von Abschnitt 5.3, leicht in ein Kryptoschema überführen kann, das bzgl. der CCA-Sicherheit sicher ist. Man muss dazu lediglich den Chiffretext mit einem MAC (*Message Authentication Code*) kombinieren. Wir werden MACs in Kapitel 9 kennenlernen und dann nochmals kurz auf die CCA-Sicherheit zu sprechen kommen.

5.7 Aufgaben

Aufgabe 5.7.1 (Übertragungsfehler bei den Betriebsarten). Wir wollen untersuchen, inwieweit sich Übertragungsfehler auf die Dechiffrierung auswirken. Es sei dazu $\mathscr{S}$ ein beliebiges symmetrisches l-ECB-, l-CBC-, l-R-CBC- bzw. l-R-CTR-Kryptoschema. Weiter sei $x \in \{0,1\}^{l*}$, k ein Schlüssel, $y = E(x, k)$ und y' ein Bitvektor, für den $|y| = |y'|$ gilt und der sich in genau einem Bit von y unterscheidet. In wievielen Bits unterscheidet sich $x' = D(y', k)$ von x höchstens? Mit anderen Worten, wie stark wirkt sich das Kippen eines Bits auf dem Übertragungsweg aus?

Aufgabe 5.7.2 (beliebige Nachrichtenlänge). Wir haben bislang nur Kryptoschemen betrachtet, die Klartexte verschlüsseln können, deren Länge ein Vielfaches einer gegebenen Blocklänge ist. Das ist letztlich unpraktikabel, weil Daten beliebige Längen haben können.

Überlegen Sie sich, wie Sie ein beliebiges symmetrisches l-Block-Kryptoschema $\mathscr{S}$ erweitern können, so dass Sie ein Kryptoschema $\mathscr{S}'$ erhalten, mit dem man beliebige Klartexte verschlüsseln kann, die Klartextmenge also $\{0,1\}^*$ statt $\{0,1\}^{l*}$ ist. Beweisen Sie, dass Ihre Konstruktion sicher ist, d. h., dass es zu jedem Angreifer A' auf $\mathscr{S}'$ einen Angreifer A auf $\mathscr{S}$ gibt mit $\mathrm{adv}(A', \mathscr{S}') \leq \mathrm{adv}(A, \mathscr{S})$.

Hinweis: Füllen Sie den gegebenen Klartext geeignet auf, damit die Länge des resultierenden Klartextes ein Vielfaches von l ist und ein korrektes Dechiffrieren möglich ist.

Aufgabe 5.7.3 (Angebote mit Nachrichten verschiedener Länge). Wir haben in Definition 5.3.1 festgelegt, dass die Angebotshälften, die ein Angreifer auf ein l-Kryptoschema ausgeben darf, gleiche Länge haben müssen. Zeigen Sie, dass jedes l-Kryptoschema (mit Klartextmenge $\{0,1\}^{l*}$) unsicher wäre, wenn wir auf diese Forderung verzichten würden. Geben Sie also für jedes l-Kryptoschema $\mathscr{S}$ einen l-Angreifer A an, der Angebotshälften verschiedener Länge ausgeben darf und für den $\mathrm{adv}(A, \mathscr{S})$ groß ist. Ihr Angreifer sollte dabei nur wenig Ressourcen benötigen.

Hinweis: Überlegen Sie sich, dass es eine »kurze« Nachricht x geben muss, so dass jeder Chiffretext zu x für jeden Schlüssel länger ist als jeder Chiffretext zur leeren Nachricht für jeden Schlüssel.

Aufgabe 5.7.4 (Orakel Schlüssel). Konstruieren Sie einen möglichst erfolgreichen Angreifer auf ein l-Kryptoschema unter der Annahme, dass ein Algorithmus gegeben ist, der mit Wahrscheinlichkeit $\geq 3/4$ nach höchstens zehn Anfragen an das Verschlüsselungsorakel den verwendeten Schlüssel bestimmen kann. Formulieren Sie zunächst die Annahme präzise analog zu Beispiel 4.7.2. Geben Sie den Vorteil Ihres Angreifers an und beweisen Sie Ihre Aussage.

Aufgabe 5.7.5 (Orakel erstes Bit). Konstruieren Sie einen möglichst erfolgreichen Angreifer auf ein l-Kryptoschema unter der Annahme, dass ein Algorithmus gegeben ist, der mit Wahrscheinlichkeit $\geq 3/4$ zu einem gegebenen Chiffretext nach höchstens zehn Anfragen an das Verschlüsselungsorakel das erste Bit des Klartextes bestimmen kann. Formulieren Sie zunächst die Annahme präzise analog zu Beispiel 4.7.2. Geben Sie den Vorteil Ihres Angreifers an und beweisen Sie Ihre Aussage.

Aufgabe 5.7.6 (Orakel Anzahl der Einsen). Konstruieren Sie einen möglichst erfolgreichen Angreifer auf ein l-Kryptoschema unter der Annahme, dass ein Algorithmus gegeben ist, der mit Wahrscheinlichkeit $\geq 3/4$ zu einem gegebenen Chiffretext nach höchstens zehn Anfragen an das Verschlüsselungsorakel die Anzahl der Einsen im Klartext bestimmen kann. Formulieren Sie zunächst die Annahme präzise analog zu Beispiel 4.7.2. Geben Sie den Vorteil Ihres Angreifers an und beweisen Sie Ihre Aussage.

Aufgabe 5.7.7 (Sicherheit in Szenarium 2). Die Sicherheitsdefinition für Szenarium 2 war etwas indirekt: Wir haben in Abschnitt 4.7 festgelegt, dass ein Block-Kryptosystem sicher im Sinne von Szenarium 2 ist, wenn es (fast) nicht von einer zufälligen Permutation (oder Funktion) unterschieden werden kann. Wir wollen in dieser Aufgabe einen direkteren Zugang zur Sicherheit in Szenarium 2 betrachten, ähnlich zum Ansatz, wie wir ihn in diesem Kapitel kennengelernt haben, und uns überlegen, dass, falls ein Block-Kryptosystem im Sinne von Abschnitt 4.7 sicher ist, dann auch im neuen Sinne.

Dazu betrachten wir ein Experiment, das Szenarium 2 beschreibt, analog zum Experiment in Definition 5.3.2, welches Szenarium 3 fasst. Es seien $l > 0$, $\mathscr{B}=(\{0,1\}^l, K, \{0,1\}^l, E, D)$ ein l-Block-Kryptosystem und $A = (AF, AG)$ ein l-Angreifer (Definition 5.3.1), wobei eine Anfrage von A an sein Chiffrierorakel nun allerdings aus genau einem l-Block besteht. Das zugehörige Experiment ist wie folgt definiert:

$\mathbb{E}$: $\{0,1\}$

1. *Chiffrewahl*
   $k = \text{flip}(K)$; $H = E(\cdot, k)$
2. *Findungsphase*
   $(z_0, z_1) = AF(H)$
3. *Auswahl*
   $b = \text{flip}()$; $y = H(z_b)$
4. *Ratephase*
   $b' = AG(H, y)$
5. *Auswertung*
   falls $b = b'$ und A (also AF und AG) das Orakel H weder mit z_0 noch mit z_1 angefragt hat, so gib 1, sonst 0 zurück

Der Vorteil von A bezüglich $\mathscr{B}$ ist wie üblich definiert als $\mathrm{adv}(A, \mathscr{B}) = 2 \cdot (\mathrm{Prob}\,\{\mathbb{E} = 1\} - \frac{1}{2})$. Zeigen Sie, dass ein Block-Kryptosystem, welches sicher im Sinne von Abschnitt 4.7 ist, auch sicher im Sinne des oben definierten Experimentes ist. Weisen Sie genauer folgende Aussage nach: Für jeden l-Angreifer A gibt es einen l-Unterscheider U mit ähnlichem Ressourcenverbrauch, so dass $\mathrm{adv}(A, \mathscr{B}) \leq 2 \cdot \mathrm{adv}(U, \mathscr{B})$.

Aufgabe 5.7.8 (Beweis zu (5.4.4)). Führen Sie den Beweis zu (5.4.4) im Detail aus.

Aufgabe 5.7.9 (Bijektivität der Abbildung β im Beweis zu Satz 5.4.1). Beweisen Sie, dass die Abbildung β im Beweis zu Satz 5.4.1 bijektiv ist.

Aufgabe 5.7.10 (RR-Sicherheit). Geben Sie analog zu Definition 5.3.4 eine Definition für die Unsicherheit $\mathrm{insec}_{RR}(n, q, t, \mathscr{S})$ eines Kryptoschemas $\mathscr{S}$ gemäß der RR-Sicherheit (siehe Abschnitt 5.5) an. Definieren Sie dazu zunächst (n, q, t)-Beschränktheit für Unterscheider.

Aufgabe 5.7.11 (Beweis von Satz 5.5.1). Führen sie den Beweisen zu Aussage (5.5.1) im Detail aus.

Aufgabe 5.7.12. Beweisen Sie Folgerung 5.5.2. Berücksichtigen Sie dabei auch den Fall, dass der Unterscheider U weniger als q Orakelanfragen macht (siehe die Annahme im Beweis von Satz 5.5.2).

Aufgabe 5.7.13 (ein neuer Sicherheitsbegriff). Definieren Sie zunächst einen neuen Sicherheitsbegriff für symmetrische Kryptoschemen, der sich von dem in Abschnitt 5.3 eingeführten Begriff wie folgt unterscheidet: Statt eines Angebots mit zwei Angebotshälften kann ein Angreifer nun lediglich einen Klartext als Angebot schicken. Das Orakel Charlie verschlüsselt dann entweder diesen Klartext oder einen von Charlie zufällig gewählten Klartext gleicher Länge. Zeigen Sie analog zu Abschnitt 5.5, dass der neue Sicherheitsbegriff äquivalent zum alten Begriff ist.

Aufgabe 5.7.14 (Seitenunterscheider). Ein alternativer Sicherheitsbegriff für symmetrische Kryptoschemen lässt sich wie folgt durch ein Spiel beschreiben:

1. *Schlüsselerzeugung und Seitenwahl*
   Charlie erzeugt einen Schlüssel k und ein Bit b zufällig.
2. *Ratephase*
   Eva versucht, b zu erraten. Dazu darf sie an Charlie Anfragen in Form eines Paares (x_0, x_1) zweier Klartexte gleicher Länge stellen, die dann mit $E(x_b, k)$ von Charlie beantwortet werden. Am Ende dieser Phase sendet Eva das geratene Bit b' an Charlie.
3. *Auswertung*
   Charlie wertet das Spiel für sich gewonnen, wenn $b \neq b'$ gilt.

Geben Sie eine formale Definition des entsprechenden Sicherheitsbegriffs an. Verwenden Sie dabei den Begriff »Seitenunterscheider« als Bezeichnung für einen Angreifer/Unterscheider. Zeigen Sie analog zu Abschnitt 5.5, dass der neue Sicherheitsbegriff äquivalent zum Begriff aus Abschnitt 5.5 ist.

Aufgabe 5.7.15 (Hybridtechnik). Zeigen Sie, dass der Sicherheitsbegriff aus Aufgabe 5.7.14 äquivalent ist zur FG-Sicherheit, indem Sie, analog zu Abschnitt 5.5, einen Seitenunterscheider in einen Angreifer überführen und umgekehrt. Hinweis: Verwenden Sie die Hybridtechnik.

Aufgabe 5.7.16 (Wahrscheinlichkeitsverstärkung). In dieser Aufgabe betrachten wir die RR-Sicherheit, um das Prinzip der Wahrscheinlichkeitsverstärkung zu studieren.

Es seien U ein l-Unterscheider und $\mathscr{S}$ ein symmetrisches l-Kryptoschema. Zeigen Sie für die folgenden beiden Fälle, dass der Vorteil eines Unterscheiders U durch mehrfaches (n-faches) Ausführen von U (und geeigneter Kombination der Resultate) exponentiell in n steigt.

Für U gelte:
1. $\mathrm{suc}_{RR}(U, \mathscr{S}) = 1$ und $\mathrm{fail}_{RR}(U, \mathscr{S}) = 1/4$ bzw.
2. $\mathrm{suc}_{RR}(U, \mathscr{S}) = 3/4$ und $\mathrm{fail}_{RR}(U, \mathscr{S}) = 1/4$.

Hinweis zu 2.: Der zu konstruierende Unterscheider sollte seine Entscheidung gemäß des Prinzips des »Majority-Voting« fällen, d. h., die Entscheidung entspricht dem Ausgang der Mehrheit der in den n Iterationen erhaltenen Resultate. Um seinen Vorteil zu berechnen, verwenden Sie die Chernoff-Ungleichung für binomial-verteilte Zufallsvariablen.

Aufgabe 5.7.17 (Größe des Programmcodes). Begründen Sie analog zu Aufgabe 4.9.23, dass Definition 5.3.4 keinen Sinn machen würde, wenn durch den Parameter t *nicht* die Größe des Programmcodes eines Angreifers beschränkt wäre.

Aufgabe 5.7.18 (CCA-Sicherheit). Geben Sie für die CCA-Sicherheit eine Definition analog zu Definition 5.3.4 an. Führen Sie dabei für die Anzahl der Anfragen an das Dechiffrierorakel einen neuen Parameter ein.

Aufgabe 5.7.19 (CCA-Sicherheit und R-CBC-Betriebsart). Zeigen Sie analog zum Fall für die R-CTR-Betriebsart, dass die R-CBC-Betriebsart bzgl. der CCA-Sicherheit völlig unsicher ist.

5.8   Anmerkungen und Hinweise

Die Verschlüsselung von Nachrichten beliebiger Länge durch die iterierte Anwendung von Block-Kryptosystemen ist eine ziemlich alte Idee. Die Betriebsarten ECB und CBC sowie die hier nicht behandelten Betriebsarten OFB (Output Feedback) und CFB (Cipher Feedback) wurden zusammen mit der Einführung des Block-Kryptosystems DES in [177] standardisiert. Die in diesem Kapitel in erster Linie studierte Betriebsart, R-CTR, wurde etwa zeitgleich mit der Einführung des Block-Kryptosystems AES standardisiert [181].

Wie bereits in Abschnitt 1.2 erwähnt, geht der Ansatz der algorithmischen Sicherheit auf die wegbereitende Arbeit von Goldwasser und Micali zurück [86]. In dieser Arbeit wird die sogenannte semantische Sicherheit sowie die polynomielle Sicherheit im Kontext der asymmetrischen Verschlüsselung (siehe Kapitel 6) definiert und es wird die Äquivalenz der beiden Begriffe bewiesen. Die darauf aufbauenden und in diesem Kapitel behandelten Definitionen für die symmetrische Verschlüsselung stammen von Bellare et al. [16]. Angreifer in unserem Sinne fallen dort unter *FTG (find-then-guess)* und Unterscheider unter *ROR (real-or-random)*. Die Sicherheit der R-CTR- und der R-CBC-Betriebsarten wurde ebenfalls in dieser Arbeit bewiesen.

In der Arbeit von Bellare et al. werden neben Angriffen mit Klartextwahl auch Angriffe mit Klartext- und Chiffretextwahl (CCA-Sicherheit) behandelt, wobei die CCA-Sicherheit zuerst im Kontext asymmetrischer Verschlüsselung von Naor und Yung [130] sowie Rackoff und Simon [138] eingeführt wurde. Interessante Feinheiten in der Definition der CCA-Sicherheit werden in [19] diskutiert. Der erwähnte Begriff der Unverformbarkeit (*non-malleablity*) wird in [69] definiert.

Die Hybridtechnik, die wir in Abschnitt 5.5.2 verwendet und kurz diskutiert haben, ist ein wichtiges Werkzeug in vielen Sicherheitsbeweisen. Weitere Beispiele und Erläuterungen zur Hybridtechnik finden sich zum Beispiel im Lehrbuch von Goldreich [80].

6 Asymmetrische Verschlüsselung

6.1 Einführung

In diesem Kapitel wenden wir uns der bereits in Abschnitt 2.1 erwähnten asymmetrischen Verschlüsselung zu. Das Szenarium, das wir nun studieren wollen, unterscheidet sich also grundlegend von denjenigen, die wir bislang studiert haben.

Szenarium 4. *Alice möchte einem Kommunikationspartner Bob, mit dem sie keinen geheimen Schlüssel teilt, vertrauliche Nachrichten über einen unsicheren (abhörbaren) Übertragungsweg zukommen lassen.*

Der grundsätzliche Unterschied zu den bisherigen Szenarien ist, dass Alice und Bob nicht die Möglichkeit haben, sich vorab auf einen geheimen Schlüssel zu einigen. Evtl. kennen sich Alice und Bob nicht einmal und tauschen nun zum ersten Mal Nachrichten aus. Das ist ein realistisches Szenarium, gerade dann, wenn man an Kommunikation in großen, offenen Netzwerken, wie z. B. dem Internet, denkt.

Wie bereits in Abschnitt 2.1 beschrieben, kann sich Alice in Szenarium 4 der asymmetrischen Verschlüsselung bedienen. Dazu verschlüsselt Alice ihre Nachrichten an Bob mit Bobs *öffentlichem Schlüssel*, welchen sie zum Beispiel in einem öffentlichen Verzeichnis nachschlagen kann oder den ihr Bob (unverschlüsselt) zuschickt; siehe dazu auch Abschnitt 10.6. Bob entschlüsselt dann die von Alice erhaltenen Chiffretexte mit seinem *privaten Schlüssel*. Genauer sind asymmetrische Kryptoschemen wie folgt definiert.

Definition 6.1.1 (asymmetrisches Kryptoschema). Ein *asymmetrisches Kryptoschema* ist ein Tupel

$$\mathscr{S} = (X, K, G, E, D) \tag{6.1.1}$$

bestehend aus einem *Klartextraum* X, einer *Schlüsselmenge* K, einem zufallsgesteuerten *Schlüsselgenerierungsalgorithmus* $G\colon K_{\mathrm{pub}} \times K_{\mathrm{priv}}$, einem zufallsgesteuerten *Chiffrieralgorithmus* $E(x\colon X, k\colon K_{\mathrm{pub}})\colon \{0,1\}^*$ und einem deterministischen *Dechiffrieralgorithmus* $D(y\colon \{0,1\}^*, \hat{k}\colon K_{\mathrm{priv}})\colon \{0,1\}^*$, wobei K, K_{pub} und K_{priv} wie folgt definiert sind: K ist die Menge der von G gelieferten Ausgaben. Jedes Element von K ist ein Paar von Bitvektoren, das *Schlüsselpaar* genannt und meistens mit $(k, \hat{k})$ bezeichnet wird. Dabei ist k ein *öffentlicher* und $\hat{k}$ ein *privater Schlüssel*. Die Menge der öffentlichen Schlüssel wird mit K_{pub}, die Menge der privaten Schlüssel mit K_{priv} bezeichnet.

Wir verlangen, dass die Laufzeit von G beschränkt ist durch eine Konstante. Die Laufzeiten von E und D sollen polynomiell beschränkt sein in der Länge der Eingaben, d. h., es existieren Polynome p und q, so dass, für alle $x \in X$, $y \in \{0,1\}^*$ und $(k, \hat{k}) \in K$, die Laufzeiten von $E(x, k)$ und $D(y, \hat{k})$ durch $p(|x|)$ bzw. $q(|y|)$ beschränkt sind. (Man beachte, dass die Längen der Schlüssel k und $\hat{k}$ durch eine Konstante beschränkt werden können.) Weiter muss folgende Dechiffrierbedingung gelten:

$$D(E^\alpha(x, k), \hat{k}) = x \qquad \text{für alle } x \in X, \ (k, \hat{k}) \in K \text{ und } \alpha \in \{0, 1\}^{p(|x|)} \ .$$

Wir werden den Klartextraum X auch häufig als Familie $\{X_k\}_{k \in K_{\mathrm{pub}}}$ von Klartexträumen betrachten, da der Klartextraum vom verwendeten öffentlichen Schlüssel abhängen kann. ◁

Wir werden, entgegen der obigen Definition, bei der Betrachtung konkreter asymmetrischer Krytposchemen häufig zulassen, dass der Schlüsselgenerierungsalgorithmus (mit geringer Wahrscheinlichkeit) fehlschlägt, d. h., kein Schlüsselpaar liefert. Dies ist kein wirkliches Problem: Durch die wiederholte Ausführung des Schlüsselgenerierungsalgorithmus bekommt man fast mit Sicherheit ein Schlüsselpaar geliefert, da die Wahrscheinlichkeit, dass der Algorithmus in jeder Ausführung fehlschlägt, exponentiell in der Anzahl der Versuche fällt (siehe Aufgabe 5.7.16). Für den formalen Umgang mit asymmetrischen Kryptoschemen ist es allerdings einfacher, anzunehmen, dass der Schlüsselgenerierungsalgorithmus immer erfolgreich ist.

Die Konstruktion asymmetrischer Kryptoschemen unterscheidet sich grundlegend von der Konstruktion symmetrischer Kryptoschemen. Letztere haben wir auf Basis von Block-Kryptosystemen konstruiert. Die Chiffrieralgorithmen für solche Kryptosysteme sind aus elementaren Operationen auf Bitebene (Substitutionen, exklusives Oder, Bitpermutationen) geschickt zusammengesetzt. Dagegen basieren asymmetrische Kryptoschemen auf komplizierteren zahlentheoretischen bzw. algebraischen Sachverhalten. Auch die Sicherheit asymmetrischer Kryptoschemen fußt, anders als im symmetrischen Fall, auf zahlentheoretischen Annahmen.

Aus diesem Grund werden wir einige Begriffe und Sachverhalte aus der (algorithmischen) Zahlentheorie wiederholen, die über das hinausgehen, was wir bereits in Abschnitt 3.5 kennengelernt haben. Mit diesem zahlentheoretischen Rüstzeug ausgestattet werden wir dann die beiden (auch für die Praxis) wichtigsten asymmetrischen Kryptoschemen kennenlernen, nämlich RSA und ElGamal. Schließlich werden wir uns der in der Praxis relevanten hybriden Verschlüsselung zuwenden.

Für alle Kryptoschemen werden wir wie üblich deren Sicherheit genau unter die Lupe nehmen. Dazu definieren wir, in üblicher Manier, im folgenden Abschnitt zunächst die Sicherheit asymmetrischer Kryptoschemen.

6.2   Algorithmische Sicherheit asymmetrischer Kryptoschemen

Die Sicherheit asymmetrischer Kryptoschemen werden wir analog zur Sicherheit symmetrischer Kryptoschemen (siehe Abschnitt 5.3) definieren. Im Fall symmetrischer Kryptoschemen wurde von Charlie ein Schlüssel generiert und dem Angreifer stand ein Verschlüsselungsorakel zur Verfügung, welches Klartexte mit diesem Schlüssel verschlüsselte. Im Fall asymmetrischer Kryptoschemen wird Charlie ein Schlüsselpaar – bestehend aus öffentlichem und privatem Schlüssel – erzeugen. Der private Schlüssel bleibt natürlich in der Hand von Charlie. Der öffentliche Schlüssel wird dem Angreifer aber zur Verfügung gestellt, denn von diesem nimmt man ja nicht an, dass er geheim ist. Mit dem öffentlichen Schlüssel kann der Angreifer aber nun selbst Nachrichten verschlüsseln. Es ist deshalb nicht mehr nötig, den Angreifer mit einem Verschlüsselungsorakel auszustatten. Aus diesen Überlegungen ergeben sich die nun folgenden Definitionen in natürlicher Weise.

Definition 6.2.1 (Angreifer auf ein asymmetrisches Kryptoschema). Ein *Angreifer (adversary)* A auf ein asymmetrisches Kryptoschema $\mathscr{S} = (\{X_k\}_{k \in K_{\mathrm{pub}}}, K, G, E, D)$ ist ein zufallsgesteuerter Algorithmus $A(k \colon K_{\mathrm{pub}}) \colon \{0,1\}$, der von der Form

$$(AF, AG) \tag{6.2.1}$$

ist. Dabei bezeichnet AF ein Algorithmenstück, das *Finder (find)* genannt wird, und AG ein Algorithmenstück, das *Rater (guess)* genannt wird. Der Finder AF gibt am Ende ein Paar (z_0, z_1), $z_0, z_1 \in X_k$, von Klartexten gleicher Länge aus (d. h., $|z_0| = |z_1|$), das *Angebot* mit *linker* bzw. *rechter Angebotshälfte*. Der Rater AG erwartet ein Argument, die *Probe* $y \in \{0,1\}^*$, und gibt am Ende ein Bit b', die *Vermutung* von A aus. Sowohl AF als auch AG erwarten als Argument den öffentlichen Schlüssel k, den sie beliebig einsetzen dürfen; insbesondere dürfen sie damit beliebige Nachrichten verschlüsseln. In einem Lauf von A, im Rahmen eines Experimentes (siehe unten), wird AG die Berechnung in der Konfiguration fortsetzen, in der AF angehalten hat. Wir verlangen, dass die Laufzeiten von AF und AG bei beliebigen Argumenten durch Konstanten nach oben beschränkt sind. ◁

Die Sicherheit asymmetrischer Kryptoschemen wird nun analog zum Fall für symmetrische Kryptoschemen auf Basis eines Experimentes definiert.

Definition 6.2.2 (Experiment zu einem Angreifer). Es sei $A = (AF, AG)$ ein Angreifer auf das asymmetrische Kryptoschema $\mathscr{S} = (\{X_k\}_{k \in K_{\mathrm{pub}}}, K, G, E, D)$. Das zugehörige *Experiment*, das wir mit $\mathbb{E}_A^{\mathscr{S}}$, $\mathbb{E}_A$ oder einfach $\mathbb{E}$ bezeichnen, ist der Algorithmus, der gegeben ist durch:

$\mathbb{E} \colon \{0,1\}$

    1. *Schlüsselgenerierung*
       $(k, \hat{k}) = G()$
    2. *Findungsphase*
       $(z_0, z_1) = AF(k)$
    3. *Auswahl*
       $b = \mathrm{flip}()$; $y = E(z_b, k)$
    4. *Ratephase*
       $b' = AG(k, y)$
    5. *Auswertung*
       falls $b = b'$, so gib 1, sonst 0 zurück

Wie bereits erwähnt, setzt AG seine Berechnung in der Konfiguration fort, in der AF die Berechnung beendet hat.

Mit $\mathbb{S}_A^{\mathscr{S}}$, $\mathbb{S}_A$ oder einfach $\mathbb{S}$ bezeichnen wir den Algorithmus, der aus $\mathbb{E}$ dadurch entsteht, dass der fünfte Schritt ersetzt wird durch »gib b' zurück«. Er wird *verkürztes Experiment* genannt. ◁

Aus der obigen Definition ergibt sich die Definition für Vorteil, Erfolg und Misserfolg eines Angreifers wie üblich.

Definition 6.2.3 (Vorteil, Erfolg und Misserfolg eines Angreifers). Es sei A ein Angreifer und $\mathscr{S}$ ein asymmetrisches Kryptoschema. Der *Vorteil*, *Erfolg* und *Misserfolg* von A bezüglich $\mathscr{S}$ ist definiert durch:

$$
\mathrm{adv}(A, \mathscr{S}) = 2 \left(\mathrm{Prob}\left\{ \mathbb{E}_A^{\mathscr{S}} = 1 \right\} - \frac{1}{2} \right) \ ,
$$
$$
\mathrm{suc}(A, \mathscr{S}) = \mathrm{Prob}\left\{ \mathbb{S}_A^{\mathscr{S}} \langle b = 1 \rangle = 1 \right\} \ ,
$$
$$
\mathrm{fail}(A, \mathscr{S}) = \mathrm{Prob}\left\{ \mathbb{S}_A^{\mathscr{S}} \langle b = 0 \rangle = 1 \right\} \ .
$$
$\triangleleft$

Wie immer gilt:

Lemma 6.2.1. *Für jeden Angreifer A auf ein asymmetrisches Kryptoschema $\mathscr{S}$ gilt:*

$$
adv(A, \mathscr{S}) \in [-1, 1] \quad und
$$
$$
adv(A, \mathscr{S}) = suc(A, \mathscr{S}) - fail(A, \mathscr{S}) \ .
$$
$\square$

Analog zu Definition 5.3.4 kann man nun auch die (Un-)sicherheit eines asymmetrischen Kryptoschemas quantifizieren. Allerdings ergeben die Parameter q und n aus Definition 5.3.4, die die Anzahl und Länge der Nachrichten festlegen, die ein Angreifer an ein Verschlüsselungsorakel senden darf, nun keinen Sinn mehr, da der Angreifer ein solches Orakel nicht verwendet. Statt von einem (n, q, t)-beschränkten Angreifer spricht man nun also lediglich von einem t-beschränkten Angreifer und definiert $\mathrm{insec}(t, \mathscr{S})$ in offensichtlicher Weise für asymmetrische Kryptoschemen $\mathscr{S}$.

Wie für symmetrische Kryptoschemen (siehe Abschnitt 5.6) so kann man auch für asymmetrische Kryptoschemen den CCA-Sicherheitsbegriff definieren. Dabei erhält der Angreifer zusätzlich ein Entschlüsselungsorakel, welches vom Angreifer gelieferte Chiffretexte mit dem privaten Schlüssel $\hat{k}$ entschlüsselt. Eine genaue Definition soll in Aufgabe 6.7.16 angegeben werden.

Ebenfalls analog zum Fall symmetrischer Kryptoschemen können wir für asymmetrische Kryptoschemen direkt festhalten, dass deterministische asymmetrische Kryptoschemen, also solche bei denen der Chiffrieralgorithmus deterministisch ist, unsicher sind. Es sei genauer A_{det} ein Angreifer auf ein asymmetrisches Kryptoschema, der analog zum Angreifer aus Beispiel 5.3.2 arbeitet. Dann gilt:

Satz 6.2.1 (deterministische asymmetrische Kryptoschemen sind unsicher). *Für jedes deterministische asymmetrische Kryptoschema $\mathscr{S}$ und A_{det} wie oben definiert gilt:*

$$
adv(A_{det}, \mathscr{S}) = 1 \ .
$$
$\square$

6.3   Wiederholung algorithmische Zahlentheorie

Wie erwähnt, werden wir in diesem Kapitel des Buches einige Begriffe und Erkenntnisse aus der Algebra sowie der (algorithmischen) Zahlentheorie benötigen. Diese werden nun kurz wiederholt. Wir werden dabei nur wenige ausgewählte Aussagen beweisen. Für eine eingehendere Einführung verweisen wir auf die einschlägige Literatur.[1]

Chinesischer Restsatz

Wir beginnen mit einem sehr wichtigen und grundlegenden Ergebnis der Zahlentheorie. Dazu erinnern wir daran, dass $\mathbf{Z}_c$ für eine natürliche Zahl $c \geq 2$ ein kommutativer Ring mit 1 ist. Für $a, b \geq 2$ ist auch $\mathbf{Z}_a \times \mathbf{Z}_b$ ein kommutativer Ring mit 1, falls komponentenweise addiert und multipliziert wird; das Nullelement ist $(0, 0)$ und das Einselement ist $(1, 1)$.

Satz 6.3.1 (Chinesischer Restsatz). *Es seien $a, b \geq 2$ teilerfremd, d. h., $ggT(a, b) = 1$, und $n = a \cdot b$. Dann ist die Abbildung $h \colon \mathbf{Z}_n \to \mathbf{Z}_a \times \mathbf{Z}_b$ definiert durch $k \mapsto (k \bmod a, k \bmod b)$ ein Ring-Isomorphismus.*
Gilt $1 = r \cdot a + s \cdot b$, für $r, s \in \mathbf{Z}$, dann ist $(l, k) \mapsto l \cdot s \cdot b + k \cdot r \cdot a \bmod n$ die Umkehrabbildung h^{-1} zu h.

Beweis. Man überzeugt sich leicht davon, dass h ein Homomorphismus von $\mathbf{Z}_n$ nach $\mathbf{Z}_a \times \mathbf{Z}_b$ ist, d. h., $h(1) = (1, 1)$, $h(c +_n d) = h(c) +_{(a,b)} h(d)$ und $h(c \cdot_n d) = h(c) \cdot_{(a,b)} h(d)$ für alle $c, d \in \mathbf{Z}_n$, wobei $+_{(a,b)}$ und $\cdot_{(a,b)}$ die Addition bzw. Multiplikation in $\mathbf{Z}_a \times \mathbf{Z}_b$ bezeichnet. Es ist auch leicht zu sehen, dass $h^{-1}(l, k) = l \cdot s \cdot b + k \cdot r \cdot a \bmod n$ die Umkehrabbildung zu h ist, denn wegen $1 = r \cdot a + s \cdot b$ ist $r \cdot a \bmod b = 1$ und $s \cdot b \bmod a = 1$, und damit gilt:

$$
\begin{aligned}
h(h^{-1}(l, k)) &= (h^{-1}(l, k) \bmod a, h^{-1}(l, k) \bmod b) \\
&= (l \cdot s \cdot b + k \cdot r \cdot a \bmod a, l \cdot s \cdot b + k \cdot r \cdot a \bmod b) \\
&= (l \cdot s \cdot b \bmod a, k \cdot r \cdot a \bmod b) \\
&= (l, k) \ .
\end{aligned}
$$

Daraus folgt nun auch leicht, dass h bijektiv ist. Insgesamt erhalten wir somit, dass h ein Ring-Isomorphismus ist. $\qquad\square$

Dieser Satz ermöglicht es, ein zahlentheoretisches Problem in ein einfacheres zu zerlegen. Dies kann, wie wir sehen werden, zum einen in Beweisen nützlich sein, aber zum anderen auch bei der Berechnung zahlentheoretischer Funktionen: statt in $\mathbf{Z}_n$ kann man einfach in $\mathbf{Z}_a \times \mathbf{Z}_b$ rechnen, dann hat man es mit kleineren Zahlen zu tun. Der Chinesische Restsatz kann außerdem angewendet werden, um etwas über die Einheitengruppe von $\mathbf{Z}_n$ zu erfahren:

Folgerung 6.3.1. *Es seien $a, b \geq 2$ teilerfremd und $n = a \cdot b$. Dann ist die Abbildung $h \colon \mathbf{Z}_n^* \to \mathbf{Z}_a^* \times \mathbf{Z}_b^*$ definiert durch $k \mapsto (k \bmod a, k \bmod b)$ wohldefiniert und ein Gruppen-Isomorphismus.* $\qquad\square$

Grundlagen über Gruppen

Die *Ordnung* einer Gruppe G ist die Anzahl ihrer Elemente und wird mit $|G|$ bezeichnet.

---

1 Siehe, zum Beispiel, [153].

Satz 6.3.2 (kleiner Satz von Fermat). *Es sei G eine endliche Gruppe der Ordnung n. Dann gilt $g^n = 1$ für alle $g \in G$.* ☐

Lemma 6.3.1 (Untergruppen endlicher Gruppen). *Es sei G eine endliche Gruppe und $U \subseteq G$. Dann ist U eine Untergruppe von G, genau dann, wenn $1 \in U$ und $a \cdot b \in U$ für alle $a, b \in U$ gilt.*

Beweis. Es seien G und U wie in der Aussage des Lemmas gegeben. Es bleibt nur zu zeigen, dass $a^{-1} \in U$ für alle $a \in U$ gilt, d. h., dass zu jedem Element aus U auch sein Inverses in U enthalten ist. Dies folgt aber leicht aus dem kleinen Satz von Fermat: Es sei $a \in U$. Nach dem kleinen Satz von Fermat gilt $a^{|G|} = 1$ und damit $a^{|G|-1} \cdot a = a \cdot a^{|G|-1} = 1$. Folglich ist $a^{-1} = a^{|G|-1} \in U$. ☐

Satz 6.3.3 (Satz von Lagrange). *Es sei G eine endliche Gruppe und U eine Untergruppe von G. Dann gilt $|U| \mid |G|$.* ☐

Folgerung 6.3.2. *Ist G eine endliche Gruppe und U eine echte Untergruppe von G, so gilt $|U| \leq |G|/2$.* ☐

Es sei G eine Gruppe und $g \in G$. Das *Erzeugnis von g* in G, das mit $\langle g \rangle$ bezeichnet wird, ist die Menge $\{1, g, g^{-1}, g^2, g^{-2}, \ldots\}$. Sie bildet eine Untergruppe von G. Die Mächtigkeit von $\langle g \rangle$ wird *Ordnung von g* genannt und mit $o(g)$ bezeichnet. Falls $o(g)$ endlich ist, dann gilt $\langle g \rangle = \{1, g, g^2, \ldots, g^{o(g)-1}\}$. Alle diese Elemente sind verschieden und es gilt $g^{o(g)} = 1$ nach dem kleinen Satz von Fermat. Des Weiteren gilt für jedes $m \in \mathbf{Z}$:

$$g^m = g^{m \bmod o(g)} \; . \tag{6.3.1}$$

Insbesondere gilt $g^m = 1$ genau dann, wenn $o(g) \mid m$.

Eine Gruppe G heißt *zyklisch*, wenn $G = \langle g \rangle$ für ein $g \in G$ gilt. Aus Satz 6.3.3 mit $U = \langle g \rangle$, für $g \in G, g \neq 1$, erhalten wir direkt:

Lemma 6.3.2. *Jede Gruppe von Primzahlordnung ist zyklisch.* ☐

Lemma 6.3.3 (zyklische Gruppen).   *1. Jede zyklische Gruppe ist isomorph zu $\mathbf{Z}_n$ mit Addition für ein $n > 0$ oder zu $\mathbf{Z}$ mit Addition (siehe auch Aufgabe 6.7.18); insbesondere ist jede zyklische Gruppe kommutativ.*

  2. Es sei G eine endliche zyklische Gruppe der Ordnung n mit Erzeuger g.

    a. Zu jedem Teiler m von n gibt es genau eine Untergruppe U von G mit Ordnung m, nämlich $\langle g^{n/m} \rangle$. Diese Untergruppen sind offensichtlich zyklisch und wegen Satz 6.3.3 besitzt G keine weiteren Untergruppen.

    b. Für jedes $i \in \mathbf{N}$ gilt $o(g^i) = n/ggT(i, n)$. ☐

Für eine endliche Gruppe G sei $X_G \xleftarrow{r} G$, d. h., X_G ist eine Zufallsvariable, die ein Element aus G zufällig gleichverteilt liefert (vgl. auch die Notation in Abschnitt 3.3). Insbesondere gilt $\mathrm{Prob}\{X_G = g\} = 1/|G|$ für alle $g \in G$.

Über die Anzahl der Erzeuger einer zyklischen Gruppe folgt aus Lemma 6.3.3:

Folgerung 6.3.3. *Es sei G eine zyklische Gruppe der Ordnung n.*

1. *Die Anzahl der Erzeuger von G ist $\phi(n)$, wobei ϕ die Eulersche ϕ-Funktion bezeichnet.*

2. *Für die Wahrscheinlichkeit $\mathrm{Prob}\{\langle X_G \rangle = G\}$, dass ein zufällig gewähltes Element aus G ein Erzeuger von G ist, gilt:*

$$\mathrm{Prob}\{\langle X_G \rangle = G\} \geq \frac{1}{1 + \log n} \ . \tag{6.3.2}$$

Beweis. Der erste Teil folgt direkt aus Lemma 6.3.3, Unterpunkt 2.b.

Es sei $n = p_0^{\alpha_0} \cdots p_{r-1}^{\alpha_{r-1}}$ die Primfaktorzerlegung von n (wie in Satz 3.5.1), ohne Einschränkung mit $p_0 < p_1 < \cdots < p_{r-1}$. Dann gilt:

$$
\begin{aligned}
\mathrm{Prob}\{\langle X_G \rangle = G\} &= \frac{\phi(n)}{n} \\
&\overset{(1)}{=} \frac{(p_0 - 1)p_0^{\alpha_0 - 1} \cdots (p_{r-1} - 1)p_{r-1}^{\alpha_{r-1} - 1}}{p_0^{\alpha_0} \cdots p_{r-1}^{\alpha_{r-1}}} \\
&\overset{(2)}{=} \frac{p_0 - 1}{p_0} \cdots \frac{p_{r-1} - 1}{p_{r-1}} \\
&\overset{(3)}{\geq} \frac{1}{2} \cdot \frac{2}{3} \cdots \frac{r}{r + 1} \\
&\overset{(4)}{=} \frac{1}{1 + r} \ .
\end{aligned}
$$

Dabei ergibt sich (1) aus Satz 3.5.1, durch Kürzen gelangen wir zu (2), hinter (3) steckt die Überlegung, dass $p_i > i + 1$ gilt, und (4) erhalten wir wieder durch Kürzen. Da jede Primzahl ≥ 2 ist, gilt $r \leq \log n$. Daraus folgt die Behauptung. $\qquad\square$

Die Wahrscheinlichkeit, dass ein zufällig gewähltes Element aus G ein Erzeuger von G ist, ist also recht hoch. Konkreter erhalten wir etwa für eine zyklische Gruppe G mit höchstens 2^{1024} Elementen, und damit $\log(|G|) \leq 1024$, folgende Aussage: Wenn man mindestens 711 Mal ein Element aus G zufällig wählt, dann ist die Wahrscheinlichkeit dafür, dass unter diesen Elementen ein Erzeuger von G ist, mindestens $1 - (1 - 1/1025)^{711}$ und damit $\geq \frac{1}{2}$. Es sei bemerkt, dass die Abschätzung (6.3.2) recht grob ist. Häufig wird die Wahrscheinlichkeit, einen Erzeuger zu finden, sogar deutlich höher sein als diejenige, die man aus (6.3.2) ableiten kann; zum Beispiel ist sie für Gruppen von Primzahlordnung fast eins, da, wie wir wissen, jedes Element in einer solchen Gruppe, abgesehen vom Einselement, ein Erzeuger ist.

Eine mögliche Strategie, einen Erzeuger einer (beliebigen) endlichen zyklischen Gruppe zu finden, ist also, solange zufällig ein Element der Gruppe zu wählen, bis man einen Erzeuger gefunden hat. Dabei stellt sich natürlich die Frage, wie man feststellt, ob ein Gruppenelement ein Erzeuger ist. Dieser Frage gehen wir im Folgenden nach. Zunächst betrachten wir noch wichtige Beispiele für zyklische Gruppen:

Satz 6.3.4. *Es sei p eine Primzahl. Dann ist $\mathbf{Z}_p^*$ eine zyklische Gruppe.* $\qquad\square$

Der Vollständigkeit halber sei auch der folgende Satz erwähnt.

Satz 6.3.5 (Einheitengruppen). *Es sei $n \geq 2$. Dann ist $\mathbf{Z}_n^*$ genau dann zyklisch, wenn $n = 2$, $n = 4$, $n = p^r$ oder $n = 2 \cdot p^r$ für eine Primzahl $p > 2$ und ein $r \geq 1$ gilt.* □

Ein Element $a \in \mathbf{Z}_n$ heißt *primitives Element modulo n*, wenn es ein Erzeuger von $\mathbf{Z}_n^*$ ist. Der letzte Satz ist also ein hinreichendes und notwendiges Kriterium dafür, ob es primitive Elemente modulo einer Zahl n gibt.

Schnelle Exponentiation und Erzeugertests

Häufig möchte man Potenzen eines gegebenen Gruppenelementes schnell berechnen: Bei gegebenem $g \in G$ und $n \geq 0$ möchte man also g^n berechnen. Für große Zahlen n ist der naive Ansatz, nämlich g n-mal zu multiplizieren, völlig unpraktikabel, da er $n-1$ Multiplikationen benötigen würde. Glücklicherweise kommt man mit deutlich weniger Multiplikationen aus. Dabei benutzt man die Idee des *iterierten Quadrierens*. Um zum Beispiel $g^{2^{500}}$ zu berechnen, rechnet man einfach:

$$\underbrace{\left(\cdots \left(\left(g^2\right)^2\right) \cdots \right)^2}_{\text{500-mal quadrieren}},$$

was lediglich 500 (statt $2^{500} - 1$) Multiplikationen benötigt, also $\log(2^{500})$ viele. Diese Idee kann man leicht auf Zahlen n erweitern, die keine Zweierpotenzen sind: Betrachten wir dazu (die kleine Zahl) $n = 11$ als Beispiel. Wir wollen also g^{11} berechnen. Es ist $11 = 2^3 + 2^1 + 2^0$, also in Binärdarstellung $(11)_2 = 1011$. Mit $b = (11)_2$ erhalten wir $g^{11} = g^{2^3} \cdot g^{2^1} \cdot g^{2^0} = \prod_{i=0}^3 g^{b(3-i)\cdot 2^i}$, wobei, wie üblich, $b = b(0)b(1)b(2)b(3)$ ist. Um nun g^{11} zu berechnen, könnte man also zunächst $g_i = g^{2^i}$ durch i-faches iteriertes Quadrieren für alle i mit $0 \leq i \leq 3$ berechnen und erhält dann mit $g_0 \cdot g_1 \cdot g_3$ das gewünschte Ergebnis g^{11}. Noch effizienter ist die Berechung allerdings, wenn man Ergebnisse bereits durchgeführter Quadrierungen wiederverwendet, denn g_i erhält man durch *eine* Quadrierung gemäß $g_i = (g_{i-1})^2$. Diese Idee ist in Algorithmus 6.1 umgesetzt, wobei $\lfloor \cdot \rfloor$ die untere Gaußklammer bezeichnet; für eine reelle Zahl r ist also $\lfloor r \rfloor = \max\{i \in \mathbf{Z} \mid i \leq r\}$. Offensichtlich gilt:

Satz 6.3.6 (schnelle Exponentiation). *Für eine Gruppe G führt Algorithmus 6.1, gegeben $g \in G$ und $n \geq 0$, $O(\log n)$ Multiplikationen in G zur Berechnung von g^n aus.* □

Kennt man die Ordnung einer (zyklischen) Gruppe und alle ihre Primteiler, so lässt sich leicht feststellen, ob ein gegebenes Element ein Erzeuger der Gruppe ist. Ein entsprechendes Verfahren ist Algorithmus 6.2.

Satz 6.3.7 (schneller Erzeugertest). *Für eine endliche Gruppe G mit Ordnung n führt Algorithmus 6.2 $O((\log n)^2)$ Multiplikationen in G aus, um festzustellen, ob ein gegebenes Element aus G Erzeuger von G ist.*

Beweis. Die obere Schranke für die Komplexität des Algorithmus ergibt sich direkt aus Satz 6.3.6 und der Tatsache, dass jede Zahl n nicht mehr als $\log n$ Primfaktoren hat. Um die Korrektheit zu zeigen, sei $n = |G|$ und $g \in G$ ein beliebiges Element.

Algorithmus 6.1 Effizienter Algorithmus zur Exponentiation in Gruppen

EXPONENTIATION(G, g, n)

Vorbedingung: G Gruppe, $g \in G$, $n \in \mathbf{N}$
    mit Binärdarstellung $(n)_2 = b(0)b(1)\ldots b(l) \in \{0,1\}^+$, wobei
    $l = \max(\lfloor \log n \rfloor, 0)$.

1. *Initialisierung.*
   $i = l$; $h = 1$; $k = g$
2. *Iteriertes Quadrieren.*
   solange $i \geq 0$
       falls $b(i) = 1$
           $h = kh$
       $k = k^2$
       $i = i - 1$
3. *Ergebnis ausgeben.*
   Gib h zurück.

Nachbedingung: $h = g^n$.

Algorithmus 6.2 Effizienter Algorithmus für den Erzeugertest in einer Gruppe bei gegebenen Primfaktoren der Gruppenordnung

ERZEUGERTEST(G, g, n, P)

Vorbedingung: G endliche Gruppe, $g \in G$, $n = |G|$, $P = $ Menge der Primteiler von $|G|$.
    für $p \in P$
        $h = $ EXPONENTIATION$(G, g, n/p)$
        falls $h = 1$
            terminiere und gib »g ist kein Erzeuger von G« zurück
    gib »g ist Erzeuger von G« zurück

Zunächst nehmen wir an, dass g ein Erzeuger von G ist. Dann gilt $o(g) = n$ und es gilt $g^m \neq 1$ für alle $m < n$. Deshalb terminiert der Algorithmus nicht frühzeitig, sondern hält mit der korrekten Ausgabe »g ist Erzeuger von G«.

Es sei nun g kein Erzeuger von G und $m = o(g)$. Dann gilt $m < n$ und $m \mid n$ aufgrund von Satz 6.3.3. Insbesondere gibt es eine Primzahl $p \in P$, für die $p \mid n/m$ gilt. Für eine solche Primzahl erhalten wir dann $m \mid n/p$, das heißt, es gibt eine Zahl a mit $m \cdot a = n/p$. Dann gilt aber auch $g^{n/p} = g^{m \cdot a} = (g^m)^a = 1^a = 1$. Es gibt also eine Primzahl $p \in P$, für die der Algorithmus mit »g ist kein Erzeuger von G« terminiert. $\qquad\square$

Quadratische Reste

Es sei $n > 0$. Eine Zahl $a \in \mathbf{Z}$ heißt *quadratischer Rest modulo n*, wenn $\mathrm{ggT}(a,n) = 1$ gilt und es ein $b \in \mathbf{Z}$ gibt mit $b^2 \bmod n = a \bmod n$. Es sei bemerkt, dass damit $(b \bmod n) \in \mathbf{Z}_n^*$ folgt (siehe Aufgabe 6.7.3). Mit anderen Worten: a ist ein quadratischer Rest modulo n, falls $(a \bmod n)$ zu $\mathbf{Z}_n^*$ gehört und in $\mathbf{Z}_n^*$ eine Wurzel hat. Ist a kein quadratischer Rest modulo n und gilt trotzdem $\mathrm{ggT}(a,n) = 1$, also $(a \bmod n) \in \mathbf{Z}_n^*$, dann heißt a *quadratischer Nichtrest modulo n*. Die Menge aller quadratischen Reste modulo

n bezeichnen wir mit $\mathrm{QR}(n)$. Sie bildet, wie man mit Hilfe von Lemma 6.3.1 leicht sieht, für $n \geq 2$ eine Untergruppe von $\mathbf{Z}_n^*$. Die Menge aller quadratischen Nichtreste modulo n bezeichnen wir mit $\mathrm{QNR}(n)$.

Wir werden später folgende Aussage zu quadratischen Resten benötigen.

Lemma 6.3.4. *Es sei $p > 2$ eine Primzahl. Dann besitzt jeder quadratische Rest in $\mathbf{Z}_p^*$ genau zwei Wurzeln.*

Beweis. Es sei $a \in \mathrm{QR}(p)$. Dann existiert ein $b \in \mathbf{Z}_p^*$ mit $b^2 \bmod p = a$. Offensichtlich gilt $(-b)^2 \bmod p = b^2 \bmod p = a$, da $(-1) \cdot (-1) \bmod p = 1$. Außerdem gilt $-b \bmod p \neq b$, da sonst $2 \cdot b \bmod p = 0$ und also $p \mid 2 \cdot b$. Daraus würde aber $p \mid 2$ oder $p \mid b$ folgen, im Widerspruch zu $p > 2$ und $0 < b < p$. Damit sind $-b \bmod p$ und b verschiedene Elemente in $\mathbf{Z}_p^*$ und a besitzt zwei Wurzeln.

Wir zeigen nun, dass a keine weiteren Wurzeln besitzt. Nehmen wir dazu an, dass neben b auch $b' \in \mathbf{Z}_p^*$ eine Wurzel von a ist. Dann gilt $b^2 \bmod p = b'^2 \bmod p = a$ und damit $(b^2 - b'^2) \bmod p = (b - b') \cdot (b + b') \bmod p = 0$. Es folgt, dass $p \mid (b - b')$ oder $p \mid (b + b')$ gilt, also $(b - b') \bmod p = 0$ oder $(b + b') \bmod p = 0$. Aber das bedeutet, $b = b'$ oder $b = -b' \bmod p$. $\qquad\square$

Ob ein Element von $\mathbf{Z}_p^*$ für eine Primzahl $p > 2$ ein quadratischer Rest ist, lässt sich, wie aus dem folgenden Satz hervorgeht, leicht bestimmen. Wir benutzen in dem Satz eine modifizierte Variante des Reduzierens modulo einer gegebenen Zahl: Für $n > 2$ und $a \in \mathbf{Z}$ setzen wir

$$a \operatorname{rmod} n = \begin{cases} a \bmod n \ , & \text{falls } a \bmod n < n/2, \\ a \bmod n - n \ , & \text{sonst.} \end{cases}$$

Nun lässt sich der gewünschte Satz formulieren.

Satz 6.3.8 (Eulertest). *Es sei $p > 2$ eine Primzahl, $a \in \mathbf{Z}$ und $e = a^{(p-1)/2} \operatorname{rmod} p$. Dann gilt:*
  1. $e \in \{-1, 0, 1\}$.
  2. $a \in \mathrm{QR}(p)$ *genau dann, wenn $e = 1$.*
  3. $a \in \mathrm{QNR}(p)$ *genau dann, wenn $e = -1$.*

Beweis. Zunächst gilt für jedes a mit $a \operatorname{rmod} p \neq 0$, und damit $a \bmod p \neq 0$: $a \bmod p \in \mathbf{Z}_p^*$. Also gilt auch $a^{p-1} \bmod p = 1$ nach dem kleinen Satz von Fermat, und damit $a^{p-1} \operatorname{rmod} p = 1$. Dann ist aber $a^{(p-1)/2} \bmod p$ eine Wurzel von 1 in dem Körper $\mathbf{Z}_p$. Dort sind nach Lemma 6.3.4 aber 1 und -1 die einzigen Wurzeln von 1. Daraus folgt die erste Behauptung.

Für jedes $a \in \mathbf{Z}$ gilt $\mathrm{ggT}(a, p) \neq 1$, also $a \notin \mathbf{Z}_p^*$, genau dann, wenn $\mathrm{ggT}(a, p) = p$. Letzteres ist aber äquivalent zu $e = 0$. Es reicht also, die zweite Behauptung zu zeigen.

Wenn a ein quadratischer Rest ist, dann gibt es $b \in \mathbf{Z}_p^*$ mit $b^2 \bmod p = a \bmod p$, also $a^{(p-1)/2} \bmod p = b^{p-1} \bmod p = 1$ nach dem kleinen Satz von Fermat. Dann gilt aber auch $a^{(p-1)/2} \operatorname{rmod} p = 1$. Wir erhalten also die Implikation von links nach rechts.

Zum Beweis der umgekehrten Implikation sei g ein Erzeuger von $\mathbf{Z}_p^*$, $i < p - 1$ und $a \bmod p = g^i \bmod p$. Angenommen, $a^{(p-1)/2} \operatorname{rmod} p = 1$. Dann gilt $1 = (g^i)^{(p-1)/2} \bmod p =$

$g^{i \cdot \frac{p-1}{2}} \bmod p$, also $|\mathbf{Z}_p^*| = p - 1 \mid i \cdot \frac{p-1}{2}$, gemäß (6.3.1). Daraus folgt $2 \mid i$. Dann können wir $g^i = (g^{i/2})^2$ schreiben. Damit ist g^i ein quadratischer Rest. $\qquad\square$

Der gerade bewiesene Satz führt zur folgenden Definition, die von Adrien-Marie Legendre (* 18. September 1752 in Paris; † 10. Januar 1833 in Paris) zuerst getroffen wurde.

Definition 6.3.1 (Legendre-Symbol). Es sei a eine beliebige ganze Zahl. Für jede Primzahl $p > 2$ ist das *Legendre-Symbol* von a und p, das mit $\mathrm{L}_p(a)$ bezeichnet wird, definiert durch

$$\mathrm{L}_p(a) = a^{(p-1)/2} \;\mathrm{rmod}\; p \ . \qquad\qquad \triangleleft$$

Eine äußerst wichtige Eigenschaft des Legendre-Symbols geht auf Carl Friedrich Gauß (* 30. April 1777 in Braunschweig; † 23. Februar 1855 in Göttingen) zurück:

Satz 6.3.9 (quadratisches Reziprozitätsgesetz für Primzahlen). *Für Primzahlen $p, q > 2$ gilt:*

$$\mathrm{L}_q(p) = (-1)^{\frac{p-1}{2} \frac{q-1}{2}} \mathrm{L}_p(q) \ . \qquad\qquad \square$$

Zum Abschluss beschreiben wir die quadratischen Reste modulo einer Primzahl p genau:

Satz 6.3.10. *Es sei $p > 2$ eine Primzahl und g ein Erzeuger von $\mathbf{Z}_p^*$. Dann gilt:*

$$|\mathrm{QR}(p)| = |\mathrm{QNR}(p)| = (p-1)/2$$

und

$$\mathrm{QR}(p) = \{g^{2i} \bmod p \mid i < (p-1)/2\} \ , \quad \mathrm{QNR}(p) = \{g^{2i+1} \bmod p \mid i < (p-1)/2\} \ .$$

Beweis. Offensichtlich gilt $g^{2i} = (g^i)^2$, so dass definitionsgemäß $\{g^{2i} \bmod p \mid i < (p-1)/2\} \subseteq \mathrm{QR}(p)$ gilt, also insbesondere $|\mathrm{QR}(p)| \geq (p-1)/2$. Andererseits gilt $o(g) = p-1$, also $\mathrm{L}_p(g) = -1$, denn sonst würde $g^{(p-1)/2} \bmod p = 1$ nach Satz 6.3.8 gelten, was ein Widerspruch dazu wäre, dass g ein Erzeuger von $\mathbf{Z}_p^*$ ist. Damit ist $\mathrm{QR}(p)$ eine echte Untergruppe von $\mathbf{Z}_p^*$ mit mindestens $(p-1)/2$ Elementen. Aus Folgerung 6.3.2 erhalten wir sogar die Gleichheit. Daraus wiederum ergibt sich auch $\mathrm{QNR}(p) = \{g^{2i+1} \bmod p \mid i < (p-1)/2\}$. $\qquad\square$

Jacobi-Symbol

Die Überlegungen zu quadratischen Resten modulo einer Primzahl haben zu der folgenden allgemeinen Definition geführt, die auf Carl Gustav Jacob Jacobi (* 10. Dezember 1804 in Potsdam, † 18. Februar 1851 in Berlin) zurückgeht und für uns in Zusammenhang mit speziellen asymmetrischen Kryptoschemen wichtig sein wird.

Definition 6.3.2 (Jacobi-Symbol). Für jede ungerade Zahl $n \in \mathbf{N}$ mit Primfaktorzerlegung $\prod_{i<r} p_i^{\alpha_i}$ und jedes $a \in \mathbf{Z}$ ist das *Jacobi-Symbol* von a und n, das mit $J_n(a)$ bezeichnet wird, definiert durch

$$J_n(a) = \prod_{i<r} L_{p_i}(a)^{\alpha_i} \ . \tag{6.3.3}$$

Insbesondere gilt $J_1(a) = 1$ für alle $a \in \mathbf{Z}$, da, nach Konvention, ein leeres Produkt den Wert 1 hat. ◁

Hierbei ist zu beachten, dass $J_n(a)$ im Allgemeinen keinen Aufschluss darüber gibt, ob a ein quadratischer Rest modulo n ist, wenn n zusammengesetzt ist (siehe Aufgabe 6.7.8). Allerdings können wir Folgendes festhalten.

Lemma 6.3.5. *Für jede ungerade Zahl $n \in \mathbf{N}$ und jedes $a \in \mathbf{Z}$ gilt:*
1. $J_n(a) \in \{-1, 0, 1\}$.
2. $J_n(a) = 0$ *genau dann, wenn* $ggT(a, n) \neq 1$. □

Aufgrund von Satz 6.3.8 wissen wir schon, dass sich $J_n(a)$ effizient berechnen lässt, wenn n eine Primzahl ist. Es gilt aber sogar, dass sich $J_n(a)$ im Allgemeinen effizient berechnen lässt. Dies ergibt sich aus dem folgenden Lemma und dem darauffolgenden Satz, der das in Satz 6.3.9 formulierte quadratische Reziprozitätsgesetz auf das Jacobi-Symbol erweitert. Im Beweis des Lemmas verwenden wir, dass für alle ungeraden Zahlen $n \in \mathbf{N}$ gilt (siehe auch Aufgabe 6.7.5):

$$(-1)^{(n-1)/2} = \begin{cases} 1 & , \text{ falls } n \bmod 4 = 1 \\ -1 & , \text{ falls } n \bmod 4 = 3 \end{cases} \tag{6.3.4}$$

und

$$(-1)^{(n^2-1)/8} = \begin{cases} 1 & , \text{ falls } n \bmod 8 = 1 \text{ oder } 7 \\ -1 & , \text{ falls } n \bmod 8 = 3 \text{ oder } 5 \end{cases} . \tag{6.3.5}$$

Lemma 6.3.6. *Es seien $a, b \in \mathbf{Z}$ und $m, n \in \mathbf{N}$ ungerade. Dann gilt:*

$$J_n(1) = 1 \ , \tag{6.3.6}$$
$$J_n(-1) = (-1)^{(n-1)/2} \ , \tag{6.3.7}$$
$$J_n(2) = (-1)^{(n^2-1)/8} \ , \tag{6.3.8}$$
$$J_n(a) = J_n(a \bmod n) \ , \tag{6.3.9}$$
$$J_n(a \cdot b) = J_n(a) \cdot J_n(b) \ , \tag{6.3.10}$$
$$J_{m \cdot n}(a) = J_m(a) \cdot J_n(a) \ . \tag{6.3.11}$$

Beweis. Gleichung (6.3.6) folgt aus der Eigenschaft des Legendre-Symbols, dass nämlich $L_p(1) = 1^{(p-1)/2} \bmod p = 1$ trivialerweise für jede Primzahl $p > 2$ gilt. Bei (6.3.10) und (6.3.9) ist die Situation analog: Es gilt $L_p(a \cdot b) = (a \cdot b)^{(p-1)/2} \bmod p \overset{(*)}{=} (a^{(p-1)/2} \bmod p) \cdot (b^{(p-1)/2} \bmod p) = L_p(a) \cdot L_p(b)$, wobei man sich $(*)$ mit Lemma 6.3.8 leicht klar macht.

Weiter gilt $L_p(a) = a^{(p-1)/2}$ rmod $p = (a \bmod n)^{(p-1)/2}$ rmod $p = L_p(a \bmod n)$, für alle Primzahlen $p > 2$ mit $p \mid n$. Gleichung (6.3.11) sieht man leicht.

Gleichung (6.3.7) gilt trivialerweise für $n = 1$. Wir betrachten im Folgenden deshalb nur noch den Fall $n > 2$. Zunächst erinnern wir uns: $L_p(-1) = (-1)^{(p-1)/2}$ rmod p für alle Primzahlen $p > 2$. Also gilt $L_p(-1) = -1$ gemäß (6.3.4) genau dann, wenn $p \bmod 4 = 3$. Es sei nun $n = \prod_{i<r} p_i$ mit Primzahlen p_i, wobei die p_i nicht paarweise verschieden sein müssen, und sei s die Anzahl der i mit $p_i \bmod 4 = 3$. Dann gilt $J_n(-1) = (-1)^s$. Weiterhin gilt n rmod $4 = \prod_{i<r}(p_i$ rmod $4) = (-1)^s$, was nach (6.3.4) bedeutet, dass $(n-1)/2$ genau dann gerade ist, wenn s gerade ist. Daraus folgt dann die Behauptung.

Gleichung (6.3.8) ist schwieriger zu beweisen, weshalb wir hier darauf verzichten.[2] $\square$

Der folgende Satz formuliert nun das quadratische Reziprozitätsgesetz für das Jacobi-Symbol.

Satz 6.3.11 (quadratisches Reziprozitätsgesetz). *Für ungerade Zahlen $m, n \in \mathbf{N}$ gilt:*

$$J_n(m) = (-1)^{\frac{m-1}{2}\frac{n-1}{2}} \cdot J_m(n) \ . \qquad \square$$

Aus den aufgeführten Eigenschaften des Jacobi-Symbols lässt sich nun ein einfacher Polynomzeitalgorithmus für die Berechnung des Jacobi-Symbols entwickeln. Wir halten folgenden Satz fest.

Satz 6.3.12. *Algorithmus 6.3 berechnet das Jacobi-Symbol $J_n(a)$ in Zeit $O(\log n + \log a)$ für alle Zahlen $a \in \mathbf{Z}$ und ungerade Zahlen $n \in \mathbf{Z}$.* $\square$

Primzahltests und Faktorisieren

Es ist unbekannt, ob es einen (klassischen) Polynomzeitalgorithmus gibt, sei es auch nur ein Algorithmus mit erwarteter polynomieller Laufzeit, der die Primfaktorzerlegung einer zusammengesetzten Zahl berechnet. Es wird allgemein angenommen, dass ein solcher Algorithmus nicht existiert; allerdings gibt es, wie bereits in Abschnitt 1.4 erwähnt, einen effizienten Faktorisierungsalgorithmus, der auf Quantencomputern beruht. Die Entwicklung von Quantencomputern steht jedoch noch am Anfang und es bleibt abzuwarten, ob diese Computer irgendwann auch in der Praxis eingesetzt werden können. Wir konzentrieren uns in diesem Buch deshalb auf klassische Computer. Die besten bekannten Verfahren für klassische Computer zur Faktorisierung großer Zahlen basieren auf dem sogenannten (allgemeinen) Zahlkörpersieb und haben eine heuristisch begründete erwartete Laufzeit von $O(e^{d \cdot (\ln n)^{1/3} \cdot (\ln \ln n)^{2/3}})$ für $d \approx 1{,}95$, wobei n die zu faktorisierende Zahl bezeichnet und $\ln n$ den natürlichen Logarithmus von n. In der Kryptographie betrachtet man mittlerweile Zahlen in der Größenordnung von 2048 Bits. Für solche Zahlen ergibt sich aus der oben angegebenen Formel eine erwartete Laufzeit in der Größenordnung von 2^{120} Rechenschritten. Der Aufwand für die Faktorisierung solcher Zahlen liegt also deutlich über dem, was nach heutigem Stand der Technik möglich ist. Von Zahlen in der Größenordnung von 1024 Bits, eine für asymmetrische Kryptoschemen noch häufig anzutreffende Größe, wird in aktuellen Standards allerdings abgeraten (siehe Abschnitt 6.8).

---

2 Siehe zum Beispiel [63] für einen Beweis.

Algorithmus 6.3 Effizienter Algorithmus zur Berechnung von $J_n(a)$

JACOBISYMBOL(a, n)

Vorbedingung: $a \in \mathbf{Z}$, $n \in \mathbf{N}$ ungerade.

1. *Initialisiere Schleife.*
   $b = a \bmod n$; $m = n$; $s = 1$

2. *Schleife mit Invariante:* $J_n(a) = s \cdot J_m(b)$, $0 \leq b < m$, m ungerade.
   solange $b > 0$
   a. *Eliminiere Teiler 4; nutze (6.3.8) und (6.3.10), insbesondere* $J_n(4) = 1$
      solange $4 \mid b$
      $b = b$ div 4
   b. *Eliminiere Teiler 2; nutze (6.3.8) und (6.3.10) für $2 \mid b$ und (6.3.6) für $b = 1$.*
      falls $2 \mid b$, so
      falls $m \bmod 8 \in \{3, 5\}$, so $s = -s$
      $b = b/2$
      falls $b = 1$, so gib s aus
   c. *Nutze quadratisches Reziprozitätsgesetz und (6.3.9); beachte: b ungerade.*
      falls $b \bmod 4 = m \bmod 4 = 3$, so $s = -s$
      $(b, m) = (m \bmod b, b)$

3. *Schlussbehandlung für $b = 0$; nutze Lemma 6.3.5.*
   falls $m = 1$, gib s aus, sonst gib 0 aus

Anders verhält es sich bei der ebenfalls wichtigen Frage, ob eine Zahl eine Primzahl ist. Mit dieser Frage wollen wir uns nun etwas eingehender beschäftigen.

Für dieses Problem gibt es einen deterministischen Polynomzeitalgorithmus (siehe Abschnitt 6.8). In der Praxis werden aus Effizienzgründen jedoch zufallsgesteuerte Algorithmen eingesetzt. Die allermeisten dieser Algorithmen suchen nach Zeugen dafür, dass die gegebene Zahl zusammengesetzt ist. Finden Sie einen solchen Zeugen, wird »zusammengesetzt« ausgegeben, was dann auch richtig ist. Trifft ein solcher Algorithmus nicht auf einen Zeugen, wird »prim« ausgegeben, was dann aber falsch sein kann. Genauer beruhen derartige Algorithmen auf zwei Beobachtungen.

Lemma 6.3.7. *Es sei $n > 2$ eine ungerade Zahl. Dann ist n keine Primzahl, falls es ein $a \in \mathbf{Z}_n$ gibt, für das*
1. *$a^2 \; rmod \; n = 1$ und $a \notin \{1, -1 \bmod n\}$ oder*
2. *$a^{n-1} \bmod n \neq 1$ und $a \in \{1, \ldots, n-1\}$ gilt.*

Beweis. Wir nehmen an, dass n eine Primzahl ist und zeigen für jedes $a \in \mathbf{Z}_n$, dass weder 1. noch 2. gilt.

Aus Lemma 6.3.4 und der Tatsache, dass 1 und $-1 \bmod n$ Wurzeln von 1 in $\mathbf{Z}_n$ sind, folgt, dass 1. nicht gilt.

Wir wissen, dass $\mathbf{Z}_n^* = \{1, \ldots, n-1\}$ eine Gruppe mit Ordnung $n-1$ ist. Nach dem kleinen Satz von Fermat (Satz 6.3.2) gilt dann: $a^{n-1} \bmod n = 1$ für jedes $a \in \{1, \ldots, n-1\}$. Damit gilt 2. nicht. □

Bedingung 2. in Lemma 6.3.7 nennt man *Fermat-Test*. Erfüllt eine Zahl $a \in \mathbf{Z}_n$ Bedingung 1. oder 2. aus dem obigen Lemma, so heißt a *Zeuge*. Ist Bedingung 2. erfüllt, so spricht man von einem *Fermat-Zeugen*.

Nun könnte man vermuten, dass ein guter Primzahltest der folgende wäre: Wähle zunächst $a \in \{2, \ldots, n-2\}$ zufällig und teste, ob a ein Zeuge ist; wie man leicht sieht, sind $a = 1$ und $a = n - 1$ nie Zeugen. Ist dies der Fall, so gib »zusammengesetzt« aus, sonst »prim«.

In der Tat sieht dieser Test zunächst vielversprechend aus, denn es gilt:

Lemma 6.3.8. *Es sei $n > 2$ eine ungerade Zahl und sei $a \in \mathbf{Z}_n^*$ ein Fermat-Zeuge. Dann sind mindestens die Hälfte der Elemente in $\mathbf{Z}_n^*$ Fermat-Zeugen.*

Beweis. Man kann sich mit Hilfe von Lemma 6.3.1 leicht überlegen, dass $U = \{b \in \{1, \ldots, n-1\} \mid b^{n-1} \bmod n = 1\}$ eine Untergruppe von $\mathbf{Z}_n^*$ bildet: Sie enthält das Einselement 1 und ist unter Multiplikation abgeschlossen. Wegen $a \notin U$ ist U eine echte Untergruppe von $\mathbf{Z}_n^*$. Nun erhalten wir die Behauptung aus Folgerung 6.3.2. □

Existiert ein Fermat-Zeuge $a \in \mathbf{Z}_n^*$, so ist die Wahrscheinlichkeit, einen Fermat-Zeugen zu »erwischen«, wenn man zufällig ein Element aus $\mathbf{Z}_n$ wählt, also recht groß. Genauer ist sie $\geq \frac{\phi(n)}{2n}$, da bekanntlich $\phi(n) = |\mathbf{Z}_n^*|$ gilt. Aus dem Beweis zu Folgerung 6.3.3 folgt weiter $\frac{\phi(n)}{2n} \geq \frac{1}{2 \cdot (1 + \log n)}$. Diese Wahrscheinlichkeit kann man durch wiederholtes Raten eines Zeugen sehr schnell, nämlich exponentiell, steigern (siehe das Beispiel nach Folgerung 6.3.3 sowie Aufgabe 5.7.16 zur Wahrscheinlichkeitsverstärkung). Damit wäre bereits der Fermat-Test, der nur Bedingung 2. in Lemma 6.3.7 überprüft, ein sehr guter Primzahltest.

In der obigen Argumentation sind wir davon ausgegangen, dass wenigstens ein Fermat-Zeuge $a \in \mathbf{Z}_n^*$ existiert. Leider gibt es unendlich viele ungerade, zusammengesetzte Zahlen n, die *keinen* solchen Zeugen besitzen, sogenannte Carmichael-Zahlen:

Definition 6.3.3 (Carmichael-Zahlen). Eine ungerade, zusammengesetzte Zahl n ist eine *Carmichael-Zahl*, falls $a^{n-1} \bmod n = 1$ für alle $a \in \mathbf{Z}_n^*$ gilt.   ◁

Für Carmichael-Zahlen ist der Fermat-Test unbrauchbar: Für eine Carmichael-Zahl n ist $a^{n-1} \bmod n = 1$ für »fast« alle Zahlen a in $\{1, \ldots, n-1\}$ erfüllt, nur für $a \notin \mathbf{Z}_n^*$ nicht – sonst wäre $a^{n-2} \bmod n$ wegen $a \cdot a^{n-2} \bmod n = 1$ das inverse Element zu $a \in \mathbf{Z}_n$, und also $a \in \mathbf{Z}_n^*$. Aber von Zahlen $a \in \{1, \ldots, n-1\}$ mit $a \notin \mathbf{Z}_n^*$, und also $\mathrm{ggT}(a, n) \neq 1$, gibt es nicht viele, wenn n nur wenige Primfaktoren besitzt, was durchaus der Fall sein kann. Auf einen Zeugen $a \in \{1, \ldots, n-1\}$ mit $a \notin \mathbf{Z}_n^*$ zu treffen, wäre in der Tat ein großer Glücksstreffer, denn $\mathrm{ggT}(a, n)$ wäre ein nicht-trivialer Faktor von n. Man würde also sicher wissen, dass n keine Primzahl ist und hätte sogar einen Faktor gefunden.

Da der Fermat-Test also für Carmichael-Zahlen versagt, schauen wir uns Bedingung 1. von Lemma 6.3.7 genauer an. Leider müssen wir für diese Bedingung Folgendes festhalten: In Bedingung 1. geht es darum, eine Wurzel von 1 in $\mathbf{Z}_n$ zu finden, die nicht 1 oder $-1 \bmod n$ ist. Mit dem Chinesischen Restsatz (Satz 6.3.1) kann man sich aber leicht überlegen, dass es davon nicht viele geben kann, falls n nur wenige Primfaktoren aufweist: Ist zum Beispiel $n = p \cdot q$ für zwei verschiedene Primzahlen p und q, dann sind die einzigen Wurzeln von 1 solche Zahlen $a \in \{1, \ldots, n-1\}$, für die $a \bmod p \in \{1, p-1\}$ und $a \bmod q \in \{1, q-1\}$ gilt. Davon gibt es allerdings nur $2^2 = 4$ viele (siehe Aufgabe 6.7.6).

Algorithmus 6.4 Der Miller-Rabin-Primzahltest

MILLERRABIN(n)

Vorbedingung: $n \geq 3$, ungerade

  1. *Trenne Zweierpotenzen von $n - 1$ ab.*
     wähle m ungerade und l derart, dass $n - 1 = 2^l \cdot m$
  2. *Wähle potentielle Artjunov-Zeugen zufällig.*
     $a = \text{flip}(\{2, \ldots, n - 2\})$
  3. *Bestimme und teste erstes Glied der Artjunov-Folge.*
     $b = a^m$ rmod n
     falls $b \in \{-1, 1\}$, so
         gib »n ist prim« aus
  4. *Bestimme und teste die anderen Glieder der Artjunov-Folge.*
     für $i = 0$ bis $l - 2$
         $b = b^2$ rmod n
         falls $b = -1$, so
             gib »n ist prim« aus
         falls $b = 1$, so
             gib »n ist zusammengesetzt« aus
  5. *Fange restliche Fälle auf.*
     gib »n ist zusammengesetzt« zurück

Nachbedingung: n ist Primzahl und die Ausgabe ist »n ist prim«. Oder: »n ist zusammengesetzt« und die Wahrscheinlichkeit, dass »n ist prim« ausgegeben wird, ist $\leq 1/4$.

Die Wahrscheinlichkeit auf eine Zahl $a \in \{1, \ldots, n - 1\}$ zu stoßen, welche Bedingung 1. erfüllt, ist also $4/(n - 1)$, und damit verschwindend gering.

Einzeln betrachtet taugen Bedingung 1. und 2. aus Lemma 6.3.7 also letztlich doch nicht für einen Primzahltest. Glücklicherweise kann man die beiden Bedingungen geschickt kombinieren, um einen guten Primzahltest zu erhalten. Dies führt uns zum *Miller-Rabin-Primzahltest* (siehe Algorithmus 6.4), der in der Praxis eingesetzt wird und den wir nun näher erläutern.

Beim Miller-Rabin-Primzahltest betrachtet man zu einem $a \in \{2, \ldots, n - 2\}$ die sogenannte *Artjunov-Folge* $b_0, \ldots, b_{l-1}$ mit $b_i = (a^m)^{2^i}$ rmod n und $n - 1 = m \cdot 2^l$ für m ungerade und $l \geq 1$. Insbesondere gilt $b_i = b_{i-1}^2$ rmod n für alle $i \in \{1, \ldots, l-1\}$ und $b_{l-1}^2 \mod n = a^{n-1} \mod n$.

Ist $b_0 \in \{1, -1\}$, dann gilt $b_1 = b_0^2$ rmod $n = 1$. Folglich gilt $b_i = 1$ für alle $i \geq 1$. In diesem Fall stößt man mit der Artjunov-Folge also auf kein Element, das Bedingung 1. oder 2. aus Lemma 6.3.7 erfüllen würde. Im Miller-Rabin-Primzahltest wird deshalb »n ist prim« ausgegeben (siehe Algorithmus 6.4, 3.).

Ist dagegen $b_0 \notin \{1, -1\}$, so schauen wir die Elemente $b_1, \ldots, b_{l-1}$ nacheinander an. Treffen wir auf -1, dann sind alle folgenden Zahlen 1. Wir sind also wieder nicht auf ein Element gestoßen, das Bedingung 1. oder 2. erfüllen würde. Im Miller-Rabin-Primzahltest wird deshalb »n ist prim« ausgegeben (siehe Algorithmus 6.4, 4.). Treffen wir aber auf 1, ohne vorher -1 gesehen zu haben, dann haben wir ein Element gefunden, das Bedingung 1. erfüllt. Es wird deshalb »n ist zusammengesetzt« ausgegeben (siehe Algorithmus 6.4, 4.). Tauchen beide Fälle bis zum Schluss nicht auf, so ist $b_{l-1} \notin \{1, -1\}$ und $b_{l-1}^2 \mod n =$

$a^{n-1} \bmod n$. Ist nun $b_{l-1}^2 \bmod n \neq 1$, so ist Bedingung 2. in Lemma 6.3.7 erfüllt. Ist umgekehrt $b_{l-1}^2 \bmod n = 1$, so ist Bedingung 1. in Lemma 6.3.7 erfüllt. In jedem Fall kann also »n ist zusammengesetzt« ausgegeben werden (siehe Algorithmus 6.4, 5.). Aus diesen Überlegungen folgen sofort die Aussagen 1. und 2. im folgenden Satz. Wir wollen 3. in diesem Buch nicht beweisen.[3]

Satz 6.3.13 (Miller-Rabin-Primzahltest). *Der Miller-Rabin-Primzahltest ist ein zufalls-gesteuerter Polynomzeitalgorithmus mit folgenden Eigenschaften:*
1. *Ist die Eingabe n des Tests eine Primzahl, so ist die Ausgabe des Algorithmus immer richtig, also »n ist prim«.*
2. *Wird »n ist zusammengesetzt« ausgegeben, dann ist n in der Tat zusammengesetzt.*
3. *Ist die Eingabe des Tests eine zusammengesetzte Zahl n, so ist die Ausgabe des Algorithmus mit Wahrscheinlichkeit $\leq 1/4$ falsch, also »n ist prim«.* $\square$

Die Fehlerwahrscheinlichkeit des Miller-Rabin-Primzahltests im Fall einer zusammen-gesetzten Zahl mag noch recht hoch erscheinen. Allerdings kann man hier wieder die Technik der Wahrscheinlichkeitsverstärkung anwenden (siehe Aufgabe 5.7.16), um die Fehlerwahrscheinlichkeit sehr schnell zu verringern: Dazu führt man den Miller-Rabin-Primzahltest mehrmals, sagen wir k Mal aus. Wird mindestens einmal »n ist zusam-mengesetzt« ausgegeben, so gibt man »n ist zusammengesetzt« aus und »n ist prim« sonst. Man sieht dann leicht, dass die Fehlerwahrscheinlichtkeit nur noch höchstens $1/4^k$ beträgt.

Erzeugen zufälliger Primzahlen

In asymmetrischen Kryptoschemen ist es zur Schlüsselerzeugung meist nötig, zufällige Primzahlen einer festen Länge l zu wählen. Dazu wird ein einfacher Ansatz verfolgt:

ERZEUGEPRIMZAHL(l)

Vorbedingung: $l > 2$

    wiederhole
      a. *Wähle zufällige ungerade Zahl entsprechender Länge.*
         $u = \text{flip}(l - 2)$
         $n = $ natürliche Zahl mit Binärdarstellung $1u1$
      b. *Teste, ob n prim ist.*
         falls PRIMZAHLTEST(n) = »n ist prim«, so gib n aus

Dabei steht PRIMZAHLTEST für einen beliebigen effizienten Primzahltest mit geringer Fehlerwahrscheinlichkeit, z. B. kann der Miller-Rabin-Primzahltest mit mehrfacher Wie-derholung verwendet werden.

    Das beschriebene Verfahren kann aber nur dann erfolgreich sein, wenn die Wahrschein-lichkeit, eine Primzahl zu treffen, nicht zu gering ist. Das garantiert aber der folgende Satz, in dem $\pi(n)$ für die Anzahl aller Primzahlen $\leq n$ steht.

---

3 Siehe, zum Beispiel, [63] für einen ausführlichen Beweis.

Satz 6.3.14 (Primzahlsatz). *Es gilt*

$$\frac{n}{\ln n + 2} < \pi(n) < \frac{n}{\ln n - 4} \qquad\qquad \text{für } n \geq 55. \qquad\qquad \square$$

Aus diesem Satz erhalten wir sofort:

Folgerung 6.3.4. *Es gilt*

$$\text{Prob}\,\{n \text{ ist prim}\} \geq \frac{2}{l} \qquad\qquad \text{für } l \geq 44, \qquad\qquad (6.3.12)$$

wobei n eine Zufallsvariable bezeichnet, die zufällig, gleichverteilt eine ungerade natürliche Zahl in $\{2^{l-1} + 1, \ldots, 2^l - 1\}$ liefert, also eine Zahl mit einer Binärdarstellung der Form $1u1$ für ein $u \in \{0,1\}^{l-2}$.

Beweis. Es gilt:

$$\text{Prob}\,\{n \text{ ist prim}\} = \frac{\pi(2^l) - \pi(2^{l-1})}{2^{l-2}}$$

$$\overset{(1)}{\geq} \frac{\frac{2^l}{\ln(2^l)+2} - \frac{2^{l-1}}{\ln(2^{l-1})-4}}{2^{l-2}}$$

$$= \frac{4}{\ln(2^l) + 2} - \frac{2}{\ln(2^{l-1}) - 4}$$

$$= \frac{4}{L + 2} - \frac{2}{L - c} ,$$

wobei (1) aus Satz 6.3.14 folgt und wir $L = \ln(2^l) \, (= l \cdot \ln 2)$ und $c = \ln(2) + 4$ setzen. Um (6.3.12) zu zeigen, suchen wir eine hinreichende Bedingung dafür, dass der letzte Ausdruck $\geq 2\ln(2)/L$ ist. Wenn wir d für $\ln(2)$ schreiben, ist dies äquivalent zu

$$4 \cdot (L - c) \cdot L - 2 \cdot (L + 2) \cdot L - 2 \cdot d \cdot (L + 2) \cdot (L - c) \geq 0 ,$$

was wiederum äquivalent ist zu

$$(2 - 2d) \cdot L^2 - (4c + 4 - 2dc + 4d) \cdot L + 4dc \geq 0 .$$

Hinreichend dafür ist, wie man leicht nachrechnet, $L \geq 30{,}33$, und damit $l \geq 44$. $\qquad \square$

6.4   RSA

Das erste asymmetrische Kryptoschema wurde, wie bereits erwähnt, von Ron Rivest, Adi Shamir und Len Adleman 1978 vorgeschlagen und ist unter dem Namen »RSA« bekannt. Es spielt auch heute noch eine wichtige Rolle in der Praxis. Im Folgenden werden wir zunächst das RSA-Kryptoschema einführen und anschließend seine Sicherheit diskutieren.

6.4.1   Das RSA-Kryptoschema

Um das RSA-Kryptoschema zu definieren, führen wir zunächst RSA-Tupel ein.

Definition 6.4.1. Wir nennen ein Tupel (n, p, q, m, e, d) ein *RSA-Tupel*, wenn $p > 2$ und $q > 2$ verschiedene Primzahlen sind, e und d Elemente von $\mathbf{Z}_m^*$ sind sowie $n = p \cdot q$, $m = \phi(n)$, also $m = (p-1)(q-1)$, und $e \cdot d \bmod m = 1$ gilt. $\lhd$

RSA-Kryptoschemen sind nun wie folgt definiert, wobei wir für eine natürliche Zahl a mit $|a|_2$ die minimale Länge von a in Binärdarstellung bezeichnen.

Definition 6.4.2 (RSA-Kryptoschema). Es sei $l > 1$ gerade. Das *l-RSA-Kryptoschema* ist das Tupel

$$\mathscr{S}_{\mathrm{RSA}} = (X, K, G, E, D)$$

mit

$$K = \{((n, e), (n, d)) \mid (n, p, q, m, e, d) \text{ ist RSA-Tupel mit } |p|_2 = |q|_2 = l/2\} \ ,$$
$$X = \{\mathbf{Z}_n\}_{(n,e) \in K_{\mathrm{pub}}} \ .$$

Der Schlüsselgenerierungsalgorithmus G wählt zunächst zufällig zwei verschiedene Primzahlen p und q mit $|p|_2 = |q|_2 = l/2$, etwa mit dem Algorithmus ERZEUGEPRIMZAHL aus Abschnitt 6.3, berechnet $n = p \cdot q$ und wählt dann zufällig ein Element e aus $\mathbf{Z}_m^*$ mit $m = \phi(n)$. (Häufig wird e auch konstant gewählt.) Zu e bestimmt G, etwa mit dem erweiterten Euklidschen Algorithmus, ein $d \in \mathbf{Z}_m^*$, so dass $e \cdot d \bmod m = 1$ gilt. Die Ausgabe von G ist das Paar $((n, e), (n, d))$, bestehend aus einem öffentlichen Schlüssel (n, e) und einem privaten Schlüssel (n, d). Der Chiffrieralgorithmus E und der Dechiffrieralgorithmus D sind wie folgt definiert:

$$E(x, (n, e)) = x^e \bmod n \ ,$$
$$D(y, (n, d)) = y^d \bmod n \ ,$$

für alle $x, y \in \mathbf{Z}_n$, $(n, e) \in K_{\mathrm{pub}}$ und $(n, d) \in K_{\mathrm{priv}}$. $\lhd$

Wir müssen uns zunächst davon überzeugen, dass $\mathscr{S}_{\mathrm{RSA}}$ tatsächlich ein asymmetrisches Kryptoschema gemäß Definition 6.1.1 ist:

Dazu untersuchen wir zunächst die Laufzeiten der Algorithmen in $\mathscr{S}_{\mathrm{RSA}}$. Es ist klar, dass mit Hilfe des iterierten Quadrierens (siehe Abschnitt 6.3) sowohl die Verschlüsselung als auch die Entschlüsselung effizient durchgeführt werden kann. Beschränkt man, wie in Definition 6.1.1 gefordert, die Laufzeit des RSA-Schlüsselgenerierungsalgorithmus G durch eine Konstante, so besteht eine gewisse Wahrscheinlichkeit dafür, dass G in der vorgegebenen Zeit kein Schlüsselpaar erzeugen konnte, weil G bei der Suche nach Primzahlen »Pech« hatte, d. h., für alle zufällig gewählten Zahlen stellte sich heraus, dass sie keine Primzahlen sind. Wählt man allerdings die erlaubte Laufzeit für G groß genug in Abhängigkeit von l, dann ist nach dem Primzahlsatz (Satz 6.3.14) die Wahrscheinlichkeit dafür, dass G fehlschlägt klein. Wie nach Definition 6.1.1 besprochen, wollen wir einen solchen Fehlschlag zulassen.

Es bleibt, die Dechiffrierbedingung aus Definition 6.1.1 zu überprüfen. Das folgende Lemma zeigt, dass diese Bedingung in der Tat erfüllt ist.

Lemma 6.4.1. *Es sei (n, p, q, m, e, d) ein RSA-Tupel. Dann gilt*

$$D(E(x, (n, e)), (n, d)) = x \qquad\qquad \textit{für alle } x \in \mathbf{Z}_n.$$

Beweis. Wir müssssen zeigen, dass

$$(x^e)^d \bmod n = x \tag{6.4.1}$$

für alle $x \in \mathbf{Z}_n$ gilt. Wir führen eine Fallunterscheidung durch und beginnen mit dem Fall $x \in \mathbf{Z}_n^*$. Dann gilt zunächst:

$$(x^e)^d \bmod n = x^{ed} \bmod n \stackrel{(*)}{=} x^{ed \bmod m} \bmod n \stackrel{(**)}{=} x^1 = x \ , \tag{6.4.2}$$

wobei $(*)$ aus (6.3.1) folgt und der Tatsache, dass $m = |\mathbf{Z}_n^*|$ ist. Wir erhalten $(**)$ aus der Voraussetzung $e \cdot d \bmod m = 1$.

Für $x \notin \mathbf{Z}_n^*$ unterscheiden wir die folgenden drei Fälle: $x = 0$; $x \neq 0$ und $p \mid x$; $x \neq 0$ und $q \mid x$.

Der Fall $x = 0$ ist trivial. Die beiden anderen Fälle sind symmetrisch zueinander, so dass wir uns auf $x \neq 0$ und $p \mid x$ beschränken können.

Wir benutzen den Chinesischen Restsatz (Satz 6.3.1) und zwar mit $a = p$ und $b = q$ (nach Annahme sind p und q verschiedene Primzahlen, so dass die Voraussetzungen des Satzes erfüllt sind). Es sei h der Isomorphismus aus dem Chinesischen Restsatz. Dann ist $h(x) = (0, y)$, mit $y = x \bmod q$. Es gilt $y \in \mathbf{Z}_q^*$ wegen $p \mid x$ und $x \neq 0$. Analog zu (6.4.2) erhalten wir nun in $\mathbf{Z}_q^*$:

$$\begin{aligned}(y^e)^d \bmod q &= y^{ed} \bmod q = y^{ed \bmod q-1} \bmod q \\ &\stackrel{(*)}{=} y^{(ed \bmod m) \bmod q-1} \bmod q = y^1 = y \ ,\end{aligned} \tag{6.4.3}$$

wobei wir in $(*)$ nutzen, dass für alle $c \in \mathbf{Z}$ und alle $a, b \geq 1$ mit $a \mid b$ gilt: $c \bmod a = (c \bmod b) \bmod a$.

Aus (6.4.3) ergibt sich nun in $\mathbf{Z}_p \times \mathbf{Z}_q$: $((0, y)^e)^d = (0, y)$, wobei die Exponentiation als Opertionen im Ring $\mathbf{Z}_p \times \mathbf{Z}_q$ betrachtet wird. Dies überträgt sich, nach dem Chinesischen Restsatz, in den Ring $\mathbf{Z}_n$, was $(x^e)^d \bmod n = x$ liefert. $\square$

Offensichtlich ist $\mathscr{S}_{\mathrm{RSA}}$ ein deterministisches Kryptoschema. Gemäß Satz 6.2.1 ist $\mathscr{S}_{\mathrm{RSA}}$ somit unsicher. RSA ist auch aus einem anderen Grund als asymmetrisches Kryptoschema ungeeignet: Das Jacobi-Symbol des Klartextes überträgt sich auf den Chiffretext. Der Chiffretext liefert also (nicht-triviale) Information über den Klartext. Dies wird im folgenden Lemma präzisiert, in dem die am Ende von Abschnitt 3.3 eingeführte Notation verwendet wird.

Lemma 6.4.2 (Jacobi-Symbol und RSA). *Es sei (n, p, q, m, e, d) ein RSA-Tupel. Dann* *gilt:*

$$J_n(x^e \ mod \ n) = J_n(x) \qquad \textit{für alle } x \in \mathbf{Z}_n, \qquad (6.4.4)$$

und

$$\Prob_{x \xleftarrow{r} \mathbf{Z}_n} \{J_n(x) = 1\} = \Prob_{x \xleftarrow{r} \mathbf{Z}_n} \{J_n(x) = -1\} = \frac{\phi(n)}{2n} = \frac{pq - p - q + 1}{2n} \ , \qquad (6.4.5)$$

$$\Prob_{x \xleftarrow{r} \mathbf{Z}_n} \{J_n(x) = 0\} = \frac{p + q - 1}{pq} \ . \qquad (6.4.6)$$

Beweis. Zum Beweis von (6.4.4) überlegen wir uns zunächst, dass e ungerade ist: Da p eine ungerade Primzahl ist, ist $p - 1$ gerade. Weil $m = (p-1)(q-1)$ gilt, ist auch m gerade. Definitionsgemäß ist $e \in \mathbf{Z}_m^*$, also $\mathrm{ggT}(e, m) = 1$, was impliziert, dass e ungerade ist, d. h., $e = 2 \cdot f + 1$ für ein $f \in \mathbf{Z}$. Daraus ergibt sich für alle $x \in \mathbf{Z}_n$:

$$\begin{aligned}
J_n(x^e \ mod \ n) &= J_n(x^e) \\
&= (J_n(x))^e \\
&= (J_n(x))^{2f+1} \\
&= (J_n(x))^{2f} \cdot J_n(x) \\
&= ((J_n(x))^2)^f \cdot J_n(x) \\
&= J_n(x) \ .
\end{aligned}$$

Dabei ist jede dieser Umformungen ein einfacher arithmetischer Schritt oder durch Lemma 6.3.5 und 6.3.6 gerechtfertigt.

Zum Beweis von (6.4.6) erinnern wir uns zunächst an Lemma 6.3.5, aus dem sofort folgt:

$$\begin{aligned}
\{x \in \mathbf{Z}_n \mid J_n(x) = 0\} &= \{x \in \mathbf{Z}_n \mid p \mid x \text{ oder } q \mid x\} \\
&= \{0\} \cup \{p, 2p, 3p, \ldots, (q-1)p\} \cup \{q, 2q, 3q, \ldots, (p-1)q\} \ .
\end{aligned}$$

Da alle drei Mengen paarweise disjunkt sind und damit ihre Vereinigung $p + q - 1$ Elemente besitzt, folgt (6.4.6).

Aus Lemma 6.3.5 folgt auch: $\{x \in \mathbf{Z}_n \mid J_n(x) \in \{-1, 1\}\} = \mathbf{Z}_n^*$. Wir zeigen noch, dass H_1 und H_{-1} definiert durch $H_c = \{x \in \mathbf{Z}_n \mid J_n(x) = c\}$ gleich groß sind; daraus folgt dann (6.4.5). Es sei nun a ein Erzeuger von $\mathbf{Z}_p^*$. Dann gilt $J_p(a) = a^{\frac{p-1}{2}} \ \mathrm{rmod} \ p \neq 1$, also $J_p(a) = -1$, wie bereits im Beweis von Satz 6.3.10 gezeigt. Weiterhin existiert nach dem Chinesischen Restsatz ein $b \in \mathbf{Z}_n$ mit $b \ mod \ p = a$ und $b \ mod \ q = 1$. Also insbesondere $b \in \mathbf{Z}_n^*$ und $J_n(b) = J_p(a) \cdot J_q(1) = -1$. Die Abbildungen $h_1 \colon H_1 \to H_{-1}$ und $h_{-1} \colon H_{-1} \to H_1$ definiert durch $x \mapsto xb \ mod \ n$ sind also wohldefiniert. Wegen $b \in \mathbf{Z}_n^*$ gilt offensichtlich, dass h_1 und h_{-1} injektiv sind. Daher gilt $|H_1| = |H_{-1}|$. $\qquad \square$

Aus Algorithmus 6.3 geht hervor, dass das Jacobi-Symbol effizient berechnet werden kann. Lemma 6.4.2 besagt somit, dass es sich bei der Eigenschaft »hat Jacobi-Symbol 1«

um eine effizient berechenbare, nicht-triviale Eigenschaft handelt, die sich vom Klartext auf den Chiffretext überträgt: Hat der Chiffretext das Jacobi-Symobol 1, so werden damit mehr als die Hälfte aller Klartexte ausgeschlossen. Dies kann, neben der Tatsache, dass $\mathscr{S}_{\text{RSA}}$ ein deterministisches Kryptoschema ist, ausgenutzt werden, um einen erfolgreichen Angreifer im Sinne von Definition 6.2.2 auf $\mathscr{S}_{\text{RSA}}$ zu konstruieren: Der Angreifer erzeugt einfach zwei Klartexte mit Jacobi-Symbol 1 und -1. Da diese von den Chiffretexten abzulesen sind, kann er leicht zwischen der Verschlüsselung des einen und des anderen Klartextes unterscheiden (siehe Aufgabe 6.7.12).

Insgesamt ist klar, dass das RSA-Kryptoschema, so wie wir es oben eingeführt haben, völlig unsicher ist. Dieses Kryptoschema findet man in ähnlicher Form in fast allen Lehrbüchern zur Kryptographie, weshalb man im Englischen auch von »Textbook RSA« spricht.

Während also »Textbook RSA« als asymmetrisches Kryptoschema ungeeignet ist, vermutet man, dass es sich bei »Textbook RSA« um eine sogenannte Einwegfunktion mit Hintertür handelt. Diese Vermutung ist die sogenannte *RSA-Annahme*.

Auf Basis dieser Annahme kann man aus »Textbook RSA« nicht nur ein sicheres Kryptoschema konstruieren (siehe Abschnitt 6.4.3), sondern, wie wir in Kapitel 10 sehen werden, auch eine sichere digitale Signatur. Wir wenden uns deshalb im nächsten Unterabschnitt den Einwegfunktionen mit Hintertür zu.

6.4.2   RSA als Einwegfunktion mit Hintertür

Kurz gesagt ist eine Einwegfunktion mit Hintertür eine Funktion, die leicht zu berechnen, aber nur schwer zu invertieren ist, falls man das Geheimnis, die Hintertür, nicht kennt. Genauer betrachtet man nicht einzelne Funktionen, sondern Funktionsfamilien. Wie gesagt wird vermutet, dass RSA eine solche Funktionsfamilie ist: Für jeden öffentlichen RSA-Schlüssel (n, e) und jedes $x \in \mathbf{Z}_n$ kann $y = x^e \bmod n$ leicht berechnet werden, aber, wenn man d nicht kennt, dann sollte es schwer sein, $x = y^d \bmod n$ allein aus y und (n, e) zu bestimmen.

Bevor wir aber RSA als Familie von Einwegfunktionen mit Hintertür interpretieren, definieren wir derartige Funktionsfamilien präzise.

Definition 6.4.3 (Familie von Einwegfunktionen mit Hintertür)**.** Eine *Familie von Einwegfunktionen mit Hintertür* ist ein Tupel

$$(G, R, F, I) \ ,$$

wobei die Komponenten wie folgt definiert sind:
- $G\colon \{0,1\}^* \times \{0,1\}^*$ ist ein zufallsgesteuerter Algorithmus zur Generierung von Parametern der Form (i, t), dessen Laufzeit durch eine Konstante beschränkt ist. Wir nennen i Index und t Hintertür (im Englischen spricht man von *trapdoor*). Der Index i definiert den endlichen Definitionsbereich D_i. Wir bezeichnen die Menge der Indexe und Hintertüren, die von G ausgegeben werden können, mit Ind bzw. Trap.
- R ist ein zufallsgesteuerter, polynomzeitbeschränkter Algorithmus, der bei Eingabe von $i \in$ Ind ein Element von D_i ausgibt.

- F ist ein deterministischer, polynomzeitbeschränkter Algorithmus, der bei Eingabe von $i \in \mathsf{Ind}$ und $x \in D_i$ einen Bitvektor $y = F(i, x)$ ausgibt. Wir bezeichnen die Menge der möglichen Ausgaben von F bei Eingabe von i mit B_i.
- I ist ein deterministischer, polynomzeitbeschränkter Algorithmus, der bei Eingabe von $i \in \mathsf{Ind}$, zugehöriger Hintertür $t \in \mathsf{Trap}$, d. h., es existiert eine Folge α von Zufallsbits mit $(i, t) = G^\alpha()$, und $y \in B_i$ ein $x' \in D_i$ ausgibt mit $F(i, x') = y$.

Ist $F(i, \cdot)$, für jedes $i \in \mathsf{Ind}$, eine bijektive Funktion, so sprechen wir auch von einer *Familie von Einwegpermutationen mit Hintertür*. ◁

Die obige Definition fordert, dass die Funktion F leicht zu berechnen ist, nämlich in Polynomzeit, und dass sie leicht zu invertieren ist, nämlich durch I, falls die Hintertür bekannt ist. Was diese Definition noch nicht fasst, ist die eingangs beschriebene Einwegeigenschaft, d. h., die Funktion F ist schwer zu invertieren, falls die Hintertür *nicht* bekannt ist. Bevor wir darauf eingehen, formulieren wir zunächst RSA als Familie von Einwegfunktionen mit Hintertür, um ein konkretes Beispiel vor Augen zu haben.

Beispiel 6.4.1. Es sei $\mathscr{S}_{\mathrm{RSA}} = (X, K, G, E, D)$ das RSA-Kryptosystem mit Parameter $l > 0$ gemäß Definition 6.4.2. Dann ist die *RSA-Familie von Einwegfunktionen mit Hintertür* (und Parameter l) wie folgt definiert:

$$\mathscr{E}_{\mathrm{RSA}} = (G, R, F, I) \ ,$$

wobei der Algorithmus zur Generierung von Parametern (i, t) genau dem Schlüsselgenerierungalgorithmus G entspricht: i entspricht einem öffentlichen RSA-Schlüssel und t dem zugehörigen privaten RSA-Schlüssel. Ist $i = (n, e)$ und $t = (n, d)$, dann ist $D_i = \mathbf{Z}_n$. Bei gegebenem Index $i = (n, e)$, wählt der Algorithmus R gleichverteilt ein Element aus $\mathbf{Z}_n$. Der Algorithmus F stimmt genau mit E überein, d. h., $F((n, e), x) = x^e \bmod n$, und I entspricht D, d. h., $I((n, e), (n, d), y) = y^d \bmod n$, für alle RSA-Tupel (n, p, q, m, e, d), mit $|p|_2 = |q|_2 = l/2$, und $x, y \in \mathbf{Z}_n$.

Es sei bemerkt, dass es sich hierbei offensichtlich um eine Familie von Einweg*permutationen* mit Hintertür handelt, da $F((n, e), \cdot)$ bijektiv ist. ◁

Wir formulieren nun die geforderte Einwegeigenschaft für Einwegfunktionen. Dabei kommt die Aufgabe des Invertierens (ohne Hintertür), dem sogenannten Invertierer zu.

Definition 6.4.4 (Invertierer für eine Familie von Einwegfunktionen mit Hintertür). Ein *Invertierer (inverter) A* für eine Familie von Einwegfunktionen mit Hintertür (G, R, F, I) ist ein zufallsgesteuerter Algorithmus A, der als Eingabe einen Index $i \in \mathsf{Ind}$ sowie einen Bitvektor $y \in B_i$ erhält und dann einen Bitvektor (aus D_i) zurückliefert. Die Laufzeit von A ist durch eine Konstante nach oben beschränkt. ◁

Die Einwegeigenschaft wird nun in gewohnter Weise mit Hilfe eines Experimentes beschrieben. In diesem Experiment wird von einem Invertierer A verlangt, ein Urbild x' zu einem Bild $y = F(i, x)$ zu berechnen. Dabei erhält der Invertierer lediglich i und y als Eingabe, aber natürlich weder x noch die Hintertür t zu i. Da $F(i, \cdot)$ lediglich eine *Funktion* von D_i nach B_i ist, kann es zu y mehrere Urbilder geben.

Definition 6.4.5 (Experiment und Vorteil für Familien von Einwegfunktionen mit Hintertür). Es sei A ein Invertierer für die Familie $\mathscr{E} = (G, R, F, I)$ von Einwegfunktionen mit Hintertür. Das zugehörige *Experiment*, das wir mit $\mathbb{E}_A^{\mathscr{E}}$, $\mathbb{E}_A$ oder einfach $\mathbb{E}$ bezeichnen, ist der Algorithmus, der gegeben ist durch:

$\mathbb{E} \colon \{0, 1\}$

    1. *Paramtergenerierung*
      $(i, t) = G()$
    2. *Nachrichtenwahl*
      $x = R(i),\ y = F(i, x)$
    3. *Ratephase*
      $x' = A(i, y)$
    4. *Auswertung*
      falls $F(i, x') = y$, so gib 1, sonst 0 zurück

Der *Vorteil* von A bezüglich $\mathscr{E}$ ist definiert durch

$$\mathrm{adv_{Inversion}}(A, \mathscr{E}) = \mathrm{Prob}\{\mathbb{E} = 1\}\ . \hspace{3cm} \triangleleft$$

Wie üblich kann man auf Basis dieser Definition die Sicherheit von Familien von Einwegfunktionen mit Hintertür bzgl. der Einwegeigenschaft quantifizieren.

Definition 6.4.6 (t-beschränkt, (t, ε)-sicher). Es sei A ein Invertierer für eine Familie $\mathscr{E} = (G, R, F, I)$ von Einwegfunktionen mit Hintertür. Der Invertierer A heißt *t-beschränkt*, falls die Laufzeit des zugehörigen Experiments $\mathbb{E}_A^{\mathscr{E}}$ durch t beschränkt ist.
    Es sei

$$\mathrm{insec}(t, \mathscr{E}) = \sup\{\mathrm{adv_{Inversion}}(A, \mathscr{E}) \mid A \text{ ist } t\text{-beschränkter Invertierer für } \mathscr{E}\}\ .$$

Es sei weiterhin $\varepsilon \geq 0$ reell. Die Familie $\mathscr{E}$ heißt (t, ε)-*unsicher*, wenn $\mathrm{insec}(t, \mathscr{E}) \geq \varepsilon$ gilt. Sie heißt (t, ε)-*sicher*, wenn $\mathrm{insec}(t, \mathscr{E}) \leq \varepsilon$ gilt. $\hspace{1cm} \triangleleft$

Eine Familie von Einwegfunktionen mit Hintertür sollte also (t, ε)-sicher sein für möglichst große Werte für t und möglichst kleine Werte für ε, z. B., $t = 2^{80}$ und $\varepsilon = 2^{-40}$. Wie diese Werte zu wählen sind, hängt allerdings von Vermutungen über mögliche Schwachstellen und dem zu erwartenden technischen Fortschritt ab. Bisher ist es leider nicht gelungen, die Sicherheit einer Familie von Einwegfunktionen mit Hintertür für konkrete Werte t und ε oder auch nur asymptotisch nachzuweisen. In der Tat ist der Nachweis der Existenz von Einwegfunktionen (mit oder ohne Hintertür) eines der fundamentalsten und größten offenen Probleme in der Kryptographie, für das zur Zeit keine Lösung abzusehen ist. Eine solche Lösung würde insbesondere implizieren, dass die Komplexitätsklassen P und NP in der Tat verschieden sind, womit eines der größten offenen Probleme der theoretischen Informatik gelöst wäre. Die Konstruktion sicherer Einwegfunktionen basiert heute deshalb immer auf anderen, bisher unbewiesenen Annahmen (siehe auch Abschnitt 6.8).
    Eine Familie (G, R, F, I) von Einwegpermutationen mit Hintertür kann man in offensichtlicher Weise als asymmetrisches Kryptoschema interpretieren: Das durch G erzeugte

Paar (i, t) wird als Schlüsselpaar interpretiert, verschlüsselt wird mit F und entschlüsselt mit I. Man beachte, dass die Entschlüsselung eindeutig ist, da wir von Einwegpermutationen ausgehen. Allerdings bieten, gemäß der zugehörigen Sicherheitsdefinitionen, Einwegpermutationen deutlich weniger Sicherheit als asymmetrische Kryptoschemen: Zum einen sind die Anforderungen an den Invertierer im Vergleich zu den Anforderungen an einen Angreifer auf ein asymmetrisches Kryptoschema höher. Der Invertierer muss aus dem Chiffretext den *gesamten* Klartext bestimmen, nicht nur nicht-triviale Informationen über den Klartext (wie etwa das erste Bit des Klartextes). Zum anderen verlangt man bei Einwegpermutationen nicht, dass die Entschlüsselung, ohne den privaten Schlüssel zu kennen, für jeden Klartext schwer ist, sondern nur gemittelt über alle Klartexte. Es kann also durchaus Klartexte geben, für die man leicht vom Chiffretext auf den Klartext schließen kann. Ist, zum Beispiel, im RSA-Verfahren der Chiffretext $1 \in \mathbf{Z}_n$, dann muss auch der Klartext 1 sein.

Wie gesagt, vermutet man, dass RSA eine Familie von Einwegpermutationen mit Hintertür ist. Dies ist die sogenannte RSA-Annahme.

Annahme 6.4.1 (RSA-Annahme). Die *RSA-Annahme* für Parameter t und ε besagt, dass die RSA-Familie $\mathscr{E}_{\mathrm{RSA}}$ (t, ε)-sicher ist gemäß Definition 6.4.6. $\quad\lhd$

Die Vermutung/Hoffnung ist, dass die RSA-Annahme für »große« Werte t und »kleine« Werte ε gilt. Wir wollen uns diese Annahme plausibel machen. Natürlich können wir sie nicht vollends rechtfertigen, da dies auf einen Beweis der Annahme hinauslaufen würde.

Versetzen wir uns dazu in die Lage eines Invertierers, der (n, e) sowie $y = x^e \bmod n$ gegeben hat und versucht, x zu bestimmen. Ein Invertierer könnte zunächst versuchen, n zu faktorisieren, also p und q mit $n = p \cdot q$ zu bestimmen. Mit den Primfaktoren könnte er dann $m = \phi(n)$ berechnen und würde aus e dann d berechnen können. Wie wir aber in Abschnitt 6.3 diskutiert haben, wird vermutet, dass das Faktorisieren großer Zahlen schwer ist. Auf diesem Wege wird der Invertierer also m nicht ermitteln können. Nun könnte es natürlich sein, dass es einen anderen Weg gibt, m zu bestimmen. Man kann sich aber leicht überlegen, dass, wenn man m und n kennt, auch p und q bestimmen kann. Das Bestimmen von m ist also so schwierig wie das Faktorisieren von n (siehe Aufgabe 6.7.13). Unter der Annahme, dass das Faktorisieren großer Zahlen schwer ist, folgt somit, dass man m auch nur schwer bestimmen kann.

Es könnte natürlich gelingen, d zu bestimmen, ohne den Weg über m zu gehen. Rivest, Shamir und Adleman konnten in ihrer Arbeit aber allgemein zeigen, dass das Bestimmen von d aus n und e genauso schwer ist, wie das Faktorisieren von n (siehe dazu auch Aufgabe 6.7.14). Wir können also festhalten:

Bemerkung 6.4.1. Das Berechnen eines privaten RSA-Schlüssels (n, d) zu einem gegebenen öffentlichen RSA-Schlüssel (n, e) ist genauso schwer wie das Faktorisieren von n. $\quad\lhd$

Das bedeutet natürlich nicht zwingend, dass x schwer zu berechnen ist. Es könnte ja einen Weg geben, bei dem d nicht bestimmt werden muss.

Leider ist nicht bekannt, ob die RSA-Annahme äquivalent ist zur Annahme, dass das Faktorisieren großer Zahlen schwer ist; es gibt Hinweise dafür und dagegen (siehe Abschnitt 6.8). Da das Faktorisierungsproblem ein altes, viel studiertes Problem in der Mathematik ist, wäre es natürlich sehr wünschenswert, wenn die erwähnte Äquivalenz gelten würde.

In Definition 6.4.2 (RSA-Kryptoschema) wurde erwähnt, dass e häufig konstant gewählt wird. Insbesondere wählt man gerne kleine Werte für e, etwa 3, da dann das Verschlüsseln besonders effizient durchgeführt werden kann: Die Berechnung von $x^3 \bmod n$ benötigt lediglich zwei Multiplikationen modulo n. Die RSA-Annahme scheint auch dann noch gerechtfertigt zu sein. Allerdings handelt man sich neue Angriffe auf »Textbook RSA« ein, die der RSA-Annahme jedoch nicht widersprechen. Ist zum Beispiel $0 \leq x < n^{1/3}$, so kann man bei gegebenem $y = x^3 \bmod n$ leicht x bestimmen, denn $x = y^{1/3}$ (in den ganzen Zahlen!). Für kleine Klartexte kann man also leicht vom Chiffretext auf den Klartext schließen. Wir verweisen auf Aufgabe 6.7.15 für einen weiteren Angriff, der durch die Wahl $e = 3$ möglich wird.

6.4.3   RSA-basierte asymmetrische Kryptoschemen

Es bleibt die Frage, ob man auf Basis der RSA-Annahme ein sicheres asymmtrisches Kryptoschema konstruieren kann. Glücklicherweise ist dies möglich.

Eine solche Konstruktion ist sogar leicht möglich: Man wählt pro Verschlüsselung einen zufällig gewählten Bitvektor r bestimmter Länge und konkateniert diesen mit dem Klartext x in der Form $r \cdot x$, wobei »·« für die Konkatenation steht. Interpretiert als Element von $\mathbf{Z}_n$ wird dann $r \cdot x$ wie gewohnt mit dem RSA-Verfahren verschlüsselt. Unter der RSA-Annahme und falls der Bitvektor r ausreichende Länge hat, lässt sich dann Sicherheit in unserem Sinne zeigen. Der Beweis ist allerdings relativ aufwändig und wird hier nicht vorgeführt. Um ein ausreichendes Maß an Sicherheit zu erhalten, muss zudem r recht lang sein, so dass die eigentliche Nachricht x kurz ausfallen muss, was das Verfahren für die Praxis im Allgemeinen unbrauchbar macht.

Ein ähnlicher Ansatz wird in PKCS#1 v1.5 verfolgt. Die Abkürzung PKCS steht für »Public Key Cryptography Standards« und bezeichnet einen von den RSA Laboratories entwickelten Satz kryptographischer Standards. In PKCS#1 v1.5 wird u. a. ein (verbreitetes) asymmetrisches Kryptoschema definiert. In diesem wird nicht nur r mit dem Klartext konkateniert, sondern zusätzlich konstante Bitvektoren. Genauer wird der Bitvektor

$$0^{14} \cdot 10 \cdot r \cdot 0^8 \cdot x \tag{6.4.7}$$

interpretiert als Element von $\mathbf{Z}_n$, mit dem RSA-Verfahren verschlüsselt, wobei wiederum »·« für die Konkatenation steht. Es wird vermutet, dass auch PKCS#1 v1.5 Sicherheit in unserem Sinne bietet, auch wenn r deutlich kürzer gewählt wird als im zuvor beschriebenen Verfahren. Ein Beweis ist allerdings nicht bekannt.

Wie in Abschnitt 6.2 erwähnt, kann man für asymmtrische Kryptoschemen auch CCA-Sicherheit definieren. CCA-sichere RSA-basierte Kryptoschemen sind allerdings aufwändiger als die oben betrachteten Konstruktionen. In der Tat liefern die oben betrachteten Konstruktionen keine CCA-Sicherheit. Für die erste Konstruktion soll dies in Aufgabe 6.7.16 gezeigt werden.

Daniel Bleichenbacher hat 1998 einen Angriff im Sinne der CCA-Sicherheit auf PKCS#1 v1.5 gefunden. Mit einem vollen Dechiffrierorakel wäre dies kaum der Rede wert. Was diesen Angriff aber besonders interessant und beunruhigend machte, ist die Tatsache, dass er mit einem sehr schwachen Dechiffrierorakel auskommt, welches in der Praxis existiert, genauer, existierte (siehe unten). Dieses Orakel gibt bei Eingabe eines Chiffretextes c lediglich zurück, ob c PKCS#1-konform ist oder nicht. Ein Chiffretext c ist *PKCS#1-konform*, falls die Entschlüsselung c^d mod n einen Bitvektor von der Form (6.4.7) liefert. Mit einem solchen Orakel und etwa einer Million geschickt gewählter Orakelanfragen gelingt es einem Angreifer, einen gegebenen Chiffretext c auch ohne Kenntnis des privaten Schlüssels zu entschlüsseln! Die grobe Idee des Angriffs ist, dass durch geeignete Wahl der Orakelanfragen potentielle Klartexte in einer Art Intervallschachtelung immer weiter eingegrenzt werden, so dass am Ende nur noch der Klartext zu c übrig bleibt.

Wie erwähnt, ist der Angriff von Bleichenbacher deshalb besonders ernstzunehmen, weil das geforderte Dechiffrierorakel in der Praxis existiert(e), nämlich in Form des weit verbreiteten kryptographischen Protokolls SSL 3.0, welches einen sicheren Kanal zwischen einem Client und einem Server etabliert, und als solches für die sichere Kommunikation in Web-Browsern eingesetzt wird. In der Schlüsselaustauschphase von SSL 3.0 sendet der Client u. a. einen im PKCS#1-Standard verschlüsselten Sitzungsschlüssel an den Server, den Client und Server dann zur sicheren Kommunikation verwenden. Wenn der Server den verschlüsselten Sitzungsschlüssel empfängt, entschlüsselt er den Chiffretext zunächst mit seinem privaten Schlüssel und testet dann, ob der erhaltene Klartext PKCS#1-konform ist, d. h. von der Form (6.4.7) ist, und ob der darin enthaltene Nutztext x das richtige im SSL 3.0 festgelegte Format hat. Ist beides der Fall, wird der Server das Protokoll einfach fortsetzen. Ist aber der Klartext nicht PKCS#1-konform oder stimmt das Format des Nutztextes nicht, so hängt es von der konkreten Implementation von SSL 3.0 ab, wie der Server reagiert. Der SSL 3.0 Standard lässt (genauer ließ) einen gewissen Spielraum. In einigen Implementationen gibt der Server Fehlermeldungen zurück, die darüber Aufschluss geben, welcher der beiden Fälle eingetreten ist – der Klartext ist nicht PKCS#1-konform oder das Format des Nutztextes stimmt nicht. Damit kann SSL 3.0 aber als Dechiffrierorakel, wie es der Bleichenbacher-Angriff benötigt, missbraucht werden und der Bleichenbacher-Angriff ist möglich! Nachdem dieser Angriff bekannt wurde, wurden die Implementationen von SSL 3.0 geändert, so dass die Fehlermeldungen keinen Aufschluss mehr über PKCS#1-Konformität zulassen.

Aufgrund des Bleichenbacher-Angriffs hat man sich verstärkt praktikablen Alternativen zu PKCS#1 zugewandt, die volle CCA-Sicherheit bieten. Eine solche Alternative, die Eingang in PKCS#1 v2.1 gefunden hat, ist das urspünglich von den Kryptographen Mihir Bellare und Phillip Rogaway 1994 entwickelte OAEP-Verfahren (*optimal asymmetric encryption padding*). Dabei werden Klartexte zunächst mit Hilfe von Hashfunktionen transformiert, bevor sie mit dem RSA-Verfahren (oder einer anderen Familie von Einwegfunktionen mit Hintertür) verschlüsselt werden. Modelliert man die Hashfunktionen als zufällige Funktionen (*Random Oracles*), dann kann man zeigen, dass OAEP unter der RSA-Annahme CCA-Sicherheit bietet. Random Oracles werden uns auch im Kontext digitaler Signaturen noch begegnen.

6.5   ElGamal

Das ElGamal genannte asymmetrische Kryptoschema wurde 1984 von Taher ElGamal veröffentlicht und basiert auf einem Schlüsselvereinbarungsprotokoll, welches Diffie und

Hellman in ihrem bereits erwähnten, bahnbrechenden Artikel 1976 vorgestellt haben. Im Folgenden werden wir zunächst das ElGamal-Kryptoschema einführen und anschließend seine Sicherheit diskutieren.

6.5.1   Das ElGamal-Kryptoschema

Um das ElGamal-Kryptoschema zu erläutern, schauen wir uns zunächst das erwähnte Schlüsselvereinbarungsprotokoll von Diffie und Hellman an.

Im Diffie-Hellman-Schlüsselvereinbarungsprotokoll wollen Alice und Bob einen geheimen Schlüssel vereinbaren, der dann im Weiteren zur Verschlüsselung vertraulicher Nachrichten benutzt werden kann. Dazu einigen sich Alice und Bob zunächst auf eine zyklische endliche Gruppe $\mathcal{G}$ (z. B. $\mathbf{Z}_p^*$ für eine Primzahl p) und einen Erzeuger g von $\mathcal{G}$. Beide Parameter sind öffentlich bekannt. Nun wählt Alice zufällig eine Zahl $a \in \{0, \ldots, |\mathcal{G}| - 1\}$, welche sie geheim hält, und schickt g^a an Bob. Analog wählt Bob zufällig eine Zahl $b \in \{0, \ldots, |\mathcal{G}| - 1\}$, welche er geheim hält, und schickt g^b an Alice. Wenn Bob g^a empfängt, berechnet er $(g^a)^b$. Analog berechnet Alice, nachdem sie g^b empfangen hat, $(g^b)^a$. Damit teilen sich Alice und Bob nun den Schlüssel $g^{a \cdot b}$.

Für geeignet gewählte Gruppen $\mathcal{G}$ nimmt man an, dass es schwer ist, aus g^a und g^b das Gruppenelement $g^{a \cdot b}$ zu berechnen. Hört also Eva die Kommunikation zwischen Alice und Bob ab, so ist es ihr (mit realistischem Aufwand) nicht möglich, den Schlüssel $g^{a \cdot b}$ zu bestimmen.

Damit lässt sich nun leicht ein asymmetrisches Kryptoschema konstruieren, nämlich das ElGamal-Kryptoschema: Es seien g^b und b der öffentliche bzw. private Schlüssel von Bob. Will nun Alice an Bob eine Nachricht $x \in \mathcal{G}$ schicken, so wählt sie a und berechnet g^a wie oben und schickt dann den Chiffretext $(g^a, x \cdot (g^b)^a)$ an Bob, also ein Paar von Gruppenelementen aus $\mathcal{G}$. Im Licht des oben beschriebenen Schlüsselvereinbarungsprotokolls ist g^a der Schlüsselanteil von Alice. Der Schlüsselanteil von Bob ist Bobs öffentlicher Schlüssel. Daraus ergibt sich der gemeinsame Schlüssel $g^{a \cdot b}$. Mit diesem wird x verschlüsselt, indem x mit $g^{a \cdot b}$ multipliziert wird; man sagt auch, dass x mit $g^{a \cdot b}$ »maskiert« wird. Der Chiffretext, den Alice an Bob schickt enthält somit Alices Schlüsselanteil und die Maskierung des Klartextes x.

Wir halten das gerade beschriebene ElGamal-Kryptoschema in folgender Definition fest. In dieser Definition verwenden wir einen zufallsgesteuerten Algorithmus GroupGen, der Tupel der Form $(\mathcal{G}, n, g)$ erzeugt, wobei $\mathcal{G}$ eine zyklische Gruppe ist, genauer die endliche Beschreibung einer solchen Gruppe, n die Ordnung von $\mathcal{G}$ und g ein Erzeuger von $\mathcal{G}$. Wie eine Beschreibung einer Gruppe aussieht, hängt dabei davon ab, welche Klasse von Gruppen betrachtet wird. Kommen zum Beispiel nur Einheitengruppen $\mathbf{Z}_p^*$ für Primzahlen p (bestimmter Länge) in Frage, so reicht als Beschreibung einer Gruppe die Primzahl p. Die von GroupGen erzeugten Tupel wären also von der Form $(p, p-1, g)$, wobei g ein Erzeuger von $\mathbf{Z}_p^*$ ist.

Definition 6.5.1 (ElGamal-Kryptoschema). Das *GroupGen-ElGamal-Kryptoschema* ist das Tupel

$$\mathscr{S}_{\text{ElGamal}} = (X, K, G, E, D) \ ,$$

wobei der (zufallsgesteuerte) Schlüsselgenierungsalgorithmus G wie folgt arbeitet: Zunächst lässt er GroupGen laufen, um ein Tupel der Form $(\mathcal{G}, n, g)$ zu erhalten, wobei, wie beschrieben, $\mathcal{G}$ die Beschreibung einer zyklischen Gruppe mit Ordnung n und Erzeuger g ist. Anschließend wählt G zufällig und gleichverteilt ein $b \in \{0, \ldots, n-1\}$ und gibt ein Schlüsselpaar bestehend aus dem öffentlichen Schlüssel $(\mathcal{G}, n, g, g^b)$ und dem privaten Schlüssel $(\mathcal{G}, n, g, b)$ aus. Wir nehmen an, dass das Multiplizieren und das Berechnen des Inversen in $\mathcal{G}$ jeweils effizient möglich ist.

Die Menge K bezeichnet die Menge der Schlüsselpaare, die von G ausgegeben werden können. Gemäß Definition 6.1.1 bezeichnet K_{pub} die Menge der öffentlichen und K_{priv} die Menge der privaten Schlüssel in K.

Die Menge der Klartexte ist

$$X = \{\mathcal{G}\}_{(\mathcal{G}, n, g, h) \in K_{\mathrm{pub}}} \ ,$$

d. h., die Klartexte sind die Gruppenelemente der jeweils betrachteten Gruppe.

Der Chiffrieralgorithmus E, der einen öffentlichen Schlüssel $(\mathcal{G}, n, g, h)$ und einen Klartext $x \in \mathcal{G}$ als Eingabe bekommt, ist wie folgt definiert:

$E(x, (\mathcal{G}, n, g, h))$:
    a=flip$(\{0, \ldots, n-1\})$
    gib $(g^a, x \cdot h^a)$ aus

Der Dechiffrieralgorithmus D, der einen privaten Schlüssel $(\mathcal{G}, n, g, b)$ und einen Chiffretext (y_0, y_1), also $y_0, y_1 \in \mathcal{G}$, als Eingabe bekommt, ist wie folgt definiert:

$D((y_0, y_1), (\mathcal{G}, n, g, b))$:
    gib $y_1 \cdot ((y_0)^b)^{-1}$ aus

wobei $((y_0)^b)^{-1}$ das inverse Element zu $(y_0)^b$ in $\mathcal{G}$ ist. $\lhd$

Zusammen mit der Annahme, dass die Laufzeit von GroupGen durch eine Konstante beschränkt ist und dass das Multiplizieren und das Berechnen des Inversen in den von GroupGen erzeugten Gruppen effizient möglich ist, sieht man leicht, dass das ElGamal-Kryptoschema in der Tat ein asymmetrisches Kryptoschema gemäß Definition 6.1.1 ist.

Wie steht es nun mit der Sicherheit des GroupGen-ElGamal-Kryptoschemas? Zunächst ist zu bemerken, dass, anders als RSA, ElGamal kein deterministisches Kryptoschema ist. ElGamal kann also nicht sofort als unsicher entlarvt werden. Die Sicherheit von ElGamal hängt allerdings stark von GroupGen ab, also der Klasse der betrachteten Gruppen.

Naheliegend ist, ElGamal mit den Einheitengruppen $\mathbf{Z}_p^*$ für ausreichend große Primzahlen p zu betreiben. In diesem Fall liefert der Algorithmus GroupGen also Tupel der Form $(p, p-1, g)$, wobei die Primzahl p in der ersten Komponente eine Beschreibung für $\mathbf{Z}_p^*$ ist und g ein Erzeuger von $\mathbf{Z}_p^*$ ist.

Wie wir nun sehen werden, ist diese Variante von ElGamal aber leider unsicher. Ähnlich wie für RSA kann nämlich aus dem Chiffretext das Jacobi-Symbol des Klartextes berechnet werden. Da $\mathrm{L}_p(x) = \mathrm{J}_p(x)$ für alle Primzahlen $p > 2$ gilt, spielt es im folgenden Lemma keine Rolle, ob wir das Legendre- oder das Jacobi-Symbol verwenden.

Lemma 6.5.1 (Jacobi-Symbol und ElGamal in $\mathbf{Z}_p^*$). *Es sei $p > 2$ eine Primzahl und g ein Erzeuger von $\mathbf{Z}_p^*$. Dann gilt:*

$$\text{Prob}_{x \xleftarrow{r} \mathbf{Z}_p^*} \{J_p(x) = 1\} = \text{Prob}_{x \xleftarrow{r} \mathbf{Z}_p^*} \{J_p(x) = -1\} = \frac{1}{2} \ , \tag{6.5.1}$$

und

$$J_p(g^{ab}) = \max\{J_p(g^a), J_p(g^b)\} \qquad \text{für alle } a, b \in \mathbf{Z}_{p-1}, \tag{6.5.2}$$

$$J_p(x) = J_p(x \cdot g^{ab}) \cdot J_p(g^{ab}) \qquad \text{für alle } x \in \mathbf{Z}_p^*, \, a, b \in \mathbf{Z}_{p-1}. \tag{6.5.3}$$

Beweis. Aussage (6.5.1) folgt unmittelbar aus Satz 6.3.10.

Aussage (6.5.2) ist äquivalent zu: $J_p(g^{ab}) = 1$ genau dann, wenn $J_p(g^a) = 1$ oder $J_p(g^b) = 1$. Nun ist aber $J_p(g^{ab}) = 1$, und damit $J_p(g^{ab \bmod (p-1)} \bmod p) = 1$, nach Satz 6.3.10 äquivalent zu $(ab \bmod (p-1)) \bmod 2 = 0$, was wegen $2 \mid (p-1)$ äquivalent zu $ab \bmod 2 = 0$ ist. Analog ist $J_p(g^a) = 1$ bzw. $J_p(g^b) = 1$ äquivalent zu $a \bmod 2 = 0$ bzw. $b \bmod 2 = 0$. Da $ab \bmod 2 = 0$ genau dann wahr ist, wenn $a \bmod 2 = 0$ oder $b \bmod 2 = 0$ gilt, ist nun nichts weiter zu zeigen.

Zum Beweis von (6.5.3): Aus der Multiplikativität des Jacobi-Symbols folgt $J_p(xg^{ab}) = J_p(x)J_p(g^{ab})$. Daraus folgt aber die Behauptung, da alle Faktoren zu $\{-1, 1\}$ gehören. $\square$

Wegen (6.5.3), in Verbindung mit (6.5.2), kann die Eigenschaft »Jacobi-Symbol ist 1« leicht vom Chiffretext abgelesen werden. Dies ist nach (6.5.1) eine nicht-triviale Eigenschaft, denn die Hälfte aller Klartexte besitzt sie. Aus diesem Grund ist ElGamal für die Einheitengruppen $\mathbf{Z}_p^*$ kein sicheres asymmetrische Kryptoschema. In der Tat ist es, analog zum RSA-Kryptoschema, leicht, auf Basis von Lemma 6.5.1, einen erfolgreichen Angreifer zu konstruieren (siehe Aufgabe 6.7.20).

Vielleicht zunächst überraschend ist auch die Tatsache, dass die Elemente g^{ab} für zufällig gewählte Elemente $a, b \in \mathbf{Z}_{p-1}$ nicht gleichverteilt sind: Wären sie dies, so müsste $J_p(g^{ab}) = 1$ mit Wahrscheinlichkeit $1/2$ gelten, was, wie das folgende Lemma zeigt, aber nicht der Fall ist. Die Maskierung des Klartextes in der ElGamal-Funktionsfamilie durch g^{ab} ist demnach unausgewogen.

Lemma 6.5.2. *Es sei p eine Primzahl und g ein Erzeuger von $\mathbf{Z}_p^*$. Dann gilt:*

$$\text{Prob}_{a,b \xleftarrow{r} \mathbf{Z}_{p-1}} \{J_p(g^{ab}) = 1\} = \frac{3}{4} \ . \tag{6.5.4}$$

Beweis. Wir zeigen, dass $\text{Prob}_{a,b \xleftarrow{r} \mathbf{Z}_{p-1}} \{J_p(g^{ab}) = -1\} = \frac{1}{4}$ gilt. Aus Lemma 6.5.1 erhalten wir, dass $J_p(g^{ab}) = -1$ genau dann gilt, wenn $J_p(g^a) = -1$ und $J_p(g^b) = -1$ gilt, was aber jeweils nach Lemma 6.5.1 nur mit Wahrscheinlichkeit $\frac{1}{2}$ eintritt. $\square$

Wir wissen nun, dass die Klasse der Einheitengruppen $\mathbf{Z}_p^*$ nicht zu einem sicheren ElGamal-Kryptoschema führt. Wie besprochen ist das wesentliche Problem, dass aus dem Chiffretext das Jacobi-Symbol des Klartextes abgelesen werden kann. Dieses Problem kann man dadurch beheben, dass man das ElGamal-Kryptoschema in der Untergruppe QR(p) von $\mathbf{Z}_p^*$ der quadratischen Reste von $\mathbf{Z}_p$ betreibt, denn in dieser Untergruppe haben alle Elemente das Jacobi-Symbol 1. Nach Lemma 6.3.3 und Satz 6.3.10 ist QR(p) eine zyklische Untergruppe von $\mathbf{Z}_p^*$ der Ordnung $(p-1)/2$.

Wir wollen zeigen, dass das ElGamal-Kryptoschema in den Untergruppen der quadratischen Reste der Einheitengruppen $\mathbf{Z}_p^*$ sicher ist. Wie fast immer in der Kryptographie müssen wir dazu aber gewisse Annahmen machen: Wir werden annehmen, dass das sogenannte Diffie-Hellman-Entscheidungsproblem für diese Gruppen schwer zu lösen ist. Es wird vermutet, dass dies in der Tat der Fall ist.

Wir führen das Diffie-Hellman-Entscheidungsproblem im nächsten Unterabschnitt für eine beliebige Klasse von Gruppen ein und werden anschließend zeigen, dass unter der Annahme, dass dieses Problem für die betrachtete Gruppenklasse schwer zu lösen ist, ElGamal sicher ist. Mit der (plausiblen) Annahme, dass das Diffie-Hellman-Entscheidungsproblem für die Klasse der Gruppen der quadratischen Reste schwer zu lösen ist, folgt dann auch, dass für diese Klasse von Gruppen das ElGamal-Kryptoschema sicher ist.

6.5.2   Das Diffie-Hellman-Entscheidungsproblem

Um das Diffie-Hellman-Entscheidungsproblem (*Decisional Diffie-Hellman (DDH) Problem*) zu definieren, müssen wir zunächst festlegen, was es bedeutet, zwischen zwei Wahrscheinlichkeitsverteilungen zu unterscheiden.

Definition 6.5.2 (Unterscheider für Wahrscheinlichkeitsverteilungen). Es seien P_0 und P_1 Wahrscheinlichkeitsverteilungen über derselben endlichen Menge Ω. Ein zufallsgesteuerter Algorithmus $U(x\colon \Omega)\colon \{0,1\}$, dessen Laufzeit durch eine Konstante nach oben beschränkt ist, heißt *Unterscheider* für (P_0, P_1). ◁

Ist P eine Wahrscheinlichkeitsverteilung über Ω, dann bezeichnen wir im Folgenden mit $\mathrm{flip}_P(\Omega)$ den zufallsgesteuerten Algorithmus, der gemäß P ein Element aus Ω zufällig auswählt. Ist zum Beispiel $\Omega = \{0,1\}$, $P(0) = 1/4$ und $P(1) = 3/4$, dann liefert $\mathrm{flip}_P(\Omega)$ mit Wahrscheinlichkeit 1/4 das Element 0 und mit Wahrscheinlichkeit 3/4 das Element 1 aus Ω. Die von uns betrachteten Wahrscheinlichkeitsverteilungen werden immer derart sein, dass sie von einem Algorithmus (ausreichend genau) reproduziert werden können (siehe auch die Bemerkungen in Abschnitt 4.6.2 sowie Aufgabe 4.9.12).

Die Fähigkeit eines Unterscheiders U zwischen zwei Wahrscheinlichkeitsverteilungen zu unterscheiden, wird nun in gewohnter Weise auf Basis eines Experimentes gemessen.

Definition 6.5.3 (Experiment zu einem Unterscheider). Es seien P_0 und P_1 Wahrscheinlichkeitsverteilungen über der endlichen Menge Ω und sei U ein Unterscheider für (P_0, P_1). Das zugehörige *Experiment*, das wir mit $\mathbb{E}_U^{(P_0,P_1)}$, $\mathbb{E}_U$ oder einfach $\mathbb{E}$ bezeichnen, ist der Algorithmus, der gegeben ist durch:

$\mathbb{E}\colon \{0,1\}$

 1. *Wähle Wahrscheinlichkeitsverteilung und Element.*
  $b = \mathrm{flip}()$
  $x = \mathrm{flip}_{P_b}(\Omega)$

   2. *Ratephase*
     $b' = U(x)$

   3. *Auswertung*
     Falls $b' = b$, so gib 1 zurück, sonst 0.

Mit $\mathbb{S}_U^{(P_0,P_1)}$, $\mathbb{S}_U$ oder einfach $\mathbb{S}$ bezeichnen wir den Algorithmus, der aus $\mathbb{E}$ dadurch entsteht, dass der dritte Schritt ersetzt wird durch »gib b' zurück«. Er wird *verkürztes Experiment* genannt. ◁

Wir definieren wie üblich Vorteil, Erfolg und Misserfolg eines Unterscheiders.

Definition 6.5.4 (Vorteil, Erfolg und Misserfolg eines Unterscheiders). Es seien P_0, P_1 und U wie in Definition 6.5.3 gegeben. Der *Vorteil*, *Erfolg* und *Misserfolg* von U bezüglich (P_0, P_1) ist definiert durch:

$$\mathrm{adv}(U,(P_0,P_1)) = 2\left(\mathrm{Prob}\left\{\mathbb{E}_U^{(P_0,P_1)} = 1\right\} - \frac{1}{2}\right) , \tag{6.5.5}$$

$$\mathrm{suc}(U,(P_0,P_1)) = \mathrm{Prob}\left\{\mathbb{S}_U^{(P_0,P_1)}\langle b = 1\rangle = 1\right\} , \tag{6.5.6}$$

$$\mathrm{fail}(U,(P_0,P_1)) = \mathrm{Prob}\left\{\mathbb{S}_U^{(P_0,P_1)}\langle b = 0\rangle = 1\right\} . \tag{6.5.7}$$

◁

Analog zu Lemma 4.7.1 erhalten wir:

Lemma 6.5.3. *Es seien P_0, P_1 und U wie in Definition 6.5.3 gegeben. Dann gilt:*

   $adv(U,(P_0,P_1)) \in [-1,1]$ und
   $adv(U,(P_0,P_1)) = suc(U,(P_0,P_1)) - fail(U,(P_0,P_1))$. □

Wie üblich kann nun die (Un-)unterscheidbarkeit von Verteilungen P_0 und P_1 quantifiziert werden.

Definition 6.5.5 (t-beschränkt, (t,ε)-unterscheidbar). Es seien P_0 und P_1 Wahrscheinlichkeitsverteilungen über der endlichen Menge Ω und es sei U ein Unterscheider für (P_0,P_1). Der Unterscheider U heißt *t-beschränkt*, falls die Laufzeit des zugehörigen Experiments $\mathbb{E}_U^{(P_0,P_1)}$ durch t beschränkt ist.
   Es sei

$$\mathrm{insec}(t,(P_0,P_1)) = \sup\{\mathrm{adv}(U,(P_0,P_1)) \mid U \text{ ist } t\text{-beschränkter Unterscheider}$$
$$\text{für } (P_0,P_1)\} .$$

Es sei $\varepsilon \geq 0$ eine reelle Zahl. Die Verteilungen P_0 und P_1 heißen *(t,ε)-ununterscheidbar*, wenn $\mathrm{insec}(t,(P_0,P_1)) \leq \varepsilon$ gilt. Sie heißen *(t,ε)-unterscheidbar*, wenn $\mathrm{insec}(t,(P_0,P_1)) \geq \varepsilon$ gilt. ◁

Es sei nun GroupGen, genau wie in Abschnitt 6.5.1, ein zufallsgesteuerter Algorithmus, der Tupel der Form $(\mathcal{G}, n, g)$ erzeugt, wobei $\mathcal{G}$ eine zyklische Gruppe ist (genauer die

Beschreibung einer solchen Gruppe) sowie n die Ordnung und g ein Erzeuger dieser Gruppe.

Das *Diffie-Hellman-Entscheidungsproblem* (kurz: *DDH-Problem*, für »Decisional Diffie-Hellman«) bzgl. GroupGen besteht nun darin, die beiden folgenden Wahrscheinlichkeitsverteilungen, welche durch zufallsgesteuerte Algorithmen beschrieben werden, zu unterscheiden.

1. *Gleichverteilung*, Un[GroupGen]:

   Un[GroupGen]

      a. *Wähle Gruppe.*
      $(\mathcal{G}, n, g) = \text{GroupGen}()$
      b. *Wähle zufällig drei Elemente aus $\mathcal{G}$ (siehe Bemerkung unten).*
      $a = \text{flip}(\mathbf{Z}_n)$
      $b = \text{flip}(\mathbf{Z}_n)$
      $c = \text{flip}(\mathbf{Z}_n)$
      c. *Ausgabe.*
      $(\mathcal{G}, n, g, g^a, g^b, g^c)$

2. *Diffie-Hellman-Verteilung*, DH[GroupGen]:

   DH[GroupGen]

      a. *Wähle Gruppe.*
      $(\mathcal{G}, n, g) = \text{GroupGen}()$
      b. *Wähle zufällig zwei Elemente aus $\mathcal{G}$ (siehe Bemerkung unten).*
      $a = \text{flip}(\mathbf{Z}_n)$
      $b = \text{flip}(\mathbf{Z}_n)$
      c. *Ausgabe.*
      $(\mathcal{G}, n, g, g^a, g^b, g^{a \cdot b})$

Wir werden im Folgenden häufig statt $(\mathcal{G}, n, g, g^a, g^b, g^c)$ und $(\mathcal{G}, n, g, g^a, g^b, g^{a \cdot b})$ einfach (g^a, g^b, g^c) bzw. $(g^a, g^b, g^{a \cdot b})$ schreiben und von Tripeln sprechen. Wir nennen ein Tripel der Form $(g^a, g^b, g^{a \cdot b})$ ein *DH-Tripel*.

In den Definitionen der obigen Verteilungen haben wir ein Element a zufällig gleichverteilt aus $\mathbf{Z}_n$ gewählt und dann g^a ausgegeben. Dies ist äquivalent dazu, ein Element aus $\mathcal{G}$ zufällig gleichverteilt zu wählen und auszugeben, da die Abbildung, die jedes $a \in \mathbf{Z}_n$ auf g^a abbildet, eine Bijektion von $\mathbf{Z}_n$ nach $\mathcal{G}$ ist (siehe Aufgabe 6.7.18 und Lemma 6.3.3). In Un[GroupGen] werden also drei Gruppenelemente aus $\mathcal{G}$ zufällig gleichverteilt und unabhängig voneinander gewählt. Dagegen hängt in DH[GroupGen] die letzte Komponente des Tripels eindeutig von den ersten beiden ab.

Die Annahme, die wir für den Beweis der Sicherheit des ElGamal-Kryptoschemas treffen werden, ist, dass das DDH-Problem schwer zu lösen ist. Genauer werden wir folgende Annahme treffen.

Annahme 6.5.1 (Diffie-Hellman-Annahme). Die *(decisional) Diffie-Hellman-Annahme* (auch kurz: *DDH-Annahme*) bzgl. GroupGen sowie den Parametern t und ε besagt, dass die Verteilungen Un[GroupGen] und DH[GroupGen] (t, ε)-ununterscheidbar sind gemäß Definition 6.5.5. $\triangleleft$

Ähnlich wie im Fall der RSA-Annahme ist die Vermutung/Hoffnung, dass die DDH-Annahme für eine geeignete durch GroupGen definierte Klasse von Gruppen (siehe unten) sowie für »große« Werte t und »kleine« Werte ε gilt.

Es sei bemerkt, dass unter der DDH-Annahme auch die folgenden beiden Funktionen schwer zu berechnen sind.

Definition 6.5.6 (diskreter Logarithmus, Diffie-Hellman-Funktion). Es sei $\mathcal{G}$ eine beliebige endliche zyklische Gruppe der Ordnung n und g ein Erzeuger. Dazu sind der *diskrete Logarithmus* $\mathrm{dlog}_{\mathcal{G},g}\colon \mathcal{G} \to \mathbf{Z}_n$ und die *Diffie-Hellman-Funktion* $\mathrm{dh}_{\mathcal{G},g}\colon \mathcal{G} \times \mathcal{G} \to \mathcal{G}$ definiert durch

$$\mathrm{dlog}_{\mathcal{G},g}(g^a) = a \qquad\qquad \text{für } a \in \mathbf{Z}_n,$$
$$\mathrm{dh}_{\mathcal{G},g}(g^a, g^b) = g^{ab} \qquad\qquad \text{für } a,b \in \mathbf{Z}_n. \qquad\qquad \triangleleft$$

Diese Funktionen sind wohldefiniert, da jedes Element von $\mathcal{G}$ auf genau eine Art als g^i mit $i \in \mathbf{Z}_n$ geschrieben werden kann.

Man sieht nun in der Tat leicht, dass unter der DDH-Annahme sowohl der diskrete Logarithmus als auch die Diffie-Hellman-Funktion schwer zu berechnen sind. Hätte man nämlich einen Algorithmus, mit dem man den diskreten Logarithmus berechnen könnte, so könnte man offensichtlich auch leicht das DDH-Problem lösen: Man berechnet a aus g^a und testet dann, ob die letzte Komponente $(g^b)^a$ $(= g^{a \cdot b})$ ist. Falls ja, hat man es (mit hoher Wahrscheinlichkeit) mit einem DH-Tripel zu tun. Ansonsten muss das Tripel aus der Verteilung Un[GroupGen] stammen; analog für die Diffie-Hellman-Funktion. Mathematisch präziser soll dies in Aufgabe 6.7.19 gezeigt werden.

Die wesentliche Frage, die sich an dieser Stelle stellt, ist: Für welche Klassen von Gruppen, also welche Algorithmen GroupGen, ist die DDH-Annahme für »große« Werte t und »kleine« Werte ε plausibel?

Wir können zunächst festhalten, dass die DDH-Annahme für die Klasse der Einheitengruppen $\mathbf{Z}_p^*$ für Primzahlen p *nicht* gerechtfertigt ist. Dies folgt leicht aus Lemma 6.5.1, welches uns erlaubt, das Jacobi-Symbol der letzten Komponente eines DH-Tripels aus den beiden ersten zu bestimmen. Genauer erhalten wir folgendes Resultat:

Beispiel 6.5.1 (Unterscheider für die Klasse der Einheitengruppen). Es sei GroupGen der zufallsgesteuerte Algorithmus, der, wie oben beschrieben, Tupel der Form $(p, p-1, g)$ erzeugt, wobei die Primzahl p für die Einheitengruppe $\mathbf{Z}_p^*$ steht. Wir konstruieren einen Unterscheider für (Un[GroupGen], DH[GroupGen]), der genau dann 1 ausgibt, wenn, gemäß Lemma 6.5.1, das Jacobi-Symbol der dritten Komponente zum Jacobi-Symbol der beiden ersten Komponenten passt:

$\textsc{JacobiUnterscheiderDiffieHellman}(p, p-1, g, x, y, z)\colon\{0,1\}$

    1. *Bestimme hypothetisches Jacobi-Symbol der dritten Komponente, gemäß Lemma 6.5.1.*
       $j = \max\{\mathrm{J}_p(x), \mathrm{J}_p(y)\}$
    2. *Entscheide anhand des Jacobi-Symbols der dritten Komponente.*
       Falls $\mathrm{J}_p(z) = j$, so
          gib 1 aus

sonst

  gib 0 aus

Wir bezeichnen im Folgenden JacobiUnterscheiderDiffieHellman kurz mit U und $\mathbb{S}_U^{(\mathrm{Un[GroupGen]},\mathrm{DH[GroupGen]})}$ mit $\mathbb{S}$. Aus Lemma 6.5.1 erhalten wir sofort

$$\mathrm{suc}(U, (\mathrm{Un[GroupGen]}, \mathrm{DH[GroupGen]})) = \mathrm{Prob}\{\mathbb{S}\langle b = 1\rangle = 1\}$$
$$= 1 \ .$$

Aus Lemma 6.5.1 erhält man auch leicht, dass

$$\mathrm{fail}(U, (\mathrm{Un[GroupGen]}, \mathrm{DH[GroupGen]})) = \mathrm{Prob}\{\mathbb{S}\langle b = 0\rangle = 1\}$$
$$= \frac{1}{2}$$

gilt, da in $\mathbb{S}\langle b = 0\rangle$ das Gruppenelement z unabhängig von x und y gewählt wird und wegen Lemma 6.5.1 die Wahrscheinlichkeit, dass $\mathrm{J}_p(z) = j$ gilt, genau $1/2$ ist.

Insgesamt ergibt sich also

$$\mathrm{adv}(U, (\mathrm{Un[GroupGen]}, \mathrm{DH[GroupGen]})) = \frac{1}{2} \ . \hspace{3cm} \lhd$$

Den gerade beschriebenen Angriff kann man leicht dadurch umgehen, dass man sich auf die Untergruppe $\mathrm{QR}(p)$ der quadratischen Reste von $\mathbf{Z}_p^*$ zurückzieht, da, wie wir wissen, in dieser Gruppe alle Elemente das gleiche Jacobi-Symbol besitzen, nämlich 1. Man vermutet, dass die DDH-Annahme für diese Klasse von Gruppen gilt, falls die Ordnung $(p - 1)/2$ von $\mathrm{QR}(p)$ einen großen Primfaktor enthält. Häufig betrachtet man deshalb Primzahlen p der Form $2q + 1$, für eine große Primzahl q. Dann ist die Ordnung von $\mathrm{QR}(p)$ nämlich q. Eine solche Primzahl p nennt man *starke* Primzahl. (Diese kann man übrigens erzeugen, indem man eine große Zahl p erzeugt und dann testet, ob p und $(p - 1)/2$ Primzahlen sind.)

Man vermutet auch für andere Klassen von Gruppen, dass die DDH-Annahme gilt. Ein wichtiges Beispiel sind bestimmte Gruppen, die aus Punkten auf elliptischen Kurven bestehen (siehe auch Abschnitt 6.8).

Algorithmen für den diskreten Logarithmus

Da, wie wir bereits diskutiert haben, das Problem der Berechnung des diskreten Logarithmus (kurz: DL-Problem) direkte Konsequenzen für die DDH-Annahme hat und das DL-Problem ähnlich wie das Faktorisierungsproblem Gegenstand intensiver Forschung ist und war, wollen wir an dieser Stelle kurz bekannte Algorithmen für das DL-Problem diskutieren.

Man unterscheidet zwischen zwei Arten von Algorithmen: generische und spezifische Algorithmen. Während spezifische Algorithmen auf spezielle Gruppen (z. B. $\mathbf{Z}_p^*$) zugeschnitten sind und deren spezifische Eigenschaften ausnutzen, arbeiten generische Algorithmen auf beliebigen endlichen zyklischen Gruppen, ohne spezielle Eigenschaften auszunutzen.

Wichtige Beispiele für generische Algorithmen sind die sogenannte *Babystep-Giantstep-Methode* sowie der *Pohlig-Hellman-Algorithmus*. Die erstgenannte Methode wird meist auf Gruppen angewendet, deren Ordnung eine Primzahl q ist; allerdings muss die Ordnung der Gruppe nicht bekannt sein. Diese Methode erlaubt es, das DL-Problem in Zeit $O(\sqrt{q} \cdot \log^{o(1)} q)$ zu lösen. Der Pohlig-Hellman-Algorithmus wird dagegen bevorzugt, wenn die Ordnung der Gruppe eine zusammengesetzte Zahl ist und die Faktoren dieser Zahl bekannt sind, da dieser Algorithmus das DL-Problem dann auf Gruppen kleinerer Ordnung herunterbricht. Unter anderem deshalb bevorzugt man in der Kryptographie Gruppen mit Primzahlordnung, wie etwa die Gruppen $QR(p)$ der quadratischen Reste für starke Primzahlen p, da dadurch das Herunterbrechen des Problems auf kleinere Instanzen verhindert wird.

Beispiele für spezielle Algorithmen zur Lösung des DL-Problems, die in den Einheitengruppen $\mathbf{Z}_p^*$ für Primzahlen p arbeiten, sind die *Index-Calculus-Methode* sowie das *allgemeine Zahlkörpersieb*. Das letztgenannte Verfahren ist, wie der Name vermuten lässt, eng verwandt mit dem entsprechenden Verfahren für das Faktorisieren großer Zahlen. Es stellt zudem das zur Zeit beste bekannte Verfahren zur Lösung des DL-Problems dar, mit einer erwarteten heuristischen Laufzeit von $O(2^{o(1) \cdot (\log p)^{1/3} \cdot (\log \log p)^{2/3}})$. Derartige Algorithmen sind für die oben erwähnten elliptischen Kurven nicht bekannt. Aus diesem Grund kann man die Ordnung dieser Gruppen deutlich kleiner wählen als für die Einheitengruppen $\mathbf{Z}_p^*$ und ihre Untergruppen, um das gleiche Maß an Sicherheit zu erhalten. Elliptische Kurven werden deshalb häufig eingesetzt, wenn besonders effiziente Implementationen nötig sind, zum Beispiel Implementationen in Hardware mit geringen Ressourcen.

6.5.3   Beweisbare Sicherheit des ElGamal-Kryptoschemas

Wir zeigen nun, dass jedes GroupGen-ElGamal-Kryptoschema $\mathscr{S}$ $(t, 2\varepsilon)$-sicher ist, falls die DDH-Annahme bzgl. GroupGen, t', mit $t' \approx t$, und ε gilt. Wie gesagt wird vermutet, dass die DDH-Annahme für eine große Laufzeit t und ein kleines ε gilt, falls die Klasse der Gruppen $QR(p)$ für starke und ausreichend große Primzahlen p betrachtet wird; in der Praxis übliche Werte für die Größe der Primzahlen liegen zur Zeit bei 1024 bis 2048 Bits. Liefert GroupGen eine derartige Klasse von Gruppen, dann ist also das GroupGen-ElGamal-Kryptoschema ein sicheres asymmetrisches Kryptoschema.

Um dies zu zeigen, reduzieren wir die Sicherheit des GroupGen-ElGamal-Kryptoschemas auf die DDH-Annahme. Genauer werden wir nun zeigen, dass es für jeden Angreifer A auf das GroupGen-ElGamal-Kryptoschema $\mathscr{S}$ einen Unterscheider U für (Un[GroupGen], DH[GroupGen]) gibt, so dass der Vorteil von A durch denjenigen von U beschränkt werden kann und U und A ähnliche Laufzeiten haben. Wir führen also, in bekannter Manier, einen Reduktionsbeweis.

Es sei dazu ein Angreifer $A = (AF, AG)$ auf das GroupGen-ElGamal-Kryptoschema $\mathscr{S}$ gegeben. Zu diesem Angreifer konstruieren wir einen Unterscheider U für das Paar (Un[GroupGen], DH[GroupGen]) wie folgt. Die Grundidee dabei ist dieselbe wie im Beweis von Satz 5.4.1. Der Unterscheider erhält nach Definition ein Tripel (u, v, w) als Eingabe; genauer ein Tupel der Form $(\mathcal{G}, n, g, u, v, w)$. Mit Hilfe dieses Tripels simuliert er das Experiment $\mathbb{E}_A^{\mathscr{S}}$, wobei er $(\mathcal{G}, n, g, u)$ als öffentlichen Schlüssel verwendet; im Folgenden werden wir statt $(\mathcal{G}, n, g, u)$ kurz u schreiben. Die Beantwortung des Angebots von A geschieht mit v und w: Es wird z_b zu $(v, z_b \cdot w)$ verschlüsselt. Ist (u, v, w) ein DH-Tripel, so entspricht diese Verschlüsselung genau der Verschlüsselung durch $\mathscr{S}$ mit öffentlichem Schlüssel u. In diesem Fall sollte A also (gut) zwischen der Verschlüsselung von z_0 und z_1 unterscheiden können. Ist (u, v, w) jedoch kein DH-Tripel, so wurde w unabhängig von u und v gewählt. In diesem Fall sollte es A deshalb schwer fallen, zu unterscheiden, ob z_0 oder z_1 verschlüsselt wurde. Der Unterscheider U macht deshalb seine Ausgabe davon abhängig, ob A richtig bestimmt, ob z_0 oder z_1 verschlüsselt wurde. Falls A richtig liegt, dann gibt U das Bit 1 aus und sonst 0. Die genaue Beschreibung des Unterscheiders U folgt:

$U((u, v, w))$

    1. *Chiffrewahl, abgewandelt im Vergleich zu* $\mathbb{E}_A^{\mathscr{S}}$.
        $k = u$
    2. *Simuliere AF mit öffentlichem Schlüssel* u.
        $(z_0, z_1) = AF(k)$
    3. *Simuliere Auswahlschritt.*
        $c = \text{flip}()$
        $y = (v, z_c \cdot w)$
    4. *Simuliere AG, wieder mit öffentlichem Schlüssel* u.
        $c' = AG(k, y)$
    5. *Überprüfe Antwort* c' *von AG.*
        falls $c = c'$, so
            gib 1 zurück
        sonst
            gib 0 zurück

Der folgende Satz beschränkt, wie gewünscht, den Vorteil von A durch (zweimal) denjenigen von U und zeigt, dass A und U ähnliche Laufzeiten haben.

Satz 6.5.1 (beweisbare Sicherheit ElGamal)**.** *Es sei, wie üblich,* GroupGen *ein zufallsgesteuerter Algorithmus zur Erzeugung von Gruppen. Dann existiert eine (kleine) Konstante* c, *so dass für alle* $t > 0$ *und* t-*beschränkten Angreifer* A *auf das* GroupGen-*ElGamal-Kryptoschema* $\mathscr{S}$ *gilt:*

$$adv(A, \mathscr{S}) = 2 \cdot adv(U, (\text{Un}[\text{GroupGen}], \text{DH}[\text{GroupGen}])) \; , \tag{6.5.8}$$

wobei U *der oben aus dem Angreifer* A *konstruierte Unterscheider für* $(\text{Un}[\text{GroupGen}],$ $\text{DH}[\text{GroupGen}])$ *ist. Dieser ist* $(t + c)$-*beschränkt.*

Bevor wir diesen Satz beweisen, können wir aus diesem Satz direkt folgern, dass unter der DDH-Annahme das GroupGen-ElGamal-Kryptoschema sicher ist:

Folgerung 6.5.1. *Es sei* GroupGen *ein zufallsgesteuerter Algorithmus zur Erzeugung von Gruppen und es sei* $\mathscr{S}$ *das* GroupGen-*ElGamal-Kryptoschema. Dann existiert eine* *(kleine) Konstante c, so dass für alle $t > 0$ gilt:*

$$insec(t, \mathscr{S}) \leq 2 \cdot insec(t + c, (\text{Un}[\text{GroupGen}], \text{DH}[\text{GroupGen}])) \ .$$

Insbesondere gilt unter der DDH-Annahme bzgl. GroupGen *sowie den Parametern $t + c$ und ε:*

$$insec(t, \mathscr{S}) \leq 2 \cdot \varepsilon \ .$$

Mit anderen Worten, $\mathscr{S}$ ist $(t, 2 \cdot \varepsilon)$-sicher. □

Beweis von Satz 6.5.1. Es sei GroupGen wie im Satz gegeben. Wir schreiben im Folgenden kurz Un und DH für Un[GroupGen] bzw. DH[GroupGen].

Es seien $t > 0$ und A ein t-beschränkter Angreifer wie im Satz. Man sieht leicht, dass man unabängig von t und A eine (kleine) Konstante c wählen kann, so dass U $(t + c)$-beschränkt ist.

Für den Beweis von (6.5.8) beobachten wir zunächst, dass $\mathbb{S}_U^{(\text{Un},\text{DH})}\langle b = 1 \rangle$ genau dem Experiment $\mathbb{E}_A^{\mathscr{S}}$ entspricht. Folglich erhalten wir:

$$\begin{aligned}
\text{suc}(U, (\text{Un}, \text{DH})) &= \text{Prob}\left\{ \mathbb{S}_U^{(\text{Un},\text{DH})}\langle b = 1 \rangle = 1 \right\} \\
&= \text{Prob}\left\{ \mathbb{E}_A^{\mathscr{S}} = 1 \right\} \\
&= \frac{\text{adv}(A, \mathscr{S})}{2} + \frac{1}{2} \ .
\end{aligned} \tag{6.5.9}$$

Betrachten wir nun den Misserfolg von U. Dazu sei $\mathbb{S}' = \mathbb{S}_U^{(\text{Un},\text{DH})}\langle b = 0 \rangle$. Wir interessieren uns also für die Wahrscheinlichkeit $\text{Prob}\{\mathbb{S}' = 1\}$. Im verkürzten Experiment $\mathbb{S}'$ wird $\mathbb{E}_A^{\mathscr{S}}$ simuliert, allerdings wird das Angebot mit Hilfe des Tripels (u, v, w) verschlüsselt, welches aus der Verteilung Un stammt. Insbesondere wurde w unabhängig von u und v gewählt. Deshalb ist zu erwarten, dass A aus $(v, z_c \cdot w)$ keine Information darüber gewinnen kann, ob z_0 oder z_1 verschlüsselt wurde: Die beiden Komponenten des Chiffretextes sind nämlich zwei unabhängig gewählte zufällige Elemente der Gruppe. Wir wollen zeigen, dass tatsächlich

$$\text{fail}(U, (\text{Un}, \text{DH})) = \text{Prob}\{\mathbb{S}' = 1\} = 1/2 \tag{6.5.10}$$

gilt.

Dazu definieren wir, ähnlich wie im Beweis von Satz 5.4.1, eine Bijektion β auf Läufen von $\mathbb{S}'$, so dass im Lauf α der Angreifer A das Experiment erfolgreich besteht, im Lauf $\beta(\alpha)$ aber nicht und umgekehrt. Daraus (und aus der Tatsache, dass α und $\beta(\alpha)$ die gleiche Wahrscheinlichkeit besitzen) folgt dann das Gewünschte, denn offensichtlich besteht dann A das Experiment in genau der Hälfte aller Fälle.

Es sei α ein Lauf von $\mathbb{S}'$. Es bezeichne (u, v, w) das im Lauf α an U übergebene Tripel und (z_0, z_1) das im Lauf α unterbreitete Angebot. Wir konstruieren daraus einen neuen Lauf $\beta(\alpha) = \alpha'$ wie folgt: Der Lauf α' stimme bis auf folgende Änderungen mit α überein. In α' wird das Bit c gekippt, d. h., es gilt $c(\alpha') = 1 - c(\alpha)$. Außerdem wird in α' die an U übergebene dritte Komponente w durch $w \cdot (z_{1-c(\alpha)})^{-1} \cdot z_{c(\alpha)}$ ersetzt.

Damit stimmen die im Lauf α' an U übergebenen ersten beiden Komponenten u und v genau mit denjenigen im Lauf α überein. Auch die Sichten vom durch U simulierten Angreifer A in den Läufen α und α' bis zur Unterbreitung des Angebots sind völlig identisch; man beachte, dass A, nach Konstruktion von α und α', in beiden Läufen dieselben Zufallsbits benutzt. Insbesondere wird also in beiden Läufen dasselbe Angebot (z_0, z_1) unterbreitet. Im Lauf α wird $(v, z_{c(\alpha)} \cdot w)$ als Probe zurückgegeben und in α' lautet die Probe nach Konstruktion $(v, z_{1-c(\alpha)} \cdot w \cdot (z_{1-c(\alpha)})^{-1} \cdot z_{c(\alpha)})$, also auch $(v, z_{c(\alpha)} \cdot w)$. (Man beachte, dass die betrachtete Gruppe nach Lemma 6.3.3 kommutativ ist.) Damit bleiben die Sichten von A in den Läufen α und α' identisch. Folglich liefert A dieselbe Ausgabe c', also $c'(\alpha') = c'(\alpha)$. Da aber $c(\alpha) = 1 - c(\alpha')$ gilt, folgt:

$$\mathbb{S}'(\alpha) = 1 - \mathbb{S}'(\beta(\alpha)) \ . \tag{6.5.11}$$

Man kann sich nun noch leicht davon überzeugen, dass β eine bijektive Abbildung von Läufen von $\mathbb{S}'$ auf Läufe von $\mathbb{S}'$ ist (siehe Aufgabe 6.7.21). Aus der Bijektivität von β und (6.5.11) folgt nun, wie bereits erläutert, sofort (6.5.10), was zusammen mit (6.5.9) und Lemma 6.5.3 den Beweis abschließt. $\qquad\square$

6.6 Hybride Verschlüsselung

Selbst effiziente Implementierungen asymmetrischer Kryptoschemen, wie wir sie in den Abschnitten 6.4 und 6.5 kennengelernt haben, sind häufig sehr langsam im Vergleich zu Implementierungen symmetrischer Schemen. Deshalb liegt es nahe, beide Verschlüsselungsarten miteinander zu kombinieren, um in den Genuss der Vorteile beider zu gelangen: Bei geeigneter Kombination der Verfahren erhält man ein asymmetrisches Kryptoschema, das zudem noch (relativ) effizient ist. Diese sogenannten hybriden Kryptoschemen werden in der Praxis häufig eingesetzt, z. B. bei der Verschlüsselung von E-Mails mit dem Programm PGP (*pretty good privacy*).

Als Nachteile handelt man sich ein, dass man beide Verfahren (sowohl das asymmetrische wie auch das symmetrische) implementieren muss und dass die Sicherheit des Gesamtverfahrens nun von mehr Annahmen abhängt, nämlich von allen Annahmen, auf denen das symmetrische und das asymmetrische Verfahren fußen.

Eine hybride Verschlüsselung vollzieht sich in mehreren Schritten. In einem ersten Schritt wird ein symmetrischer Schlüssel zufällig generiert. Dieser wird dann mit dem asymmetrischen Verfahren verschlüsselt, während der Klartext unter dem zufällig gewählten symmetrischen Schlüssel chiffriert wird. Übermittelt werden dann der asymmetrisch verschlüsselte symmetrische Schlüssel und der symmetrisch verschlüsselte Klartext. Den zufällig gewählten symmetrischen Schlüssel wollen wir als *Einmalschlüssel* bezeichnen.

Die folgende Definition fasst den Begriff der hybriden Kryptoschemen präzise.

Definition 6.6.1 (hybride Kryptoschemen). Ein *hybrides Kryptoschema* ist gegeben durch ein Paar $(\mathscr{S}_a, \mathscr{S}_s)$ bestehend aus einem asymmetrischen Kryptoschema

$$\mathscr{S}_a = (X_a, K_a, G_a, E_a, D_a) \tag{6.6.1}$$

und einem symmetrischen Kryptoschema

$$\mathscr{S}_s = (K_s, E_s, D_s) \ , \tag{6.6.2}$$

etwa der Blocklänge l. Gefordert wird dabei, dass $K_s \subseteq X_a$ gilt. Das induzierte asymmetrische Kryptoschema ist dann

$$H[\mathscr{S}_a, \mathscr{S}_s] = (\{0,1\}^{l*}, K_a, G_a, E_h, D_h) \tag{6.6.3}$$

mit E_h gegeben durch

$E_h(x, k)$

　　1. *Bestimme zufälligen symmetrischen Schlüssel, den Einmalschlüssel.*
　　　$k_s = \mathrm{flip}(K_s)$
　　2. *Verschlüssle Einmalschlüssel mit dem asymmetrischen Verfahren.*
　　　$y_{sk} = E_a(k_s, k)$
　　3. *Verschlüssle Klartext unter dem Einmalschlüssel mit dem symmetrischen Verfahren.*
　　　$y_{pt} = E_s(x, k_s)$
　　4. *Gib beide Chiffretexte aus.*
　　　gib (y_{sk}, y_{pt}) zurück

Der Dechiffrieralgorithmus D_h ergibt sich in natürlicher Weise aus E_h. Die beiden Schemen $\mathscr{S}_a$ und $\mathscr{S}_s$ werden auch die *Basisschemen* des hybriden Schemas genannt.   ◁

Nachdem was wir in den vorangehenden Abschnitten gesehen haben, könnte man zum Beispiel folgende Wahl treffen: das ElGamal-Kryptoschema in $\mathrm{QR}(p)$ für eine starke Primzahl p als asymmetrisches Basisschema und AES in der R-CTR- oder der R-CBC-Betriebsart als symmetrisches Basisschema.

Wie erwähnt, hängt die Sicherheit des hybriden Schemas sowohl von der Sicherheit des symmetrischen wie auch von der Sicherheit des asymmetrischen Schemas ab. Genauer können wir folgenden Satz zeigen. Im Beweis dieses Satzes wird ein Angriff auf das hybride Schema in Angriffe auf die beiden Basisschemen umgewandelt; wie führen also, wie üblich, einen Reduktionsbeweis durch. Damit wird, wie gewünscht, die Sicherheit des hybriden Schemas auf diejenige der Basisschemen reduziert.

Satz 6.6.1. *Es sei $\mathscr{H} = H[\mathscr{S}_a, \mathscr{S}_s]$ ein hybrides Kryptoschema, wobei $\mathscr{S}_s$ die Blocklänge l verwende. Dann existiert eine (kleine) Konstante c, so dass für alle $t > 0$ und t-beschränkten Angreifer A auf $\mathscr{H}$ $(t+c)$-beschränkte Angreifer A_0 und A_1 auf $\mathscr{S}_a$ und ein $(\lfloor t/l \rfloor, 1, t+c)$-beschränkter Angreifer A_2 auf $\mathscr{S}_s$ existieren, so dass*

$$adv(A, \mathscr{H}) = adv(A_0, \mathscr{S}_a) + adv(A_1, \mathscr{S}_a) + adv(A_2, \mathscr{S}_s) \tag{6.6.4}$$

gilt. Insbesondere stellt A_2 neben dem Angebot keine Orakelanfrage.

Beweis. Nehmen wir also an, es seien ein hybrides Kryptoschema $\mathscr{H} = H[\mathscr{S}_a, \mathscr{S}_s] = (\{0,1\}^{l*}, K_a, G_a, E_h, D_h)$ wie in (6.6.3) und ein t-beschränkter Angreifer $A = (AF, AG)$ auf $\mathscr{H}$ gegeben.

Um den Satz zu beweisen, benutzten wir ein Hybridargument (vgl. auch die Bemerkungen am Ende von Abschnitt 5.5.2), um den Vorteil von A in Beziehung setzen zu können mit dem Vorteil der zu konstruierenden Angreifer auf die Basisschemen.

Der Chiffretext (y_{sk}, y_{pt}), der von E_h ausgegeben wird, enthält sowohl einen Chiffretext y_{sk} vom asymmetrischen Basisschema als auch einen Chiffretext y_{pt} vom symmetrischen Basisschema und diese beiden Chiffretexte sind durch den Einmalschlüssel in gewisser Weise verbunden. Im Hybridargument werden wir diese Verbindung »aufbrechen«. Dies ermöglicht dann eine unabhängige Analyse von Teilproblemen, die sich entweder nur auf das asymmetrische oder nur auf das symmetrische Schema beziehen. Damit können wir schließlich den Vorteil von A mit dem Vorteil der Angreifer auf die beiden Basisschemen in Beziehung setzen.

Das Aufbrechen der Verbindung zwischen y_{sk} und y_{pt} ist recht einfach. Statt mit E_a den Einmalschlüssel k_s zu verschlüsseln, wird einfach ein anderer zufällig gewählter symmetrischer Schlüssel verschlüsselt. Der Klartext x wird aber weiterhin mit k_s verschlüsselt. Die Idee ist, dass ein Angreifer nicht unterscheiden können sollte, ob diese »aufgebrochene« hybride Verschlüsselung gewählt wird oder die eigentliche hybride Verschlüsselung: Ist das asymmetrische Kryptoschema sicher, so sollte der Einmalschlüssel ja geheim bleiben. Aber dann sollte man ihn auch unbemerkt durch einen anderen zufällig gewählten Schlüssel austauschen können. Natürlich muss auch das symmetrische Kryptoschema sicher sein, damit der eigentliche Klartext geheim bleibt.

Die »aufgebrochene« hybride Verschlüsselung definieren wir als Variante E_h' von E_h. Genauer enthält E_h' einen Schalter $i \in \{0, 1\}$, der es erlaubt, zwischen E_h und der aufgebrochenen hybriden Verschlüsselung wechseln zu können. Für $i = 0$ stimmt E_h' mit E_h überein und für $i = 1$ entspricht E_h' der aufgebrochenen hybriden Verschlüsselung:

$E_h'(x, k)$

    1. *Bestimme zwei zufällige symmetrische Schlüssel.*
       $k_0 = \text{flip}(K_s); \; k_1 = \text{flip}(K_s)$
    2. *Bestimme, welcher dieser Schlüssel mit E_a verschlüsselt werden soll.*
       $i = \text{flip}()$
    3. *Berechne asymmetrische und symmetrische Chiffretexte.*
       $y_{sk} = E_a(k_i, k)$
       $y_{pt} = E_s(x, k_0)$
    4. *Gib beide Chiffretexte aus.*
       gib (y_{sk}, y_{pt}) zurück

Es bezeichne $\mathscr{H}'$ das Schema, dass man erhält, wenn man in $\mathscr{H}$ den Chiffrieralgorithmus E_h durch E_h' ersetzt. Man beachte, dass $\mathscr{H}'$ mit $\mathscr{H}$ übereinstimmt, wenn i auf 0 gesetzt wird. Streng genommen ist $\mathscr{H}'$ kein Kryptoschema, da für $i = 1$ die korrekte Entschlüsselung nicht gewährleistet ist. Dies ist aber kein Problem, da wir $\mathscr{H}'$ nicht für die Entschlüsselung einsetzen werden.

Es sei $\mathbb{S}' = \mathbb{S}_A^{\mathscr{H}'}$ das verkürzte Experiment zu A und $\mathscr{H}'$. Offensichtlich stimmt $\mathbb{S}'\langle i = 0 \rangle$ mit $\mathbb{S}_A^{\mathscr{H}}$ überein und somit stimmt auch $\mathbb{S}'\langle b = 0, i = 0 \rangle$ mit $\mathbb{S}_A^{\mathscr{H}}\langle b = 0 \rangle$ überein; analog für $b = 1$. Wir kürzen im Folgenden $\mathbb{S}'\langle b = 1, i = 0 \rangle$ mit $\mathbb{S}'\langle 1, 0 \rangle$ ab; analog für die anderen Werte von b und i. Wir können den Vorteil von A bzgl. $\mathscr{H}$ nun wie folgt schreiben:

$$
\begin{aligned}
\operatorname{adv}(A, \mathscr{H}) &= \operatorname{Prob}\left\{\mathbb{S}_A^{\mathscr{H}}\langle b=1\rangle = 1\right\} - \operatorname{Prob}\left\{\mathbb{S}_A^{\mathscr{H}}\langle b=0\rangle = 1\right\} \\
&= \operatorname{Prob}\left\{\mathbb{S}'\langle 1,0\rangle = 1\right\} - \operatorname{Prob}\left\{\mathbb{S}'\langle 0,0\rangle = 1\right\} \\
&= \operatorname{Prob}\left\{\mathbb{S}'\langle 1,0\rangle = 1\right\} - \operatorname{Prob}\left\{\mathbb{S}'\langle 1,1\rangle = 1\right\} + \qquad (6.6.5) \\
&\quad\; \operatorname{Prob}\left\{\mathbb{S}'\langle 1,1\rangle = 1\right\} - \operatorname{Prob}\left\{\mathbb{S}'\langle 0,1\rangle = 1\right\} + \\
&\quad\; \operatorname{Prob}\left\{\mathbb{S}'\langle 0,1\rangle = 1\right\} - \operatorname{Prob}\left\{\mathbb{S}'\langle 0,0\rangle = 1\right\} \;.
\end{aligned}
$$

Wir werden nun die drei Differenzen auf der rechten Seite der Gleichung (6.6.5) durch den Vorteil von zu konstruierenden Angreifern auf $\mathscr{S}_a$ bzw. $\mathscr{S}_s$ abschätzen, was dann insgesamt (6.6.4) liefern wird.

Schauen wir uns zunächst die erste Differenz

$$
\operatorname{Prob}\left\{\mathbb{S}'\langle 1,0\rangle = 1\right\} - \operatorname{Prob}\left\{\mathbb{S}'\langle 1,1\rangle = 1\right\} \qquad (6.6.6)
$$

an. In den verkürzten Experimenten $\mathbb{S}'\langle 1,0\rangle$ und $\mathbb{S}'\langle 1,1\rangle$ passiert fast das Gleiche. Erst wenn A sein Angebot (z_0, z_1) unterbreitet, gibt es einen Unterschied: In $\mathbb{S}'\langle 1,0\rangle$ wird $(E_a(k_0, k), E_s(z_1, k_0))$ zurückgeben, wohingegen in $\mathbb{S}'\langle 1,1\rangle$ der Chiffretext $(E_a(k_1, k), E_s(z_1, k_0))$ zürückgeben wird. Die beiden Chiffretexte unterscheiden sich also lediglich darin, dass bei dem einen k_0 und bei dem anderen k_1 mit dem asymmetrischen Chiffrieralgorithmus E_a verschlüsselt wird. Damit sollten sich die Wahrscheinlichkeiten $\operatorname{Prob}\left\{\mathbb{S}'\langle 1,0\rangle = 1\right\}$ und $\operatorname{Prob}\left\{\mathbb{S}'\langle 1,1\rangle = 1\right\}$ aber kaum unterscheiden, denn sonst könnte man einen Angreifer A_0 auf $\mathscr{S}_a$ konstruieren, der gut zwischen der Verschlüsselung von k_0 und k_1 unterscheiden könnte. Wir wollen A_0 nun angeben und werden leicht einsehen, dass der Vorteil von A_0 genau der in (6.6.6) angegebenen Differenz entspricht.

Der Angreifer $A_0 = (AF_0, AG_0)$ auf $\mathscr{S}_a$ simuliert im Wesentlichen $\mathbb{S}'\langle b=1\rangle$, bis auf die Chiffrewahl. Genauer arbeitet A_0 wie folgt:

$A_0(k)$:

$AF_0(k)$:
1. *Simuliere AF.*
   $(z_0, z_1) = AF(k)$.
2. *Bestimme zwei zufällige symmetrische Schlüssel.*
   $k_0 = \operatorname{flip}(K_s)$; $k_1 = \operatorname{flip}(K_s)$
3. *Sende Angebot.*
   sende (k_1, k_0)
$AG_0(k, y)$:
4. *Berechne asymmetrische und symmetrische Chiffretexte.*
   $y_{sk} = y$
   $y_{pt} = E_s(z_1, k_0)$
5. *Setze Simulation von A fort.*
   setze Simulation von A mit $AG(k, (y_{sk}, y_{pt}))$ fort.

Man sieht nun leicht, dass sich $\mathbb{S}_{A_0}^{\mathscr{S}_a}\langle b=1\rangle$ exakt wie $\mathbb{S}'\langle 1,0\rangle$ verhält. Entsprechendes gilt für $\mathbb{S}_{A_0}^{\mathscr{S}_a}\langle b = 0\rangle$ und $\mathbb{S}'\langle 1, 1\rangle$. Wir können damit direkt festhalten:

$$\mathrm{suc}(A_0, \mathscr{S}_a) = \mathrm{Prob}\left\{\mathbb{S}_{A_0}^{\mathscr{S}_a}\langle b = 1\rangle = 1\right\}$$

$$= \mathrm{Prob}\left\{\mathbb{S}'\langle 1, 0\rangle = 1\right\}$$

$$\mathrm{fail}(A_0, \mathscr{S}_a) = \mathrm{Prob}\left\{\mathbb{S}_{A_0}^{\mathscr{S}_a}\langle b = 0\rangle = 1\right\}$$

$$= \mathrm{Prob}\left\{\mathbb{S}'\langle 1, 1\rangle = 1\right\}$$

$$\mathrm{adv}(A_0, \mathscr{S}_a) = \mathrm{Prob}\left\{\mathbb{S}'\langle 1, 0\rangle = 1\right\} - \mathrm{Prob}\left\{\mathbb{S}'\langle 1, 1\rangle = 1\right\}\ . \tag{6.6.7}$$

Völlig analog zu A_0 kann man einen Angreifer A_1 auf $\mathscr{S}_a$ definieren, für den

$$\mathrm{adv}(A_1, \mathscr{S}_a) = \mathrm{Prob}\left\{\mathbb{S}'\langle 0, 1\rangle = 1\right\} - \mathrm{Prob}\left\{\mathbb{S}'\langle 0, 0\rangle = 1\right\} \tag{6.6.8}$$

gilt.

Es bleibt somit, die zweite Differenz in (6.6.5) zu untersuchen. Ähnlich wie bei den beiden anderen Differenzen verhalten sich die verkürzten Experimente $\mathbb{S}'\langle 1, 1\rangle$ und $\mathbb{S}'\langle 0, 1\rangle$ wieder sehr ähnlich. Erst wenn A sein Angebot (z_0, z_1) unterbreitet, gibt es einen Unterschied: In $\mathbb{S}'\langle 1, 1\rangle$ wird $(E_a(k_1, k), E_s(z_1, k_0))$ zurückgeben, wohingegen in $\mathbb{S}'\langle 0, 1\rangle$ der Chiffretext $(E_a(k_1, k), E_s(z_0, k_0))$ zurückgeben wird. Die beiden Chiffretexte unterscheiden sich also lediglich darin, dass bei dem einen z_1 und bei dem anderen z_0 mit dem symmetrischen Chiffrieralgorithmus E_s verschlüsselt wird. Damit sollten sich die Wahrscheinlichkeiten $\mathrm{Prob}\{\mathbb{S}'\langle 1, 1\rangle = 1\}$ und $\mathrm{Prob}\{\mathbb{S}'\langle 0, 1\rangle = 1\}$ aber kaum unterscheiden, denn sonst könnte man einen Angreifer A_2 auf $\mathscr{S}_s$ konstruieren, der gut zwischen der Verschlüsselung von z_0 und z_1 unterscheidet. Wir wollen A_2 nun angeben und werden leicht einsehen, dass der Vorteil von A_2 genau mit der zweiten Differenz in Gleichung (6.6.5) übereinstimmt.

Der Angreifer $A_2 = (AF_2, AG_2)$ auf $\mathscr{S}_s$ simuliert im Wesentlichen $\mathbb{S}'\langle i = 1\rangle$, bis auf die Chiffrewahl. Genauer arbeitet A_2 wie folgt, wobei F die an A_2 übergebene Chiffre ist.

$A_2(F)$:

$AF_2(F)$:

    1. *Erzeuge öffentlichen Schlüssel.*
       $(k, \hat{k}) = G_a()$
    2. *Simuliere AF mit öffentlichem Schlüssel k.*
       $(z_0, z_1) = AF(k)$.
    3. *Bestimme einen zufälligen symmetrischen Schlüssel; die Rolle von $E_s(\cdot, k_0)$ übernimmt F.*
       $k_1 = \mathrm{flip}(K_s)$
    4. *Sende Angebot.*
       sende (z_0, z_1)

$AG_2(F, y)$:

    5. *Berechne asymmetrische und symmetrische Chiffretexte.*
       $y_{sk} = E_a(k_1, k)$

$$y_{pt} = y$$

6. *Setze Simulation von A fort.*
   setze Simulation von A mit $AG(k, (y_{sk}, y_{pt}))$ fort.

Man sieht nun leicht, dass sich $\mathbb{S}_{A_2}^{\mathscr{S}_s}\langle b = 1\rangle$ exakt wie $\mathbb{S}'\langle 1, 1\rangle$ verhält. Entsprechendes gilt für $\mathbb{S}_{A_2}^{\mathscr{S}_s}\langle b = 0\rangle$ und $\mathbb{S}'\langle 0, 1\rangle$.

Wir können damit direkt festhalten:

$$\mathrm{suc}(A_2, \mathscr{S}_s) = \mathrm{Prob}\left\{\mathbb{S}_{A_2}^{\mathscr{S}_s}\langle b = 1\rangle = 1\right\}$$

$$= \mathrm{Prob}\left\{\mathbb{S}'\langle 1, 1\rangle = 1\right\}$$

$$\mathrm{fail}(A_2, \mathscr{S}_s) = \mathrm{Prob}\left\{\mathbb{S}_{A_2}^{\mathscr{S}_s}\langle b = 0\rangle = 1\right\}$$

$$= \mathrm{Prob}\left\{\mathbb{S}'\langle 0, 1\rangle = 1\right\}$$

$$\mathrm{adv}(A_2, \mathscr{S}_s) = \mathrm{Prob}\left\{\mathbb{S}'\langle 1, 1\rangle = 1\right\} - \mathrm{Prob}\left\{\mathbb{S}'\langle 0, 1\rangle = 1\right\} \ . \qquad (6.6.9)$$

Aus (6.6.7), (6.6.8) und (6.6.9) folgt nun zusammen mit (6.6.5) direkt (6.6.4). Die im Satz angegebenen Laufzeiten der Angreifer sowie die angegebene Anzahl und Länge der Orakelanfragen ergeben sich direkt aus den Konstruktionen der Angreifer.   □

Es ist nun eine leichte Übung, mit Hilfe des gerade bewiesenen Satzes die Sicherheit $\mathrm{insec}(t, H[\mathscr{S}_a, \mathscr{S}_s])$ von $H[\mathscr{S}_a, \mathscr{S}_s]$ durch diejenige von $\mathscr{S}_a$ und $\mathscr{S}_s$ abzuschätzen.

Wir machen noch folgende, für die Sicherheit des hybriden Verfahrens interessante Beobachtungen: Da der Angreifer A_2 neben dem Angebot keine weiteren Orakelanfragen an das symmetrische Kryptoschema stellt, reicht es, wenn man ein symmetrisches Kryptoschema betrachtet, welches nur für solche Angreifer sicher ist. Dafür reichen aber schon deterministische Kryptoschemen, wie etwa das Vernamsystem (siehe Beispiel 3.2.2), wenn es auf Nachrichten beliebiger Länge erweitert wird. Dies sollte nicht sonderlich überraschen, denn bei der hybriden Verschlüsselung wird für jede neu zu verschlüsselnde Nachricht ein neuer symmetrischer Schlüssel gewählt. Die Anforderungen an das asymmetrische Kryptoschema sind auch geringer, da lediglich ein zufällig aus K_s gewähltes Element verschlüsselt werden muss.

6.7   Aufgaben

Aufgabe 6.7.1 ($\mathbf{Z}_{42}^*$ und $\mathbf{Z}_{54}^*$). Es sei $G = \mathbf{Z}_{42}^*$ und $H = \mathbf{Z}_{54}^*$. Bestimmen Sie alle Untergruppen von G und H und deren Inklusionsbestimmungen und untersuchen Sie, welche der Untergruppen zyklisch sind und welche nicht. Bestimmten Sie ggf. jeweils alle Erzeuger und die Wahrscheinlichkeit, dass ein Element ein Erzeuger ist. Vergleichen Sie letztere mit der Abschätzung aus Folgerung 6.3.3.

Aufgabe 6.7.2 ($\mathbf{Z}_{1250}^*$). Es sei $G = \mathbf{Z}_{1250}^*$. Dies ist eine zyklische Gruppe der Ordnung 500. Überprüfen Sie nach dem Verfahren der Vorlesung, ob eines der Elemente 7, 9, 11 oder 13 ein Erzeuger von G ist.

Aufgabe 6.7.3 (quadratische Reste). Es seien $n > 0$ und $a \in \mathbf{Z}$ ein *quadratischer Rest modulo* n, d.h., es gilt $\mathrm{ggT}(a,n) = 1$ und es gibt ein $b \in \mathbf{Z}$ mit $b^2 \bmod n = a \bmod n$. Zeigen Sie, dass $b \bmod n \in \mathbf{Z}_n^*$ gilt.

Aufgabe 6.7.4 (Lösen quadratischer Gleichungen). Überlegen Sie sich unter Zuhilfenahme des Eulertests, wie man in Polynomzeit feststellen kann, ob eine quadratische Gleichung der Form $ax^2 + bx + c$ mit $a, b, c \in \mathbf{Z}$ eine Nullstelle in $\mathbf{Z}_p$ für eine gegebene Primzahl $p > 2$ hat.

Aufgabe 6.7.5. Beweisen Sie (6.3.4) und (6.3.5).

Aufgabe 6.7.6 (Anzahl Wurzeln von 1 in $\mathbf{Z}_n$). Es sei $n = p \cdot q$ für zwei verschiedene Primzahlen p und q. Zeigen Sie mit Hilfe des Chinesischen Restsatzes (Satz 6.3.1), dass $1 \in \mathbf{Z}_n$ genau vier Wurzeln besitzt.

Aufgabe 6.7.7 (quadratische Reste und Chinesischer Restsatz). Es seien $n = p \cdot q$, für zwei verschiedene Primzahlen p und q, und $a \in \mathbf{Z}_n^*$. Zeigen Sie mit Hilfe des Chinesischen Restsatzes (Satz 6.3.1), dass $a \in \mathrm{QR}(n)$ genau dann, wenn $a \bmod p \in \mathrm{QR}(p)$ und $a \bmod q \in \mathrm{QR}(q)$.

Aufgabe 6.7.8 (quadratische Reste und Jacobi-Symbol). Es sei $n = p \cdot q$ für zwei ungerade und verschiedene Primzahlen p und q. Weiter sei $J_n^{+1} = \{a \in \mathbf{Z}_n^* \mid J_n(a) = 1\}$ und $J_n^{-1} = \{a \in \mathbf{Z}_n^* \mid J_n(a) = -1\}$. Zeigen Sie folgende Aussagen:
a) $\mathbf{Z}_n^* = J_n^{+1} \cup J_n^{-1}$ und $|J_n^{+1}| = |J_n^{-1}|$, d.h., die Hälfte der Elemente in $\mathbf{Z}_n^*$ besitzt Jacobi-Symbol 1 und die andere Hälfte Jacobi-Symbol -1.
b) $\mathrm{QR}(n) \subseteq J_n^{+1}$.
c) $|\mathrm{QR}(n)| = |J_n^{+1}|/2$.
Hinweis: Benutzen Sie Aufgabe 6.7.7 sowie die Multiplikativität des Jacobi-Symbols (Lemma 6.3.6).

Aufgabe 6.7.9 (Beispiele Miller-Rabin-Test). Führen Sie den Miller-Rabin-Test für die Eingabe $n = 25$ aus. Gehen Sie dabei davon aus, dass das zufällig gewählte a den Wert 2 hat. Geben Sie die Werte an, die b der Reihe nach annimmt.

Finden Sie ein $a \in \{2, \ldots, n-2\}$, für das der Miller-Rabin-Test (mit obigem n) eine falsche Ausgabe liefert.

Aufgabe 6.7.10 (Chinesischer Restsatz und Exponentiation). Es sei $n = p \cdot q$, wobei p und q unterschiedliche Primzahlen seien. Wie kann man die Kenntnis von p und q ausnutzen, um Exponentiationen der Form

$$y^d \bmod n \qquad\qquad \text{mit } y, d < n$$

schneller berechnen zu können? Schätzen Sie den Effizienzgewinn gegenüber der direkten Berechnung mit schneller Exponentiation ab, wenn Sie für Addition und Multiplikation modulo n die Rechenzeiten $a \cdot \log(n)$ bzw. $b \cdot (\log(n))^2$ für Konstanten a, b zugrunde legen und davon ausgehen, dass p und q bzgl. ihrer Binärdarstellung halb so groß sind wie n.

Aufgabe 6.7.11 (RSA und das Jacobi-Symbol). Ein Klartext x wurde mit dem öffentlichen RSA-Schlüssel $(77, 17)$ zum Chiffretext $y = 70$ verschlüsselt. Bestimmen Sie x, indem Sie den öffentlichen Schlüssel »brechen«, d.h., den privaten Schlüssel bestimmen.

Berechnen Sie zudem $J_n(y)$ und $J_n(x)$ mit Algorithmus 6.3 und überprüfen Sie so exemplarisch, dass das Jacobi-Symbol, wie in Lemma 6.4.2 bewiesen, bei der RSA-Verschlüsselung erhalten bleibt.

Aufgabe 6.7.12 (Unsicherheit von RSA und Jacobi-Symbol). Geben Sie einen erfolgreichen Angreifer auf das RSA-Kryptoschema an, der Lemma 6.4.2 ausnutzt. Berechnen Sie den Vorteil Ihres Angreifers.

Aufgabe 6.7.13 (Äquivalenz: Berechnen von $\phi(n)$ und Faktorisieren von n). Es sei $n = p \cdot q$ für verschiedene Primzahlen p und q gegeben. Zeigen Sie, wie man aus $\phi(n) = (p-1) \cdot (q-1)$ und n, die Primzahlen p und q effizient berechnen kann.

Aufgabe 6.7.14 (Spezialfall von Bemerkung 6.4.1). Wir wollen in dieser Aufgabe einen Spezialfall von Bemerkung 6.4.1 beweisen: Geben Sie einen effizienten Algorithmus an, der, bei Eingabe eines öffentlichen RSA-Schlüssels $(n, 3)$ und des zugehörigen privaten RSA-Schlüssels (n, d), die Primfaktoren p und q von n bestimmt. Wir betrachten also lediglich den Spezialfall $e = 3$. Hinweis: Zeigen Sie, dass für $\phi(n)$ nur wenige Zahlen in Frage kommen.

Aufgabe 6.7.15 (Verallgemeinerter Angriff auf »Textbook RSA« mit kleinem Exponenten). Es seien $(n_1, 3)$, $(n_2, 3)$ und $(n_3, 3)$ paarweise verschiedene öffentliche RSA-Schlüssel von drei Parteien. Für alle drei Schlüssel ist also $e = 3$. Wir nehmen an, dass alle drei Parteien die Nachricht $m < \min(n_1, n_2, n_3)$ mit ihrem öffentlichen Schlüssel gemäß dem RSA-Verfahren verschlüsseln. Ein Angreifer erhält also die Chiffretexte $c_1 = m^3 \bmod n_1$, $c_2 = m^3 \bmod n_2$ sowie $c_3 = m^3 \bmod n_3$. Geben sie ein effizientes Verfahren an, mit dem der Angreifer, bei Eingabe der drei Chiffretexte sowie der drei öffentlichen Schlüssel, die Nachricht m berechnen kann.

Hinweis: Verwenden Sie, ohne Beweis, für den Fall, dass die Module n_1, n_2 und n_3 paarweise teilerfremd sind, eine verallgemeinerte Version des Chinesischen Restsatzes (Satz 6.3.1): Es seien $n_1, \ldots, n_l \geq 2$ paarweise teilerfremd und es sei $n = n_1 \cdots n_l$. Dann ist die Abbildung $h \colon \mathbf{Z}_n \to \mathbf{Z}_{n_1} \times \cdots \times \mathbf{Z}_{n_l}$ definiert durch $k \mapsto (k \bmod n_1, \ldots, k \bmod n_l)$ ein Ring-Isomorphismus. Gilt $1 = r_i \cdot n_i + s_i \cdot \frac{n}{n_i}$, für $r_i, s_i \in \mathbf{Z}$ und alle $i \in \{1, \ldots, l\}$, dann ist $(a_1, \ldots, a_l) \mapsto \sum_{i=1}^{l} a_i \cdot s_i \cdot \frac{n}{n_i} \bmod n$ die Umkehrabbildung h^{-1} zu h.

Aufgabe 6.7.16 (RSA und CCA-Sicherheit). Geben Sie zunächst, analog zu Definition 6.2.2, eine formale Definition für die CCA-Sicherheit asymmetrischer Kryptoschemen an. Beweisen Sie dann, dass die am Anfang von Abschnitt 6.4.3 beschriebene Variante von RSA, in der r zufällig gewählt wird und dann $r\|x$ wie üblich mit dem RSA-Verfahren verschlüsselt wird, keine CCA-Sicherheit bietet. Hinweis: Verwenden Sie die Multiplikativitätseigenschaft von RSA, d. h., $a^e \cdot b^e \bmod n = (ab)^e \bmod n$.

Aufgabe 6.7.17 (ElGamal). Bestimmen Sie einen Erzeuger g von $\mathbf{Z}_{13}^*$ und ein ElGamal-Schlüsselpaar für $\mathbf{Z}_{13}^*$ und g. Verschlüsseln Sie dann den Klartext $x = 7$ mit dem öffentlichen Schlüssel Ihres Schlüsselpaares.

Aufgabe 6.7.18 (Gleichverteilung auf zyklischen Gruppen). Es sei $\mathcal{G}$ eine zyklische Gruppe der Ordnung n mit Erzeuger g. Zeigen Sie, dass die Abbildung, die $a \in \mathbf{Z}_n$ auf $g^a \in \mathcal{G}$ abbildet, ein Gruppenisomorphismus von $\mathbf{Z}_n$ mit Addition modulo n nach $\mathcal{G}$ ist. Damit folgt direkt, dass durch die folgende Vorgehensweise ein Element zufällig gleichverteilt aus $\mathcal{G}$ gewählt wird: Wähle a zufällig gleichverteilt aus $\mathbf{Z}_n$ und gib g^a aus.

Aufgabe 6.7.19 (diskreter Logarithmus und Diffie-Hellman-Funktion). Definieren Sie zunächst durch ein Experiment (etwa ähnlich zu Definition 6.4.5) die Sicherheit des diskreten Logarithmus sowie der Diffie-Hellman-Funktion. Reduzieren Sie dann die Sicherheit dieser Funktionen auf die DDH-Annahme, d. h., schätzen sie jeweils den Vorteil eines Angreifers auf eine dieser Funktionen durch den Vorteil eines geeignet konstruierten Unterscheiders für das DH-Problem ab. Bestimmen Sie außerdem die Laufzeiten der Unterscheider jeweils im Vergleich zum entsprechenden Angreifer.

Aufgabe 6.7.20 (Unsicherheit von ElGamal und Jacobi-Symbol). Geben Sie einen erfolgreichen Angreifer auf das ElGamal-Kryptoschema betrieben für die Einheitengruppen $\mathbf{Z}_p^*$ an, der Lemma 6.5.1 ausnutzt. Berechnen Sie den Vorteil Ihres Angreifers.

Aufgabe 6.7.21 (Beweis der Sicherheit von ElGamal). Vervollständigen Sie den Beweis von Satz 6.5.1. Zeigen Sie dazu, dass die im Beweis dieses Satzes definierte Abbildung β bijektiv ist.

Aufgabe 6.7.22 (ElGamal und CCA-Sicherheit). Beweisen Sie, dass das ElGamal-Kryptoschema keine CCA-Sicherheit bietet. Verwenden Sie dazu die in Aufgabe 6.7.16 formulierte Definition für CCA-Sicherheit. Hinweis: Überlegen Sie sich, wie man aus einem ElGamal-Chiffretext $(g^a, x \cdot g^{ab})$ einen neuen Chiffretext mit Klartext x berechnet.

6.8   Anmerkungen und Hinweise

Wie bereits in der Einführung zu diesem Buch erwähnt, formulierten Diffie und Hellman in ihrem Aufsatz aus dem Jahr 1976 die revolutionäre Idee der asymmetrischen Verschlüsselung [64]. Die in Abschnitt 6.2 kennengelernte Sicherheitsdefinition für asymmetrische Kryptoschemen geht auf die wegbereitende Arbeit von Goldwasser und Micali zurück [86]. Die stärkere CCA-Sicherheit wurde von Naor und Yung [130] sowie Rackoff und Simon [138] eingeführt (siehe auch Abschnitt 5.8).

Für eine eingehendere Behandlung der in Abschnitt 6.3 skizzierten Grundlagen zur algorithmischen Zahlentheorie verweisen wir auf die einschlägige Literatur, wie zum Beispiel das Buch von Shoup [153]. Der Miller-Rabin-Primzahltest geht auf Miller [126] und Rabin [137] zurück. Eine ausführliche und gut verständliche Darstellung von Primzahltests, die von zufallsgesteuerten Primzahltests, einschließlich dem Miller-Rabin- und dem Solovay-Strassen-Primzahltest, bis hin zum erwähnten effizienten deterministischen Primzahltest von Agrawal, Kayal und Nitin [4] reicht, findet sich im Buch von Dietzfelbinger [63]. Die grundlegende Idee zum erwähnten Zahlkörpersieb für das Faktorisieren großer Zahlen geht auf Pollard [134] zurück und wurde später u. a. von Buhler, Lenstra und Pomerance [46] weiterentwickelt. Gordon [89] und andere haben das Zahlkörpersieb auf das Problem der Berechnung des diskreten Logarithmus (DL-Problem) angepasst. Die in Abschnitt 6.5.2 erwähnte Babystep-Giantstep-Methode zur Lösung des DL-Problems stammt von Shanks [146] und der Pohlig-Hellman-Algorithmus wird in [133] vorgestellt. Weitere Informationen über Algorithmen für das Faktorisierungs- und DL-Problem finden sich im bereits erwähnten Buch von Shoup [153] sowie in einem Buch von Crandall und Pomerance [58].

Es sei an dieser Stelle auf den sogenannten *RSA Factoring Challenge* [187] hingewiesen, bei dem Preisgelder für das erstmalige Faktorisieren großer RSA-Moduln n verschiedener

Länge ausgelobt wurden, also Zahlen der Form $n = p \cdot q$ für Primzahlen p und q gleicher Länge. Die Längen der in diesem Wettbewerb zu faktorisierenden Zahlen reichen von etwa 330 bis 2048 Bits. Der aktuelle Rekord (Stand Januar 2011) liegt bei der Faktorisierung der Zahl mit der Länge 768 Bits [106]. Zur Faktorisierung dieser Zahl wurde das Zahlkörpersieb verwendet. Die Rechenzeit betrug etwa zwei Jahre auf einigen hundert Computern. Auf einem 2,2 GHz AMD Opteron Prozessor mit 2 GB RAM und einem Kern hätte die Berechnungszeit etwa bei 1500 Jahren gelegen. Wie in [106] erwähnt, wird erwartet, dass es innerhalb der nächsten fünf bis zehn Jahre möglich sein wird, auch Zahlen der Länge 1024 Bits, eine in der Praxis immer noch übliche Größe für RSA-Moduln, zu faktorisieren. Aktuelle Standards empfehlen deshalb Zahlen in dieser Größenordnung nicht mehr zu verwenden [184].

Der in Abschnitt 6.3 erwähnte Quantenalgorithmus, der, Quantencomputer vorausgesetzt, es erlauben würde große Zahlen effizient zu faktorisieren, stammt von Shor [150]. In derselben Arbeit wird ein ähnlicher Algorithmus auch für das effiziente Lösen des DL-Problems vorgestellt. Wir verweisen auf das Lehrbuch von Nielsen und Chuang [131] für weitere Informationen zu Quantencomputern und -information.

Das RSA-Verschlüsselungsverfahren wurde, wie bereits an verschiedenen Stellen im Buch erwähnt, im Jahr 1978 von Rivest, Shamir und Adleman entwickelt [140]. Es war das erste veröffentlichte asymmetrische Kryptoschema (siehe auch die Bemerkungen in Abschnitt 1.2 zum britischen Geheimdienst).

Wie in Abschnitt 6.4.2 beschrieben, wird vermutet, dass RSA eine Familie von Einwegfunktionen mit Hintertür ist (RSA-Annahme). Allerdings ist offen, ob diese Annahme äquivalent ist zu der Annahme, dass das Faktorisieren großer Zahlen schwer ist; es gibt Hinweise dafür (siehe, z. B., [3]) und dagegen (siehe, z. B., [97]).

Das Konzept der Einwegfunktion (mit Hintertür) wurde, wie auch in Abschnitt 4.10 erwähnt, bereits von Diffie und Hellman vorgeschlagen [64] und später von Yao [170] formalisiert. Neben der RSA-Verschlüsselungsfunktion vermutet man, dass zum Beispiel auch das Quadrieren modulo eines RSA-Moduls eine Einwegfunktion mit Hintertür ist. Diese Funktion wurde von Rabin eingeführt, der gezeigt hat, dass Sie genau dann eine Einwegfunktion (mit Hintertür) ist, wenn das Faktorisieren eines RSA-Moduls schwer ist [136]. Diese Funktion ist die Grundlage des Rabin-Kryptoschemas (siehe unten). Eine ausführliche Behandlung von Einwegfunktionen sowie weitere Literaturangaben finden sich im Lehrbuch von Goldreich [80]. Das Konzept der Einwegfunktion wird uns auch im Kontext von kryptographischen Hashfunktionen wieder begegnen (siehe Kapitel 8).

Die Sicherheit des am Anfang von Abschnitt 6.4.3 skizzierten RSA-basierten Kryptoschemas, indem $r \| x$ für einen Klartext x und einen zufällig gewählten Bitvektor r mit dem RSA-Verfahren verschlüsselt wird, folgt aus Resultaten in [7, 91] (siehe auch das Lehrbuch von Katz und Lindell [101]). Der Standard PKCS#1 v1.5 ist in [188] beschrieben. Der Angriff von Bleichenbacher auf das RSA-basierte PKCS#1 v1.5 Verschlüsselungsverfahren wurde in [39] vorgestellt. Eine gute Übersicht über Angriffe auf RSA-basierte Verfahren bis 1999 findet sich in [43], darunter der Angriff von Bleichenbacher sowie der in Aufgabe 6.7.15 behandelte Angriff. Das OAEP-Verfahren wurde, wie bereits in Abschnitt 6.4.3 erwähnt, von Bellare und Rogaway entwickelt [25], allerdings war der in dieser Arbeit präsentierte Sicherheitsbeweis fehlerhaft [151, 77, 44] (siehe auch die Erläuterungen dazu in [190]). In [77] konnten Fujisaki, Okamoto, Pointcheval und Stern aber zeigen, dass OAEP in Verbindung mit dem RSA-Verfahren (RSA-OAEP) CCA-Sicherheit bietet. RSA-OAEP wurde in PKCS#1 v2.1 standardisiert [190].

ElGamal hat das von ihm entwickelte Kryptoschema in [71] veröffentlicht. Die Tatsache, dass, unter der DDH-Annahme, das ElGamal-Kryptoschema sicher ist, wurde zum Beispiel in [160] bewiesen. Das Diffie-Hellman-Entscheidungsproblem sowie das Problem der Berechnung des diskreten Logarithmus und der Diffie-Hellman-Funktion gehen bereits auf die Arbeit von Diffie und Hellman [64] zurück. Für weitere Informationen zu diesen Problemen und deren Beziehungen verweisen wir auf die Überblicksartikel von Boneh [42] und Odlyzko [132] sowie den Artikel von Maurer und Wolf [122]. Die Verwendung der in Abschnitt 6.5.2 erwähnten elliptischen Kurven in der Kryptographie wurde unabhängig voneinander von Koblitz [107] und Miller [127] vorgeschlagen (siehe, z. B., [108, 168, 101] für weitere Informationen zu elliptischen Kurven in der Kryptographie).

Neben den in diesem Buch behandelten asymmetrischen Kryptoschemen gibt es noch viele andere. Ein prominentes Beispiel ist das oben bereits erwähnte Rabin-Kryptoschema [136], welches ähnlich zu RSA arbeitet. Ein wichtiger Unterschied ist allerdings, dass die Sicherheit des Rabin-Kryptoschemas allein auf der Annahme beruht, dass das Faktorisierungsproblem schwer zu lösen ist. Das erste Kryptoschema, dessen Sicherheit im Sinne von Abschnitt 6.2 nachgewiesen wurde, stammt von Goldwasser und Micali [86]. Es erlaubt die Verschlüsselung eines Bits und basiert auf der Annahme, dass, gegeben ein RSA-Modul n, es schwer ist, zu entscheiden, ob ein Element $c \in \mathbf{Z}_n^*$ ein quadratischer Rest oder ein (spezieller) quadratischer Nichtrest modulo n ist. Das erste praktikable asymmetrische Kryptoschema, welches CCA-Sicherheit bietet und auf weithin akzeptierten kryptographischen Annahmen basiert (u. a. auf der DDH-Annahme), wurde von Cramer und Shoup vorgeschlagen [57]. Im Gegensatz zu OAEP verwendet das Cramer-Shoup-Kryptoschema kein sogenanntes Random Oracle (siehe auch Abschnitt 6.4.3). Ausgehend von der bahnbrechenden Arbeit von Ajtai [5] wurden asymmetrische Kryptoschemen, das erste von Ajtai und Dwork [6], sowie andere kryptographische Primitive basierend auf sogenannten Gitterproblemen entwickelt (siehe [125] für eine Einführung in diese Thematik). Diese auf Gittern basierende Kryptographie (*lattice-based cryptography*) ist vor allem deshalb interessant, weil die Sicherheit der kryptographischen Primitive allein darauf beruht, dass bestimmte Gitterprobleme auch im *worst case* schwer zu lösen sind. Man kann also zeigen, dass, wenn die entwickelten kryptographischen Verfahren unsicher wären, man *alle* Instanzen des betrachteten Gitterproblems effizient lösen könnte. Im Gegensatz dazu haben wir in diesem Buch immer *Average-Case-Annahmen* gemacht, die viel stärker sind. Es besteht die Hoffnung, dass auf Gitter basierende kryptographische Primitive auch dann Bestand haben werden, falls praktikable Quantencomputer Realität werden sollten (siehe auch Abschnitt 1.4).

Eine erste rigorose Behandlung der hybriden Verschlüsselung findet sich in der bereits erwähnten Arbeit von Cramer und Shoup [57]. Das (asymmetrische) Verfahren, um symmetrische Schlüssel zu verschlüsseln, wird dort mit *Key Encapsulation Mechanism (KEM)* bezeichnet. In dieser Arbeit wird u. a. gezeigt, dass, wenn sowohl das asymmetrische als auch das symmetrische Verschlüsselungsverfahren CCA-Sicherheit bieten, dann auch das resultierende hybride Verfahren. Cramer und Shoup gehen in ihrer Arbeit auch genauer auf die in Abschnitt 6.6 diskutierten geringeren Anforderungen an die in einem hybriden Schema verwendeten asymmetrischen und symmetrischen Verschlüsselungsverfahren ein.

Teil II

Integrität und Authentizität

7   Grundlegendes

Im zweiten Teil des Buches wollen wir uns mit dem folgenden Szenarium beschäftigen.

Szenarium 5. *Alice möchte Nachrichten an Bob senden, so dass i) die Nachrichten unverändert bei Bob ankommen bzw. Bob merkt, wenn eine Nachricht manipuliert wurde (Nachrichtenintegrität) und ii) Bob davon ausgehen kann, dass die Nachrichten von Alice stammen (Nachrichtenauthentizität). Eva kann Nachrichten, die zwischen Alice und Bob gesendet werden, abhören und abändern bzw. völlig neue Nachrichten unter falschem Namen an Alice und Bob schicken.*

Die beiden Aspekte – Nachrichtenintegrität und -authentizität – können kaum voneinander getrennt werden. Einerseits macht es nur Sinn, von der (böswilligen) Manipulation einer Nachricht zu sprechen, wenn klar ist, von wem die Nachricht ursprünglich stammt. Andererseits setzt Nachrichtenauthentizität Nachrichtenintegrität voraus. Wir werden diese beiden Begriffe im Rest des Buches deshalb nicht unterscheiden, sondern meist einfach von Nachrichtenauthentizität sprechen.

Szenarium 5 ist klar abzugrenzen von den Szenarien, die wir im ersten Teil des Buches behandelt haben, als es um vertrauliche Nachrichtenübertragung ging: Es ist zunächst nicht das Ziel, Eva, die die von Alice an Bob gesendeten Nachrichten abfangen kann, daran zu hindern, diese Nachrichten zu lesen. Sie sollte nur nicht in der Lage sein, diese Nachrichten unbemerkt abzuändern, oder neue Nachrichten an Bob zu schicken, die Bob als von Alice kommend akzeptiert. Wie wollen hier außer Acht lassen, dass Eva eine möglicherweise für Bob gedachte Nachricht abfängt und nicht an Bob weiterleitet oder eine solche Nachricht wiederholt Bob zustellt. Diese und verwandte Probleme fallen in den Bereich der kryptographischen Protokolle, welche über den Rahmen dieses Buches hinausgehen.

Es sei betont, dass die in unserem Sinne sicheren asymmetrischen und symmetrischen Kryptoschemen nicht notwendigerweise Nachrichtenauthentizität gewährleisten. Zum Beispiel ist es sehr leicht, Nachrichten, die in der R-CTR-Betriebsart verschlüsselt wurden, gezielt abzuändern. In der R-CTR-Betriebsart gilt nämlich:

$$E(x, k) \oplus 0^l x' = E(x \oplus x', k) \ , \tag{$*$}$$

wobei l die betrachtete Blocklänge bezeichnet. Nehmen wir an, dass wir wissen, dass es sich bei x um eine Überweisung handelt, dass Überweisungen üblicherweise aus insgesamt 1024 Bits bestehen und dass der Überweisungsbetrag, sagen wir ohne Cent-Angaben, in den letzten 30 Bits gespeichert ist. Vermuten wir zudem, dass dieser Betrag im Fall von x weniger als eine Million Euro beträgt, so kann man, gemäß $(*)$, bei gegebener verschlüsselter Überweisung $E(x, k)$ leicht eine neue verschlüsselte Überweisung erzeugen, mit einem Überweisungsbetrag von über einer Million Euro, indem man $E(x, k) \oplus 0^l x'$, mit $x' = 0^{1003} 10^{20}$, berechnet. Es gilt also grundsätzlich:

Vertraulichkeit $\neq$ Authentizität.

Allerdings gibt es Kryptoschemen, die Vertraulichkeit und Authentizität verbinden (*authenticated encryption schemes*). Es sei erwähnt, dass Kryptoschemen, die CCA-Sicherheit bieten, eine schwache Form von Authentizität bieten, die in Abschnitt 5.6 erwähnte Unverformbarkeit (non-malleability).

7.1   Prinzipielle Vorgehensweise: Prüfetiketten

Das Problem der Nachrichtenauthentizität wird üblicherweise wie folgt gelöst. Zusammen mit der eigentlichen Nachricht verschickt Alice ein *Prüfetikett* (*tag*) für diese Nachricht. Bob akzeptiert die Nachricht als *gültig* (*valid*) nur dann, wenn Nachricht und Prüfetikett zusammenpassen. Bei diesem Vorgang benutzt Alice einen Schlüssel, um ihr Prüfetikett zu erzeugen und Bob benutzt diesen oder einen anderen Schlüssel, um festzustellen, ob Nachricht und Prüfetikett zueinander passen.

Wie bei der Verschlüsselung, so lassen sich auch hier eine symmetrische und eine asymmetrische Variante unterscheiden. Im symmetrischen Fall benutzen Alice und Bob denselben Schlüssel, den beide geheim halten (müssen). Dieser erlaubt es Bob natürlich nicht nur, die Authentizität einer Nachricht von Alice zu überprüfen, sondern auch selbst Nachrichten an Alice zu schicken, die dann Alice auf ihre Authentizität hin überprüfen kann. Im Englischen spricht man bei einem symmtrischen Verfahren dieser Art von einem *message authentication code* oder auch kurz *MAC*. Wir werden von *symmetrischen (Nachrichten-)Authentifizierungsverfahren* sprechen.

Im asymmetrischen Szenarium besteht ein Schlüssel(-paar) wieder aus einem öffentlichen und einem privaten Schlüssel, nur dass deren Rollen hier im Vergleich zur asymmetrischen Verschlüsselung vertauscht werden. Alice nutzt nämlich ihren privaten Schlüssel für die Erstellung des Prüfetiketts, welches in diesem Fall auch als *digitale Signatur* (*digital signature*) bezeichnet wird, und Bob benutzt für die Überprüfung der Authentizität einer angeblich von Alice stammenden Nachricht Alices öffentlichen Schlüssel.

Digitale Signaturen unterscheiden sich in wesentlichen Punkten von symmetrischen Authentifizierungsverfahren.

1. Eine digitale Signatur kann von jedem verifiziert werden, da dazu lediglich ein öffentlicher Schlüssel nötig ist. Im symmetrischen Fall können nur Alice und Bob Prüfetiketten verifizieren.

2. Eine digitale Signatur zu einem öffentlichen Schlüssel kann nur von einer Person erstellt werden, nämlich derjenigen, die den zugehörigen privaten Schlüssel besitzt. Damit kann, vorausgesetzt der private Schlüssel ist tatsächlich nur einer Person bekannt, diese Person auch nicht abstreiten, die digitale Signatur geleistet zu haben. Digitale Signaturen bieten also eine Form der *Verbindlichkeit*. Im Englischen spricht man von *non-repudability*. Im symmetrischen Fall können sowohl Alice als auch Bob Prüfetiketten erstellen. Insbesondere können beide abstreiten, das Prüfetikett erstellt zu haben.

Digitale Signaturen ahmen Unterschriften auf Papier nach. Diese Aufgabe kommt symmetrischen Authentifizierungsverfahren nicht zu. Im Vergleich zur Papierwelt haben digitale Signaturen verschiedene Vorteile:

1. Digitale Signaturen sichern die Integrität des unterschriebenen Dokuments. Ein Dokument, welches in der Papierwelt unterschrieben wurde, kann man dagegen mehr oder weniger leicht manipulieren, indem man z. B. Eintragungen hinzufügt.
2. Digitale Signaturen können leicht von jedem verifiziert werden. Um eine handschriftliche Unterschrift verlässlich zu verifizieren, sind im Ernstfall Experten nötig.

Digitale Signaturen haben in der Praxis aber auch Nachteile gegenüber Unterschriften in der Papierwelt. Zum einen kann der private Schlüssel in fremde Hände geraten. Zum anderen ist der Akt des Unterschreibens bei digitalen Signaturen u. U. kein bewusster Akt, z. B. weil man unvorsichtig etwas angeklickt hat oder sich Schadsoftware auf dem eigenen Rechner befindet.

MACs und digitale Signaturen werden in der Praxis häufig in kryptographischen Protokollen verwendet, zum Beispiel für den Schlüsselaustausch zwischen Kommunkationspartnern oder die Etablierung eines sicheren Kommunikationskanals, etwa beim Online-Banking. Digitale Signaturen können zudem, wie beschrieben, Unterschriften auf Papier ersetzen. Mit digitalen Signaturen werden zum Beispiel E-Mails signiert, aber auch die elektronische Steuererklärung sowie Software. Bevor man eine Software installiert, kann man so sicherstellen, dass diese unverändert ist und tatsächlich vom erwarteten Hersteller stammt.

Wir werden im Rest des Buches folgende Terminologie verwenden. Ein Algorithmus T, der zu einer Nachricht x und einem Schlüssel k ein Prüfetikett t berechnet, heißt *Etikettier-* bzw. *Signieralgorithmus*. Der Algorithmus V, der zu einer Nachricht x, einem Schlüssel k' (symmetrisch oder öffentlich) und einem Prüfetikett bzw. einer Signatur t feststellt, ob t für x bezüglich k' gültig ist, heißt *Validierungsalgorithmus*. Ist t gültig für x bzgl. k', so sagen wir, dass t ein *gültiges Etikett* (für x bzgl. k') ist. Im Fall von digitalen Signaturen sprechen wir auch von einer *gültigen Signatur*. Ein Paar (x, t), betehend aus einer Nachricht x und einem bzgl. k' gültigen Etikett t, heißt ein bezüglich k' *gültiges Nachrichten-Etikett-* bzw. *Nachrichten-Signatur-Paar*.

7.2   Angriffsszenarien

Wir wollen uns nun kurz grundsätzliche Gedanken über die Sicherheit von symmetrischen Authentifizierungsverfahren und digitalen Signaturen machen, bevor wir uns den technischen Einzelheiten zuwenden. Ziel eines Angriffs wird es sein, ein gültiges Etikett zu einer Nachricht zu konstruieren, zu der dem Angreifer noch kein gültiges Etikett vorliegt. Man spricht auch von einer »Fälschung«. Hierbei gilt es einiges zu bedenken.

Zum einen ist die Frage von Belang, welche Möglichkeiten Eva zur Verfügung stehen. Man unterscheidet dabei folgende Fälle:

1. Eva erhält eine Reihe von gültigen Nachrichten-Etikett-Paaren, ohne selbst Einfluss auf die Nachrichten zu haben (*Angriff mit vorgegebenen Nachrichten*).
2. Eva darf eine Reihe von Nachrichten wählen, zu denen sie dann gültige Etiketten erhält (*Angriff mit Nachrichtenwahl*).

Offensichtlich führt die zweite Variante zu einem stärkeren Sicherheitsbegriff.

Wichtiger ist aber noch die Frage, welche Fälschungen überhaupt als Fälschung betrachtet werden:

1. Eva ist aufgefordert, zu einer (von außen) vorgegeben Nachricht ein gültiges Etikett zu konstruieren (*universelle Fälschung*).
2. Eva ist aufgefordert, zu einer von ihr frei wählbaren Nachricht ein gültiges Etikett zu konstruieren (*existentielle Fälschung*).

Auch hier führt die zweite Variante zu einem stärkeren Sicherheitsbegriff.

In den folgenden Kapiteln werden wir Verfahren kennenlernen, die existentielle Fälschung im Fall von Angriffen mit Nachrichtenwahl verhindern, also die größte Sicherheit bieten. Im Englischen spricht man von *(existentially) unforgeable chosen-message attacks (UF-CMA)*.

8 Kryptographische Hashfunktionen

8.1 Einführung

Bevor wir in den nächsten Kapiteln auf symmetrische Authentifizierungsverfahren und digitale Signaturen eingehen, führen wir in diesem Kapitel kryptographische Hashfunktionen ein, da sie eine wichtige Rolle bei der Konstruktion dieser kryptographischen Primitive spielen. Kryptographische Hashfunktionen nehmen auch darüber hinaus einen wichtigen Platz in der Kryptographie ein.

Unabhängig von der Anwendung kryptographischer Hashfunktionen für die Nachrichtenauthentifizierung wollen wir diese Funktionen durch das folgende Szenarium motivieren:

Szenarium 6. *Alice möchte eine große Datenmenge vorübergehend in einen unsicheren, von Eva kontrollierten Bereich auslagern. Beim Zurückholen der Daten möchte Alice überprüfen, ob die Daten während des Aufenthalts in dem unsicheren Bereich von Eva verändert wurden.*

Wie würde Alice hier vorgehen? Sie würde eine kurze »Prüfsumme« der auszulagernden Daten erstellen, die charakteristisch für ihre Daten ist, und diese in ihrem sicheren Bereich ablegen. Beim Zurückholen der Daten würde sie dann eine Prüfsumme für die zurückgeholten Daten berechnen und mit der abgelegten Prüfsumme vergleichen. Falls beide Prüfsummen übereinstimmen, würde sie die Daten als gültig betrachten und nutzen, andernfalls würde sie diese als verändert ansehen und damit als ungültig verwerfen.

In der Regel spricht man in diesem Zusammenhang allerdings nicht von »Prüfsummen«, sondern nutzt den Anglizismus *Hashwert* (*to hash* = zerkleinern). Die Vorschrift, die einem Bitvektor einen Hashwert zuordnet, wird *kryptographische Hashfunktion* genannt, wobei wir das Attribut *kryptographisch* ab sofort fallen lassen. Es dient dazu, die betrachteten Funktionen abzugrenzen von den Hashfunktionen, die man im Bereich der Datenstrukturen studiert. Da diese hier aber keine Rolle spielen, besteht keine Gefahr der Verwechslung.

Formal wollen wir eine Hashfunktion wie folgt definieren.

Definition 8.1.1 (Hashfunktion). Es seien $l > 0$ und $\{0,1\}^l \subset D \subseteq \{0,1\}^*$. Eine Funktion $h \colon D \to \{0,1\}^l$ heißt *Hashfunktion mit Definitionsbereich D*. Ist $D = \{0,1\}^{\leq L}$ für $L > l > 0$, so nennen wir h eine *(L,l)-beschränkte Hashfunktion* oder einfach *beschränkte Hashfunktion*. Für $D = \{0,1\}^*$ heißt h *unbeschränkte l-Hashfunktion* oder einfach *unbeschränkte Hashfunktion*. Die Zahl l ist die *Hashbreite*. Der Bitvektor $h(x)$ wird *Hashwert* von x genannt. ◁

Es sei bemerkt, dass man in der Praxis an Hashfunktionen interessiert ist, die sich sehr effizient berechnen lassen, nämlich in linearer Zeit in der Länge der Eingabe.

Bei der Konstruktion von in der Praxis verwendeter Hashfunktionen wird – wie bei der Konstruktion von Verschlüsselungsschemen – ein modularer Ansatz verfolgt. Man setzt Hashfunktionen aus kleineren Bausteinen zuammen und reduziert die Sicherheit der Hashfunktion auf die Sicherheit der Bausteine. Genauer werden wir dies in Abschnitt 8.4 studieren. Vorher müssen wir uns natürlich überlegen, was wir unter einer sicheren Hashfunktion verstehen wollen.

8.2   Sicherheitsanforderungen an Hashfunktionen

Wenn wir von Szenarium 6 ausgehen, dann ist die erste offensichtliche Forderung an die Sicherheit einer Hashfunktion, dass es für Eva »schwierig« sein sollte, zu gegebenen Daten, also einem Bitvektor x, einen weiteren Bitvektor x' zu gewinnen, für den $h(x') = h(x)$ gilt. Wenn wir $v = h(x)$ setzen, dann heißt dies, dass es schwierig sein soll, ein weiteres Element, neben x, in $h^{-1}(v)$ zu finden. In diesem Fall nennt man die Hashfunktion *zweites-Urbild-resistent* (*2nd preimage resistant*).

Eine stärkere Forderung, auf die wir uns in diesem Buch konzentrieren wollen, besagt, dass es überhaupt nur »schwer« möglich sein soll, zwei verschiedene Bitvektoren x und x' zu finden, so dass $h(x) = h(x')$ gilt. In diesem Fall spricht man von einer *kollisionsresistenten* (*collision-resistent*) Hashfunktion. Ein Paar (x, x') mit $x \neq x'$ und $h(x) = h(x')$ nennt man eine *Kollision* für h.

Wie definiert man nun Kollisionsresistenz formal? Was soll insbesondere »schwer« in der obigen, informellen Beschreibung bedeuten? Bisher haben wir »schwer« immer wie folgt formalisiert: Jeder (ressourcenbeschränkte) Algorithmus erreicht sein Ziel, in unserem Fall also das Ausgeben einer Kollision, nur mit »geringer« Wahrscheinlichkeit. Diese Definition wäre allerdings völlig sinnlos. Zunächst ist festzustellen, dass jede Hashfunktion eine Kollision besitzt, da nach Definition einer Hashfunktion der Definitionsbereich größer als der Bildbereich ist. Also gibt es auch immer einen Algorithmus, der eine Kollision ausgibt: Ist nämlich (x, x') eine Kollision, so könnte ein solcher Algorithmus einfach darin bestehen, das Paar (x, x') auszugeben.

Was wir mit Kollisionsresistenz eigentlich sagen wollen ist, dass es für uns (Menschen) »schwer« ist, einen solchen Algorithmus zu finden. Für diese Intuition eine zufriedenstellende mathematische Definition zu finden, ist allerdings noch nicht gelungen. Deshalb behilft man sich wie folgt:

Statt eine einzelne Hashfunktion h zu betrachten, geht man zu einer Familie $\{h_k\}_{k \in K}$ von Hashfunktionen mit Indexmenge K über. Dabei sollten die Hashfunktionen alle denselben Definitionsbereich besitzen. Typischerweise weisen Hashfunktionen in einer solchen Familie auch dieselbe Struktur auf; sie unterscheiden sich z. B. lediglich durch ihren Initialisierungsvektor. Kollisionsresistenz bedeutet nun, dass der Angreifer für ein gegebenes, ihm bekanntes k keine Kollision für h_k finden können sollte. Da k dem Angreifer bekannt ist, nennen wir k nicht »Schlüssel«, sondern »Index«. Ist die Indexmenge K sehr groß, z. B. $|K| = 2^{128}$, so kann sich ein realistischer, ressourcenbeschränkter Angreifer lediglich für einen Bruchteil der $k \in K$ eine Kollision für h_k merken. Wird nun ein k zufällig aus K gewählt, so sollte also die Wahrscheinlichkeit, dass der Angreifer für dieses k eine Kollision für h_k ausgeben kann, sehr klein sein. Dies stimmt natürlich nur, wenn die

Struktur der Hashfunktionen es schwer macht, eine Kollision zu bestimmen. Und das ist genau das, was wir unter Kollisionsresistenz verstehen wollen. Wir erhalten also folgende Definitionen.

Definition 8.2.1 (Angreifer auf eine Familie von Hashfunktionen)**.** Es sei $\mathcal{H} = \{h_k\}_{k \in K}$ eine Familie von Hashfunktionen mit Hashbreite l. Ein Angreifer A für $\mathcal{H}$, auch Kollisionsfinder genannt, ist ein zufallsgesteuerter Algorithmus $A(k \colon K) \colon \{0,1\}^* \times \{0,1\}^*$, dessen Laufzeit durch eine Konstante nach oben beschränkt ist.   ◁

Kollisionsresistenz wird nun über ein Experiment und den Vorteil des Angreifers bzgl. dieses Experimentes definiert.

Definition 8.2.2 (Experiment und Vorteil)**.** Es sei A ein Angreifer für die Familie $\mathcal{H} = \{h_k\}_{k \in K}$ von Hashfunktionen mit Hashbreite l. Das zugehörige *Experiment*, das wir mit $\mathbb{E}_A^{\mathcal{H}}$, $\mathbb{E}_A$ oder einfach $\mathbb{E}$ bezeichnen, ist der Algorithmus, der gegeben ist durch:

$\mathbb{E} \colon \{0,1\}$

1. *Indexwahl*
   $k = \mathrm{flip}(K)$
2. *Kollisionsberechung*
   $(x_0, x_1) = A(k)$
3. *Auswertung*
   falls (x_0, x_1) eine Kollision für h_k ist, gib 1, sonst 0 zurück

Der *Vorteil* von A bezüglich $\mathcal{H}$ ist definiert durch:

$$\mathrm{adv}_{\mathrm{Coll}}(A, \mathcal{H}) = \mathrm{Prob}\left\{\mathbb{E}_A^{\mathcal{H}} = 1\right\} \ .$$

Statt $\mathrm{adv}_{\mathrm{Coll}}(A, \mathcal{H})$ schreiben wir auch einfach $\mathrm{adv}(A, \mathcal{H})$.   ◁

Wie üblich kann man nun die Kollisionsresistenz einer Familie von Hashfunktionen quantifizieren.

Definition 8.2.3 (*t*-beschränkt, (t, ε)-kollisionsresistent)**.** Es sei t eine natürliche Zahl und A ein Angreifer für eine Familie $\mathcal{H}$ von Hashfunktionen. Der Angreifer A ist *t-beschränkt bzgl. $\mathcal{H}$*, wenn die Laufzeit des zugehörgen Experimentes $\mathbb{E}_A^{\mathcal{H}}$ durch t beschränkt ist.
Es sei

$$\mathrm{insec}(t, \mathcal{H}) = \sup\{\mathrm{adv}(A, \mathcal{H}) \mid A \text{ ist } t\text{-beschränkter Angreifer für } \mathcal{H}\} \ .$$

Es sei weiterhin $\varepsilon \geq 0$ eine reelle Zahl. Die Familie $\mathcal{H}$ heißt (t, ε)-*kollisionsinresistent*, wenn $\mathrm{insec}(t, \mathcal{H}) \geq \varepsilon$ gilt. Sie heißt (t, ε)-*kollisionsresistent*, wenn $\mathrm{insec}(t, \mathcal{H}) \leq \varepsilon$ gilt.
   ◁

Neben der Zweites-Urbild-Resistenz und der Kollisionsresistenz, die wir gerade präzise definiert haben, gibt es noch eine dritte Sicherheitsanforderung, die *Urbild-Resistenz* (*preimage resistance*). Dabei verlangt man, dass es »schwer« möglich sein soll, zu einem gegebenen Hashwert v einen Bitvektor x zu finden, für den $h(x) = v$ gilt.

Zweites-Urbild-Resistenz und Urbild-Resistenz sollen in Aufgabe 8.6.1 präzisiert werden. Dort sollen auch die Beziehungen zwischen den verschiedenen Sicherheitsbegriffen für Hashfunktionen untersucht werden.

8.3   Der Geburtstagsangriff auf Hashfunktionen

Wir wollen uns nun einen generischen Angreifer A auf eine Familie $\mathcal{H} = \{h_k\}_{k \in K}$ von (L, l)-beschränkten Hashfunktionen ansehen und seinen Vorteil abschätzen. Den Angreifer A werden wir auch als GEBURTSTAGSFINDER bezeichnen, da er sich das in Abschnitt 3.3 erwähnte Geburtstagsphänomen zunutze machen wird. Diese Art von Angriff, der sogenannte *Geburtstagsangriff*, ist auf alle Familien von Hashfunktionen anwendbar und erlaubt uns somit, eine obere Schranke für den Grad der Kollisionsresistenz von Familien von Hashfunktionen anzugeben.

Die Idee des Geburtstagsangriffs ist sehr einfach: Der Angreifer wählt zufällig q Nachrichten und bestimmt deren Hashwert. Die Hoffnung ist, dass zwei (oder mehr) verschiedene dieser Nachrichten, denselben Hashwert haben, was dann eine Kollision liefert. Genauer ist A wie folgt definiert:

GEBURTSTAGSFINDER(k)

1. *Wähle q zufällige Nachrichten und bestimme deren Hashwerte.*
   für $i = 0$ bis $q - 1$
   $\qquad x_i = \mathrm{flip}(\{0,1\}^L)$ – *alternativ auch* $x_i = \mathrm{flip}(\{0,1\}^{\leq L})$
   $\qquad v_i = h_k(x_i)$
2. *Suche Kollisionen.*
   für $i = 0$ bis $q - 2$ und $j = i + 1$ bis $q - 1$
   $\qquad$ falls $v_i = v_j$
   $\qquad\qquad$ gib (x_i, x_j) aus
   $\qquad$ gib (x_0, x_0) aus   – keine Kollision gefunden

Man beachte, dass $x_i = x_j$ auch für $i \neq j$ gelten kann und somit das von A ausgegebene Paar (x_i, x_j) nicht notwendigerweise eine Kollision ist.

Wir wollen nun den Vorteil von A analysieren. Dabei nehmen wir an, dass bei zufälliger Wahl einer Nachricht $x \in \{0,1\}^L$ alle möglichen Hashwerte mit gleicher Wahrscheinlichkeit auftreten, d. h.,

$$\operatorname*{Prob}_{X \xleftarrow{r} \{0,1\}^L} \{h_k(X) = v\} = \frac{1}{2^l} \tag{8.3.1}$$

für alle $v \in \{0,1\}^l$ und $k \in K$. Man kann zeigen, dass wir diese Annahme ohne Beschränkung der Allgemeinheit machen können, da die Wahrscheinlichkeit, eine Kollision zu finden, ansonsten sogar steigt (siehe Aufgabe 8.6.4).

Auf Basis dieser Annahme läßt sich der Vorteil von A leicht mit Hilfe von Lemma 3.3.4 (Geburtstagsphänomen) nach unten abschätzen, da, nach Konstruktion von A und Annahme, die q Bitvektoren $v_0, \ldots, v_{q-1}$ zufällig und unabhängig voneinander aus $\{0,1\}^l$ gewählt werden. Wir müssen nur darauf achten, dass (x_i, x_j) möglicherweise keine Kollision ist, da $x_i = x_j$ für $i \neq j$ gelten könnte. Die Wahrscheinlichkeit dafür ist, wie wir sehen werden, aber sehr klein. Um dies zu präzisieren bezeichne nun Coll_n (»Kollision der Nachrichten«) das Ereignis, welches genau diejenigen Läufe von $\mathbb{E}_A^{\mathscr{H}}$ enthält, in denen zwei Nachrichten $x_{i'}$ und $x_{j'}$, mit $i' \neq j'$, kollidieren, d. h. es gilt $x_{i'} = x_{j'}$. (Dieses Ereignis umfasst auch Kollisionen zwischen Nachrichten, die nicht von A ausgegeben werden, was aber für eine Abschätzung reicht.) Es bezeichne Coll_h (»Kollision der Hashwerte«) das Ereignis, welches genau diejenigen Läufe von $\mathbb{E}_A^{\mathscr{H}}$ enthält, in denen ein Paar (x_i, x_j) mit $i \neq j$ und $v_i = v_j$ ausgegeben wird. Damit können wir den Erfolg von A wie folgt abschätzen:

$$
\mathrm{adv}(A, \mathscr{H}) \overset{(1)}{\geq} \mathrm{Prob}\left\{\mathrm{Coll}_h \cap \overline{\mathrm{Coll}_n}\right\}
$$

$$
\overset{(2)}{\geq} \mathrm{Prob}\left\{\mathrm{Coll}_h\right\} - \mathrm{Prob}\left\{\mathrm{Coll}_n\right\}
$$

$$
\overset{(3)}{\geq} 1 - e^{-\frac{q \cdot (q-1)}{2^{l+1}}} - \frac{q \cdot (q-1)}{2^{L+1}} \ ,
$$

wobei in (1) nicht notwendigerweise Gleichheit gilt, da, wie gesagt, $\overline{\mathrm{Coll}_n}$ Kollisionen unter Nachrichten gänzlich ausschließt. Wir erhalten (2) sofort aus Lemma 3.3.1 und (3) aus Lemma 3.3.4.

Für $q = 2^{\frac{l+1}{2}}$ erhalten wir mit Lemma 3.3.4, wenn wir zusätzlich vereinfachend in (3) $q \cdot (q-1)$ durch q^2 ersetzen und $L \geq 2 \cdot l$ annehmen, dass $\mathrm{adv}(A, \mathscr{H})$ etwa durch

$$
0{,}63 - \frac{1}{2^l}
$$

nach unten abgeschätzt werden kann. Für realistische Werte von l, z. B. $l = 128$, ist dabei $\frac{1}{2^l}$ praktisch gleich Null. Für $q = 2^{\frac{l+1}{2}}$ liegt also die Wahrscheinlichkeit, eine Kollision zu finden, bei über 50%.

Den Geburtstagsangriff für $q = 2^{65}$ durchzuführen, rückt in den Bereich des Machbaren. Aus diesem Grund verwenden in der Praxis eingesetzte kryptographische Hashfunktionen Hashbreiten von mindestens 128 Bits; typischerweise 160 Bits oder mehr.

8.4   Kompressionsfunktionen und iterierte Hashfunktionen

Zur Zeit in der Praxis eingesetzte Hashfunktionen werden meist aus kleineren Bausteinen, sogenannten Kompressionsfunktionen, nach einem Prinzip zusammengesetzt, welches auf Ralph C. Merkle und Ivan Bjerre Damgård zurückgeht und deshalb Merkle-Damgård-Prinzip genannt wird. Wir werden in diesem Abschnitt dieses Prinzip kennenlernen (siehe auch Abschnitt 8.7 für Bemerkungen zu aktuellen Entwicklungen im Bereich der Konstruktion von Hashfunktionen). Hashfunktionen, die dem Merkle-Damgård-Prinzip folgen, sind zum Beispiel MD5 sowie Hashfunktionen der SHA-Familie; letztere werden wir in Abschnitt 8.5 vorstellen. Die Konstruktion einer Hashfunktion aus einer Kompressionsfunktion nach dem Merkle-Damgård-Prinzip geschieht dabei durch iteriertes Anwenden der Kompressionsfunktion. Falls die Kompressionsfunktion kollisionsresistent ist, so garantiert diese Konstruktion, dass auch die resultierende Hashfunktion kollisionsresistent ist. Zunächst definieren wir aber, was unter einer Kompressionsfunktion zu verstehen ist.

Eine Kompressionsfunktion ist im Wesentlichen eine beschränkte Hashfunktion:

Definition 8.4.1 (Kompressionsfunktion)**.** Es seien $b, l > 0$. Eine (l, b)-*Kompressionsfunktion* (*compression function*) ist eine Funktion $f \colon \{0,1\}^l \times \{0,1\}^b \to \{0,1\}^l$. Eine solche Funktion wird auch aufgefasst als Funktion der Form $f \colon \{0,1\}^{l+b} \to \{0,1\}^l$. Dabei nennt man l die *Kompressionslänge* und b die *Blocklänge* von f.

Eine *Kollision* von f ist ein Paar $(x, x') \in \{0,1\}^{l+b} \times \{0,1\}^{l+b}$, für das $x \neq x'$ und $f(x) = f(x')$ gilt. ◁

Ein erster offensichtlicher und naiver Ansatz, um eine Hashfunktion h aus einer (l, b)-Kompressionsfunktion zu konstruieren, ist folgender. Wir nehmen dabei zunächst an, dass die Länge der Eingabenachricht x durch b teilbar ist, also $x \in \{0,1\}^{b*}$ gilt. Damit kann man x in b-Blöcke zerlegen: $x = x_0 \cdots x_{n-1}$ für ein $n \geq 0$ und $|x_i| = b$ für alle $i < n$. Zusätzlich wählt man einen Initialisierungsvektor $u \in \{0,1\}^l$ fest und berechnet dann

$$h(x) = f(f(\cdots f(f(u, x_0), x_1) \cdots, x_{n-2}), x_{n-1}) \ ,$$

wobei im Fall $n = 0$ der Hashwert $h(\varepsilon)$ auf u gesetzt wird. Dafür wollen wir eine Schreibweise einführen:

Definition 8.4.2. Es sei f eine (l, b)-Kompressionsfunktion. Dann ist die zugehörige *Iterationsfunktion* $i^f \colon \{0,1\}^l \times \{0,1\}^{b*} \to \{0,1\}^l$ induktiv definiert durch:

$$i^f(u, \epsilon) = u \qquad\qquad \text{für alle } u \in \{0,1\}^l,$$
$$i^f(u, xv) = f(i^f(u, x), v) \qquad\qquad \text{für alle } u \in \{0,1\}^l,\ x \in \{0,1\}^{b*},\ v \in \{0,1\}^b.$$

◁

Die Verwendung von $i^f(\cdot, \cdot)$ als Hashfunktion ist zum einen problematisch, weil diese Funktion nur auf Nachrichten angewendet werden kann, deren Länge ein Vielfaches der Blocklänge ist. Zum anderen, und das ist der entscheidende Punkt, überträgt sich die Kollisionsresistenz der Kompressionsfunktion nicht notwendigerweise auf die Hashfunktion (siehe Aufgabe 8.6.6).

Das bereits erwähnte Merkle-Damgård-Prinzip löst beide Probleme. Diesem Konstruktionsprinzip folgend geht man wie folgt vor: Ein beliebiger Bitvektor (bis zu einer maximalen Länge) wird durch »Auffüllen« mit zuätzlichen Bits auf eine durch b teilbare Länge gebracht, wobei Informationen über die ursprüngliche Länge des Bitvektors in diesen Füllbits enthalten sind. Nach Anwendung dieser sogenannten Füllfunktion wird dann die Iterationsfunktion angewendet. Die Füllfunktion sollte dabei MD-kompatibel sein:

Definition 8.4.3 (MD-kompatible Füllfunktion)**.** Es seien r und b natürliche Zahlen mit $0 < r \leq b$. Eine Funktion $p \colon \{0,1\}^{<2^r} \to \{0,1\}^{b+}$ heißt *MD-kompatible (r, b)-Füllfunktion*, falls die folgenden Bedingungen erfüllt sind:
1. Für jedes $x \in \{0,1\}^{<2^r}$ ist x ein Präfix von $p(x)$.
2. Für alle $x_0, x_1 \in \{0,1\}^{<2^r}$ mit $|x_0| = |x_1|$ gilt $|p(x_0)| = |p(x_1)|$.
3. Für alle $x_0, x_1 \in \{0,1\}^{<2^r}$ mit $|x_0| \neq |x_1|$ ist der Suffix von $p(x_0)$ der Länge b verschieden vom Suffix von $p(x_1)$ der Länge b.

Die Zahl r wird *Längenparameter* genannt. In Kapitel 9 werden wir auch Füllfunktionen betrachten, deren Definitionsbereich eine Teilmenge D von $\{0,1\}^{<2^r}$ ist. Wir sprechen dann von einer MD-kompatiblen (r, D, b)-Füllfunktionen, wobei die Bedingungen 1. bis 3. entsprechend auf D eingeschränkt werden. ◁

Eine einfache, in der Praxis verwendete MD-kompatible Füllfunktion wird in der folgenden Definition festgelegt. In dieser steht $(x)_2^l$ für die Binärdarstellung von $|x|$ mit vorangestellten Nullen, so dass eine Gesamtlänge von l Bits erreicht wird.

Definition 8.4.4 (Merkle-Damgård-Füllfunktion). Es seien r und b mit $0 < r \le b$ gegeben. Die *Merkle-Damgård-Füllfunktion* $p_{\mathrm{MD}}^{b,r} \colon \{0,1\}^{<2^r} \to \{0,1\}^{b+}$ mit den Parametern b und r ist gegeben durch

$$p_{\mathrm{MD}}^{b,r}(x) = x{\cdot}1{\cdot}0^s{\cdot}(x)_2^r \ ,$$

wobei $s \ge 0$ minimal so gewählt wird, dass $b - r = (|x| + 1 + s) \bmod b$ gilt. ◁

Man sieht sofort:

Bemerkung 8.4.1. Merkle-Damgård-Füllfunktionen sind MD-kompatibel. ◁

Wir können nun das Merkle-Damgård-Prinzip beschreiben (siehe auch Abbildung 8.1).

Definition 8.4.5 (Merkle-Damgård-Prinzip). Es sei f eine (l, b)-Kompressionsfunktion, $p \colon \{0,1\}^{<2^r} \to \{0,1\}^{b+}$ eine MD-kompatible (r, b)-Füllfunktion und $u \in \{0,1\}^l$ ein *Initialisierungsvektor*. Die nach dem Merkle-Damgård-Prinzip definierte *iterierte MD-Hashfunktion* $h_u^{f,p} \colon \{0,1\}^{<2^r} \to \{0,1\}^l$ ist definiert durch

$$h_u^{f,p}(x) = i^f(u, p(x)) \ .$$

Für eine MD-kompatible (r, D, b)-Füllfunktion sind die betrachteten Funktionen auf den Definitionsbereich D beschränkt. ◁

Iterierte MD-Hashfunktionen haben nun die gewünschte Eigenschaft: Ist die zugrunde liegende Kompressionsfunktion kollisionsresistent, so auch die nach dem Merkle-Damgård-Prinzip konstruierte Hashfunktion. Genauer kann man aus einer Kollision für die Hashfunktion leicht eine Kollision für die Kompressionsfunktion konstruieren, wie wir nun beweisen werden. Dazu betrachten wir Algorithmus 8.1, der genau das Gewünschte leistet:

Satz 8.4.1. *Es sei $h = h_u^{f,p}$ eine iterierte MD-Hashfunktion. Dann bestimmt Algorithmus 8.1 zu gegebener Kollision (x, x') von h eine Kollision (z, z') von f. Dabei ist die Laufzeit des Algorithmus linear in der Laufzeit zur Berechnung von $h(x)$ und $h(x')$.*

Beweis. Die Aussage zur Laufzeit von Algorithmus 8.1 verifiziert man leicht. Was die Kollisionen angeht, führen wir eine Fallunterscheidung durch.

1. Fall, $|x| \ne |x'|$. Dann gibt das Verfahren $(v_{n-2}y_{n-1}, v'_{n'-2}y'_{n'-1})$ zurück. Wir wissen, dass $f(v_{n-2}, y_{n-1}) = h(x) = h(x') = f(v'_{n'-2}, y'_{n'-1})$ gilt. Aus Definition 8.4.3, Bedingung 3, folgt, dass $y_{n-1} \ne y'_{n'-1}$ und damit $v_{n-2}y_{n-1} \ne v'_{n'-2}y'_{n'-1}$ gilt. Also ist $(v_{n-2}y_{n-1}, v'_{n'-2}y'_{n'-1})$ eine Kollision für f.

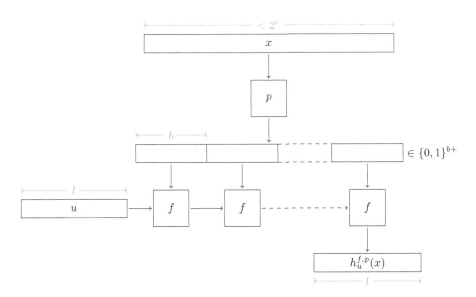

Abbildung 8.1: Merkle-Damgård-Prinzip

2. *Fall,* $|x| = |x'|$. Nach Definition 8.4.3, Bedingung 2, gilt damit auch $n = n'$. Angenommen, $(v_{i-1}y_i, v'_{i-1}y'_i)$ wird ausgegeben für ein $i \in \{0, \dots, n-1\}$ und es gilt $v_{i-1}y_i \neq v'_{i-1}y'_i$. Es gilt $f(v_{i-1}, y_i) = v_i$ und $f(v'_{i-1}, y'_i) = v'_i$.

Wir betrachten zwei Fälle: i) Für $i = n-1$ gilt $v_i = f(v_{i-1}, y_i) = h(x) = h(x') = f(v'_{i-1}, y'_i) = v'_i$, also insbesondere $v_i = v'_i$. ii) Für $i < n-1$ gilt $v_i = v'_i$ nach Definition des Algorithmus. Damit ist $(v_{i-1}y_i, v'_{i-1}y'_i)$ in beiden Fällen eine Kollision für f.

Es bleibt zu zeigen, dass immer ein $i \in \{0, \dots, n-1\}$ existiert mit $v_{i-1}y_i \neq v'_{i-1}y'_i$: Ansonsten ist $v_{i-1}y_i = v'_{i-1}y'_i$ für alle $i \in \{0, \dots, n-1\}$. Insbesondere gilt also $p(x) = y_0 \cdots y_{n-1} = y'_0 \cdots y'_{n-1} = p(x')$. Mit Definition 8.4.3, Bedingung 1, folgt daraus, dass $x = x'$ gilt, ein Widerspruch zur Voraussetzung. $\qquad\square$

Mit Hilfe von Satz 8.4.1 können wir sofort Aussagen über die Kollisionsresistenz von Familien iterierter MD-Hashfunktionen im Sinne von Definition 8.2.2 machen, falls man statt einer (l, b)-Kompressionsfunktion eine Familie $\mathscr{C} = \{f_k\}_{k \in K}$ solcher Funktionen betrachtet und diese als Familie von Hashfunktionen mit Definitionsbereich $\{0,1\}^{l+b}$ und Hashbreite l interpretiert. Es sei dazu p eine MD-kompatible Füllfunktion, $\mathscr{H} = \{h_u^{f_k,p}\}_{(u,k)\in\{0,1\}^l \times K}$ die zugehörige Familie iterierter MD-Hashfunktionen und $A_{\mathscr{H}}$ ein Angreifer auf $\mathscr{H}$. (Alternativ kann man auch die Familie $\mathscr{H} = \{h_u^{f_k,p}\}_{k \in K}$ für einen fest gewählten Initialisierungsvektor u betrachten. Die folgenden Aussagen gelten analog.) Aus $A_{\mathscr{H}}$ gewinnen wir einen Angreifer $A_{\mathscr{C}}$ auf $\mathscr{C}$ wie folgt:

$A_{\mathscr{C}}(k \colon K)$

    1. *Wähle u zufällig.*
       $u = \mathrm{flip}(l)$.
    2. *Simuliere $A_{\mathscr{H}}(u, k)$.*
       $(x_0, x_1) = A_{\mathscr{H}}(u, k)$

Algorithmus 8.1 Reduktion von Kollisionen für Hashfunktionen auf Kollisionen für Kompressionsfunktionen

---

MD-REDUCE(f, p, u, x, x')

Vorbedingung: (x, x') ist Kollision für $h_u^{f,p}$

1. *Fülle Nachrichten auf.*
   $y = p(x)$; $y' = p(x')$
2. *Zerlege y und y' in Blöcke.*
   $y = y_0 \cdots y_{n-1}$ mit $|y_i| = b$ für $i < n$; $y' = y_0' \cdots y_{n'-1}'$ mit $|y_i'| = b$ für $i < n'$
3. *Bestimme Hashwerte und lege Zwischenergebnisse ab.*
   $v_{-1} = u$; $v_{-1}' = u$
   für $i = 0$ bis $n-1$
      $v_i = f(v_{i-1}, y_i)$
   für $i = 0$ bis $n'-1$
      $v_i' = f(v_{i-1}', y_i')$
4. *Unterscheide nach Länge der Nachrichten.*
   falls $|x| \neq |x'|$, so
      $(z, z') = (v_{n-2}y_{n-1}, v_{n'-2}'y_{n'-1}')$
   sonst
      Durchsuche Zwischenwerte nach Kollision.
      $i = n - 1$
      wiederhole bis $v_{i-1}y_i \neq v_{i-1}'y_i'$ oder $i = 0$
         $i = i - 1$
      $(z, z') = (v_{i-1}y_i, v_{i-1}'y_i')$
5. *Ausabe.*
   gib (z, z') zurück

Nachbedingung: (z, z') ist eine Kollision von f.

---

3. *Wende darauf Alogrithmus 8.1 an.*
   $(z, z') = $ MD-REDUCE(f_k, p, u, x_0, x_1)
4. *Ausgabe.*
   gib (z, z') zurück

Wegen Satz 8.4.1 wissen wir, dass wenn $A_{\mathcal{H}}$ eine Kollison für $h_u^{f_k,p}$ gefunden hat, dann liefert MD-REDUCE eine Kollision für f_k. Daraus folgt sofort:

Folgerung 8.4.1. *Es seien $\mathcal{H}$, $\mathcal{C}$, $A_{\mathcal{H}}$ und $A_{\mathcal{C}}$ wie oben gegeben. Dann gilt:*

$$adv(A_{\mathcal{H}}, \mathcal{H}) \leq adv(A_{\mathcal{C}}, \mathcal{C}) \ .$$

Die Laufzeit von $\mathbb{E}_{A_{\mathcal{C}}}$ unterscheidet sich dabei kaum von der Laufzeit von $\mathbb{E}_{A_{\mathcal{H}}}$; in $\mathbb{E}_{A_{\mathcal{C}}}$ wird lediglich MD-REDUCE zusätzlich ausgeführt. □

Die Kollisionsresistenz von $\mathcal{C}$ überträgt sich also auf $\mathcal{H}$, denn ist $\mathcal{C}$ kollisionsresistent, d. h., ist der Vorteil von $A_{\mathcal{C}}$ klein, so auch der Vorteil von $A_{\mathcal{H}}$, wobei beide Angreifer etwa die gleiche Laufzeit besitzen. Es ist eine leichte Übung, dies im Sinne von Definition 8.2.3 zu fassen (siehe Aufgabe 8.6.5).

8.5   Die SHA-Familie

Eine Reihe von in der Praxis häufig eingesetzten Hashfunktionen sind bekannt unter dem Namen *secure hash functions*, abgekürzt auch SHA. Zu dieser Familie zählen: SHA (auch SHA-0 genannt), SHA-1, SHA-224, SHA-256, SHA-384, SHA-512, wobei man die letzten vier Hashfunktionen häufig zu SHA-2 zusammenfasst.

SHA-0 wurde am 31.1.1992 vom NIST (*National Institute of Standards and Technology*) im Rahmen eines Vorschlags für einen entsprechenden Standard definiert und dann am 11.5.1993 als Standard publiziert. Die Notwendigkeit für einen solchen Vorschlag wurde mit der Einführung eines Standards für digitale Signaturen begründet. Der Standard wurde bald, aufgrund eines nicht veröffentlichten »schweren Fehlers«, durch einen neuen ersetzt, der eine verbesserte Hashfunktion, SHA-1, definierte. Es folgten dann Internetstandards für die anderen vier oben genannten Hashfunktionen. Mittlerweile gilt aber auch SHA-1 als unsicher (siehe die Bemerkungen in Abschnitt 8.7). Wir werden uns im Folgenden die Funktionsweise von SHA-2 genauer ansehen. Die unter diesem Namen zusammengefassten Hashfunktionen gelten, zumindest bisher, als sicher.

Genauer werden wir die Hashfunktion SHA-256 vorstellen. Diese Hashfunktion liefert Hashwerte der Länge 256. Sie folgt dem Merkle-Damgård-Prinzip und nutzt eine $(256, 512)$-Kompressionsfunktion und eine MD-kompatible $(256, 512)$-Füllfunktion. Dabei ist die Füllfunktion genau die Füllfunktion, die wir in Definition 8.4.4 kennengelernt haben.

Die Kompressionsfunktion zu SHA-256 ist durch Algorithmus 8.2 gegeben. Die Wortlänge beträgt dabei 32 Bits und es werden folgende Funktionen und Konstanten verwendet:

1. Die Funktionen $\oplus$, $\&$ und $\bar{}$ stehen, wie üblich, für das bitweise exklusive Oder, das bitweise Und sowie das bitweise Komplement. Sie werden in SHA-256 immer auf 32-Bitwörter angewendet.

2. Die Funktion $\boxplus \colon \{0,1\}^{32} \times \{0,1\}^{32} \to \{0,1\}^{32}$ ist die Addition modulo 2^{32}, wobei Argumente und Ergebnisse in Binärdarstellung ggf. mit führenden Nullen dargestellt werden.

3. $\mathrm{rotRight}_i \colon \{0,1\}^{32} \to \{0,1\}^{32}$ ist die Funktion, die einen gegebenen Bitvektor der Länge 32 um i Bits nach rechts rotiert und links wieder einschiebt.

4. $\mathrm{shiftRight}_i \colon \{0,1\}^{32} \to \{0,1\}^{32}$ ist die Funktion, die einen gegebenen Bitvektor der Länge 32 um i Bits nach rechts verschiebt und links Nullen wieder einschiebt.

5. Das Wort k_i besteht aus den ersten 32 Bits des Nachkommaanteils der Binärentwicklung der Kubikwurzel der $(i+1)$-ten Primzahl.

Mit den Bezeichnungen aus den Definitionen 8.4.4 und 8.4.5 ist die Hashfunktion SHA-256 insgesamt wie folgt definiert:

$$\mathrm{SHA\text{-}256}(x) = h_H^{f_{\mathrm{SHA}}, p_{\mathrm{MD}}^{512,64}}(x) \qquad\qquad \text{für alle } x \in \{0,1\}^{<2^{64}} \ ,$$

wobei der Initialisierungsvektor H definiert ist als $H_0 \cdot H_1 \cdot \ldots \cdot H_7 \in \{0,1\}^{256}$ und H_i aus den ersten 32 Bits des Nachkommaanteils der Binärentwicklung der Quadratwurzel der $(i+1)$-ten Primzahl besteht.

Algorithmus 8.2 Die Kompressionsfunktion zu SHA-256

$f_{\mathrm{SHA}}(v\colon \{0,1\}^{256}, x\colon \{0,1\}^{512})$

1. *Zerlege x in 32-Bitwörter.*
   für $i = 0$ bis 15
   $$w_i = x^{(i)}$$

2. *Erzeuge weitere Wörter.*
   für $i = 16$ bis 63
   $$s_0 = \mathrm{rotRight}_7(w_{i-15}) \oplus \mathrm{rotRight}_{18}(w_{i-15}) \oplus \mathrm{shiftRight}_3(w_{i-15})$$
   $$s_1 = \mathrm{rotRight}_{17}(w_{i-2}) \oplus \mathrm{rotRight}_{19}(w_{i-2}) \oplus \mathrm{shiftRight}_{10}(w_{i-2})$$
   $$w_i = w_{i-16} \boxplus s_0 \boxplus w_{i-7} \boxplus s_1$$

3. *Initialisiere Zustand für Rundeniteration.*
   für $i = 0$ bis 7
   $$b_i = v^{(i)}$$

4. *Durchlaufe 64 Runden.*
   für $i = 0$ bis 63
   $$s_0 = \mathrm{rotRight}_2(b_0) \oplus \mathrm{rotRight}_{13}(b_0) \oplus \mathrm{rotRight}_{22}(b_0)$$
   $$m = (b_0\&b_1) \oplus (b_0\&b_2) \oplus (b_1\&b_2)$$
   $$t_2 = s_0 \boxplus m$$
   $$s_1 = \mathrm{rotRight}_6(b_4) \oplus \mathrm{rotRight}_{11}(b_4) \oplus \mathrm{rotRight}_{25}(b_4)$$
   $$c = (b_4\&b_5) \oplus (\overline{b_4}\&b_6)$$
   $$t1 = b_7 \boxplus s_1 \boxplus c \boxplus k_i \boxplus w_i$$
   $$b_7 = b_6,\ b_6 = b_5,\ b_5 = b_4,\ b_4 = b_3 \boxplus t_1$$
   $$b_3 = b_2,\ b_2 = b_1,\ b_1 = b_0,\ b_0 = t_1 \boxplus t_2$$

5. *Addition von b und Initialisierungsvektor v.*
   für $i = 0$ bis 7
   $$c_i = v^{(i)} \boxplus b_i$$

6. *Gib Kompressionswert zurück.*
   Gib $c_0 \cdot c_1 \cdot \ldots \cdot c_7$ aus.

Beispiel 8.5.1 (Hashwerte von SHA-256). Es folgen drei Hashwerte von SHA-256.[1] Dabei sind die Nachrichten Zeichenketten, die dadurch als Folgen von Bits interpretiert werden, dass jedes Zeichen durch den Bitvektor der Länge 8 gemäß ASCII ersetzt wird. Die Hashwerte sind in hexadezimaler Schreibweise notiert.

SHA-256(»The quick brown fox jumps over the lazy dog«)
  = D7A8FBB3 07D78094 69CA9ABC B0082E4F 8D5651E4 6D3CDB76 2D02D0BF 37C9E592

SHA-256(»The quick brown fox jumps over the lazy cog«)
  = E4C4D8F3 BF76B692 DE791A17 3E053211 50F7A345 B46484FE 427F6ACC 7ECC81BE

SHA-256(ϵ)
  = E3B0C442 98FC1C14 9AFBF4C8 996FB924 27AE41E4 649B934C A495991B 7852B855 ◁

Wie für alle in der Praxis eingesetzten Hashfunktionen existiert für SHA-256 kein Sicherheitsbeweis. SHA-1 und MD5, die bisher in der Praxis am häufigsten eingesetzten Hashfunktionen, gelten, wie für SHA-1 bereits erwähnt, sogar als unsicher (siehe die Bemerkungen in Abschnitt 8.7). Allerdings gibt es beweisbar sichere kollisionsresistente Hashfunktionen: Etwa solche, die auf zahlentheoretischen Annahmen beruhen,

---

1 Quelle: http://en.wikipedia.org/wiki/Examples_of_SHA_digests

wie zum Beispiel den Annahmen, dass das Faktorisieren bzw. die Berechnung des diskreten Logarithmus schwere Probleme sind. Derartige Hashfunktionen sind allerdings viel zu ineffizient für die Praxis. Daneben gibt es Hashfunktionen, die auf Basis von Block-Kryptosystemen konstruiert sind. Die Sicherheit dieser Hashfunktionen zeigt man im »Black-Box« oder auch »Ideal-Cipher« genannten Modell, das auf Claude Shannon, dem Erfinder der Informationstheorie (siehe Abschnitt 3.4) zurückgeht. Während die aus Block-Kryptosystemen konstruierten Hashfunktionen schon deutlich effizienter sind als diejenigen, die auf zahlentheoretischen Annahmen basieren, so entscheidet man sich in der Praxis aus Effizienzgründen doch für eher »ad hoc« konstruierte Hashfunktionen, wie die der SHA-Familie.

8.6   Aufgaben

Aufgabe 8.6.1 (Eigenschaften von Hashfunktionen). Überlegen Sie sich, wie man für eine Familie $\{h_k\}_{k\in K}$ von (L, l)-beschränkten Hashfunktionen die Begriffe *Zweites-Urbild-Resistenz* und *Urbild-Resistenz* definieren kann. Untersuchen Sie des Weiteren, auf Basis Ihrer Definitionen, die Beziehungen zwischen den drei kennengelernten Sicherheitsanforderungen für Familien von Hashfunktionen. Zeigen Sie dazu, dass, im üblichen Sinne und bei geeigneter Wahl der Parameter, Kollisionsresistenz Zweites-Urbild-Resistenz impliziert und dass Zweites-Urbild-Resistenz Urbild-Resistenz impliziert. Setzen Sie also für die jeweiligen Experimente und geeignet konstruierte Angreifer die Vorteile dieser Angreifer in Beziehung.

Hinweis: Es gibt verschiedene sinnvolle Möglichkeiten, die Begriffe Zweites-Urbild-Resistenz und Urbild-Resistenz zu definieren. Von den gewählten Definitionen hängen die Beziehungen zwischen den drei eingeführten Sicherheitsbegriffen für Hashfunktionen ab (siehe auch Abschnitt 8.7). Wählen Sie Definitionen, in denen Index und Klartexte jeweils zufällig gewählt werden.

Aufgabe 8.6.2 (Kollisionsresistenz und Vertraulichkeit). Wir wollen in dieser Aufgabe untersuchen, ob eine Familie von Hashfunktionen auch dann kollisionsresistent sein kann, wenn die von diesen Funktionen gelieferten Hashwerte Teile der Nachricht preisgeben.

Es sei $\mathcal{H} = \{h_k\}_{k\in K}$ eine Familie unbeschränkter l-Hashfunktionen. Weiter sei $\mathcal{H}' = \{h'_k\}_{k\in K}$, mit $h'_k(x) = x(0) \cdot h_k(x)$ für alle $x \in \{0, 1\}^*$, eine Familie unbeschränkter $(l+1)$-Hashfunktionen, wobei »·« die Konkatenation und $x(0)$ das erste Bit von x bezeichnet; für das leere Wort $x = \varepsilon$ sei $x(0) = 1$. Schätzen Sie den Vorteil eines Angreifers auf $\mathcal{H}'$ möglichst gut durch den Vorteil eines geeignet konstruierten Angreifers auf $\mathcal{H}$ ab. Beweisen Sie Ihre Aussage.

Aufgabe 8.6.3 (Kollisionsresistenz). Es seien $\mathcal{H} = \{h_k\}_{k\in K}$ und $\mathcal{H}' = \{h'_k\}_{k\in K'}$ Familien unbeschränkter l-Hashfunktionen.

1. Es sei $\mathcal{H}'' = \{h''_{(k,k')}\}_{(k,k')\in(K,K')}$ die unbeschränkte $2l$-Hashfunktion, die definiert ist durch $h''_{(k,k')}(x) = h_k(x) \cdot h'_{k'}(x)$ für alle $x \in \{0, 1\}^*$, wobei »·« die Konkatenation bezeichnet. Schätzen Sie den Vorteil eines Angreifers auf $\mathcal{H}''$ möglichst gut durch die Vorteile geeignet konstruierter Angreifer auf $\mathcal{H}$ und $\mathcal{H}'$ ab. Beweisen Sie Ihre Aussage.

2. Es sei $\mathscr{H}'' = \{h''_{(k,k')}\}_{(k,k')\in(K,K')}$ die unbeschränkte l-Hashfunktion, die definiert ist durch $h''_{(k,k')}(x) = h_k(h'_{k'}(x))$ für alle $x \in \{0,1\}^*$. Schätzen Sie den Vorteil eines Angreifers auf $\mathscr{H}''$ möglichst gut durch die Vorteile geeignet konstruierter Angreifer auf $\mathscr{H}$ und $\mathscr{H}'$ ab. Beweisen Sie Ihre Aussage.

3. Diskutieren Sie die Vor- und Nachteile der beiden oben betrachteten Konstruktionen bzgl. Sicherheit und Effizienz.

Aufgabe 8.6.4 (Geburtstagsangriff). In dieser Aufgabe wollen wir zeigen, dass man die Annahme (8.3.1) tatsächlich ohne Einschränkung machen kann. Es seien dazu $l < L$ und $h : \{0,1\}^L \to \{0,1\}^l$.

1. Bestimmen Sie die Wahrscheinlichkeit dafür, dass der Geburtstagsangreifer GE-BURSTSFINDER(k) aus Abschnitt 8.3 keine Kollision für h ($= h_k$) findet, in Abhängigkeit von der Größe der Mengen $|h^{-1}(v)|$, $v \in \{0,1\}^l$.

2. Zeigen Sie, dass obige Wahrscheinlichkeit genau dann maximal ist, wenn für alle $v \in \{0,1\}^l$ die Mengen $|h^{-1}(v)|$ gleich groß sind.

   Hinweis: Ein recht elementarer Ansatz ist der folgende. Man zeigt, wenn nicht alle Mengen $|h^{-1}(v)|$ gleich groß sind, dass die Wahrscheinlichkeit aus 1. wächst, wenn man ein Element aus einer zu großen Menge in eine zu kleine Menge verschiebt. Daraus folgt dann die Behauptung. Ein alternativer Ansatz ist, die Wahrscheinlichkeit aus 1. zu maximieren (mit Nebenbedingung), in dem man klassische Methoden der Analysis verwendet (Gradient Null setzen, Definitheit der Hesse-Matrix untersuchen, Randextrema ausschließen).

Aufgabe 8.6.5 (Sicherheit des Merkle-Damgård-Prinzips). Schätzen Sie auf Basis von Folgerung 8.4.1 die Unsicherheit von $\mathscr{H}$ durch diejenige von $\mathscr{C}$ im Sinne von Definition 8.2.3 ab.

Aufgabe 8.6.6 (Zweck des Auffüllens). Es sei f eine (l,b)-Kompressionsfunktion und $u \in \{0,1\}^l$. Wir betrachten die Hashfunktion

$$h(x) = i^f(u,x) = f(f(\dots f(f(u,x_0),x_1),\dots,x_{n-2}),x_{n-1})$$

für alle $x = x_0 \dots x_{n-1} \in \{0,1\}^{b*}$. (Wir ignorieren hier die Tatsache, dass h nur für Eingaben $x \in \{0,1\}^{b*}$ definiert ist und somit formal keine Hashfunktion ist.) Diese Konstruktion hat den schwerwiegenden Nachteil, dass es im Allgemeinen nicht mehr möglich ist, eine Kollision für h auf eine Kollision für f zurückzuführen. Um dies einzusehen, nehmen wir einmal an, es gäbe einen Bitvektor $v \in \{0,1\}^b$ mit $f(u,v) = u$. Dann würde für jedes $x \in \{0,1\}^{b*}$ gelten:

$$h(vx) = i^f(u,vx) = i^f(f(u,v),x) = i^f(u,x) = h(x) \ .$$

Mit anderen Worten, für jedes $x \in \{0,1\}^{b*}$ wäre (x,vx) eine Kollision für h.[2]

Dass solche Kompressionsfunktionen vorstellbar sind, wollen wir in dieser Aufgabe beweisen. Zeigen Sie dazu, dass man zu jeder Kompressionsfunktion f eine Kompressionsfunktion f' konstruieren kann, die folgende Bedingungen erfüllt:

1. Es gibt ein v mit $f'(u,v) = u$.

---

2 Dieser »Fixpunktangriff« wurde in [128] vorgeschlagen.

2. Aus einer Kollision für f lässt sich leicht eine Kollision für f' bestimmen und umgekehrt.

3. Die Funktion f' ist nicht viel schwerer zu berechnen als f.

Aufgabe 8.6.7 (Merkle-Damgård für unbeschränkte Hashfunktionen I). In Abschnitt 8.4 haben wir das Merkle-Damgård-Prinzip kennengelernt, nachdem aus einer Kompressionsfunktion und einer passenden Füllfunktion eine Familie von beschränkten Hashfunktionen konstruiert werden kann. Hier wollen wir, den Arbeiten von Merkle und Damgård folgend, ein Prinzip kennenlernen, das eine Familie von *unbeschränkten* Hashfunktionen liefert. Es sei eine (l, b)-Kompressionsfunktion $f : \{0,1\}^{l+b} \to \{0,1\}^l$ mit $b \geq 2$ gegeben. Aus f werde eine unbeschränkte l-Hashfunktion $\mathrm{MD1}_f$ durch folgenden Algorithmus definiert:

$\mathrm{MD1}_f(x\colon \{0,1\}^*)\colon \{0,1\}^l$

    1. *Fülle Nachricht auf.*
        $d = |x| \bmod (b-1)$
        $y = x \cdot 0^{b-1-d} \cdot (d)_2^{b-1}$ (*Beachte:* $|y| = n(b-1)$ für ein $n \geq 2$)

    2. *Zerlege y in Blöcke der Länge $b-1$.*
        $y_0 \cdot \ldots \cdot y_{n-1} = y$ mit $|y_i| = b-1$ für $i < n$

    3. *Iteriere Kompressionsfunktion.*
        $z_0 = 0^{l+1} \cdot y_0$
        $g_0 = f(z_0)$
        für $i = 0$ bis $n-2$
            $z_{i+1} = g_i \cdot 1 \cdot y_{i+1}$
            $g_{i+1} = f(z_{i+1})$

    4. *Gib Hashwert zurück.*
        gib g_{n-1} zurück

Beweisen Sie, dass $\mathrm{MD1}_f$ eine kollisionsresistente Hashfunktion ist, wenn die zugrunde liegende Kompressionsfunktion f kollisionsresistent ist. Zeigen Sie dazu, wie man aus einer Kollision für $\mathrm{MD1}_f$ effizient eine Kollision für f konstruieren kann.

Aufgabe 8.6.8 (Merkle-Damgård für unbeschränkte Hashfunktionen II). Wir wollen eine zweite Möglichkeit, die ebenfalls auf Merkle und Damgård zurückgeht, studieren, wie aus einer Kompressionsfunktion eine unbeschränkte Hashfunktion gewonnen werden kann. Es sei eine $(l, 1)$-Kompressionsfunktion f gegeben. Nun wird mit einer Expansionsfunktion $e\colon \{0,1\}^* \to \{0,1\}^*$ gearbeitet. Diese ist definiert durch:

$$e(x) = 11 \cdot \alpha(x(0)) \cdot \ldots \cdot \alpha(x(|x|-1)) \ ,$$

wobei $\alpha\colon \{0,1\} \to \{0,1\}^*$ definiert ist durch $\alpha(0) = 0$ und $\alpha(1) = 01$. Aus f werde eine unbeschränkte l-Hashfunktion $\mathrm{MD2}_f$ durch folgenden Algorithmus definiert:

$\mathrm{MD2}_f(x\colon \{0,1\}^*)\colon \{0,1\}^l$

    1. *Expandiere Nachricht.*
        $y = e(x)$

    2. *Iteriere Kompressionsfunktion.*
        $g_0 = f(0^l \cdot y(0))$
        für $i = 0$ bis $|y| - 2$
            $g_{i+1} = f(g_i \cdot y(i+1))$

3. *Gib Hashwert zurück.*
   gib $g_{|y|-1}$ zurück

Beweisen Sie, dass MD2_f eine kollisionsresistente Hashfunktion ist, wenn die zugrunde liegende Kompressionsfunktion f kollisionsresistent ist. Zeigen Sie dazu, wie man aus einer Kollision für MD2_f effizient eine Kollision für f konstruieren kann.

8.7 Anmerkungen und Hinweise

Wie bereits in Abschnitt 8.1 erwähnt, finden kryptographische Hashfunktionen breite Anwendung in der Kryptographie und Informationssicherheit. So werden sie zum Beispiel zur Integritätsprüfung von Dateien (siehe Abschnitt 8.1), in symmetrischen Authentifizierungsverfahren (siehe Abschnitt 9.4), für digitale Signaturen (siehe Abschnitt 10.3) und in Verschlüsselungverfahren (siehe Abschnitt 6.4.3) eingesetzt. Eine häufige Anwendung ist auch das Speichern von Passwörtern in einer Datei. Dabei werden statt der Passwörter nur die Hashwerte der Passwörter gespeichert. Ist die verwendete Hashfunktion Urbildresistent, dann sollte es, auch wenn man die Passwortdatei vorliegen hat, schwer sein, auf die eigentlichen Passwörter zu schließen; jedenfalls dann, wenn die Passwörter nicht allzu leicht geraten werden können (Wörterbuchangriff).

Der Begriff der Urbild-Resistenz stimmt mit dem der Sicherheit für Einwegfunktionen überein, den wir in Abschnitt 6.4.2 definiert haben, dort allerdings für Einwegfunktionen mit Hintertür. Wie in Abschnitt 6.8 erwähnt, wurde dieser Begriff bereits von Diffie und Hellman vorgeschlagen [64] und später von Yao [170] formalisiert. Der Begriff der Zweites-Urbild-Resistenz findet sich in [124], wird dort allerdings als schwache Kollisionsresistenz bezeichnet. Eine erste formale Definition der Kollisionsresistenz wurde von Damgård in [60] festgehalten. Eine Arbeit von Rogaway und Shrimpton [142] bündelt alle Definitionen (auch in unterschiedlichen Varianten) und untersucht die Beziehungen zwischen diesen systematisch. Diese Arbeit beinhaltet insbesondere die Lösung zu Aufgabe 8.6.1.

In [22] wird der Geburtstagsangriff auch für den Fall, dass Hashwerte nicht gleichverteilt sind bei zufälliger Wahl einer Nachricht, ausführlich behandelt [22] (siehe auch Aufgabe 8.6.4).

Das heute sogenannte Merkle-Damgård-Prinzip wurde unabhängig von Damgård [61] und Merkle [124] vorgeschlagen. Auch die in den Aufgaben 8.6.7 und 8.6.8 vorgestellten Konstruktionen gehen auf die Arbeiten von Damgård und Merkle zurück (siehe auch [157]).

Die zur Zeit in der Praxis am häufigsten eingesetzten Hashfunktionen, wie , SHA-1 und SHA-2, sind, wie in Abschnitt 8.4 erwähnt, alle nach dem Merkle-Damgård-Prinzip konstruiert. Wir gehen im Folgenden genauer auf diese Hashfunktionen ein.

Die Hashfunktion MD5 wurde 1992 von Rivest entwickelt [141]. Sie löste die ebenfalls von Rivest 1990 entwickelte Hashfunktion MD4 ab, für die kurz nach ihrer Veröffentlichung Schwachstellen und 1995 von Dobbertin schließlich Kollisionen gefunden wurden [66]. Der von Dobbertin vorgestellte Angriff auf MD4 nutzte dabei zunächst Schwächen der MD4-Kompressionsfunktion aus, um Kollisionen für diese Funktion zu finden. Der Angriff konnte dann mit recht wenig Aufwand auf die ganze Hashfunktion erweitert werden.

Wie bereits in Abschnitt 8.5 erwähnt, wurde 1993 SHA-0 als Standard vom NIST publiziert, um kurze Zeit später, aufgrund eines nicht veröffentlichten »schweren Fehlers«, durch SHA-1 [180] ersetzt zu werden. Es folgten dann Internetstandards für die anderen Hashfunktionen der SHA-Familie [185].

Im Jahr 2004 und 2005 wurden Angriffe von Wissenschaftlern um Wang bekanntgegeben und veröffentlicht, die zeigten, dass, bis auf SHA-2, alle oben genannten Hashfunktionen sowie weitere verbreitete Hashfunktionen keine ausreichende Kollisionsresistenz bieten [163, 165, 167, 164]. Die Angriffe sind dabei so effizient, dass für MD4, MD5 und SHA-0 Kollisionen in sehr kurzer Zeit berechnet werden können; für MD5, zum Beispiel, in weniger als einer Stunde (auf einem IBM P690 Rechner). Insbesondere sind für diese Hashfunktionen mittlerweile (zahlreiche) Kollisionen bekannt. Der Angriff von Wang et al. auf SHA-1 ermöglicht es, Kollisionen in etwa 2^{69} Hashoperationen zu finden. Wang et al. konnten ihren Angriff später sogar noch verbessern, so dass »nur noch« etwa 2^{63} Hashoperationen nötig sind (siehe [51] sowie die Übersicht in [156] für weitere noch effizientere Angriffe). Dies stellt nicht nur eine deutliche Verbesserung gegenüber dem Geburtstagsangriff dar, bei dem etwa 2^{80} Hashopertionen nötig sind, da SHA-1 eine Hashbreite von 160 Bits besitzt, sondern rückt in den Bereich des praktisch Machbaren; bisher wurde allerdings noch keine konkrete Kollision für SHA-1 gefunden. Es sei erwähnt, dass bereits vor den Angriffen von Wang et al. einige Schwachstellen und Angriffe auf die genannten Hashfunktionen bekannt waren. So fand Dobbertin, neben dem bereits erwähnten Angriff auf MD4, im Jahr 1996 Kollisionen für die Kompressionsfunktion von MD5; ein Angriff auf die ganze Hashfunktion blieb zu dieser Zeit allerdings aus [65]. Wir verweisen auf die Arbeiten von Wang et al. für weitere Referenzen.

Während also MD4, MD5, SHA-0, SHA-1 sowie weitere verbreitete Hashfunktionen, ausgenommen SHA-2, nunmehr als unsicher gelten, was ihre Kollisionsresistenz angeht, so sind die bisher bekannten Angriffe auf ihre Urbild- bzw. Zweites-Urbild-Resistenz aufgrund der erheblichen Komplexität lediglich von theoretischem Interesse (siehe, z. B., [115, 144, 8]).

Allerdings hat bereits die Kollisions*in*resistenz dieser Hashfunktionen praktische, teils dramatische Konsequenzen, da man Kollisionen für Nachrichten berechnen kann, die sinnvolle Interpretationen besitzen (siehe auch die Abschnitte 9.9 und 10.8). So können zum Beispiel Kollisionen (x_0, x_1) für Nachrichten x_0 und x_1 berechnet werden, die man als X.509 Zertifikate, Postscript- oder PDF-Dateien interpretieren kann [156, 155, 62]. Da üblicherweise Hashwerte von Dokumenten statt der eigentlichen Dokumente signiert werden (siehe auch Kapitel 10), kann man Signaturen leicht fälschen: Besitzt man nämlich eine gültige Signatur für das Dokument x_0, so ist diese auch eine gültige Signatur für x_1, falls die Hashwerte von x_0 und x_1 übereinstimmen. Dies wird in [156] ausgenutzt, um zu einem von einer offiziellen Zertifizierungsstelle ausgestellten X.509 Zertifikat ein weiteres gefälschtes Zertifikat für einen anderen öffentlichen Schlüssel und einen anderen Namen zu berechnen. Damit wird die gesamte sogenannte Public-Key-Infrastruktur ausgehebelt (siehe Abschnitt 10.6 zum Konzept der Zertifikate und Zertifizierungsstellen).

Obwohl die unter der Bezeichnung SHA-2 zusammengefassten Hashfunktionen eine recht ähnliche Struktur aufweisen wie SHA-1, konnten die bekannten Angriffe auf SHA-1 bisher nicht auf SHA-2 übertragen werden, so dass SHA-2 (zumindest bisher) als sicher gilt. Trotzdem schien es, spätestens seit den Angriffen von Wang et al., an der Zeit zu sein, sich um einen neuen Standard zu bemühen, so dass die unsicheren Hashfunktionen »ausgemustert« werden können. Das NIST initiierte dann auch am 2. November 2007 einen Wettbewerb [179], ähnlich zum Wettbewerb für den Standard AES (siehe Abschnitt 4.5), bei dem Forschergruppen Vorschläge für neue Hashfunktionen einreichen konnten. Bisher wurden fünf Finalisten ausgewählt, von denen am Ende dieses Wettbewerbs, welches für 2012 geplant ist, einer den neuen Standard, SHA-3, bilden wird.[3]

Da, wie etwa in [31, 117] diskutiert, das Merkle-Damgård-Prinzip verschiedene Schwächen aufweist, sollen mit dem neuen Standard von vornherein einige dieser Schwächen ausgeräumt werden. So ist eines der Kriterien für den neuen Standard, dass die sogenannte Längenausdehnung (»length extension«) nicht mehr möglich sein soll: Für eine nach dem Merkle-Damgård-Prinzip konstruierte Hashfunktion h ist es offensichtlich leicht möglich, bei gegebenem Hashwert $h(m)$ einer Nachricht m und gegebener Länge $|m|$ von m, eine neue Nachricht m' zu konstruieren sowie den Hashwert $h(m \cdot m')$ zur Nachricht $m \cdot m'$ zu bestimmen, obwohl m selbst nicht bekannt ist (siehe auch Aufgabe 9.8.8). Die für den Wettbewerb eingereichten Vorschläge basieren deshalb nicht mehr oder nicht ausschließlich auf dem Merkle-Damgård-Prinzip. Insbesondere ist dies für die bereits ausgewählten fünf Finalisten der Fall, die, unter anderem, auf Prinzipien wie HAIFA [31] und Sponge [30] basieren und die neue Konstruktionen für Kompressionsfunktionen verwenden, wobei man in manchen Fällen, etwa im Fall von Sponge, nicht mehr Kompressionsfunktionen sondern Transformationen oder Permutationen betrachtet.

Wie bereits in Abschnitt 8.5 erwähnt, zieht man in der Praxis effiziente Hashfunktionen solchen vor, die beweisbare Sicherheit bieten; dies wird auch für den neuen Standard SHA-3 so sein. Beispiele für beweisbar kollisionsresistente Hashfunktionen sind solche, deren Kollisionsresistenz auf der Annahme beruhen, dass der diskrete Logarithmus schwer zu berechnen ist [50], Faktorisieren bzw. verwandte Probleme schwer zu lösen sind [50] oder bestimmte Probleme im Kontext von Gitterproblemen (siehe auch Abschnitt 6.8) schwer zu lösen sind [118]; siehe auch Referenzen in diesen Arbeiten für weitere Beispiele. Eine systematische Analyse der ebenfalls in Abschnitt 8.5 erwähnten auf Block-Kryptosysteme basierenden Hashfunktionen findet sich in [38] (siehe auch weitere Referenzen in dieser Arbeit). Neben der Kollisionsresistenz sowie den anderen in diesem Kapitel diskutierten wünschenswerten Eigenschaften von Hashfunktionen ist man häufig bestrebt, Hashfunktionen zu konstruieren, die sich möglichst wie ein sogenanntes Zufallsorakel – eine Art ideale Hashfunktion – verhalten; dazu mehr in den Abschnitten 10.4.1 und 10.8.

---

3 Siehe `http://csrc.nist.gov/groups/ST/hash/sha-3/index.html` für aktuelle Informationen.

9 Symmetrische Authentifizierungsverfahren

9.1 Einführung

Über die grundlegende Funktionsweise von symmetrischen Authentifizierungsverfahren haben wir bereits in der Einführung zu diesem Teil des Buches gesprochen, so dass es jetzt nicht weiter schwierig ist, eine entsprechende Definition zu treffen. Im Englischen werden, wie bereits erwähnt, symmetrische Authentifizierungsverfahren als *message authentication codes* und kurz auch als *MACs* bezeichnet. Ein symmetrisches Authentifizierungsverfahren wird durch ein Schema wie folgt definiert.

Definition 9.1.1 (symmetrisches Authentifizierungsschema)**.** Es seien $l > 0$ und $D \subseteq \{0,1\}^*$. Ein *symmetrisches (D,l)-Authentifizierungsschema $((D,l)$-MAC)* ist ein Tupel

$$\mathscr{M} = (K,T) \ , \tag{9.1.1}$$

bestehend aus einer endlichen *Schlüsselmenge* $K \subseteq \{0,1\}^*$ und einem deterministischen *Etikettieralgorithmus* $T(x\colon D, k\colon K)\colon \{0,1\}^l$. Dabei muss die Laufzeit von T polynomzeitbeschränkt sein in der Länge von x, d. h., es existiert ein Polynom p, so dass die Laufzeit von $T(x,k)$ für alle $x \in D$ und $k \in K$ beschränkt ist durch $p(|x|)$; man beachte, dass die Länge der Schlüssel durch eine Konstante nach oben beschränkt werden kann.

Für $x \in D$ und $k \in K$ heißt $T(x,k)$ ein *gültiges* Etikett. Das Paar $(x,T(x,k))$ wird als gültiges *Nachrichten-Etikett-Paar (NE-Paar)* bezüglich k bezeichnet.

Falls $D = \{0,1\}^{\leq L}$ für ein $L > 0$ gilt, so sprechen wir, statt von einem (D,l)-MAC, auch von einem (L,l)-MAC. ◁

Da der Etikettieralgorithmus T deterministisch sein soll, können wir auf die Angabe eines Validierungsalgorithmus V, mit dem man feststellen kann, ob ein Etikett gültig ist, verzichten. Dieser kann nämlich leicht allein mit T realisiert werden: Um festzustellen, ob ein NE-Paar (x,t) gültig bezüglich eines Schlüssels k ist, muss nur überprüft werden, ob $T(x,k) = t$ gilt. Diese Gleichung gilt genau dann, wenn (x,t) bezüglich k gültig ist.

In Aufgabe 9.8.1 soll Definition 9.1.1 so verallgemeinert werden, dass zufallsgesteuerte Etikettieralgorithmen erlaubt sind.

9.2 Sicherheit symmetrischer Authentifizierungsverfahren

Wie bereits in Abschnitt 7.2 erwähnt, wollen wir von einem MAC verlangen, dass existentielle Fälschung im Fall von Angriffen mit Nachrichtenwahl verhindert wird. Wir erlauben Eva (der Angreiferin) deshalb, sich mit Hilfe eines Etikettierorakels gültige Etiketten für beliebige Nachrichten ihrer Wahl erstellen zu lassen. Ein Angriff wird als erfolgreich angesehen, wenn es Eva gelingt, ein gültiges Etikett für eine *neue* Nachricht x zu erzeugen, d. h. Eva darf das Etikettierorakel nicht mit x angefragt haben. Daraus ergeben sich direkt die folgenden Definitionen.

Definition 9.2.1 (Fälscher für symmetrisches Authentifizierungsverfahren). Ein *Fälscher für einen* (D,l)-*MAC* ist ein zufallsgesteuerter Algorithmus

$$F(h\colon D \to \{0,1\}^l)\colon D \times \{0,1\}^l \ , \tag{9.2.1}$$

dem ein Etikettierorakel h zur Verfügung steht und dessen Laufzeit durch eine Konstante nach oben beschränkt ist. Eine Berechnung eines solchen Fälschers heißt *zulässig*, wenn für die Ausgabe (x,t) gilt, dass das Etikettierorakel h nicht auf x angewendet wurde. Sie heißt *erfolgreich*, wenn $h(x) = t$ gilt.   ◁

Der Vorteil eines Fälschers wird in üblicher Weise mit Hilfe eines Experiments definiert.

Definition 9.2.2 (Experiment und Vorteil). Es sei $\mathscr{M} = (K,T)$ ein (D,l)-MAC und F ein Fälscher für $\mathscr{M}$. Das zugehörige *Experiment*, das wir mit $\mathbb{E}_F^{\mathscr{M}}$, $\mathbb{E}_F$ oder einfach $\mathbb{E}$ bezeichnen, ist der Algorithmus, der gegeben ist durch:

$\mathbb{E}\colon \{0,1\}$

1. *Schlüsselwahl*
   $k = \mathrm{flip}(K)$
2. *Berechung eines Nachrichten-Etikett-Paares*
   $(x,t) = F(T(\cdot,k))$
3. *Auswertung*
   falls die Berechnug von F erfolgreich und zulässig war, dann gib 1, sonst 0 zurück.

Der Vorteil $\mathrm{adv}_{\mathrm{MAC}}(F,\mathscr{M})$ von F bzgl. $\mathscr{M}$ ist definiert durch

$$\mathrm{adv}_{\mathrm{MAC}}(F,\mathscr{M}) = \mathrm{Prob}\left\{\mathbb{E}_F^{\mathscr{M}} = 1\right\} \ . \tag*{◁}$$

Statt dem Fälscher in der obigen Definition lediglich Zugriff auf ein Etikettierorakel zu geben, könnte man ihm zusätzlich Zugriff auf ein Validierungsorakel $V(\cdot,\cdot,k)$ geben, an welches F beliebige NE-Paare (x',t'), mit $x' \in D$, schicken darf, um deren Gültigkeit festzustellen. Dabei gibt $V(x',t',k)$ das Bit 1 (»gültig«) aus, falls $T(x',k) = t'$ gilt, und 0 sonst. Eine Berechnung von F würden wir auch dann noch als zulässig bezeichnen, wenn F das Validierungsorakel auf das von F ausgegebene NE-Paar (x,t) anwenden würde. Die Annahme, dass einem Fälscher ein solches Orakel zu Verfügung steht, ist genauso realistisch, wie die Annahme, dass ein Fälscher Zugriff auf ein Etikettierorakel besitzt. In Aufgabe 9.8.2 soll aber gezeigt werden, dass, zumindest für die Klasse von MACs, die wir hier betrachten und die üblicherweise in der Praxis eingesetzt werden, Validierungsorakel einem Fälscher keinen wesentlichen zusätzlichen Vorteil verschaffen, so dass wir guten Gewissens bei Definition 9.2.2 bleiben können.

Die Sicherheit eines MACs quantifizieren wir nun wie üblich.

Definition 9.2.3 ((n,q,t)-beschränkt, (n,q,t,ε)-sicher). Es seien n, q, t natürliche Zahlen, F ein Fälscher für einen (D,l)-MAC $\mathscr{M}$. Der Fälscher F ist (n,q,t)-beschränkt bzgl. $\mathscr{M}$, wenn die Laufzeit des zugehörigen Experiments $\mathbb{E}_F^{\mathscr{M}}$ durch t beschränkt ist, in $\mathbb{E}_F^{\mathscr{M}}$ höchstens q Anfragen an das Etikettierorakel gestellt werden, mit insgesamt höchstens n

Bits. Die Anzahl der Anfragen an das Etikettierorakel schließt dabei die Anfrage ein, die nötig ist, um festzustellen, ob das von F ausgegebene NE-Paar gültig ist. Es sei

$$\text{insec}(n, q, t, \mathcal{M}) = \sup\{\text{adv}_{\text{MAC}}(F, \mathcal{M}) \mid F \text{ ist } (n, q, t)\text{-beschränkter Fälscher für } \mathcal{M}\} .$$

Weiter sei $\varepsilon \geq 0$ reell. Der MAC $\mathcal{M}$ heißt (n, q, t, ε)-*unsicher,* wenn $\text{insec}(n, q, t, \mathcal{M}) \geq \varepsilon$ gilt. Er heißt (n, q, t, ε)-*sicher,* wenn $\text{insec}(n, q, t, \mathscr{S}) \leq \varepsilon$ gilt.   ◁

In der Praxis findet man vor allem MACs, die auf Block-Kryptosystemen basieren, sowie MACs, die sich (iterierte) Hashfunktionen zunutze machen. Die erstere Klasse von MACs wollen wir im folgenden Abschnitt studieren. Die letztere Klasse von MACs untersuchen wir in den Abschnitten 9.4 bis 9.6. Zum Abschluss dieses Kapitels werden wir uns noch, wie in Abschnitt 5.6 bereits erwähnt, überlegen, dass man mit Hilfe von MACs leicht symmetrische Kryptoschemen konstruieren kann, die CCA-Sicherheit bieten.

9.3   Konstruktion von MACs aus Block-Kryptosystemen

In diesem Abschnitt werden wir zwei Konstruktionen für (sichere) MACs kennenlernen, die auf Block-Kryptosystemen basieren. Wir beginnen zunächst mit einer sehr einfachen, aber ineffizienten Variante, um uns dann den CBC-MAC anzusehen, auf dem auch in der Praxis verwendete MACs basieren.

9.3.1   Eine einfache Konstruktion

Es sei im Folgenden $\mathscr{B} = (\{0,1\}^l, K, \{0,1\}^l, E, D)$ mit $K \subseteq \{0,1\}^s$ ein l-Block-Kryptosystem für $l, s > 0$. Wir konstruieren daraus einen MAC, in dem wir einfach das Chiffrierverfahren als Etikettieralgorithmus verwenden. Aus $\mathscr{B}$ erhalten wir also den MAC $\mathcal{M}_{\mathscr{B}} = (K, T)$ mit

$$T(x, k) = E(x, k) \qquad\qquad \text{für alle } x \in \{0,1\}^l \text{ und } k \in K .$$

Dieser MAC ist nur auf Bitvektoren der Länge l anwendbar. Wir werden die Konstruktion später auf Nachrichten beliebiger Länge erweitern.

Wichtiger ist zunächst die Frage, ob bzw. warum $\mathcal{M}_{\mathscr{B}}$ ein sicherer MAC ist, falls $\mathscr{B}$ ein sicheres Block-Kryptosystem ist? Die Intuition ist einfach: Falls $\mathscr{B}$ ein sicheres Block-Kryptosystem ist, verhält sich $\mathscr{B}$ etwa wie eine zufällige Funktion (vgl. Abschnitt 4.8). Bei einer solchen Funktion werden Funktionswerte für neue Nachrichten zufällig gewählt. Nun ist aber die Aufgabe eines Fälschers für einen MAC gerade, ein gültiges Etikett, in unserem Fall also einen Funktionswert, für eine neue Nachricht x zu berechnen. Um ein solches Etikett zu bestimmen, kann der Fälscher, da sich $\mathscr{B}$ etwa wie eine zufällige Funktion verhält, nur raten. Die Wahrscheinlichkeit, erfolgreich zu sein, ist also sehr gering.

Diese Intuition spiegelt sich auch im Beweis des folgenden Satzes wider, in dem die Sicherheit von $\mathcal{M}_{\mathscr{B}}$ auf diejenige von $\mathscr{B}$ reduziert wird.

Satz 9.3.1. *Es seien $\mathscr{B}$ und $\mathscr{M}_{\mathscr{B}}$ wie oben definiert. Dann existiert eine (kleine) Konstante c, so dass für alle $l, q, t > 0$ und $(l \cdot q, q, t)$-beschränkten Fälscher F für $\mathscr{M}_{\mathscr{B}}$ ein $(q, t + c \cdot l \cdot q \cdot \log(q))$-beschränkter l-Unterscheider U für $\mathscr{B}$ existiert mit*

$$adv_{MAC}(F, \mathscr{M}_{\mathscr{B}}) \leq adv(U, \mathscr{B}) + \frac{2 + q \cdot (q-1)}{2^{l+1}} \ . \tag{9.3.1}$$

Beweis. Es seien $\mathscr{B}$, $\mathscr{M}_{\mathscr{B}}$, l, q, t und F wie in der Voraussetzung des Satzes gegeben. Gemäß Definition 4.7.2 ist die Aufgabe des zu konstruierenden Unterscheiders $U(G)$, der ein Chiffrierorakel G als Parameter erhält, zu bestimmen, ob die Chiffre G von $\mathscr{B}$ stammt oder eine zufällige Funktion ist; wegen Lemma 4.8.1 (PRF/PRP-Switching Lemma) können wir zunächst zufällige Funktionen statt zufällige Permutationen betrachten.

Um zwischen $\mathscr{B}$ und einer zufälligen Funktion zu unterscheiden, simuliert $U(G)$ einfach das gesamte Experiment $\mathbb{E}_F^{\mathscr{M}_{\mathscr{B}}}$, mit Ausnahme der Schlüsselwahl; die Aufgabe des Etikettierorakels übernimmt dabei G.

Die Intuition hierbei ist die folgende: Falls G von $\mathscr{B}$ stammt, so simuliert U genau das Experiment $\mathbb{E}_F^{\mathscr{M}_{\mathscr{B}}}$ (bis auf die Schlüsselwahl). Ist insbesondere F ein guter Fälscher, so wird die Berechnung von F mit hoher Wahrscheinlichkeit erfolgreich und zulässig sein. Der Unterscheider U gibt deshalb mit hoher Wahrscheinlichkeit 1 aus – glaubt also, dass G von $\mathscr{B}$ stammt. Ist dagegen G eine zufällige Funktion, dann wird, wie oben angedeutet, die Berechnung von F mit hoher Wahrscheinlichkeit nicht sowohl erfolgreich als auch zulässig sein. In diesem Fall gibt U also mit hoher Wahrscheinlichkeit 0 aus – glaubt also, dass G eine zufällige Funktion ist. Insgesamt sollte U damit gut unterscheiden können, ob G von $\mathscr{B}$ stammt oder eine zufällige Funktion ist. Wir werden dieses Argument nun präzisieren.

Der Unterscheider U ist wie folgt definiert:

$U(G \colon \{0,1\}^l \to \{0,1\}^l) \colon \{0,1\}$

    1. *Initialisierung*
       $S = \emptyset$
    2. *Berechnung eines Nachrichten-Etikett-Paares durch Simulation von F*
       F, wobei Anfragen x' von F wie folgt beantwortet werden:
       $S = S \cup \{x'\}$
       gib $G(x')$ als Antwort zurück an den simulierten Algorithmus F
       Es bezeichne (x, t) die Ausgabe von F.
    3. *Auswertung*
       falls die Berechnung von F erfolgreich und zulässig war, d. h. $G(x) = t$ und $x \notin S$, dann gib 1, sonst 0 aus.

Man sieht nun in der Tat leicht, dass das Experiment $\mathbb{S}_U^{PRF}\langle b = 1 \rangle$, also das Experiment $\mathbb{S}_U^{PRF}$ für den Fall, dass G von $\mathscr{B}$ stammt, genau dem Experiment $\mathbb{E}_F^{\mathscr{M}_{\mathscr{B}}}$ entspricht. Wir erhalten insbesondere:

$$\mathrm{suc}_{PRF}(U, \mathscr{B}) = \mathrm{Prob}\left\{\mathbb{S}_U^{PRF}\langle b = 1 \rangle = 1\right\}$$
$$= \mathrm{adv}_{MAC}(F, \mathscr{M}_{\mathscr{B}}) \ .$$

Der Intuition folgend, dass, wenn G eine zufällige Funktion ist, F ein gültiges Etikett für eine neue Nachricht nur raten kann, erhält man auch leicht:

$$\text{fail}_{\text{PRF}}(U, \mathscr{B}) = \text{Prob} \left\{ \mathbb{S}_U^{\text{PRF}} \langle b = 0 \rangle = 1 \right\}$$

$$\leq \frac{1}{2^l} \ . \tag{9.3.2}$$

Der Beweis von (9.3.2) soll in Aufgabe 9.8.3 geführt werden.

Insgesamt erhalten wir:

$$\text{adv}_{\text{MAC}}(F, \mathscr{M}_{\mathscr{B}}) \leq \text{adv}_{\text{PRF}}(U, \mathscr{B}) + \frac{1}{2^l} \ .$$

Aus dem PRF/PRP-Switching Lemma folgt damit:

$$\text{adv}_{\text{MAC}}(F, \mathscr{M}_{\mathscr{B}}) \leq \text{adv}(U, \mathscr{B}) + \frac{q \cdot (q-1)}{2^{l+1}} + \frac{1}{2^l} \ .$$

Man überzeugt sich schließlich noch leicht davon, dass U $(q, t + c \cdot l \cdot q \cdot \log(q))$-beschränkt ist, für eine kleine Konstante c (siehe Aufgabe 9.8.3). $\qquad\square$

Wie erwähnt ist $\mathscr{M}_{\mathscr{B}}$ auf Nachrichten der Länge l beschränkt. Der MAC $\mathscr{M}_{\mathscr{B}}$ kann aber leicht auf Nachrichten $x = x_0 \cdots x_{n-1}$ mit beliebig vielen l-Blöcken $x_0, \ldots, x_{n-1} \in \{0,1\}^l$ erweitert werden. Die Idee ist, den Etikettieralgorithmus T von $\mathscr{M}_{\mathscr{B}}$ auf jeden der Blöcke x_i anzuwenden. Das resultierende Etikett für x ist also $T(x_0, k) \ldots T(x_{n-1}, k)$. Allerdings muss man dieses Schema noch durch drei zusätzliche Komponenten in jedem Block ergänzen, um einen sicheren MAC zu erhalten:

1. Man muss verhindern, dass Nachrichten unbemerkt umgeordnet werden können. Deshalb hängt man vor jeden Block x_i noch einen Zähler i.
2. Man muss verhindern, dass das Ende einer Nachricht unbemerkt abgeschnitten werden kann. Dies erreicht man zum Beispiel dadurch, dass man jeden Block durch die Länge l' von x ergänzt.
3. Schließlich muss man noch verhindern, dass Blöcke aus verschiedenen Nachrichten kombiniert werden können. Deshalb erzeugt man vor der Berechnung des Etiketts zu x zufällig einen Identifikator r und hängt diesen vor jeden Block.

Insgesamt wird eine Nachricht x deshalb in Blöcke $x_0, \ldots, x_{n-1}$ der Länge $l/4$ zerlegt; wir gehen davon aus, dass l durch 4 teilbar ist. (Falls nötig, wird x mit Nullen aufgefüllt.) Statt ein Etikett zu jedem x_i zu berechnen, wird nun ein Etikett t_i für jeden Block der Form $r \cdot l' \cdot i \cdot x_i$ berechnet, wobei r, l' und i die oben erwähnten Komponenten sind, die alle die Länge $l/4$ haben sollen. (Wir gehen davon aus, dass Nachrichten eine Länge $< 2^{l/4}$ besitzen, damit deren Länge durch $l/4$ Bits dargestellt werden kann.) Das Etikett zu x ist nun $r \cdot t_1 \cdots t_{n-1}$, enthält also neben den Etiketten t_i auch den Identifikator r.

Man beachte, dass dieser MAC einen zufallsgesteuerten Etikettieralgorithmus verwendet. Es ist deshalb nötig, einen Validierungsalgorithmus anzugeben. Dies ist aber leicht möglich (siehe Aufgabe 9.8.1 und 9.8.4).

Man kann nun zeigen, dass der so konstruierte MAC tatsächlich sicher ist, falls dies für $\mathscr{M}_{\mathscr{B}}$ gilt (siehe Aufgabe 9.8.4). Allerdings ist dieser MAC äußerst ineffizient, da eine

Nachricht in kleine Blöcke zerlegt werden muss, nämlich in Blöcke der Länge $l/4$ statt l, und für jeden dieser Blöcke ein Etikett berechnet werden muss.

Dass man auch einen sicheren, dennoch deutlich effizienteren MAC basierend auf Block-Kryptosystemen konstruieren kann, zeigt der CBC-MAC, dem wir uns nun zuwenden.

9.3.2   Der CBC-MAC

Wie bereits erwähnt wird der CBC-MAC bzw. Varianten davon in der Praxis häufig zur Nachrichtenauthentifizierung eingesetzt. Ein Etikett zu einer Nachricht wird im CBC-MAC einfach durch Verschlüsselung der Nachricht in der CBC-Betriebsart berechnet. Allerdings dient nur der letzte Block des Chiffretextes als Etikett; alle anderen Blöcke werden ignoriert. Während man für eine sichere Verschlüsselung in der CBC-Betriebsart den Initialisierungsvektor zufällig wählen musste, kommt man beim CBC-MAC mit einem festen Initialisierungsvektor aus. Genauer ist der CBC-MAC wie folgt definiert.

Definition 9.3.1 (CBC-MAC). Es sei $l > 0$ und $\mathscr{B} = (\{0,1\}^l, K_{\mathscr{B}}, \{0,1\}^l, E_{\mathscr{B}}, D_{\mathscr{B}})$ ein l-Block-Kryptosystem. Der dadurch induzierte *CBC-MAC* $\mathscr{M}_{\mathrm{CBC}}$ ist gegeben durch

$$\mathscr{M}_{\mathrm{CBC}} = (K_{\mathscr{B}}, T_{\mathrm{CBC}})$$

mit

$T_{\mathrm{CBC}}(x\colon \{0,1\}^{l+}, k\colon K_{\mathscr{B}})\colon \{0,1\}^l$

1. Zerlege x in l-Blöcke: $x = x_0 \ldots x_{m-1}$.
2. Setze $y_{-1} = v$.
3. Für $i = 0, \ldots, m-1$ bestimme $y_i = E_{\mathscr{B}}(y_{i-1} \oplus x_i, k)$.
4. Gib $t = y_{m-1}$ aus.

Dabei bezeichnet $v \in \{0,1\}^l$ einen fest gewählten Initialisierungsvektor.   ◁

Wir halten folgende Aussage zur Sicherheit des CBC-MAC fest, ohne diese aber zu präzisieren oder gar zu beweisen, denn der Beweis ist sehr aufwändig.

Bemerkung 9.3.1. Der CBC-MAC ist sicher, falls das zugrunde liegende Block-Krypto-system sicher ist *und* der CBC-MAC nur auf Nachrichten gleicher Länge angewendet wird.   ◁

Es ist leicht zu sehen, dass der CBC-MAC unsicher ist, falls er auf Nachrichten unterschiedlicher Länge angewendet werden darf (siehe Aufgabe 9.8.6). Dies mag zunächst überraschen, da die Verschlüsselung von Nachrichten beliebiger Länge in der CBC-Betriebsart unproblematisch ist. Im Vergleich zur Verschlüsselung ist ebenso überraschend, dass der CBC-MAC *unsicher* ist, wenn man statt eines festen Initialisierungsvektors jeweils einen zufälligen Initialisierungsvektor wählt und diesen vor das berechnete Etikett hängt (siehe Aufgabe 9.8.7).

Um den CBC-MAC auch dann sicher zu machen, wenn er auf Nachrichten verschiedener Länge angewendet wird, gibt es verschiedene Ansätze. Eine Möglichkeit ist, die Länge der Nachrichten vorne als ersten Block zu ergänzen und für die so erhaltene erweiterte Nachricht wie üblich ein Etikett mit dem CBC-MAC zu berechnen; interessanterweise ist die Variante, bei der die Länge der Nachricht hinten als Block angefügt wird, unsicher (siehe Aufgabe 9.8.6). Eine andere Variante des CBC-MACs, die ebenfalls Sicherheit für Nachrichten unterschiedlicher Länge bietet, wurde unter der Bezeichnung CMAC vom National Institute of Standards and Technology (NIST) veröffentlicht (siehe Abschnitt 9.9 für weitere Angaben).

Die gerade geführte Diskussion zeigt, dass kleine, zunächst plausibel erscheinende Änderungen in der Konstruktion von MACs dazu führen können, dass ein MAC völlig unsicher wird. Dies unterstreicht die Notwendigkeit, die Sicherheit kryptographischer Konstruktionen zu beweisen, auch über den konkreten Fall der MACs hinaus.

9.4   Authentifizierungsschemen basierend auf Hashfunktionen

Wir beschreiben nun ein allgemeines Konstruktionsprinzip für MACs, mit dem man aus einem MAC für Nachrichten fester und kurzer Länge und einer Familie von (schwach) kollisionsresistenten Hashfunktionen einen MAC für Nachrichten beliebiger oder großer Länge konstruieren kann. Was in diesem Zusammenhang »schwach« bedeutet, werden wir noch definieren.

Das Hash-then-MAC-Schema.   Bei diesem Schema wird zur gegebenen Nachricht zunächst der Hashwert berechnet und dann wird für den Hashwert ein Etikett berechnet. Dadurch, dass zunächst ein Hashwert berechnet wird, wird die Nachricht auf einen kurzen Bitvektor »komprimiert«, was Komplikationen, die durch die iterierte Berechnung eines Etiketts auftreten könnten, wie etwa diejenigen, mit denen wir in der am Ende von Abschnitt 9.3.1 vorgestellten Konstruktion zu kämpfen hatten, direkt ausschließt. Außerdem ist die Berechnung eines Hashwertes sehr effizient möglich, was insgesamt zu einem praktikablen Ansatz führt.

Es gibt mehrere Möglichkeiten, dieses allgemeine Konstruktionsprinzip zu instanziieren. Zum Beispiel kann man eine der in Kapitel 8 kennengelernten Familien kollisionsresistenter Hashfunktionen mit einem in Abschnitt 9.3 vorgestellten MAC für Nachrichten fester Länge kombinieren. Eine andere Art der Instantiierung, die auf iterierten Hashfunktionen basiert, werden wir in den Abschnitten 9.5 und 9.6 kennenlernen. Diese Konstruktion hat, unter dem Namen HMAC, Eingang in einen Standard gefunden (siehe Abschnitt 9.9).

Das allgemeine Konstruktionsprinzip ist in folgender Definition festgehalten.

Definition 9.4.1 (Hash-then-MAC). Es sei $\mathscr{H} = \{h_k\}_{k \in K_H}$ eine Familie (L, n)-beschränkter Hashfunktionen mit $L > n > 0$. Es sei weiter $p: \{0,1\}^n \to \{0,1\}^r$, für $r \geq n$, eine injektive Funktion und $\mathscr{M} = (K_M, T)$ ein symmetrisches $(\{0,1\}^r, l)$-Authentifizierungsschema. Dann ist HashMAC$[\mathscr{H}, p, \mathscr{M}]$ das symmetrische (L, l)-Authentifizierungsschema, das gegeben ist durch

$$\text{HashMAC}[\mathscr{H}, p, \mathscr{M}] = (K_H \times K_M, T')$$

mit

$$T'(x, (k_h, k_m)) = T(p(h_{k_h}(x)), k_m) \qquad \text{für alle } x \in \{0,1\}^{\leq L} \text{ und } (k_h, k_m) \in K_H \times K_M.$$

Das Schema HashMAC$[\mathscr{H}, p, \mathscr{M}]$ wird *Hash-then-MAC-Schema* mit Basisschema $\mathscr{M}$, Füllfunktion p und Hashfamilie $\mathscr{H}$ genannt. Hash-then-MAC-Schemen basierend auf unbeschränkten Hashfunktionen werden analog definiert. ◁

Sicherheit des Hash-then-MAC-Schemas. Wir wollen nun – wie gewohnt – die Sicherheit eines Hash-then-MAC-Schemas auf die Sicherheit seiner Bestandteile zurückführen, d. h., auf die Sicherheit des Basis-Authentifizierungsschemas sowie die Sicherheit der Hashfamilie.

Für die Definition der Sicherheit des Basis-Authentifizierungsschemas greifen wir einfach auf die Definitionen aus Abschnitt 9.2 zurück. Kollisionsresistenz für Familien von Hashfunktionen wurde bereits in Abschnitt 8.2 definiert. Um die Sicherheit des Hash-then-MAC-Schemas zu garantieren, reicht allerdings die schwache Kollisionsresistenz.

Bei der schwachen Kollisionsresistenz wird dem Kollisionsfinder *nicht* der Index k der betrachteten Hashfunktion h_k als Parameter übergeben (vgl. Definitionen 8.2.1 und 8.2.2), sondern lediglich das zugehörige Hashorakel $h_k(\cdot)$. Der Kollisionsfinder weiß also nicht von vornherein, mit welcher Hashfunktion er es zu tun hat. Dies kann er nur durch Anfragen an das Hashorakel herausfinden. Die Aufgabe des Kollisionsfinders bleibt allerdings unverändert: Er soll eine Kollision für die Funktion h_k ausgeben (obwohl er nicht k, sondern nur das Orakel $h_k(\cdot)$ gegeben hat). Dies stellt im Allgemeinen eine höhere Anforderung an den Kollisionsfinder dar. Umgekehrt sinkt damit die Sicherheitsanforderung an die Familie von Hashfunktionen, weshalb wir von schwacher Kollisionsresistenz sprechen. Eine solche schwächere Anforderung an die Sicherheit von Familien von Hashfunktionen ist natürlich wünschenswert, um insgesamt die Sicherheitsgarantien zu erhöhen. Allerdings sei auch erwähnt, dass in manchen Fällen die schwache Kollisionsresistenz keine wirklich schwächere Anforderung an eine Familie darstellt als die (starke) Kollisionsresistenz (siehe dazu Aufgabe 9.8.11).

Wir geben nun eine präzise Definition für die schwache Kollisionsresistenz an. Dazu wiederholen wir im Wesentlichen die Definitionen aus Abschnitt 8.2 mit kleinen Änderungen.

Definition 9.4.2 (Angreifer/Kollisionsfinder im Kontext der schwachen Kollisionsresistenz). Es sei $\mathscr{H} = \{h_k\}_{k \in K}$ eine Familie von Hashfunktionen mit Hashbreite l. Ein *Angreifer* oder *Kollisionsfinder* A für $\mathscr{H}$ ist ein zufallsgesteuerter Algorithmus $A(H\colon D \to \{0,1\}^l)\colon \{0,1\}^* \times \{0,1\}^*$, dessen Laufzeit durch eine Konstante nach oben beschränkt ist, wobei D den Wertebereich der Hashfunktionen in $\mathscr{H}$ bezeichnet. ◁

Definition 9.4.3 (Experiment und Vorteil für schwache Kollisionsresistenz). Es sei A ein Angreifer für die Familie $\mathscr{H} = \{h_k\}_{k \in K}$ von Hashfunktionen mit Hashbreite l. Das zugehörige *Experiment*, das wir mit $\mathbb{E}_A^{\text{weak}}$ oder einfach $\mathbb{E}^{\text{weak}}$ bezeichnen, ist der Algorithmus, der gegeben ist durch:

$\mathbb{E}^{\text{weak}} \colon \{0,1\}$

    1. *Indexwahl*
       $k = \text{flip}(K)$
    2. *Kollisionsberechung*
       $(x_0, x_1) = A(h_k(\cdot))$

3. *Auswertung*
   falls (x_0, x_1) eine Kollision für h_k ist gib 1, sonst 0 zurück

Der *Vorteil* von A bezüglich $\mathcal{H}$ ist definiert durch

$$\mathrm{adv}_{\mathrm{weakColl}}(A, \mathcal{H}) = \mathrm{Prob}\left\{\mathbb{E}_A^{\mathrm{weak}} = 1\right\} \ . \qquad \triangleleft$$

Die Begriffe (t, ε)-Kollisionsresistenz und (t, ε)-Kollisioninresistenz für schwache Kollisionsresistenz können analog zu Definition 8.2.3 definiert werden. Neben den Parametern t und ε macht es nun allerdings Sinn, ähnlich wie in Definition 9.2.3, zusätzlich die Parameter n und q für die Anzahl der an das Hashorakel gesendeten Bits bzw. die Anzahl der Orakelanfragen zu betrachten. Wir erhalten also die Begriffe *schwache (n, q, t, ε)-Kollisionsresistenz* sowie *schwache (n, q, t, ε)-Kollisioninresistenz*.

Der Reduktionsbeweis. Wir reduzieren nun die Sicherheit des Hash-then-MAC-Schemas $\mathcal{M}' = \mathrm{HashMAC}[\mathcal{H}, p, \mathcal{M}]$ auf diejenige von $\mathcal{M}$ und $\mathcal{H}$. Wir nehmen also an, dass wir einen (guten) Fälscher F' für $\mathcal{M}'$ gegeben haben und benutzen diesen Fälscher, um einen (guten) Fälscher F für $\mathcal{M}$ und einen (guten) Kollisionsfinder C für $\mathcal{H}$ zu konstruieren. Letztendlich wird unser Ziel sein, den Vorteil von F' durch denjenigen von F ($\mathrm{adv}_{\mathrm{MAC}}(F, \mathcal{M})$) und C ($\mathrm{adv}_{\mathrm{weakColl}}(C, \mathcal{H})$) zu beschränken. Im Folgenden verwenden wir die Notation aus Definition 9.4.1.

Der Fälscher F erhält im Experiment $\mathbb{E}_F^{\mathcal{M}}$ per Definition ein Etikettierorakel E als Argument, wobei E von der Form $T(\cdot, k_m)$ ist; E stammt also vom MAC $\mathcal{M}$. Die Idee ist nun, dass F das Experiment $\mathbb{E}_{F'}^{\mathcal{M}'}$ simuliert, wobei die Schlüsselwahl nur teilweise simuliert wird: Den Schlüssel k_h für die Hashfunktion erzeugt F selbst. Den Schlüssel k_m für den MAC erzeugt F nicht selbst; als MAC verwendet F stattdessen sein Orakel E. Die Hoffnung ist, dass F' in diesem simulierten Experiment ein gültiges NE-Paar für $\mathcal{M}'$ ausgibt. Daraus wird F versuchen, ein gültiges NE-Paar für $\mathcal{M}$ zu konstruieren. Genauer ist F wie folgt definiert:

$F(E \colon \{0,1\}^r \to \{0,1\}^l) \colon \{0,1\}^r \times \{0,1\}^l$

1. *Wähle Hashfunktion*
   $k_h = \mathrm{flip}(K_H)$
2. *Simuliere F'.*
   F' mit folgenden Änderungen:
   a. Eine Anfrage x von F' an das Etikettierorakel wird wie folgt beantwortet:
      $v = h_{k_h}(x)$
      $x' = p(v)$
      Gib $E(x')$ zurück an den simulierten Algorithmus F'
   b. Wenn F' das NE-Paar (x, t) ausgibt, ersetze die Ausgabe wie folgt:
      $v = h_{k_h}(x)$
      $x' = p(v)$
      gib (x', t) zurück

Man sieht leicht, dass die Experimente $\mathbb{E}_{F'}^{\mathcal{M}'}$ und $\mathbb{E}_F^{\mathcal{M}}$ fast identisch sind. Insbesondere kann in offensichtlicher Weise zu jedem Lauf α' von $\mathbb{E}_{F'}^{\mathcal{M}'}$ ein entsprechender Lauf α von

$\mathbb{E}_F^{\mathscr{M}}$ definiert werden und umgekehrt:[1] Es sei also α' ein Lauf von $\mathbb{E}_{F'}^{\mathscr{M}'}$. Der korrespondierende Lauf α von $\mathbb{E}_F^{\mathscr{M}}$ ist derjenige Lauf, bei dem die Schlüssel k_h und k_m wie in α' gewählt werden. Zudem werden in der Simulation von F' in α die gleichen Zufallsbits verwendet wie für F' im Lauf α'. Die Abbildung β, die einen Lauf α' wie beschrieben auf einen Lauf α abbildet, ist offensichtlich eine Bijektion von der Menge der Läufe von $\mathbb{E}_{F'}^{\mathscr{M}'}$ in die Menge der Läufe von $\mathbb{E}_F^{\mathscr{M}}$. Zudem ist die Wahrscheinlichkeit für das Auftreten von α' gleich der Wahrscheinlichkeit des korrespondierenden Laufs $\beta(\alpha')$.

Des Weiteren ist leicht zu sehen, dass, wenn F' in einem Lauf α' von $\mathbb{E}_{F'}^{\mathscr{M}'}$ erfolgreich ist, im Sinne von Definition 9.2.1 (über die Zulässigkeit machen wir zunächst keine Aussage), dann ist es auch F im korrespondierenden Lauf α: Wenn F' das Paar (x, t) zurückgibt und die Berechnung erfolgreich ist, dann gilt $t = T'(x, (k_h, k_m)) = T(p(h_{k_h}(x)), k_m)$. Da F in diesem Fall $(p(h_{k_h}(x)), t)$ zurückgibt, ist F ebenfalls erfolgreich. Diese Beobachtung halten wir im folgenden Lemma fest.

Lemma 9.4.1. *Wenn F' in einem Lauf von $\mathbb{E}_{F'}^{\mathscr{M}'}$ erfolgreich ist, dann ist es auch F im korrespondierenden Lauf von $\mathbb{E}_F^{\mathscr{M}}$.* $\square$

Was allerdings nicht stimmen muss, ist folgende Aussage: Wenn eine Berechnung von F' zulässig ist, dann auch die korrespondierende Berechnung von F. Wir werden aber nun sehen, dass wir in einem solchen Fall eine Kollision für h_{k_h} finden können. Dazu betrachten wir den folgenden Kollisionsfinder C, der, ähnlich wie F, das Experiment $\mathbb{E}_{F'}^{\mathscr{M}'}$ simuliert. Wiederum wird die Schlüsselwahl nur teilweise simuliert: Der Schlüssel k_h für die Hashfunktion wird von C nicht selbst erzeugt. Zur Simulation der Hashfunktion verwendet C sein Hashorakel. Den Schlüssel k_m für den MAC erzeugt C selbst. Genauer ist C wie folgt definiert:

$C(H\colon \{0,1\}^{\leq L} \to \{0,1\}^n)\colon \{0,1\}^{\leq L} \times \{0,1\}^{\leq L}$

    1. *Wähle Schlüssel für Etikettieralgorithmus zu $\mathscr{M}$ zufällig.*
        $k_m = \mathrm{flip}(K_M)$
    2. *Initialisiere Menge mit Hashwerten.*
        $S = \emptyset$
    3. *Simuliere F'.*
        F' *mit folgenden Änderungen:*
        a. *Eine Anfrage x von F' an das Etikettierorakel wird wie folgt beantwortet:*
            $v = H(x)$
            $x' = p(v)$
            $t = T(x', k_m)$
            $S = S \cup \{(x, v)\}$
            gib t zurück an den simulierten Algorithmus F'
        b. *Wenn F' das NE-Paar (x, t) ausgibt, ersetze die Ausgabe wie folgt:*
            i. *Bestimme Hashwert.*
               $v = H(x)$

---

[1] Zur Erinnerung: Wir fassen dabei die Wahrscheinlichkeitsräume der Experimente, wie in Abschnitt 4.6.2 besprochen und wie bereits häufiger in anderen Beweisen dieser Art gesehen, als Produkträume auf. Läufe dieser Experimente werden wie üblich als Elemente (also Tupel) dieser Produkträume repräsentiert.

ii. *Überprüfe, ob Kollision vorliegt.*
    falls $v \in \{v' \mid$ es gibt ein x' mit $(x', v') \in S\}$
        Bestimme x', so dass $(x', v) \in S$.
        gib (x, x') zurück
    sonst
        gib (x, x) zurück

Wie im Fall von F' und F kann auch hier eine Bijektion zwischen den Läufen von $\mathbb{E}_{F'}^{\mathcal{M}'}$ und $\mathbb{E}_C^{\text{weak}}$ in offensichtlicher Weise angegeben werden. Es gibt also eine direkte Korrespondenz zwischen den Läufen. Wir zeigen nun:

Lemma 9.4.2. *Ist in einem Lauf α' von $\mathbb{E}_{F'}^{\mathcal{M}'}$ die Berechnung von F' zulässig, aber die Berechnung von F im korrespondierenden Lauf α von $\mathbb{E}_F^{\mathcal{M}}$ ist nicht zulässig, dann liefert C im zu α' korrespondierenden Lauf von $\mathbb{E}_C^{\text{weak}}$ eine Kollision.*

Beweis. Wir nehmen an, dass (x, t) im Lauf α' von F' ausgegeben wird und die Berechnung von F' in diesem Lauf zulässig ist, d. h., x wurde in diesem Lauf nicht an das Etikettierorakel übergeben. Es bezeichne (k_h, k_m) den vom Etikettierorakel in α' verwendeten Schlüssel.

Im korrespondierenden Lauf α von $\mathbb{E}_F^{\mathcal{M}}$ gibt F das NE-Paar (x', t) mit $x' = p(h_{k_m}(x))$ zurück. Wenn die Berechnung von F in diesem Lauf nicht zulässig ist, dann muss in dieser Berechnung für eine Nachricht $\hat{x}$, die von F' an sein Etikettierorakel $T'(\cdot, (k_h, k_m))$ übergeben wurde, der Wert $\hat{x}' = p(h_{k_h}(\hat{x}))$, der von F an sein Etikettierorakel $T(\cdot, k_m)$ übergeben wurde, mit x' übereinstimmen.

Es sei nun $\hat{x}$ eine beliebige Nachricht dieser Art. Zunächst gilt $h_{k_h}(x) = h_{k_h}(\hat{x})$, da p injektiv ist. Andererseits kann nicht $x = \hat{x}$ gelten, denn sonst wäre die Berechnung von F' nicht zulässig gewesen. Also ist $(x, \hat{x})$ eine Kollision für h_{k_h}. Der Kollisionsfinder C gibt aber im zu α' korrespondierenden Lauf gerade ein solches Paar zurück. $\square$

Aus den beiden vorangehenden Lemmas erhalten wir nun folgenden Satz.

Satz 9.4.1. *Es sei $\mathcal{M}' = HashMAC[\mathcal{H}, p, \mathcal{M}]$ ein Hash-then-MAC-Schema gemäß Definition 9.4.1. Es sei weiterhin F' ein Fälscher für $\mathcal{M}'$ und es seien F und C wie oben definiert. Dann gilt:*

$$\text{adv}_{MAC}(F', \mathcal{M}') \leq \text{adv}_{MAC}(F, \mathcal{M}) + \text{adv}_{weakColl}(C, \mathcal{H}) \ . \tag{9.4.1}$$

Beweis. Es sei EZ das Ereignis, dass in einem Lauf von $\mathbb{E}_{F'}^{\mathcal{M}'}$ die Berechnung von F' erfolgreich und zulässig ist. Formal ist EZ also eine Teilmenge von Läufen von $\mathbb{E}_{F'}^{\mathcal{M}'}$. Es sei weiter Z das Ereignis, dass die Berechnung von F in einem Lauf von $\mathbb{E}_F^{\mathcal{M}}$ zulässig ist. Formal interpretieren wir Z als Teilmenge der Läufe von $\mathbb{E}_{F'}^{\mathcal{M}'}$, die einen Lauf in $\mathbb{E}_{F'}^{\mathcal{M}'}$ enthält genau dann, wenn der korrespondierende Lauf in $\mathbb{E}_F^{\mathcal{M}}$ zulässig ist.

Offensichtlich gilt nun:

$$\text{adv}_{MAC}(F', \mathcal{M}') = \text{Prob}\{EZ\}$$
$$= \text{Prob}\{EZ \cap Z\} + \text{Prob}\{EZ \cap \overline{Z}\}$$

$$\leq \mathrm{adv}_{\mathrm{MAC}}(F, \mathscr{M}) + \mathrm{adv}_{\mathrm{weakColl}}(C, \mathscr{H}) \ ,$$

wobei sich die letzte Ungleichung direkt aus den Lemmas 9.4.1 und 9.4.2 ergibt. □

Satz 9.4.1 besagt in überlicher Weise, dass das Hash-then-MAC-Schema sicher ist, falls dies für die Komponenten – das Basis-Authentifizierungschema und die Familie von Hashfunktionen – der Fall ist. Da sich die Laufzeiten sowie die Anzahl und Länge der Orakelanfragen der verschiedenen Experimente kaum voneinander unterscheiden, hält sich der Verlust an Sicherheit des Hash-then-MAC-Schemas im Vergleich zur Sicherheit der Komponenten in Grenzen: Das Hash-then-MAC-Schema ist etwa unter den gleichen Annahmen sicher, unter denen auch die Komponenten sicher sind. Eine genaue Analyse soll in Aufgabe 9.8.9 durchgeführt werden.

9.5 Der NMAC

Wir betrachten nun eine Instanziierung des allgemeinen Hash-then-MAC-Schemas aus dem vorherigen Abschnitt durch iterierte Hashfunktionen, der auf Mihir Bellare, Ran Canetti und Hugo Krawczyk zurückgeht. Das resultierende Schema wird NMAC genannt. Dabei werden iterierte Hashfunktionen bzw. die zugehörigen Kompressionsfunktionen sowohl als Hashfunktionen aufgefasst als auch als MACs.

Für die bei iterierten Hashfunktionen eingesetzen Füllfunktionen wird, wie in Abschnitt 8.4 erläutert, MD-Kompatibilität verlangt. Wir benötigen allerdings noch eine weitere Eigenschaft, die wir in folgender Definition formulieren.

Definition 9.5.1 (NMAC-kompatible Füllfunktion). Eine MD-kompatible (r, D, b)-Füllfunktion p heißt *NMAC-kompatible (r, D, b, l)-Füllfunktion*, falls $\{0, 1\}^l \subseteq D$ und $|p(x)| = b$ für alle $x \in \{0, 1\}^l$ gilt. ◁

Man sieht leicht:

Bemerkung 9.5.1. Es seien $l, r, b \geq 0$ mit $0 < r < b$ sowie $l + 1 \leq b - r$ und $l < 2^r$. Weiter sei D eine Menge mit $\{0, 1\}^l \subseteq D \subseteq \{0, 1\}^{<2^r}$. Dann ist die Merkle-Damgård-Füllfunktion $p_{\mathrm{MD}}^{b,r}$ mit Definitionsbereich D (siehe Definition 8.4.4) eine NMAC-kompatible (r, D, b, l)-Füllfunktion. ◁

Wir können nun das NMAC-Schema definieren.

Definition 9.5.2 (NMAC). Es sei f eine (l, b)-Kompressionsfunktion, p eine NMAC-kompatible (r, D, b, l)-Füllfunktion und $\mathscr{H} = \{h_k\}_{k \in \{0,1\}^l}$ mit $h_k = h_k^{f,p}$ die zugehörige Familie iterierter Hashfunktionen (vgl. Definition 8.4.5). Der zugehörige *NMAC*, der mit $\mathrm{NMAC}[f, p]$ bezeichnet wird, ist das Tupel

$$\mathrm{NMAC}[f, p] = (\{0, 1\}^l \times \{0, 1\}^l, T) \ ,$$

mit

$$T(x, (k_{\mathrm{out}}, k_{\mathrm{in}})) = h_{k_{\mathrm{out}}}(h_{k_{\mathrm{in}}}(x)) \qquad \text{für alle } x \in D, \ k_{\mathrm{out}}, k_{\mathrm{in}} \in \{0, 1\}^l \ . \qquad ◁$$

Aus der Annahme, dass p eine NMAC-kompatible (r, D, b, l)-Füllfunktion ist, folgt sofort $|p(x)| = b$ für alle $x \in \{0,1\}^l$. Daraus wiederum ergibt sich:

Bemerkung 9.5.2. Für T in Definition 9.5.2 gilt:

$$T(x, (k_{\text{out}}, k_{\text{in}})) = f(k_{\text{out}}, p(h_{k_{\text{in}}}(x))) \qquad \text{für alle } x \in D, k_{\text{out}}, k_{\text{in}} \in \{0,1\}^l .$$

Bei der äußeren Anwendung der Hashfunktion wird die Kompressionsfunktion also nicht iteriert, sondern nur einmal angewendet. ◁

Im Vergleich zum Hash-then-MAC-Schema übernimmt also beim NMAC die Kompressionsfunktion f die Aufgabe des Basis-Authentifizierungsschemas. In der Tat wollen wir f als MAC auffassen und bezeichnen den durch f induzierten MAC mit $\mathscr{M}_f = (\{0,1\}^l, T_f)$, für $T_f(x, k) = f(k, x)$ für alle $x \in \{0,1\}^b$ und $k \in \{0,1\}^l$.

Da somit der NMAC lediglich eine Instanz des allgemeinen Hash-then-MAC-Schemas ist, erhalten wir sofort folgenden Satz als Folgerung aus Satz 9.4.1.

Satz 9.5.1. *Es seien f, p und $\mathscr{H}$ wie in Definition 9.5.2 gegeben mit $D = \{0,1\}^{\leq L}$ für $l \leq L < 2^r$. Weiter seien F' ein Fälscher für NMAC$[f,p]$ sowie F der gemäß Satz 9.4.1 zugehörige Fälscher für $\mathscr{M}_f$ und C der zugehörige Kollisionsfinder für $\mathscr{H}$. Dann gilt:*

$$adv_{MAC}(F', NMAC[f,p]) \leq adv_{MAC}(F, \mathscr{M}_f) + adv_{weakColl}(C, \mathscr{H}) .$$ □

Nach Annahme ist $\mathscr{M}_f$ ein sicherer MAC. Der Vorteil $adv_{\text{MAC}}(F, \mathscr{M}_f)$ sollte also für jeden geeignet ressourcenbeschränkten Fälscher F »klein« sein. Wie sieht es mit dem Vorteil $adv_{\text{weakColl}}(C, \mathscr{H})$ aus? Betrachten wir zunächst eine Familie $\mathscr{C} = \{f_k\}_{k \in K}$ von (l, b)-Kompressionsfunktionen, so wissen wir, gemäß Folgerung 8.4.1, dass, wenn $\mathscr{C}$ kollisionsresistent ist, dann auch die Familie $\mathscr{H}' = \{h_u^{f_k, p}\}_{(u,k) \in \{0,1\}^l \times K}$, d. h., für alle (geeignet ressourcenbeschränkten) Kollisionsfinder C für $\mathscr{H}'$ sollte $adv(C, \mathscr{H}')$ »klein« sein. Insbesondere ist also auch $adv_{\text{weakColl}}(C, \mathscr{H}')$ für alle (geeignet ressourcenbeschränkten) Kollisionsfinder C, die lediglich ein Hashorakel als Eingabe bekommen, »klein«. (Um dies zu folgern, reicht bereits die schwache Kollisionsresistenz von $\mathscr{C}$, da man leicht sieht, dass sich Folgerung 8.4.1 auf die schwache Kollisionsresistenz überträgt.) Nun sind wir aber nicht an $adv_{\text{weakColl}}(C, \mathscr{H}')$, sondern an $adv_{\text{weakColl}}(C, \mathscr{H})$ interessiert. Der Unterschied zwischen $\mathscr{H}'$ und $\mathscr{H}$ ist, dass wir in $\mathscr{H}$ lediglich eine einzelne Kompressionsfunktion betrachten. Folgerung 8.4.1 ist deshalb nicht anwendbar. Dennoch ist es, für geeignete Hashfunktionen, plausibel anzunehmen, dass $adv_{\text{weakColl}}(C, \mathscr{H})$ »klein« ist: Immerhin erhält man nach Satz 8.4.1 aus einer Kollision für ein h_k eine Kollision für f, mit h_k und f wie in Definition 9.5.2. Zudem wird lediglich die schwache Kollisionsresistenz gefordert. (Wie bereits in Abschnitt 9.4 erwähnt, bietet in manchen Fällen die schwache Kollisionsresistenz jedoch keinen Vorteil gegenüber der (starken) Kollisionsresistenz.) Wir verweisen auf Abschnitt 9.9 für eine ausführlichere Diskussion zur Annahme, dass $adv_{\text{weakColl}}(C, \mathscr{H})$ »klein« ist, insbesondere vor dem Hintergrund der in Abschnitt 8.7 erwähnten Angriffe auf die Kollisionsresistenz einiger verbreiteter Hashfunktionen.

9.6   Der HMAC

Während Hashfunktionen verbreitete kryptographische Bausteine sind, kann man dies nicht über Hashfamilien sagen, wie etwa die Familie $\mathscr{H}$ in Definition 9.5.2, bei der Initialisierungsvektoren variabel sind. Es ist festzustellen, dass in kryptographischen Bibliotheken meist nur ein Mitglied einer solchen Familie implementiert ist, nämlich eine Hashfunktion mit festem Initialisierungsvektor. Prinzipiell haben Familien von Hashfunktionen auch den Nachteil, dass sich Kommunikationspartner immer auf den aktuell verwendeten Index (Initialisierungsvektor) einigen müssten, was zusätzlichen Aufwand bedeuten würde. Deshalb stellt sich die Frage, ob es nicht auch möglich ist, ein symmetrisches Authentifizierungsverfahren allein aus *einer* Hashfunktion zu konstruieren.

Angelehnt an die Konstruktion des NMACs haben Mihir Bellare, Ran Canetti und Hugo Krawczyk einen entsprechenden Vorschlag gemacht, der unter dem Namen HMAC bekannt und später auch standardisiert wurde. HMAC ist ein in der Praxis weit verbreiteter MAC, der in vielen Internetprotokollen eingesetzt wird, z. B. SSL/TLS, SSH und IPsec. Obwohl HMAC ausschließlich eine einzige Hashfunktion einer Hashfamilie benutzt, kann HMAC als eine Instanziierung von NMAC interpretiert werden. Dazu stellen wir an die von der Hashfunktion verwendete Füllfunktion besondere Bedingungen, wie aus der nächsten Definition hervorgeht.

Definition 9.6.1 (HMAC-kompatible Füllfunktion). Es seien $b, l, r > 0$ und sei $D = \{0,1\}^{<2^r-b}$. Eine Funktion $p\colon \{0,1\}^{<2^r} \to \{0,1\}^{b+}$ heißt *HMAC-kompatible (r,b,l)-Füllfunktion*, wenn es eine Funktion $p'\colon \{0,\dots,2^r-1\} \to \{0,1\}^*$ gibt, so dass $p(x) = x \cdot p'(|x|)$ für jedes $x \in \{0,1\}^{<2^r}$ gilt und die Funktion $\bar{p}(x) = x \cdot p'(b+|x|)$ eine NMAC-kompatible (r, D, b, l)-Füllfunktion ist. ◁

Da p als Füllfunktion der im HMAC verwendeten iterierten Hashfunktion dient, sollte p auch MD-kompatibel sein. Für das Folgende ist dies aber nicht wesentlich. Man überzeugt sich leicht davon, dass für eine geeignete Wahl der Parameter b, l und r die Merkle-Damgård-Füllfunktion (siehe Definition 8.4.4) eine HMAC-kompatible (r,b,l)-Füllfunktion sowie eine MD-kompatible (r,b)-Füllfunktion ist (siehe Aufgabe 9.8.10).

Der HMAC ist nun wie folgt definiert (siehe auch Abbildung 9.1).

Definition 9.6.2 (HMAC). Es sei f eine (l,b)-Kompressionsfunktion, p eine HMAC-kompatible (r,b,l)-Füllfunktion, $u \in \{0,1\}^l$ und $m > 0$, so dass $l \le m \le b$ mit $8 \mid m$ und $8 \mid b$ gilt. Weiter sei ipad $= 00110110$ und opad $= 01011100$. Dann ist das Authentifizierungsschema HMAC$[f,p,u,m]$ definiert durch

$$\text{HMAC}[f,p,u,m] = (\{0,1\}^m, T) \ , \tag{9.6.1}$$

wobei T durch

$$T(x,k) = h(k_o \cdot h(k_i \cdot x)) \qquad \text{für alle } x \in \{0,1\}^{<2^r-b}, \ k \in \{0,1\}^m$$

mit

$$h = h_u^{f,p} \ ,$$

$$k_i = (k \cdot 0^{b-m}) \oplus \text{ipad}^{b/8} \ ,$$

$$k_o = (k \cdot 0^{b-m}) \oplus \text{opad}^{b/8}$$

gegeben ist. ◁

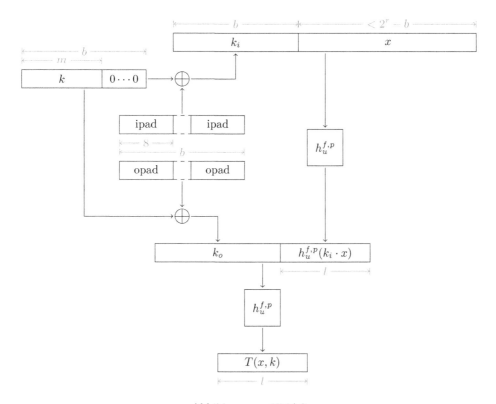

Abbildung 9.1: HMAC

Das folgende Lemma zeigt, dass der HMAC als Instanz von NMAC betrachtet werden kann, wobei die Schlüssel mit Hilfe der Kompressionsfunktion f von k_i und k_o abgeleitet werden.

Lemma 9.6.1. *Mit den Bezeichnungen aus Definition 9.6.2 gilt:*

$$T(x,k) = \bar{h}_{f(u,k_o)}(\bar{h}_{f(u,k_i)}(x)) \qquad \textit{für jedes } k \in \{0,1\}^m,\ x \in \{0,1\}^{<2^r-b},$$

wobei $\bar{h}_w = h_w^{f,\bar{p}}$, *mit* $\bar{p}$ *wie in Definition 9.6.1 gewählt.*

Beweis. Es sei $v \in \{0,1\}^b$ und $x \in \{0,1\}^{<2^r-b}$. Da p eine HMAC-kompatible (r,b,l)-Füllfunktion ist, erhalten wir mit den Bezeichnungen aus Definition 9.6.1:

$$\begin{aligned}
h(v \cdot x) &= h_u^{f,p}(v \cdot x) \\
&= i^f(u, p(v \cdot x)) \\
&= i^f(u, v \cdot x \cdot p'(|v \cdot x|)) \\
&= i^f(f(u,v), x \cdot p'(b + |x|))
\end{aligned}$$

$$= i^f(f(u,v), \bar{p}(x))$$
$$= h^{f,\bar{p}}_{f(u,v)}(x)$$
$$= \bar{h}_{f(u,v)}(x) \ .$$

Es sei nun $k \in \{0,1\}^m$ und $x \in \{0,1\}^{<2^r - b}$. Dann gilt:

$$T(x,k) = h(k_o \cdot h(k_i \cdot x))$$
$$= h(k_o \cdot \bar{h}_{f(u,k_i)}(x))$$
$$= \bar{h}_{f(u,k_o)}(\bar{h}_{f(u,k_i)}(x)) \ . \qquad \square$$

Falls $f(u,k_i)$ und $f(u,k_o)$ gleichverteilte und unabhängig voneinander gewählte Bitvektoren der Länge l wären, so könnten wir aus Lemma 9.6.1 und Satz 9.5.1 leicht folgern, dass HMAC ein sicheres Authentifizierungsschema ist. Klar ist aber, dass diese Annahme für $f(u,k_i)$ und $f(u,k_o)$ nicht gilt: Beide Bitvektoren hängen in deterministischer Weise von k ab und liefern nicht notwendigerweise eine Gleichverteilung auf $\{0,1\}^l$.

Folgende Annahme ist aber plausibel: Kein (effizienter) Unterscheider kann zwischen der durch $(f(u,k_i), f(u,k_o))$ induzierten Verteilung auf $\{0,1\}^l \times \{0,1\}^l$ und der Gleichverteilung auf $\{0,1\}^l \times \{0,1\}^l$ unterscheiden. Wir nehmen also an, dass die durch $f(u,k_i)$ und $f(u,k_o)$ abgeleiteten Schlüssel pseudozufällig sind. Mit dieser Annahme sowie der Annahme, dass der NMAC sicher ist, folgt, wie wir nun zeigen werden, auch die Sicherheit des HMAC. Es sei betont, dass die skizzierte Annahme eine zusätzliche Anforderung an die verwendete Kompressionsfunktion f darstellt. Um die Annahme zu präzisieren, betrachten wir zunächst die folgende Wahrscheinlichkeitsverteilung.

Definition 9.6.3 (HMAC-Wahrscheinlichkeitsverteilung). Mit den Bezeichnungen aus Definition 9.6.2 sei P_f die durch die Zufallsvariable $k \xleftarrow{r} \{0,1\}^m$ induzierte Zufallsvariable $(f(u,(k \cdot 0^{b-m}) \oplus \text{ipad}^{b/8}), f(u,(k \cdot 0^{b-m}) \oplus \text{opad}^{b/8}))$. Wir fassen wie üblich P_f auch als Wahrscheinlichkeitsverteilung über $\{0,1\}^l \times \{0,1\}^l$ auf. $\triangleleft$

Die Annahme ist nun, dass es keinen »guten« und geeignet ressourcenbeschränkten Unterscheider für $(U[\{0,1\}^l \times \{0,1\}^l], P_f)$ gibt, wobei $U[\{0,1\}^l \times \{0,1\}^l]$ die Gleichverteilung auf $\{0,1\}^l \times \{0,1\}^l$ bezeichne. Es sei daran erinnert, dass Unterscheider und deren Vorteil für Paare von Wahrscheinlichkeitsverteilungen in Abschnitt 6.5.2 definiert wurden.

Um die Sicherheit des HMAC auf diese Annahme und die Annahme, dass der NMAC sicher ist, abzustützen, nehmen wir nun an, dass ein Fälscher F für $\text{HMAC}[f,p,u,m]$ gegeben ist. Mit Hilfe von F konstruieren wir einen Unterscheider U für $(U[\{0,1\}^l \times \{0,1\}^l], P_f)$ wie folgt:

$U((w_i, w_o))\colon \{0,1\}$

> *Simuliere das Experiment* $\mathbb{E}^{NMAC[f,\bar{p}]}_F$:
>
> $\mathbb{E}^{\text{NMAC}[f,\bar{p}]}_F$ mit folgender Änderung:
>
> > Statt den Schlüssel $(k_{\text{in}}, k_{\text{out}})$ zufällig aus $\{0,1\}^l \times \{0,1\}^l$ zu wählen, verwende (w_i, w_o) als Schlüssel für das zu simulierende Etikettierorakel T, welches ein Etikettieralgorithmus gemäß $\text{NMAC}[f,\bar{p}]$ ist.

Man beachte, dass F in der Tat auch als Fälscher für NMAC$[f, \bar{p}]$ aufgefasst werden kann. Falls (w_i, w_o) gemäß $U[\{0,1\}^l \times \{0,1\}^l]$ gewählt wird, so ist nach Konstruktion von U klar, dass U genau das Experiment $\mathbb{E}_F^{\text{NMAC}[f,\bar{p}]}$ simuliert, genauer gesagt: das Experiment $\mathbb{S}_U^{(U[\{0,1\}^l \times \{0,1\}^l], P_f)}\langle b = 0\rangle$ stimmt mit dem Experiment $\mathbb{E}_F^{\text{NMAC}[f,\bar{p}]}$ überein, wobei sich b, gemäß Definition des verkürzten Experimentes zu U, auf die Wahl der Wahrscheinlichkeitsverteilung bezieht. Wird dagegen (w_i, w_o) gemäß P_f gewählt, so sieht man wegen Lemma 9.6.1 leicht, dass U genau das Experiment $\mathbb{E}_F^{\text{HMAC}[f,p,u,m]}$ simuliert, d. h., die Experimente $\mathbb{S}_U^{(U[\{0,1\}^l \times \{0,1\}^l], P_f)}\langle b = 1\rangle$ und $\mathbb{E}_F^{\text{HMAC}[f,p,u,m]}$ stimmen überein. Damit folgt sofort:

$$\text{Prob}\left\{\mathbb{E}_F^{\text{NMAC}[f,\bar{p}]} = 1\right\} = \text{Prob}\left\{\mathbb{S}_U^{(U[\{0,1\}^l \times \{0,1\}^l], P_f)}\langle b = 0\rangle = 1\right\} \; ,$$

$$\text{Prob}\left\{\mathbb{E}_F^{\text{HMAC}[f,p,u,m]} = 1\right\} = \text{Prob}\left\{\mathbb{S}_U^{(U[\{0,1\}^l \times \{0,1\}^l], P_f)}\langle b = 1\rangle = 1\right\} \; .$$

Daraus ergibt sich der folgende Satz, der, in üblicher Weise, die Sicherheit des HMACs auf die Ununterscheidbarkeit von $U[\{0,1\}^l \times \{0,1\}^l]$ und P_f sowie die Sicherheit des NMACs reduziert.

Satz 9.6.1. *Es sei HMAC$[f,p,u,m]$ ein HMAC gemäß Definition 9.6.2. Weiter sei F ein Fälscher für HMAC$[f,p,u,m]$ und U der obige Unterscheider. Dann gilt:*

$$adv_{MAC}(F, HMAC[f,p,u,m]) = adv_{MAC}(F, NMAC[f,\bar{p}]) +$$
$$adv(U, (U[\{0,1\}^l \times \{0,1\}^l], P_f)) \; .$$

Beweis. Wir kürzen $\mathbb{S}_U^{(U[\{0,1\}^l \times \{0,1\}^l], P_f)}$ mit $\mathbb{S}_U$ ab und schreiben $\mathbb{S}_U\langle 1\rangle$ statt $\mathbb{S}_U\langle b = 1\rangle$; analog für $b = 0$. Für $U[\{0,1\}^l \times \{0,1\}^l]$ schreiben wir kurz $U[l]$. Mit den bisher gemachten Beobachtungen gilt:

$$\text{adv}_{\text{MAC}}(F, \text{HMAC}[f,p,u,m]) = \text{Prob}\left\{\mathbb{E}_F^{\text{HMAC}[f,p,u,m]} = 1\right\}$$
$$= \text{Prob}\left\{\mathbb{S}_U\langle 1\rangle = 1\right\}$$
$$= \text{Prob}\left\{\mathbb{S}_U\langle 1\rangle = 1\right\} - \text{Prob}\left\{\mathbb{S}_U\langle 0\rangle = 1\right\} +$$
$$\text{Prob}\left\{\mathbb{S}_U\langle 0\rangle = 1\right\}$$
$$= \text{adv}(U, (U[l], P_f)) + \text{Prob}\left\{\mathbb{E}_F^{\text{NMAC}[f,\bar{p}]} = 1\right\}$$
$$= \text{adv}(U, (U[l], P_f)) + \text{adv}_{\text{MAC}}(F, \text{NMAC}[f,\bar{p}]) \; . \quad \square$$

Da, wie man leicht sieht, sich die Laufzeiten der betrachteten Experimente, nämlich $\mathbb{E}_F^{\text{HMAC}[f,p,u,m]}$, $\mathbb{E}_F^{\text{NMAC}[f,\bar{p}]}$ und $\mathbb{E}_U^{(U[\{0,1\}^l \times \{0,1\}^l], P_f)}$, sowie die Anzahl und die Länge der Anfragen kaum unterscheiden, ist die angegebene Reduktion sehr gut, d. h., die Sicherheit des HMAC ist etwa unter den gleichen Bedingungen gewährleistet wie die Sicherheit des NMAC und die Ununterscheidbarkeit von $U[\{0,1\}^l \times \{0,1\}^l]$ und P_f.

Angesichts der Definition des HMAC liegt der Gedanke nahe, statt des komplexeren Etikettieralgorithmus $T(x, k) = \bar{h}_{f(u,k_o)}(\bar{h}_{f(u,k_i)}(x))$, einfach $T(x, k) = h(k \cdot x)$ zu verwenden (für Schlüssel k der Länge b). In der Tat wurde dies in der Praxis vor der Einführung des HMAC häufig gemacht. Diese Konstruktion ist, zumindest für iterierte Hashfunktionen, allerdings unsicher, wie in Aufgabe 9.8.8 gezeigt werden soll. Ebenso ist die Variante $T(x, k) = h(x \cdot k)$ ungeeignet (siehe auch Abschnitt 9.9).

9.7   CCA-sichere symmetrische Kryptoschemen

Wie in Abschnitt 5.6 erwähnt können MACs dazu verwendet werden, CCA-sichere Kryptoschemen zu konstruieren, d. h. Kryptoschemen, die Sicherheit unter Angriffen mit Chiffretextwahl (»Chosen Ciphertext Attacks (CCA)«) und Klartextwahl (»Chosen Plaintext Attacks (CPA)«) bieten. Wir wollen uns nun eine entsprechende Konstruktion überlegen und ihre Sicherheit beweisen.

Im Folgenden nennen wir ein symmetrisches l-Kryptoschema, das sicher ist im Sinne von Abschnitt 5.3, ein CPA-sicheres l-Kryptoschema (vgl. auch Abschnitt 2.4.1). Es sei $\mathscr{S}_{\mathrm{CPA}} = (K_{\mathrm{CPA}}, E, D)$ ein solches Kryptoschema. Des Weiteren nehmen wir an, dass wir einen MAC $\mathscr{M} = (K_{\mathrm{MAC}}, T)$ gegeben haben, so dass T auf allen durch $\mathscr{S}_{\mathrm{CPA}}$ erzeugbaren Chiffretexten definiert ist.

Wir konstruieren daraus ein CCA-sicheres symmetrisches l-Kryptoschema $\mathscr{S}_{\mathrm{CCA}}$ wie folgt: Ein Klartext wird mit $\mathscr{S}_{\mathrm{CPA}}$ verschlüsselt. Für den resultierenden Chiffretext wird ein MAC gemäß $\mathscr{M}$ berechnet und das resultierende Etikett wird an den Chiffretext gehängt. Chiffretext und Etikett bilden zusammen den neuen Chiffretext des Schemas $\mathscr{S}_{\mathrm{CCA}}$.

Genauer ist $\mathscr{S}_{\mathrm{CCA}}$ wie folgt definiert:

$$\mathscr{S}_{\mathrm{CCA}} = (K_{\mathrm{CCA}}, E', D')$$

mit $K_{\mathrm{CCA}} = K_{\mathrm{CPA}} \times K_{\mathrm{MAC}}$. Der Chiffrieralgorithmus E' ist der folgende:

$E'(x \colon \{0,1\}^{l*}, (k_e, k_m) \colon K_{\mathrm{CCA}}) \colon \{0,1\}^*$

    1. *CPA-Verschlüsselung*
       $c = E(x, k_e)$
    2. *Etikettberechnung*
       $t = T(c, k_m)$
    3. *Ausgabe*
       gib (c, t) zurück

Entsprechend ist der Dechiffrieralgorithmus definiert als:

$D'((c, t) \colon \{0,1\}^* \times \{0,1\}^*, (k_e, k_m) \colon K_{\mathrm{CCA}}) \colon \{0,1\}^*$

    1. *Teste Etikett*
       $t' = T(c, k_m)$
       Falls $t' \neq t$, dann Ausgabe $\perp$ (»Dechiffrierung ist fehlgeschlagen«)
    2. *CPA-Entschlüsselung*
       $x = D(c, k_e)$
    3. *Ausgabe*
       gib x zurück

Wir verlangen, dass T bei Eingabe einer Nachricht c, die außerhalb des Definitionsbereiches von T liegt, $\perp$ ausgibt. In diesem Fall schlägt die Dechiffrierung also auch fehl.

Hinter der Konstruktion von $\mathscr{S}_{\mathrm{CCA}}$ steckt eine einfache Idee. Ein Angreifer, der den Schlüssel (k_e, k_m) nicht kennt, wird zu einem neuen Chiffretext des Basisschemas kein gültiges Etikett berechnen können. Chiffretexte, die vom Angreifer erzeugt werden und nicht vom Chiffrierorakel stammen, werden also nicht erfolgreich entschlüsselt werden. Damit ist aber das Dechiffrierorakel für den Angreifer nutzlos. Er wird also lediglich das Chiffrierorakel verwenden können, was uns zur CPA-Sicherheit zurückbringt.

Für die genaue Sicherheitsanalyse gehen wir wie üblich davon aus, dass wir einen Angreifer A auf $\mathscr{S}_{\mathrm{CCA}}$ gegeben haben. Wir nehmen an, dass A maximal $q \geq 1$ Anfragen an sein Dechiffrierorakel stellt; der Fall $q = 0$ ist trivial. Es bezeichne $E_{\perp}^{\mathrm{CCA}}$ das Ereignis, dass in $\mathbb{E}_A = \mathbb{E}_A^{\mathscr{S}_{\mathrm{CCA}}}$ der Angreifer A eine Anfrage (c,t) an das Dechiffrieorakel schickt, so dass $t = T(c, k_m)$ gilt, und (c,t) nicht vom Chiffrierorakel ausgegeben wurde. Mit anderen Worten beschreibt $E_{\perp}^{\mathrm{CCA}}$ das Ereignis, dass A einen neuen und gültigen Chiffretext erzeugt hat. Formal ist $E_{\perp}^{\mathrm{CCA}}$ eine Menge von Läufen von $\mathbb{E}_A$, die die beschriebene Bedingung erfüllen.

Offensichtlich gilt:

$$
\begin{aligned}
\mathrm{Prob}\left\{\mathbb{E}_A = 1\right\} &= \mathrm{Prob}\left\{\mathbb{E}_A = 1, \overline{E_{\perp}^{\mathrm{CCA}}}\right\} + \mathrm{Prob}\left\{\mathbb{E}_A = 1, E_{\perp}^{\mathrm{CCA}}\right\} \\
&\leq \mathrm{Prob}\left\{\mathbb{E}_A = 1, \overline{E_{\perp}^{\mathrm{CCA}}}\right\} + \mathrm{Prob}\left\{E_{\perp}^{\mathrm{CCA}}\right\} \ .
\end{aligned}
\tag{9.7.1}
$$

Im Ereignis »$\mathbb{E}_A = 1, \overline{E_{\perp}^{\mathrm{CCA}}}$« werden nur Läufe betrachtet, in denen es A nicht gelingt, einen neuen und gültigen Chiffretext zu erzeugen. Wie wir sehen werden, können wir $\mathrm{Prob}\left\{\mathbb{E}_A = 1, \overline{E_{\perp}^{\mathrm{CCA}}}\right\}$ durch die Wahrscheinlichkeit beschränken, dass ein Angreifer A' auf $\mathscr{S}_{\mathrm{CPA}}$, den wir mit Hilfe von A konstruieren werden, erfolgreich ist. Entsprechend werden wir $\mathrm{Prob}\left\{E_{\perp}^{\mathrm{CCA}}\right\}$ durch die Wahrscheinlichkeit beschränken, dass ein Fälscher F für $\mathscr{M}$, den wir mit Hilfe von A konstruieren werden, erfolgreich ist.

Wir wenden uns zunächst der Abschätzung von $\mathrm{Prob}\left\{\mathbb{E}_A = 1, \overline{E_{\perp}^{\mathrm{CCA}}}\right\}$ zu. Der erwähnte Angreifer A' simuliert einfach das Experiment $\mathbb{E}_A$. Da A' lediglich Zugriff auf ein Chiffrierorakel des Basisschemas $\mathscr{S}_{\mathrm{CPA}}$ hat, simuliert A' den MAC selbst. Das einzige Problem in der Simulation von $\mathbb{E}_A$ wird sein, dass A' Anfragen an das Dechiffrierorakel evtl. nicht beantworten kann, da A' für das Basisschema kein Dechiffrierorakel zur Verfügung hat. Dieser Fall tritt aber nur dann auf, wenn es A gelungen ist, einen neuen und gültigen Chiffretext zu erzeugen. In diesem Fall, der dem Ereignis $E_{\perp}^{\mathrm{CCA}}$ entspricht, gibt A' auf. Wie gesagt kümmern wir uns gesondert um dieses Ereignis.

Der Angreifer A', der Zugriff auf ein Chiffrierorakel O des Basisschemas $\mathscr{S}_{\mathrm{CPA}}$ hat, ist genauer wie folgt definiert:

$A'(O)\colon \{0,1\}$

    1. *Initialisierung*
       $S = \emptyset$
    2. *Simuliere* $\mathbb{E}_A$
       $\mathbb{E}_A$ mit folgenden Änderungen:

a. *Schlüsselwahl*
Es wird nur ein Schlüssel $k_m = \text{flip}(K_{\text{MAC}})$ für $\mathscr{M}$ gewählt; die Verschlüsselung mit dem Basisschema wird von O übernommen.

b. *Anfragen x von A an das Chiffrierorakel*
$c = O(x)$
$t = T(c, k_m)$
$S = S \cup \{(x, c, t)\}$
gib (c, t) an den simulierten Algorithmus A zurück

c. *Unterbreitung eines Angebots (x_0, x_1) von A*
Liefert A ein Angebot (x_0, x_1), so liefert A' eben dieses Angebot an sein Orakel. Ist c die Probe, die A' als Antwort zurückbekommt, dann fährt A' wie folgt fort:
$t = T(c, k_m)$
$S = S \cup \{(x, c, t)\}$
gib (c, t) an den simulierten Algorithmus A zurück

d. *Anfragen (c, t) von A an das Dechiffrierorakel*
falls x existiert mit $(x, c, t) \in S$, gib x an den simulierten Algorithmus A zurück
sonst, falls $t \neq T(c, k_m)$, gib $\bot$ an den simulierten Algorithmus A zurück
sonst, Ausgabe 0 und halt   (»Gib auf.«)

Es bezeichne $E_{\text{giveup}}^{\text{CPA}}$ das Ereignis, dass in einem Lauf von $\mathbb{E}_{A'}^{\mathscr{S}_{\text{CPA}}}$ der Angreifer A' eine Anfrage an das Dechiffrierorakel nicht beantworten kann (letzter Fall in d.). Man sieht leicht, dass ein Lauf im Ereignis »$\mathbb{E}_{A'}^{\mathscr{S}_{\text{CPA}}} = 1, \overline{E_{\text{giveup}}^{\text{CPA}}}$« genau einem Lauf im Ereignis »$\mathbb{E}_A = 1, \overline{E_{\bot}^{\text{CCA}}}$« entspricht. In der Tat ist es leicht, eine Bijektion zwischen den Läufen dieser Ereignisse anzugeben, so dass korrespondierende Läufe i) die gleiche Wahrscheinlichkeit haben, ii) die Sichten von A genau gleich sind und (deshalb) iii) die Ausgaben der Experimente übereinstimmen (siehe Aufgabe 9.8.12). Damit folgt:

$$
\begin{aligned}
\text{Prob}\left\{\mathbb{E}_A = 1, \overline{E_{\bot}^{\text{CCA}}}\right\} &= \text{Prob}\left\{\mathbb{E}_{A'}^{\mathscr{S}_{\text{CPA}}} = 1, \overline{E_{\text{giveup}}^{\text{CPA}}}\right\} \\
&\leq \text{Prob}\left\{\mathbb{E}_{A'}^{\mathscr{S}_{\text{CPA}}} = 1\right\} \ .
\end{aligned}
\tag{9.7.2}
$$

Wir wenden uns nun der Abschätzung von $\text{Prob}\left\{E_{\bot}^{\text{CCA}}\right\}$ zu. Der erwähnte Fälscher F simuliert ähnlich wie A' das Experiment $\mathbb{E}_A$. Anders als A' hofft F aber darauf, dass das Ereignis $E_{\bot}^{\text{CCA}}$ eintritt. Der Fälscher F rät, in welcher Anfrage von A an das Dechiffrierorakel ein neuer und gültiger Chiffretext geliefert wird. Tritt das Ereignis $E_{\bot}^{\text{CCA}}$ ein und rät F korrekt, dann hat F den MAC erfolgreich »gebrochen«.

Genauer ist der Fälscher F, der Zugriff auf das Etikettierorakel O des MACs $\mathscr{M}$ hat, wie folgt definiert, wobei, wie oben bereits festgelegt, q die maximale Anzahl der Anfragen bezeichnet, die A an sein Dechiffrierorakel stellt:

$F(O)\colon \{0, 1\}^* \times \{0, 1\}^*$

1. *Initialisierung*
$S = \emptyset$

$i = \mathrm{flip}(\{0, \ldots, q-1\})$

$j = 0$

2. *Simuliere* $\mathbb{E}_A$

   $\mathbb{E}_A$ mit folgenden Änderungen:

   a. *Schlüsselwahl*

      Es wird nur ein Schlüssel $k_e = \mathrm{flip}(K_{\mathrm{CPA}})$ für $\mathscr{S}_{\mathrm{CPA}}$ gewählt; Etiketten werden mit dem Etikettierorakel O berechnet.

   b. *Anfragen x von A an das Chiffrierorakel*

      $c = E(x, k_e)$

      $t = O(c)$

      $S = S \cup \{(x, c, t)\}$

      gib (c, t) an den simulierten Algorithmus A zurück

   c. *Unterbreitung eines Angebots (x_0, x_1) von A*

      $b = \mathrm{flip}()$

      $c = E(x_b, k_e)$

      $t = O(c)$

      $S = S \cup \{(x, c, t)\}$

      gib (c, t) an den simulierten Algorithmus A zurück

   d. *Anfragen (c, t) von A an das Dechiffrierorakel*

      falls $j = i$, dann Ausgabe (c, t) und halt

      sonst

      $\quad j = j + 1$

      falls x existiert mit $(x, c, t) \in S$,

      $\qquad$ gib x an den simulierten Algorithmus A zurück

      $\quad$ sonst, gib $\perp$ an den simulierten Algorithmus A zurück

Wir zeigen folgende Abschätzung:

$$\mathrm{adv}_{\mathrm{MAC}}(F, \mathscr{M}) = \mathrm{Prob}\left\{\mathbb{E}_F^{\mathscr{M}} = 1\right\}$$
$$\geq \frac{\mathrm{Prob}\left\{E_\perp^{\mathrm{CCA}}\right\}}{q} \ . \tag{9.7.3}$$

Ähnlich wie im Fall für A' erhält man diese Abschätzung, in dem man einem Lauf α in $E_\perp^{\mathrm{CCA}}$ in offensichtlicher Weise einen korrespondierenden Lauf α' von $\mathbb{E}_F^{\mathscr{M}}$ zuordnet. Die Frage ist lediglich, wie man in α' den Index i wählt, den es in α nicht gibt: Da α aus $E_\perp^{\mathrm{CCA}}$ stammt, liefert A in (mindestens) einer seiner Anfragen an das Dechiffrierorakel einen neuen und gültigen Chiffretext. Wir wählen i als den Index i' der ersten solchen Anfrage in α.

Man sieht leicht, dass die Abbildung β, die, wie beschrieben, einen Lauf α aus $E_\perp^{\mathrm{CCA}}$ auf einen Lauf α' von $\mathbb{E}_F^{\mathscr{M}}$ abbildet, injektiv ist.

Wir machen uns nun klar, dass die Berechnung von F in $\alpha' = \beta(\alpha)$ erfolgreich und zulässig ist, was insbesondere bedeutet, dass im Lauf α' von $\mathbb{E}_F^{\mathscr{M}}$ das Bit 1 ausgegeben wird: Für alle Chiffretexte, die A vor der i'-ten Anfrage an sein Dechiffrierorakel geschickt hat, gilt gemäß der Wahl von i', dass sie entweder vom Chiffrierorakel geliefert wurden (und damit in S gespeichert sind) oder ungültig sind (und deshalb $\perp$ zurückgegeben werden kann). Diese Anfragen werden in α' also genau richtig, nämlich wie in α, beantwortet. Dasselbe gilt auch für die bis dahin gestellten Anfragen an das Chiffrierorakel sowie für das Angebot. Bis zur i'-ten Anfrage von A an das Dechiffrierorakel ist die Sicht von A in α und α' also identisch. Liefert A in α in der i'-ten Anfrage an das Dechiffrierorakel den Chiffretext (c, t), so gibt F in α' demnach das NE-Paar (c, t) aus. Dieses wurde, nach Wahl von α, nicht zuvor vom Chiffrierorakel ausgegeben und ist gültig, d. h., $t = T(c, k_m)$, was bedeutet, dass die Berechnung von F im Lauf α' erfolgreich war. Die Berechnung von F in α' ist zudem zulässig: Da wir annehmen, dass Etikettieralgorithmen deterministisch sind, folgt, dass auch c nicht vom Chiffrierorakel ausgegeben wurde; sonst wäre mit c auch t ausgegeben worden. In α' wurde das Etikettierorakel also nicht mit c angefragt. Wir erhalten also, dass die Berechnung von F in α' in der Tat erfolgreich und zulässig ist.

Ist p die Wahrscheinlichkeit, mit der α in $\mathbb{E}_A$ auftritt, so tritt α' im Experiment $\mathbb{E}_F^{\mathscr{M}}$ mit Wahrscheinlichkeit $\frac{1}{q} \cdot p$ auf. Der Faktor $\frac{1}{q}$ rührt daher, dass, anders als in $\mathbb{E}_A$, in $\mathbb{E}_F^{\mathscr{M}}$ zusätzlich der Index i zufällig gewählt wird.

Aus den bisher gezeigten Aussagen folgt nun sofort (9.7.3). Aus dieser Aussage sowie (9.7.1) und (9.7.2) können wir zudem direkt Folgendes schließen:

$$\mathrm{Prob}\left\{\mathbb{E}_A = 1\right\} \leq \mathrm{Prob}\left\{\mathbb{E}_{A'}^{\mathscr{S}_{\mathrm{CPA}}} = 1\right\} + q \cdot \mathrm{adv}_{\mathrm{MAC}}(F, \mathscr{M}) \ .$$

Damit erhalten wir aber:

Satz 9.7.1. *Es sei $\mathscr{S}_{CCA}$ das wie oben aus $\mathscr{S}_{CPA}$ und $\mathscr{M}$ konstruierte symmetrische Kryptoschema. Es sei weiter A ein Angreifer für $\mathscr{S}_{CCA}$, der höchstens q Anfragen an sein Dechiffrierorakel stellt. Es bezeichne A' den wie oben aus A konstruierten Angreifer für $\mathscr{S}_{CPA}$ und F den wie oben aus A konstruierten Fälscher für $\mathscr{M}$. Dann gilt:*

$$\mathrm{adv}_{CCA}(A, \mathscr{S}_{CCA}) \leq \mathrm{adv}(A', \mathscr{S}_{CPA}) + 2 \cdot q \cdot \mathrm{adv}_{MAC}(F, \mathscr{M}) \ . \qquad \square$$

Für eine genauere Analyse der Güte der Reduktion verweisen wir auf Aufgabe 9.8.13. Wir haben im Beweis des Satzes verwendet, dass der Etikettieralgorithmus deterministisch ist und insbesondere dass es zu einer Nachricht nur ein gültiges Etikett (bzgl. eines Schlüssels) gibt. In Aufgabe 9.8.14 soll gezeigt werden, dass diese Annahme notwendig ist.

9.8   Aufgaben

Aufgabe 9.8.1 (zufallsgesteuerte Etikettieralgorithmen). Verallgemeinern Sie die Definition für MACs (Definition 9.1.1) für den Fall zufallsgesteuerter Etikettieralgorithmen. Ergänzen Sie symmetrische Authentifizierungsschemen insbesondere mit geeigneten Validierungsalgorithmen.

Aufgabe 9.8.2 (Fälscher mit Zugriff auf ein Validierungsorakel). Wie nach Definition 9.2.2 diskutiert, könnte man Definition 9.2.2 dahingehend erweitern, dass man einem Fälscher, neben dem Etikettierorakel, Zugriff auf ein Validierungsorakel gibt. In dieser Aufgabe soll gezeigt werden, dass dies dem Fälscher keinen wesentlichen zusätzlichen Vorteil verschafft, zumindest nicht im Fall deterministischer Etikettierverfahren. Genauer:

a) Es sei F' ein Fälscher mit Zugriff auf ein Etikettier- und Validierungsorakel. Wir sagen, dass F' (n, q, q', t)-beschränkt ist, falls F' (n, q, t)-beschränkt ist im Sinne von Definition 9.2.3 und zudem höchstens q' Anfragen an sein Validierungsorakel stellt. Reduzieren Sie nun die Sicherheit eines MACs im neue Sinne, auf die Sicherheit im ursprünglichen Sinne. Konstruieren Sie dazu zu einem Fälscher F' mit Zugriff auf ein Validierungsorakel einen Fälscher F im üblichen Sinne (d. h. F besitzt keinen Zugriff auf ein Validierungsorakel), so dass der Vorteil von F' möglichst gut durch denjenigen von F abgeschätzt werden kann und so dass F einen ähnlichen Ressourcenverbrauch hat wie F'. Hinweis: Die Abschätzung wird entscheidend von q' abhängen.

b) Betrachten Sie die verallgemeinerte Definition von MACs aus Aufgabe 9.8.1. Konstruieren Sie einen MAC (gemäß dieser Definition), der i) im Sinne von Definition 9.2.2 sicher ist, d. h., jeder geeignet ressourcenbeschränkte Fälscher hat nur einen geringen Vorteil, aber ii) unsicher ist bzgl. Fälscher, die Zugriff auf ein Etikettier- und Validierungsorakel haben, d. h. es gibt einen solchen Fälscher, der einen großen Vorteil besitzt. Hinweis: Konstruieren Sie ausgehend von einem sicheren MAC im Sinne von Definition 9.2.2, einen MAC, bei dem Nachrichten mehrere gültige Etiketten (bzgl. eines Schlüssels) haben können. Konstruieren Sie den Validierungsalgorithmus zu diesem MAC so, dass dieser Informationen über den verwendeten Schlüssel preisgibt.

Aufgabe 9.8.3 (Beweis von Satz 9.3.1). Vervollständigen Sie den Beweis von Satz 9.3.1, d. h., zeigen Sie, dass U $(q, t + c \cdot l \cdot q \cdot \log(q))$-beschränkt ist für eine kleine Konstante c und dass (9.3.2) gilt. Überlegen Sie auch, warum in (9.3.2) nicht Gleichheit gilt.

Aufgabe 9.8.4 (MAC für Nachrichten beliebiger Länge). Es sei $\mathcal{M}_{base}$ ein MAC für Nachrichten der Länge l.

a) Geben Sie zunächst eine präzise Definition für das am Ende von Abschnitt 9.3.1 skizzierte symmetrische Authentifizierungsschema, nennen wir es $\mathcal{M}$, zur Authentifizierung beliebig langer Nachrichten auf Basis von $\mathcal{M}_{base}$ an.

b) Zeigen Sie, dass $\mathcal{M}$ sicher ist, falls $\mathcal{M}_{base}$ sicher ist. Beschränken Sie dazu den Vorteil eines Fälschers F für $\mathcal{M}$ durch den Vorteil eines aus F geeignet konstruierten Fälschers F' für $\mathcal{M}_{base}$.
Hinweis: Es sei EZ_M das Ereignis, dass in einem Lauf von $\mathbb{E}_F^{\mathcal{M}}$ eine 1 ausgegeben wird. Betrachten Sie zudem das Ereignis R über Läufen von $\mathbb{E}_F^{\mathcal{M}}$, dass in zwei verschiedenen Anfragen an das Etikettierorakel, derselbe Identifikator r gewählt wurde, sowie das Ereignis EZ_B, dass die von F ausgegebene Nachricht einen Block enthält, der nicht zuvor an das Etikettierorakel des Basisschemas geschickt wurde. Schätzen Sie nun die Wahrscheinlichkeiten für $EZ_M \cap R$, $EZ_M \cap \overline{R} \cap \overline{EZ_B}$ und $EZ_M \cap \overline{R} \cap EZ_B$ ab, wobei Sie für die letztere Abschätzung einen Fälscher auf $\mathcal{M}_{base}$ aus F konstruieren sollten.

c) Überlegen Sie sich Alternativen zur Konstruktion aus Teilaufgabe a). Kann zum Beispiel das Abschneiden am Ende einer Nachricht auch anders/besser verhindert werden als dadurch, dass man jeden Block durch die Länge der Nachricht ergänzt? Beweisen Sie die Sicherheit Ihrer Konstruktion(en) analog zu Teilaufgabe b).

Aufgabe 9.8.5 (CBC-MAC bei Ausgabe aller Blöcke). Zeigen Sie, dass der CBC-MAC unsicher ist, falls nicht nur der letzte berechnete Block ausgegeben wird, sondern alle

Blöcke. Mit den Bezeichnungen aus Definition 9.3.1 ist ein Etikett also nun von der Form $y_0 \cdots y_{m-1}$.

Aufgabe 9.8.6 (CBC-MAC für Nachrichten variabler Länge). In dieser Aufgabe untersuchen wir die (Un-)sicherheit des CBC-MAC für Nachrichten variabler Länge.

a) Zeigen Sie, dass der CBC-MAC unsicher ist, falls er auf Nachrichten variabler Länge angewendet werden darf.

b) Zeigen Sie, dass man auch keine Sicherheit erhält, wenn man die Blockanzahl m bei einem $(m \cdot l)$-Bitvektor $x = x_1 x_2 \ldots x_m$ als $(m+1)$-ten Block (geeignet kodiert, $m < 2^l$ sei angenommen) an x anhängt und davon den üblichen CBC-MAC berechnet. Es bezeichne CBC-MAC-APPEND den resultierenden MAC.

   Hinweis: Es seien b, b' und c drei l-Blöcke, mit $b \neq b'$. Es sei weiter $0^{l-1}1$ ein l-Block, der die Zahl 1 kodiert. Betrachten Sie nun einen Fälscher für das CBC-MAC-APPEND-Schema, der sein MAC-Orakel auf die drei Nachrichten b, b' und $b \cdot 0^{l-1}1 \cdot c$ anwendet, wobei, wie üblich, »·« die Konkatenation von Bitvektoren bezeichnet. Zeigen Sie, dass der Fälscher aus den drei zurückgelieferten Etiketten ein gültiges Etikett (bzgl. CBC-MAC-APPEND) für eine neue Nachricht konstruieren kann. (Wählen Sie die neue Nachricht von der Form $b' \cdot 0^{l-1}1 \cdot c'$ für einen geeignet gewählten l-Block c'.)

Aufgabe 9.8.7 (CBC-MAC mit zufälligem Initialisierungsvektor). Zeigen Sie, dass der CBC-MAC unsicher ist, falls bei jeder Berechnung eines Etiketts der Initialisierungsvektor zufällig gewählt wird und dieser an den Anfang des Etiketts gehängt wird. Ein Etikett hat also die Form $t_0 \cdot t_1$, wobei t_0 der Initialisierungsvektor ist und t_1 das wie üblich bzgl. t_0 berechnete Etikett.

Aufgabe 9.8.8 (MACs und iterierte Hashfunktionen). Es sei f eine (l, b)-Kompressionsfunktion, p eine MD-kompatible (r, b)-Füllfunktion, $u \in \{0, 1\}^l$ ein Initialisierungsvektor und $h = h_u^{f,p}$ die zugehörige iterierte MD-Hashfunktion.

a) Es sei $(\{0, 1\}^b, T)$ ein MAC mit $T(x, k) := h(k \cdot x)$. Man zeige, dass dieser MAC unsicher ist, d. h., man konstruiere einen Angreifer auf diesen MAC, der einen großen Vorteil im zugehörigen Experiment besitzt.

b) Diskutieren Sie auch (informell), warum $T(x, k) := h(x \cdot k)$ eine ungeeignete Konstruktion ist.

Aufgabe 9.8.9 (Sicherheit des Hash-then-MAC-Schemas). Wir betrachten die Experimente $\mathbb{E}_F^{\mathcal{M}}$ und $\mathbb{E}_C^{\mathrm{weak}}$ in Satz 9.4.1. Bestimmen Sie die Laufzeiten sowie die Anzahl der Orakelanfragen und die Länge der an die Orakel gesendeten Nachrichten in diesen Experimenten im Vergleich zum Experiment $\mathbb{E}_{F'}^{\mathcal{M}'}$. Leiten Sie daraus, zusammen mit Satz 9.4.1, präzise Aussagen über die Sicherheit des Hash-then-MAC-Schemas im Sinne von Definition 9.2.3 ab.

Aufgabe 9.8.10 (HMAC-kompatible Füllfunktion). Zeigen Sie, dass für eine geeignete Wahl der Parameter b, l und r die Merkle-Damgård-Füllfunktion (siehe Definition 8.4.4) eine HMAC-kompatible (r, b, l)-Füllfunktion sowie eine MD-kompatible (r, b)-Füllfunktion ist.

Aufgabe 9.8.11 (schwache vs. starke Kollisionsresistenz). Wie in Abschnitt 9.4 erwähnt, stellt die schwache Kollisionsresistenz nicht immer eine schwächere Anforderung an eine Familie von Hashfunktionen dar als die starke Kollisionsresistenz. Mit anderen Worten gelingt es in manchen Fällen, aus der Tatsache, dass eine Familie von Hashfunktionen nicht stark kollisionsresistent ist, zu folgern, dass sie nicht schwach kollisionsresistent ist. In dieser Aufgabe betrachten wir ein Beispiel dazu.

Es sei f eine (l, b)-Kompressionsfunktion, p eine MD-kompatible (r, b)-Füllfunktion und $\mathcal{H} = \{h_k\}_{k \in \{0,1\}^l}$ mit $h_k = h_k^{f,p}$ die zugehörige Familie iterierter Hashfunktionen. Wir nehmen an, dass ein Kollisionsfinder A auf $\mathcal{H}$ im Sinne von Definition 8.2.2 (starke Kollisionsresistenz) gegeben ist. Wir nehmen weiter an, dass für die von diesem Kollisionsfinder ausgegebenen Kollisionen der Form (x_0, x_1) gilt, dass x_0 und x_1 gleiche Länge haben. Konstruieren Sie aus diesem Kollisionsfinder einen Kollisionsfinder A' auf $\mathcal{H}$ im Sinne von Definition 9.4.3 (schwache Kollisionsresistenz), so dass der Vorteil von A durch denjenigen von A' beschränkt werden kann.

Hinweis zur Konstruktion von A': Zunächst wird h_k auf eine fest gewählte Nachricht x angewendet. Es sei $IV = h_k(x)$. Dann wird A mit Eingabe IV simuliert. Es sei (x_0, x_1) das von A gelieferte Nachrichtenpaar. Ist (x_0, x_1) eine Kollision für $h_{IV}(\cdot)$, so kann daraus eine Kollision für $h_k(\cdot)$ konstruiert werden (siehe dazu auch Aufgabe 9.8.8).

Aufgabe 9.8.12 (Beweis von Aussage (9.7.2)). Beweisen Sie Aussage (9.7.2). Geben Sie dazu, wie vor dieser Aussage angedeutet, eine geeignete bijektive Abbildung zwischen den Läufen der betrachteten Ereignisse an.

Aufgabe 9.8.13 (Güte der Reduktion von Satz 9.7.1). Schätzen Sie auf Basis von Satz 9.7.1 die Unsicherheit des Schemas $\mathscr{S}_{\mathrm{CCA}}$ durch diejenige von $\mathscr{S}_{\mathrm{CPA}}$ und $\mathscr{M}$ ab.

Aufgabe 9.8.14 (CCA-Sicherheit). Zeigen Sie, dass für den Beweis von Satz 9.7.1 die Annahme, dass eine Nachricht nur ein gültiges Etikett haben kann, notwendig ist. Konstruieren Sie dazu einen MAC gemäß der Definition aus Aufgabe 9.8.1, bei dem eine Nachricht mehrere gültige Etiketten haben kann, und zeigen Sie, dass unter Benutzung dieses MACs das Schema $\mathscr{S}_{\mathrm{CCA}}$ keine CCA-Sicherheit bietet, indem Sie einen Angreifer auf dieses Schema angeben, der einen großen Vorteil besitzt.

9.9   Anmerkungen und Hinweise

Die Ursprünge des Konzeptes der symmetrischen Authentifizierung werden im Lehrbuch von Goldreich [81] kurz diskutiert. Die Definition der Sicherheit von MACs, die wir in Abschnitt 9.2 kennengelernt haben, geht auf eine Arbeit von Bellare, Kilian und Rogaway [20, 21] zurück und baut direkt auf dem Begriff der Sicherheit von digitalen Signaturen auf, wie er von Goldwasser, Micali und Rivest geprägt wurde [87] (siehe auch Abschnitt 10.1). In [18] wird die nach Definition 9.2.2 kurz diskutierte Variante des Sicherheitsbegriffs für MACs betrachtet, in der dem Fälscher zusätzlich zum Etikettierorakel Zugriff auf ein Validierungsorakel gegeben wird. Die Beziehung zwischen diesem und dem ursprünglichen Sicherheitsbegriff wird in [17] ausführlich untersucht (siehe auch Aufgabe 9.8.2). Ein noch stärkerer Sicherheitsbegriff (*strong unforgeability*) wird in [23] eingeführt. Hier wird verlangt, dass ein Fälscher nicht nur zu einer *neuen Nachricht* kein gültiges Etikett bestimmen kann, sondern, dass er nicht einmal ein *neues gültiges Etikett* zu einer Nachricht bestimmen kann, zu der er bereits ein gültiges Etikett kennt. Diese zusätzliche Forderung ist allerdings trivialerweise erfüllt für MACs mit deterministischem Etikettieralgorithmus, wie sie meist in der Praxis verwendet werden und wie wir sie hier betrachtet haben, da es (bzgl. eines Schlüssels) zu einer Nachricht immer nur ein gültiges Etikett gibt.

Die Verwendung von Block-Kryptosystemen (bzw. zufälligen Funktionen) zur Realisierung von MACs, wie in Abschnitt 9.3.1 beschrieben, geht auf Goldreich, Goldwasser und Micali zurück [83]. Die kurz angesprochene Erweiterung der Konstruktion auf Nachrichten beliebiger Länge findet sich im Lehrbuch von Goldreich [81] (siehe auch [101]).

Der CBC-MAC ist ein internationaler Standard [175] aus den 1980er Jahren, der häufig im Bankensektor eingesetzt wurde [173]. Der erste Sicherheitsbeweis im Sinne der beweisbaren Sicherheit (siehe auch Bemerkung 9.3.1) wurde erst 1994 von Bellare, Kiliany und Rogaway in der oben bereits erwähnten Arbeit geliefert [20, 21]. In dieser Arbeit wird auch das Problem erläutert, dass der CBC-MAC unsicher ist, falls er auf Nachrichten variabler Länge angewendet wird. Es werden ebenso Möglichkeiten diskutiert, wie man dieses Problem lösen kann und welche Ansätze nicht zum Ziel führen, wie etwa der in Aufgabe 9.8.6 diskutierte Ansatz. Im Jahr 2005 hat das *National Institute of Standards and Technology (NIST)* eine Variante des CBC-MAC unter dem Namen CMAC veröffentlicht [183], die von Iwata und Kurosawa [95] vorgeschlagen wurde und den zuvor von Black und Rogaway entwickelten XCBC-MAC verbessert [37] (siehe auch [96]).

Das Hash-then-MAC-Schema wird bereits in einer Arbeit von Damgård [60] untersucht, allerdings im Kontext von digitalen Signaturen statt von MACs. Den Hash-then-Sign-Ansatz, dessen Sicherheitsbeweis analog zu demjenigen für das Hash-then-MAC-Schema geführt werden kann, werden wir in Abschnitt 10.3 kennenlernen.

Die Verfahren NMAC und HMAC wurden, wie bereits in Abschnitt 9.5 erwähnt, von Bellare, Canetti und Krawczyk entwickelt und analysiert [15]. In dieser Arbeit wird auch diskutiert, warum die zuvor verbreiteten heuristischen Konstruktionen für auf Hashfunktionen basierenden Etikettieralgorithmen, insbesondere $T(x, k) = h(k \cdot x)$ bzw. $T(x, k) = h(x \cdot k)$, ungeeignet sind (siehe auch Aufgabe 9.8.8). Der HMAC wurde standardisiert [113, 182, 172] und wird in zahlreichen Sicherheitsprotokollen, einschließlich SSL/TLS, SSH und IPsec, eingesetzt, dort häufig auch als pseudozufällige Funktion zur Ableitung pseudozufälliger Schlüssel, statt nur als MAC.

Gemäß der Resultate von Bellare, Canetti und Krawczyk und wie in Satz 9.5.1 festgehalten kann die Sicherheit des NMAC darauf abgestützt werden, dass die verwendete Kompressionsfunktion ein sicherer MAC ist und dass die Familie iterierter Hashfunktionen schwach kollisionsresistent ist; für den HMAC muss man zusätzlich annehmen, dass die Ableitung des inneren und äußeren Schlüssels mit Hilfe der Kompressionsfunktion pseudozufällig ist (siehe auch Satz 9.6.1). Leider ist die Annahme der (schwachen) Kollisionsresistenz für MD5 und SHA-1 sowie einige verwandte Hashfunktionen – auch wenn man diese Funktionen jeweils als Familie von Funktionen mit variablen Initialisierungsvektoren auffasst – aufgrund der in Abschnitt 8.7 erwähnten Angriffe auf die Kollisionsresistenz dieser Hashfunktionen nicht mehr gerechtfertigt (siehe auch Aufgabe 9.8.11); SHA-2 ist allerdings davon unberührt und dies sollte auch für den zukünftigen Standard SHA-3 der Fall sein. Motiviert dadurch hat Bellare in [13] gezeigt, dass man die Sicherheit des NMAC nicht auf die (schwache) Kollisionsresistenz der verwendeten Familie iterierter Hashfunktionen abstützen muss. Es reicht anzunehmen, dass die Kompressionsfunktion als pseudozufällige Funktion aufgefasst werden kann (vgl. Abschnitt 4.8). Aus dieser Annahme folgert Bellare in seiner Arbeit, dass auch der NMAC eine pseudozufällige Funktion ist, woraus wiederum folgt, dass der NMAC ein sicherer MAC ist (siehe Satz 9.3.1); analog für den HMAC, wobei man, wie in der Originalarbeit, wieder eine zusätzliche Annahme für die Schlüsselableitung machen muss. Bellare betrachtet zudem die schwächere Annahme, dass die Kompressionsfunktion als MAC aufgefasst werden kann, verzichtet aber auch in diesem Fall auf die Annahme der (schwachen) Kollisionsresistenz von $\mathscr{H}$.

Während die in Abschnitt 8.7 angesprochenen Angriffe auf Hashfunktionen nicht direkt etwas über die Pseudozufälligkeit ihrer Kompressionsfunktionen aussagen, stellt sich die Frage, ob Hashfunktionen wie MD5 und SHA-1 die neuen in [13] gemachten Annahmen erfüllen. Aktuelle Arbeiten (siehe etwa [105, 53, 75, 166] sowie Referenzen in diesen Arbeiten) deuten leider darauf hin, dass man die Schwächen dieser Funktionen auch für Angriffe auf NMAC/HMAC ausnutzen kann. Neben Angriffen auf die Pseudozufälligkeit sowie die Eigenschaft als MAC von NMAC/HMAC werden dabei in diesen Arbeiten auch Angriffe betrachtet, bei denen das Ziel ist, den verwendeten Schlüssel zu bestimmen. Es sei betont, dass NMAC und HMAC unter Verwendung von als sicher erachteter Hashfunktionen, einschließlich SHA-2 (auch der zukünfte Standard SHA-3 sollte darunter fallen), von diesen Angriffen unberührt sind. Wie bereits in Abschnitt 8.7 erwähnt, ist abzusehen, dass Hashfunktionen wie MD5 und SHA-1 bald ganz ausgedient haben werden.

Die in Abschnitt 9.7 kennengelernte Konstruktion, in der ein CPA-sicheres Kryptoschema mit einem MAC kombiniert wird, ist auch in der Praxis weit verbreitet. Es ist wohl bekannt, dass diese Konstruktion CCA-Sicherheit bietet (siehe [69, 23]). In [23, 112] werden zudem andere Varianten für die Kombination CPA-sicherer Kryptoschemen und MACs untersucht. Die Arbeit von Krawczyk [112] ist dabei dadurch motiviert, dass in den Protokollen SSL/TLS, IPsec und SSH, die dazu dienen, Kommunikationspartnern einen vertraulichen und authentischen Kommunikationskanal zu bieten, jeweils unterschiedliche Kombinationen verwendet werden. Die Arbeit von Bellare und Namprempre [23] zielt dabei eher auf den in dieser Arbeit geprägten Begriff der im Englischen sogenannten *authenticated encryption* ab, der verlangt, dass die Verschlüsselung sowohl die Vertraulichkeit also auch die Integrität einer Nachricht gewährleistet. In neueren Ansätzen werden effiziente Betriebsarten für Block-Kryptosysteme betrachtet, die eine solche Art der Verschlüsselung gewährleisten und als solches auch für die Realisierung sicherer Kommunikationskanäle verwendet werden können (siehe zum Beispiel [28] und Referenzen in dieser Arbeit).

10 Asymmetrische Authentifizierungsverfahren: Digitale Signaturen

10.1 Einführung: Definition und Sicherheit

Die grundsätzliche Funktionsweise von digitalen Signaturen haben wir bereits in Kapitel 7 besprochen. Wir gehen deshalb direkt zur Definition von Signierschemen über.

Definition 10.1.1 (Signierschema). Ein *Signierschema* ist ein Tupel

$$\mathscr{S} = (X, K, G, T, V) \ ,$$

bestehend aus einem *Nachrichtenraum* $X \subseteq \{0,1\}^*$, einer *Schlüsselmenge* K, einem zufallsgesteuerten *Schlüsselgenerierungsalgorithmus* $G \colon K_{\mathrm{pub}} \times K_{\mathrm{priv}}$, einem zufallsgesteuerten *Signieralgorithmus* $T(x \colon X, \hat{k} \colon K_{\mathrm{priv}}) \colon \{0,1\}^*$ und einem deterministischen *Validieralgorithmus* $V(x \colon X, t \colon \{0,1\}^*, k \colon K_{\mathrm{pub}}) \colon \{0,1\}$, wobei K, K_{pub} und K_{priv} wie folgt definiert sind: K ist die Menge der von G gelieferten Ausgaben. Jedes Element von K ist ein Paar von Bitvektoren, das *Schlüsselpaar* genannt und, wie üblich, meistens mit $(k, \hat{k})$ bezeichnet wird. Dabei ist k ein *öffentlicher* und $\hat{k}$ ein *privater Schlüssel*. Die Menge der öffentlichen Schlüssel wird mit K_{pub}, die Menge der privaten Schlüssel mit K_{priv} bezeichnet.

Wir verlangen, dass die Laufzeit von G durch eine Konstante nach oben beschränkt ist. Die Laufzeiten von T und V sollen polynomiell beschränkt sein in der Länge der Eingaben, d. h., es existieren Polynome p und q, so dass, für alle $x \in X$, $t \in \{0,1\}^*$ und $(k, \hat{k}) \in K$, die Laufzeiten von $T(x, \hat{k})$ und $V(x, t, k)$ durch $p(|x|)$ bzw. $q(|x| + |t|)$ beschränkt sind. (Man beachte, dass die Längen der Schlüssel k und $\hat{k}$ durch eine Konstante beschränkt werden können.)

Ein Signierschema $\mathscr{S}$ muss des Weiteren folgende *Korrektheitseigenschaft* erfüllen:

$$V(x, T^\alpha(x, \hat{k}), k) = 1 \qquad \text{für alle } x \in X, \, (k, \hat{k}) \in K \text{ und } \alpha \in \{0,1\}^{p(|x|)} \ .$$

Wir werden den Nachrichtenraum X auch häufig als Familie $\{X_k\}_{k \in K_{\mathrm{pub}}}$ von Nachrichtenräumen betrachten, da dieser vom verwendeten öffentlichen Schlüssel abhängen kann. ◁

Die Sicherheit digitaler Signaturen ist, wie es bereits die Erläuterungen in Kapitel 7 vermuten lassen, sehr ähnlich zur Sicherheit von MACs definiert.

Definition 10.1.2 (Fälscher für digitale Signaturen). Ein *Fälscher für ein Signierschema* $\mathscr{S} = (X, K, G, T, V)$ ist ein zufallsgesteuerter Algorithmus

$$F(s \colon X \to \{0,1\}^*, k \colon K_{\mathrm{pub}}) \colon X \times \{0,1\}^* \ ,$$

dem ein Signierorakel s sowie der zugehörige öffentliche Schlüssel zur Verfügung stehen. Seine Laufzeit ist durch eine Konstante nach oben beschränkt. Eine Berechnung eines solchen Fälschers heißt *zulässig*, wenn für die Ausgabe (x,t) gilt, dass das Signierorakel s nicht auf x angewendet wurde. Sie heißt *erfolgreich*, wenn $V(x,t,k) = 1$ gilt. $\triangleleft$

Der wesentliche Unterschied zur Definition von Fälschern für MACs ist, dass ein Fälscher für digitale Signaturen neben dem Signierorakel auch den zugehörigen öffentlichen Schlüssel erhält.

Der Vorteil eines Fälschers wird in üblicher Weise mit Hilfe eines Experimentes definiert.

Definition 10.1.3 (Experiment und Vorteil). Es sei $\mathscr{S} = (X, K, G, T, V)$ ein Signierschema und F ein Fälscher für $\mathscr{S}$. Das zugehörige *Experiment*, das wir mit $\mathbb{E}_F^{\mathscr{S}}$, $\mathbb{E}_F$ oder einfach $\mathbb{E}$ bezeichnen, ist der Algorithmus, der gegeben ist durch:

$\mathbb{E}\colon \{0,1\}$

1. *Schlüsselgenerierung*
   $(k, \hat{k}) = G()$
2. *Berechnung eines Nachrichten-Signatur-Paares*
   $(x, t) = F(T(\cdot, \hat{k}), k)$
3. *Auswertung*
   falls die Berechnung von F erfolgreich und zulässig war, dann gib 1, sonst 0 zurück.

Der *Vorteil* $\mathrm{adv_{Sig}}(F, \mathscr{S})$ von F bzgl. $\mathscr{S}$ ist definiert durch

$$\mathrm{adv_{Sig}}(F, \mathscr{S}) = \mathrm{Prob}\,\{\mathbb{E} = 1\}\ .$$

$\triangleleft$

Analog zu Definition 9.2.3 kann man die Sicherheit digitaler Signaturen wie folgt quantifizieren.

Definition 10.1.4 $((n,q,t)$-beschränkt, (n,q,t,ε)-sicher). Es seien n, q, t natürliche Zahlen und F ein Fälscher auf ein Signierschema $\mathscr{S} = (X, K, G, T, V)$. Der Fälscher F ist (n,q,t)-*beschränkt* bzgl. $\mathscr{S}$, wenn die Laufzeit des zugehörigen Experimentes $\mathbb{E}_F^{\mathscr{S}}$ durch t beschränkt ist und in $\mathbb{E}_F^{\mathscr{S}}$ höchstens q Anfragen an das Signierorakel gestellt werden, mit insgesamt höchstens n Bits.
Es sei

$$\mathrm{insec}(n, q, t, \mathscr{S}) = \sup\{\mathrm{adv_{Sig}}(F, \mathscr{S}) \mid F \text{ ist } (n,q,t)\text{-beschränkter Fälscher für } \mathscr{S}\}\ .$$

Es sei $\varepsilon \geq 0$ reell. Das Signierschema $\mathscr{S}$ heißt (n,q,t,ε)-*unsicher*, wenn $\mathrm{insec}(n,q,t,\mathscr{S}) \geq \varepsilon$ gilt. Es heißt (n,q,t,ε)-*sicher*, wenn $\mathrm{insec}(n,q,t,\mathscr{S}) \leq \varepsilon$ gilt. $\triangleleft$

In den folgenden Abschnitten werden wir verschiedene, mehr oder weniger sichere Signierschemen kennenlernen, darunter auch in der Praxis eingesetze Verfahren.

10.2   Signieren mit RSA: erster Versuch

Es liegt nahe, RSA als Signierschema zu verwenden. Dabei übernimmt der Dechiffrieralgorithmus die Aufgabe des Signieralgorithmus und verifiziert wird mit dem Chiffrieralgorithmus. In der Tat wurde diese Vorgehensweise bereits von den Erfindern von RSA vorgeschlagen.

Genauer ist das durch RSA induzierte Signierschema wie folgt definiert.

Definition 10.2.1 (RSA-Signierschema)**.** Es sei $l > 0$ gerade. Das l-*RSA-Signierschema* $\mathscr{S}_{\mathrm{RSA}}$ ist ein Tupel (X, K, G, T, V) mit

- $K = \{((n,e),(n,d)) \mid (n,p,q,m,e,d)$ ist ein RSA-Tupel mit $|p|_2 = |q|_2 = l/2\}$,
- $X = \{\mathbf{Z}_n\}_{(n,e) \in K_{\mathrm{pub}}}$,
- G erzeugt Schlüsselpaare gemäß dem RSA-Kryptoschema (vgl. Definition 6.4.2),
- $T(x,(n,d)) = x^d \bmod n$ für alle $x \in \mathbf{Z}_n$ und $((n,e),(n,d)) \in K$,
- $V(x,t,(n,e))$ gibt 1 aus, wenn $t^e \bmod n = x$ gilt, 0 sonst. $\lhd$

Man sieht leicht, dass $\mathscr{S}_{\mathrm{RSA}}$ ein Signierschema im Sinne von Definition 10.1.1 ist. Die Idee dieses Signierschemas ist, dass jemand, der den privaten Schlüssel (n,d) nicht kennt, nicht in der Lage ist (zumindest nicht mit realistischem Aufwand), zu einer Nachricht x, die Signatur $x^d \bmod n$ zu berechnen. Dies folgt aus der RSA-Annahme (vgl. Annahme 6.4.1). Umgekehrt kann jeder leicht mit Hilfe des öffentlichen Schlüssels (n,e) die Gültigkeit einer Signatur verifizieren.

Diese Argumentation ist aber leider fehlerhaft. Die RSA-Annahme besagt lediglich, dass es schwer ist, zu einer *zufällig* gewählten Nachricht x das Urbild $x^d \bmod n$ zu berechnen. Für bestimmte Nachrichten x kann dies jedoch leicht sein. Für solche Nachrichten könnte man also leicht eine Signatur berechnen. Zum Beispiel sind $(0,0)$ und $(1,1)$ offensichtlich gültige Nachrichten-Signatur-Paare (im Folgenden kurz NSP genannt). Allgemeiner sieht man leicht, dass der Vorteil des folgenden Fälschers 1 ist; dieser also immer ein gültiges NSP ausgibt:

$F(s,(n,e))\colon \{0,1\}^* \times \{0,1\}^*$

    Wähle $x \in \mathbf{Z}_n$ beliebig
    Ausgabe $(x^e \bmod n, x)$

Damit ist klar, dass das Signierschema $\mathscr{S}_{\mathrm{RSA}}$ völlig unsicher ist. Erlaubt man dem Fälscher zwei Anfragen an das Signierorakel zu stellen, so sind für $\mathscr{S}_{\mathrm{RSA}}$ sogar universelle Fälschungen möglich, d. h., zu jeder beliebigen Nachricht kann eine gültige Signatur berechnet werden (vgl. auch Kapitel 7). Dazu nutzt man die sogenannte Multiplikativität von RSA aus: $x^d \cdot y^d \bmod n = (x \cdot y)^d \bmod n$. Der folgende Fälscher berechnet zu einer beliebigen Nachricht $z \in \mathbf{Z}_n$ die zugehörige Signatur.

$F_{\mathrm{univ}}(s,(n,e))\colon \{0,1\}^* \times \{0,1\}^*$

    $r = \mathrm{flip}(\mathbf{Z}_n^*)$
    $t_1 = s(r)$
    $t_2 = s(z \cdot r^{-1} \bmod n)$
    Ausgabe $(z, t_1 \cdot t_2 \bmod n)$

Aufgrund der Multiplikativität von RSA ist klar, dass F_{univ} eine gültige Signatur für z ausgibt. Mit großer Wahrscheinlichkeit werden zudem r und $z \cdot r^{-1} \bmod n$ von z verschieden sein (falls $z \neq 0$ gilt), so dass die Berechnung von F_{univ} zulässig ist, d. h., z wurde nicht von F_{univ} an das Signierorakel geschickt. (Für den Fall $z = 0$ wissen wir, dass 0 die Signatur zu z ist.) Der genaue Vorteil von F_{univ} soll in Aufgabe 10.7.1 bestimmt werden.

10.3   Signierschemen basierend auf Hashfunktionen

Ein beliebter Ansatz, um praktikable Signierschemen auf Nachrichten beliebiger Länge zu erhalten, ist Hash-then-Sign. Dieser Ansatz funktioniert analog zum entsprechenden Ansatz für MACs (vgl. Abschnitt 9.4): Zunächst wird zur zu signierenden Nachrichten ein Hashwert berechnet, anschließend wird der Hashwert signiert.

Zur Umsetzung dieses Ansatzes benötigen wir natürlich ein Signierschema, dass auf Nachrichten (zumindest) fester Länge arbeitet. Auf dieses Problem werden wir am Ende dieses Abschnitts eingehen. Wir nehmen zunächst an, dass wir ein solches Signierschema gegeben haben.

Wir fassen den Hash-then-Sign-Ansatz in folgender Definition präzise. Der wesentliche Unterschied zum Hash-then-MAC-Ansatz ist, dass nun der Schlüssel für die Hashfunktion nicht geheim bleibt, sondern Teil des öffentlichen Schlüssels wird, da die Hashfunktion zur Validierung einer Signatur benötigt wird. Damit ist aber einem Fälscher die verwendete Hashfunktion bekannt, was höhere Sicherheitsanforderungen an die verwendeten Familien von Hashfunktionen stellen wird.

Definition 10.3.1 (Hash-then-Sign). Es sei $\mathcal{H} = \{h_k\}_{k \in K_{\mathcal{H}}}$ eine Familie von Hashfunktionen mit Hashbreite n und Definitionsbereich D. Weiter sei $p \colon \{0,1\}^n \to \{0,1\}^r$, für $r \geq n$, eine injektive Funktion und $\mathscr{S} = (X, K_{\mathscr{S}}, G, T, V)$ ein Signierschema mit $\{0,1\}^r \subseteq X$. Dann ist das Signierschema HashSign$[\mathcal{H}, p, \mathscr{S}]$ gegeben durch

$$\text{HashSign}[\mathcal{H}, p, \mathscr{S}] = (X', K', G', T', V') \ ,$$

wobei die einzelnen Komponenten wie folgt definiert sind:
- $X' = D$.
- Der Schlüsselerzeugungsalgorithmus G' ist:

  $G' \colon K'$
  1. *Wähle Index für Hashfunktion*
     $k_h = \text{flip}(K_{\mathcal{H}})$
  2. *Erzeuge Schlüsselpaar für das Basis-Signierschema*
     $(k, \hat{k}) = G()$
  3. *Ausgabe des Schlüsselpaars*
     gib $((k_h, k), (k_h, \hat{k}))$ zurück

Dabei bezeichnet K' die Menge der von G' gelieferten Schlüsselpaare; wie üblich bezeichnen im Folgenden, K'_{pub} und K'_{priv} die zugehörigen Mengen von öffentlichen und privaten Schlüsseln.

- Der Signieralgorithmus T' ist wie folgt definiert:

$$T'(x, (k_h, \hat{k})) = T(p(h_{k_h}(x)), \hat{k}) \qquad \text{für alle } x \in X' \text{ und } (k_h, \hat{k}) \in K'_{\text{priv}}.$$

- Der Validierungsalgorithmus V' ist gegeben durch:

$$V'(x, t, (k_h, k)) = V(p(h_{k_h}(x)), t, k) \qquad \text{für alle } x \in X', \, t \in \{0,1\}^* \text{ und}$$
$$(k_h, k) \in K'_{\text{pub}}.$$

Das Schema HashSign$[\mathscr{H}, p, \mathscr{S}]$ wird *Hash-then-Sign-Schema* mit Basis-Signierschema $\mathscr{S}$, Füllfunktion p und Hashfamilie $\mathscr{H}$ genannt. $\triangleleft$

Wir wollen nun analog zum Hash-then-MAC-Ansatz die Sicherheit eines Hash-then-Sign-Schemas auf die Sicherheit seiner Bestandteile zurückführen, d. h., auf die Sicherheit des Basis-Signierschemas und die Sicherheit der Hashfamilie.

Für die Definition der Sicherheit des Basis-Signierschemas greifen wir einfach auf die Definitionen aus Abschnitt 10.1 zurück. Für die Hashfunktionen benötigen wir die (starke) Kollisionsresistenz gemäß Abschnitt 8.2. Schwache Kollisionsresistenz wie für den Hash-then-MAC-Ansatz reicht leider nicht, da, wie bereits erwähnt, dem Fälscher durch den öffentlichen Schlüssel bekannt ist, welche Hashfunktion verwendet wird.

Es sei nun $\mathscr{S}' = \text{HashSign}[\mathscr{H}, p, \mathscr{S}] = (X', K', G', T', V')$ das gemäß Definition 10.3.1 durch $\mathscr{H} = \{h_k\}_{k \in K_{\mathscr{H}}}$, p und $\mathscr{S} = (X, K_{\mathscr{S}}, G, T, V)$ induzierte Signierschema. Für den Beweis der Sicherheit von $\mathscr{S}'$ nehmen wir, wie üblich, an, dass wir einen (guten) Fälscher F' für $\mathscr{S}'$ gegeben haben und benutzen diesen Fälscher, um einen guten Fälscher F auf $\mathscr{S}$ und einen guten Kollisionsfinder C auf $\mathscr{H}$ zu konstruieren. Die Konstruktionen und Beweise sind dabei fast identisch zu denjenigen im Fall des Hash-then-MAC-Ansatzes. Wir werden deshalb die Konstruktionen ohne große Erläuterungen und ohne Beweise angeben. Wie immer wird unser Ziel sein, den Vorteil von F' durch denjenigen von F ($\text{adv}_{\text{Sig}}(F, \mathscr{S})$) und C ($\text{adv}_{\text{Coll}}(C, \mathscr{H})$) zu beschränken.

Der Fälscher F ist wie folgt definiert:

$$F(s: \{0,1\}^r \to \{0,1\}^l, k \in K_{\text{pub}}): \{0,1\}^r \times \{0,1\}^*$$

1. *Wähle Hashfunktion*
   $k_h = \text{flip}(K_{\mathscr{H}})$
2. *Simuliere F'.*
   F' mit dem öffentlichen Schlüssel (k_h, k) und folgenden Änderungen:
   a. Eine Anfrage x von F' an das Signierorakel wird wie folgt beantwortet:[1]
      $v = h_{k_h}(x)$
      $x' = p(v)$
      Gib $s(x')$ zurück an den simulierten Algorithmus F'
   b. Wenn F' das NSP (x, t) ausgibt, ersetze die Ausgabe wie folgt:
      $v = h_{k_h}(x)$
      $x' = p(v)$
      gib (x', t) zurück

---

1 Dies entspricht genau dem an F' übergebenen Signierorakel.

Analog zum Hash-then-MAC-Ansatz erhalten wir folgendes Lemma.

Lemma 10.3.1. *Wenn F' in einem Lauf von $\mathbb{E}_{F'}^{\mathscr{S}'}$ erfolgreich ist (im Sinne von Definition 10.1.2), dann ist auch F im korrespondierenden Lauf von $\mathbb{E}_F^{\mathscr{S}}$ erfolgreich.* $\square$

Wie im Fall des Hash-then-MAC-Ansatzes muss die zu einer zulässigen Berechnung von F' korrespondierende Berechnung von F nicht notwendigerweise auch zulässig sein, da Kollisionen für h_{k_h} auftreten können. In dem Fall ist aber ein entsprechend definierter Kollisionsfinder C erfolgreich:

$C(k_h\colon K_{\mathscr{H}})\colon X' \times X'$

1. *Wähle Schlüsselpaar für Signieralgorithmus des Basisschemas $\mathscr{S}$ zufällig.*
   $(k, \hat{k}) = G()$
2. *Initialisiere Menge mit Hashwerten.*
   $S = \emptyset$
3. *Simuliere F'.*
   F' mit öffentlichem Schlüssel (k_h, k) und folgenden Änderungen:
   a. Eine Anfrage x von F' an das Signierorakel wird wie folgt beantwortet:
      $v = h_{k_h}(x)$
      $x' = p(v)$
      $t = T(x', \hat{k})$
      $S = S \cup \{(x, v)\}$
      gib t zurück an den simulierten Algorithmus F'
   b. Wenn F' das NSP (x, t) ausgibt, ersetze die Ausgabe wie folgt:
      i. *Bestimme Hashwert.*
         $v = h_{k_h}(x)$
      ii. *Überprüfe, ob Kollision vorliegt.*
         falls $v \in \{v' \mid$ es gibt ein x' mit $(x', v') \in S\}$
            Bestimme x', so dass $(x', v) \in S$.
            gib (x, x') zurück
         sonst
            gib (x, x) zurück

Wie im Hash-then-MAC-Ansatz können wir folgendes Lemma zeigen.

Lemma 10.3.2. *Ist in einem Lauf α von $\mathbb{E}_{F'}^{\mathscr{S}'}$ die Berechnung von F' zulässig, aber die Berechnung von F im korrespondierenden Lauf von $\mathbb{E}_F^{\mathscr{S}}$ ist nicht zulässig, dann liefert C im zu α korrespondierenden Lauf von $\mathbb{E}_C^{\mathscr{H}}$ eine Kollision für die Familie $\mathscr{H}$ von Hashfunktionen.* $\square$

Aus den beiden vorangehenden Lemmas erhalten wir, analog zum Hash-then-MAC-Ansatz, folgenden Satz.

Satz 10.3.1. *Es sei $\mathscr{S}' = HashSign[\mathscr{H}, p, \mathscr{S}]$ ein Hash-then-Sign-Schema gemäß Definition 10.3.1. Weiter sei F' ein Fälscher für $\mathscr{S}'$ und seien F und C wie oben definiert. Dann gilt:*

$$adv_{Sig}(F', \mathscr{S}') \leq adv_{Sig}(F, \mathscr{S}) + adv_{Coll}(C, \mathscr{H}) \ .$$ $\square$

Aussagen zur Güte dieser Reduktion gelten analog zum Hash-then-MAC-Ansatz (siehe Bemerkung nach Satz 9.4.1 sowie Aufgabe 9.8.9).

Es bleibt die Frage, wie ein sicheres Signierschema für Nachrichten fester (oder beliebiger) Länge aussieht. Ein solches Schema auf Basis von weithin akzeptierten und plausiblen kryptographischen Annahmen zu konstruieren, ist durchaus anspruchsvoll und es existieren nur sehr wenige solcher Konstruktionen, die in die Nähe praktikabler Anwendungen kommen. Viele dieser Schemen sind zustandsbasiert oder machen relativ starke, dennoch plausible Annahmen, die über das hinausgehen, was wir in diesem einführenden Buch zur Kryptographie behandeln. Deshalb wollen wir darauf hier nicht näher eingehen (siehe allerdings Abschnitt 10.8 für weitere Hinweise und Bemerkungen). Stattdessen diskutieren wir im nächsten Abschnitt ein sehr praktikables Verfahren, das im Prinzip auch auf dem Hash-then-Sign-Ansatz basiert, für seine Sicherheit allerdings eine idealisierte Hashfunktion voraussetzt.

10.4 Signieren mit RSA und dem Zufallsorakel

Wie im vorherigen Abschnitt angedeutet, lernen wir nun ein praktikables Hash-then-Sign-Schema kennen. Dabei werden wir RSA als Basis-Signierschema verwenden. Dies ist zunächst überraschend, da wir in Abschnitt 10.2 gesehen haben, dass RSA selbst kein sicheres Signierschema darstellt. Diesen Mangel werden wir dadurch ausgleichen, dass wir idealisierte Hashfunktionen betrachten: Wir werden Hashfunktionen als sogenannte Zufallsorakel (*Random Oracle*) modellieren. Insgesamt werden wir das sogenannte FDH-RSA-Signierschema erhalten, wobei *FDH* für *Full Domain Hash* steht. Diese Terminologie werden wir später erläutern. Zunächst führen wir den Begriff des Zufallsorakels ein und diskutieren diesen kurz.

10.4.1 Das Zufallsorakel

Ein Zufallsorakel modelliert eine ideale Hashfunktion – die beste Hashfunktion, die man sich wünschen kann. Um zu definieren, was ein Zufallsorakel genau ist, bezeichnen wir im Folgenden mit D und B den Definitions- bzw. Bildbereich der idealen Hashfunktion, wobei wir B als endlich annehmen.

Ein *Zufallsorakel* kann man sich nun als eine Art Server (oder eben auch als ein Orakel) vorstellen, an den man Nachrichten schickt und von dem man jeweils den zugehörigen Hashwert als Antwort zurückbekommt. Der Server realisiert also eine Hashfunktion, die, wie wir sehen werden, ideal ist. Da jeder diese Hashfunktion auswerten können sollte, sollte auch jeder Zugriff auf den Server haben. Dieser Zugriff sollte dabei unbemerkt geschehen können, da man eine Hashfunktion lokal/privat auswerten kann, d.h., ohne dass dies jemand bemerkt. Insbesondere sollte für andere Parteien nicht ersichtlich sein, welche Nachricht man an einen solchen Server schickt, also für welche Nachricht man sich einen Hashwert berechnen lassen möchte.

Der Server arbeitet nun wie folgt: Er speichert eine Liste von Paaren der Form (x, h) ab, wobei $x \in D$ eine Nachricht bezeichnet und $h \in B$ den zugehörigen Hashwert; zu jeder Nachricht speichert der Server maximal einen Hashwert. Am Anfang ist die Liste der Nachricht-Hashwert-Paare leer. Wird nun eine Anfrage $x \in D$ an den Server gestellt, so schaut er zunächst nach, ob bereits ein Paar (x, h), für irgendeinen Hashwert $h \in B$, gespeichert ist. Falls ja, gibt er h zurück. Ansonsten wählt der Server zufällig und gleichverteilt einen neuen Hashwert h aus B, speichert das Paar (x, h) und liefert h als Antwort zurück. Der Vollständigkeit halber legen wir fest, dass, falls $x \notin D$ gilt, das Fehlersymbol $\perp$ zurückgegeben wird.

Wir bezeichnen das gerade beschriebene Zufallsorakel mit $\mathbf{H}$ oder auch $\mathbf{H}_B^D$, $\mathbf{H}^D$ oder $\mathbf{H}_B$, je nachdem, ob der Definitions- oder der Bildbereich des Zufallsorakels eine Rolle spielt bzw. aus dem Kontext hervorgeht.

Ein Zufallsorakel modelliert also, dass man einen Hashwert zu einer Anfrage x nicht vorhersagen kann, wenn das Zufallsorakel noch nicht zu x befragt wurde, da ein solcher Hashwert erst bei der ersten Anfrage zufällig gewählt wird. Ohne das Zufallsorakel zu befragen, kann man den Hashwert zu x höchstens raten, was bei ausreichend großem Bildbereich allerdings wenig erfolgversprechend ist. In diesem Sinne modelliert ein Zufallsorakel eine *ideale Hashfunktion*. In der Tat erfüllt ein Zufallsorakel alle Anforderungen, die man von einer Hashfunktion erwarten würde – neben den in Abschnitt 8.2 kennengelernten auch viele weitere.

Insbesondere sieht man leicht, dass ein Zufallsorakel bestmögliche Kollisionsresistenz bietet: mehr als ein Geburtstagsangriff ist selbst für einen unbeschränkten Kollisionsfinder nicht möglich. Um dies einzusehen, sei A ein Kollisionsfinder gemäß Definition 8.2.1, wobei wir nun annehmen, dass A Zugriff auf das Zufallsorakel $\mathbf{H}$ hat. Dann bezeichne $\text{adv}_{\text{Coll}}(A, \mathbf{H})$ den Vorteil von A bezüglich $\mathbf{H}$ analog zu Definition 8.2.2. Man beachte, dass im zugehörigen Experiment $\mathbb{E}_A^{\mathbf{H}}$ die Indexwahl nun weggelassen werden kann. Umgekehrt umfasst der Wahrscheinlichkeitsraum zu $\mathbb{E}_A^{\mathbf{H}}$ die vom Zufallsorakel verwendeten Zufallsbits.

Im Folgenden bezeichnen wir einen Angreifer/Kollisionsfinder A für $\mathbf{H}$ als *q-beschränkt*, falls in jedem Lauf des zugehörigen Experimentes $\mathbb{E}_A^{\mathbf{H}}$ höchstens q Anfragen an $\mathbf{H}$ gestellt werden. Dabei zählen die zwei Anfragen an $\mathbf{H}$, die nötig sind, um zu testen, ob das von A ausgegebene Nachrichtenpaar eine Kollision darstellt, mit; A selbst darf im Experiment $\mathbb{E}_A^{\mathbf{H}}$ also lediglich $q - 2$ Anfragen an $\mathbf{H}$ stellen.

Nun erhalten wir folgendes Lemma.

Lemma 10.4.1. *Es sei $q \geq 2$ und A ein q-beschränkter Kollisionsfinder. Dann gilt:*

$$adv_{Coll}(A, \boldsymbol{H}) \leq \frac{q(q-1)}{2N}, \qquad\qquad mit\ N = |B|.$$

Beweis. Der Beweis dieser Aussage folgt leicht aus der Eigenschaft des Zufallsorakels und Lemma 3.3.4 (Geburtstagsphänomen): Nach Annahme werden im Experiment $\mathbb{E}_A^{\mathbf{H}}$ insgesamt maximal q Hashwerte vom Zufallsorakel gewählt. Diese Hashwerte werden nach Definition des Zufallsorakels zufällig und unabhängig voneinander gewählt. Die Wahrscheinlichkeit, dass unter diesen eine Kollision auftritt, ist gemäß Lemma 3.3.4 durch $\frac{q(q-1)}{2N}$ nach oben beschränkt. $\qquad\square$

Aus der Kollisionsresistenz können wir zudem schließen, dass ein Zufallsorakel zweites-

Urbild- sowie Urbild-resistent ist (siehe Aufgabe 8.6.1 und Aufgabe 10.7.2). Daneben gilt auch, dass der von einem Zufallsorakel gelieferte Hashwert keinerlei Information über die Eingabe in sich birgt, da im Zufallsorakel der Hashwert unabhängig von der Eingabe gewählt wird; eine Eigenschaft, die man von »normalen« Hashfunktionen nicht verlangt und die insbesondere durch die Kollisionsresistenz nicht impliziert ist: eine Hashfunktion kann auch dann kollisionsresistent sein, wenn sie, zum Beispiel, immer das erste Bit der gegebenen Nachricht mit ausgibt (siehe Aufgabe 8.6.2).

Zufallsorakel lassen sich nutzen, um einfache, aber dennoch sehr effiziente Konstruktionen für kryptographische Primitive zu erhalten, die sicher sind, sofern man idealisierte, durch Zufallsorakel modellierte Hashfunktionen voraussetzt. Neben digitalen Signaturen (siehe unten) gilt dies für Verschlüsselungsverfahren (siehe die Bemerkungen am Ende von Abschnitt 6.4.3 sowie Aufgabe 10.7.4) und MACs, um nur einige Beispiele zu nennen. Wie in Aufgabe 10.7.3 näher untersucht werden soll, erhält man etwa einen sicheren MAC wie folgt: Die Etikettierfunktion T sei durch

$$T(x, k) = \mathbf{H}(k \cdot x) \qquad\qquad \text{für alle } x \in D \text{ und } k \in \{0,1\}^l \qquad (10.4.1)$$

definiert, wobei $k \cdot x$ die Konkatenation von k und x bezeichnet. Wie bereits in Aufgabe 9.8.8 gezeigt, wäre diese Konstruktion unsicher, falls das Zufallsorakel durch eine Familie iterierter Hashfunktionen ersetzt werden würde.

Leider kann man ein Zufallsorakel (wohl) nicht realisieren, zumindest nicht, ohne weitere unrealistische Annahmen zu machen. Insbesondere ist die obige »Implementierung« eines Zufallsorakels als Server unrealistisch: Der Server wäre ein Flaschenhals und würde unter den zahlreichen Anfragen und zu speichernden Nachricht-Hashwert-Paaren schnell zusammenbrechen. Schlimmer noch, der Server müsste völlig vertrauenswürdig, robust und fehlerfrei sein. Im Bereich der digitalen Signaturen zum Beispiel könnte ein böswilliger Server Hashwerte in Abhängigkeit der Nachrichten wählen, um so absichtlich Kollisionen herbeizuführen. Im Hash-then-Sign-Ansatz könnten sich dadurch leicht Signaturen fälschen lassen. Zudem lernt ein solcher Server natürlich alle zu signierenden Nachrichten. Würden Nachricht-Hashwert-Paare verloren gehen, so würden Signaturen nutzlos oder ungültig werden. Ein weiteres schwerwiegendes Problem ist die Frage, wie man erreicht, dass beliebige Parteien »unbehelligt« mit dem Server kommunizieren können. Die Liste der Probleme ließe sich beliebig fortsetzen (siehe auch Aufgabe 10.7.5).

Aus den genannten Gründen spricht man bei kryptographischen Konstruktionen, die ein Zufallsorakel als Hashfunktion verwenden, oder anders ausgedrückt, in deren Sicherheitsbeweis eine Hashfunktion als Zufallsorakel modelliert wird, von Konstruktionen bzw. Sicherheitsbeweisen im »*Zufallsorakel-Modell*« (*random oracle model (ROM)*). Das Modell, in dem wir bisher gearbeitet haben, wird zur Abgrenzung »*Standardmodell*« genannt.

In der Praxis wird ein Zufallsorakel meist durch eine konkrete Hashfunktion, z.B., eine Hashfunktion aus der SHA-Familie, ersetzt. Damit stellt sich natürlich die Frage, ob dies gerechtfertigt ist, d. h., ob beim Übergang vom Zufallsorakel zu einer konkreten Hashfunktion die bewiesenen Sicherheitseigenschaften der betrachteten Konstruktion erhalten bleiben.

Bevor wir diese Frage beantworten, könnte man sich zunächst die Frage stellen, welche Eigenschaften eine Hashfunktion, wenn sie ein Zufallsorakel ersetzen soll, überhaupt haben sollte. Kollisionsresistenz alleine reicht im Allgemeinen sicherlich nicht; wie oben bereits angedeutet, bietet ein Zufallsorakel viel mehr als das (zum Beispiel, dass ein Hashwert keine direkte Information über die Eingabe liefert). Es gibt intensive Anstrengungen in der Kryptographie, Eigenschaften von Familien von Hashfunktionen zu definieren und entsprechende Familien zu konstruieren, die wenigstens einige relevante Eigenschaften des Zufallsorakels fassen (siehe auch Abschnitt 10.8).

Unabhängig von der Präzisierung der Eigenschaften lautet die Antwort auf die obige Frage aber: Nein! Es ist formal nicht gerechtfertigt ein Zufallsorakel durch eine konkrete Hashfunktion zu ersetzen. Jede konkrete Hashfunktion ist weit davon entfernt, sich wie ein Zufallsorakel zu verhalten. Zunächst ist klar, dass bei einer konkreten Hashfunktion die Hashwerte zu allen Eingaben von Anfang an festliegen, nicht erst nachdem eine Anfrage gestellt wurde. Der Begriff der Anfrage macht für Hashfunktionen auch keinen Sinn. Jeder kann den Hashwert zu einer Nachricht auf seine Weise bestimmen, solange das Ergebnis mit der Spezifikation der Hashfunktion übereinstimmt. Es ist insbesondere nicht nötig, explizit ein Orakel aufzurufen.

Außerdem gibt es viele konkrete Konstruktionen, die deutlich machen, dass es keine allgemeine, formale Rechtfertigung für das Ersetzen eines Zufallsorakels durch eine konkrete Hashfunktion gibt. Wir nennen nur einige Beispiele:

- Wir haben gesehen, dass ein Zufallsorakel kollisionsresistent ist. Eine konkrete Hashfunktion kann dies aus den in Abschnitt 8.2 beschriebenen Gründen niemals sein, höchstens eine Familie von Hashfunktionen. Zudem gilt die Kollisionsresistenz für Zufallsorakel sogar für berechenbar unbeschränkte Kollisionsfinder, was für Familien von Hashfunktionen nicht möglich wäre, da sich ein solcher Kollisionsfinder für jedes Mitglied der Familie eine Kollision merken könnte.
- Während, wie oben besprochen, man mit Hilfe eines Zufallsorakels leicht einen sicheren MAC konstruieren kann, ist die dort angegebene Konstruktion unsicher, falls das Zufallsorakel durch eine Familie iterierter MD-Hashfunktionen ersetzt wird (siehe Aufgabe 10.7.3).
- In der Literatur finden sich (etwas künstliche) kryptographische Konstruktionen, die man im ROM als sicher nachweisen kann, die aber für *jede* konkrete Familie von Hashfunktionen unsicher sind (siehe auch Abschnitt 10.8).

Insgesamt stehen Sicherheitsbeweise im ROM auf recht wackligen Beinen, weshalb das ROM für viel Diskussion in der Kryptographie sorgt und man insgesamt bestrebt ist, Sicherheitsbeweise möglichst im Standardmodell zu führen.

Trotzdem wird das ROM in der Kryptographie häufig verwendet. Dies hat vor allem die folgenden zwei Gründe:

- Kryptographische Konstruktionen, deren Sicherheit auf dem ROM basieren, sind häufig deutlich effizienter als solche, die ohne das ROM auskommen.
- Viele in der Praxis eingesetzte kryptographische Verfahren konnten bisher nur im ROM als sicher nachgewiesen werden.

Ein Sicherheitsbeweis im ROM ist immerhin besser als überhaupt kein Beweis. Ein Beweis im ROM deutet zumindest darauf hin, dass die betrachtete kryptographische Konstruktion im Prinzip in Ordnung ist. Die Konstruktion kann »lediglich« durch das »Brechen« der konkreten Hashfunktion – die das Zufallsorakel ersetzt – unsicher werden.

Es sei zum Schluss der Diskussion zum Zufallsorakel noch Folgendes bemerkt: Für den Fall, dass neben dem Bildbereich auch der Definitionsbereich des Zufallsorakels endlich ist, kann man ein Zufallsorakel als zufällige Funktion im Sinne von Abschnitt 4.8 auffassen – die in Abschnitt 4.8 erwähnte »partielle und dynamische Implementierung« einer zufälligen Funktion entspricht genau dem obigen Server. Nun könnte man versucht sein, aus der obigen Diskussion zur Realisierung von Zufallsorakeln abzuleiten, dass auch Block-Kryptosysteme unrealistisch sind. Das wäre aber ein Trugschluss! In Kapitel 5 dienten zufällige Funktionen lediglich dazu, die Sicherheit von Block-Kryptosystemen zu *definieren*: Ein Block-Kryptosystem ist dann sicher, wenn ein Angreifer eine zufällig gewählte Chiffre dieses Block-Kryptosystems, zu der er den Schlüssel nicht kennt, nicht (nur schwer) von einer zufälligen Funktion/Permutation unterscheiden kann (siehe Definition 4.7.2). Zwar gibt es keinen Beweis für die Existenz von in diesem Sinne sicheren Block-Kryptosystemen, die zudem (einigermaßen) praktikabel sind, die Annahme, dass derartige Block-Kryptosysteme existieren, erscheint aber plausibel; insbesondere da diese Annahme auf akzeptierten, gut untersuchten mathematischen Annahmen – etwa der Annahme, dass Faktorisieren schwer ist oder der diskrete Logarithmus schwer zu berechnen ist – abgestützt werden kann (siehe auch Abschnitt 4.10).

Im Vergleich zwischen Block-Kryptosystemen und Zufallsorakeln ist auch zu beachten, dass ein Zufallsorakel eine *öffentliche* Funktion ist, die sich (trotzdem) wie eine zufällige Funktion verhalten soll. Dagegen verlangt man für Block-Kryptosysteme lediglich, dass Chiffren für einen Angreifer, der die Schlüssel nicht kennt, wie zufällige Funktionen aussehen sollten.

10.4.2 Das FDH-RSA-Schema

Das FDH-RSA-Signierschema kombiniert den Hash-then-Sign-Ansatz (Abschnitt 10.3) mit dem RSA-Signierschema (Definition 10.2.1). Zu einer Nachricht wird also zunächst ein Hashwert berechnet, der dann mit dem RSA-Signierschema signiert wird. Wie bereits am Anfang von Abschnitt 10.4 erwähnt, gleichen wir den Mangel von RSA, selbst kein sicheres Signierschema zu sein, damit aus, dass wir statt einer gewöhnlichen Hashfunktion ein Zufallsorakel verwenden. Genauer werden wir als Zufallsorakel $\mathbf{H} := \mathbf{H}_{\mathbf{Z}_n}^{\{0,1\}^*}$ verwenden. Dieses Orakel akzeptiert jeden Bitvektor und bildet ihn auf ein (zufällig gewähltes) Element aus $\mathbf{Z}_n$ ab, wobei n den Modul des aktuellen Schlüsselpaares bezeichnet. Die Tatsache, dass der Bildbereich von $\mathbf{H}$ die Menge $\mathbf{Z}_n$ voll ausschöpft, motiviert die Terminologie *Full Domain Hash (FDH)*. Genauer ist das FDH-RSA-Signierschema wie folgt definiert:

Definition 10.4.1 (FDH-RSA-Signierschema). Es sei $l > 0$ gerade. Das *l-FDH-RSA-Signierschema* $\mathscr{S}_{\text{FDH-RSA}}$ ist ein Tupel (X, K, G, T, V) mit
- $X = \{0,1\}^*$,
- $K = \{((n,e),(n,d)) \mid (n,p,q,m,e,d)$ ist ein RSA-Tupel mit $|p|_2 = |q|_2 = l/2\}$,
- G erzeugt Schlüsselpaare gemäß dem RSA-Kryptoschema (vgl. Definition 6.4.2),
- $T(x,(n,d)) = (\mathbf{H}(x))^d \bmod n$ für alle $x \in X$ und $(n,d) \in K_{\text{priv}}$,
- $V(x,t,(n,e))$ gibt, bei Eingabe von $x \in X$, $t \in \mathbf{Z}_n$ und $(n,e) \in K_{\text{pub}}$, das Bit 1 aus, wenn $t^e \bmod n = \mathbf{H}(x)$ gilt, und das Bit 0 sonst. ◁

Die Sicherheit von $\mathscr{S}_{\text{FDH-RSA}}$ ist wie in Abschnitt 10.1 definiert. Allerdings gehen wir nun davon aus, dass alle beteiligten Algorithmen – der Fälscher F, der Signieralgorithmus T und der Validierungsalgorithmus V – Zugriff auf $\mathbf{H}$ haben. Der Wahrscheinlichkeitsraum des Experimentes $\mathbb{E}_F^{\mathscr{S}_{\text{FDH-RSA}}}$ enthält natürlich nun auch die von $\mathbf{H}$ verwendeten Zufallsbits.

10.4.3   Beweisbare Sicherheit des FDH-RSA-Schemas

Wir beweisen nun die Sicherheit des FDH-RSA-Signierschemas unter der RSA-Annahme (vgl. Annahme 6.4.1), d. h., unter der Annahme, dass RSA eine Familie von Einwegfunktionen mit Hintertür ist.

In der Formulierung des folgenden Satzes verwenden wir den Begriff des q-beschränkten Fälschers für das FDH-RSA-Signierschema. Ein Fälscher F heißt q-*beschränkt*, wenn im Experiment $\mathbb{E}_F^{\mathscr{S}_{\text{FDH-RSA}}}$ insgesamt maximal q Anfragen an das Zufallsorakel gestellt werden. Anfragen an das Signierorakel zählen dabei mit, da jede solche Anfrage auch einer Anfrage an das Zufallsorakel bedarf. Zudem stellt auch der Validierungsalgorithmus, der zum Schluss des Experimentes aufgerufen wird, eine Anfrage an das Zufallsorakel. Auch diese Anfrage wird mitgezählt. Es folgt, dass F selbst zusammen maximal $q-1$ Anfragen an die Zufalls- und Signierorakel stellen darf.

Satz 10.4.1. *Es seien $l > 0$ gerade, $q \geq 1$, und $\mathscr{S}_{\text{FDH-RSA}}$ das l-FDH-RSA-Signierschema. Weiter bezeichne F einen q-beschränkten Fälscher für $\mathscr{S}_{\text{FDH-RSA}}$. Dann existiert ein Invertierer I für RSA, interpretiert als Familie $\mathscr{E}_{\text{RSA}}$ von Einwegfunktionen mit Hintertür (mit Parameter l), so dass*

$$adv_{Sig}(F, \mathscr{S}_{\text{FDH-RSA}}) \leq q \cdot adv_{Inversion}(I, \mathscr{E}_{\text{RSA}}) \qquad (10.4.2)$$

gilt.

Der Ressourcenverbrauch von I im Vergleich zu F soll in Aufgabe 10.7.7 genauer untersucht werden; er wird ähnlich sein zu dem von F. Dieser Satz reduziert damit, in üblicher Weise, die Sicherheit des FDH-RSA-Signierschemas auf die RSA-Annahme: Gilt die RSA-Annahme, d. h., ist $adv_{Inversion}(I', \mathscr{E}_{\text{RSA}})$ für alle Invertierer I' (mit geeigneter Ressourcenbeschränkung) klein, so muss auch der Vorteil jedes (ähnlich) ressourcenbeschränkten Fälschers für das FDH-RSA-Signierschema klein sein. Muss man annehmen, dass q groß ist, so wird man l und damit den Modul des l-FDH-RSA-Signierschemas entsprechend groß wählen müssen, damit der durch den Satz garantierte maximale Vorteil eines Fälschers für das l-FDH-RSA-Signierschema ausreichend klein ist. Eine präzise Quantifizierung der Sicherheit des FDH-RSA-Signierschemas gemäß Definition 10.1.4 soll, wie gesagt, in Aufgabe 10.7.7 durchgeführt werden.

Im Rest dieses Unterabschnitts wenden wir uns dem Beweis des Satzes zu. Die prinzipielle Vorgehensweise ist wie üblich: Wir nehmen an, dass wir einen (guten) Fälscher für $\mathscr{S}_{\text{FDH-RSA}}$ gegeben haben und konstruieren daraus einen (guten) Invertierer für $\mathscr{E}_{\text{RSA}}$.

Spezialfall.   Zunächst beweisen wir den Satz für einen Spezialfall, den wir später zur Aussage des Satzes verallgemeinern werden. Im Spezialfall nehmen wir an, dass F genau einmal das Zufallsorakel, aber niemals das Signierorakel aufruft; es bezeichne $x \in \{0,1\}^*$

die Nachricht, mit der F das Zufallsorakel aufruft. Damit ist F insbesondere 2-beschränkt, also $q = 2$ (eine Anfrage an das Zufallsorakel durch F und eine durch den Validierungs- algorithmus am Ende des Experimentes $\mathbb{E}_F^{\mathscr{S}_{\text{FDH-RSA}}}$). Wir nehmen weiter an, dass F das (möglicherweise ungültige) Nachrichten-Signatur-Paar (x, s), für ein s, ausgibt. Die Nach- richt, für die F versucht, eine Signatur zu fälschen, ist, nach Annahme, also genau dieje- nige, auf die F das Zufallsorakel angewendet hat.

Für einen solchen Fälscher F konstruieren wir einen Invertierer I wie folgt:

$I((n, e), y))$:

> *Simuliere* $\mathbb{E}_F^{\mathscr{S}_{\text{FDH-RSA}}}$.
>
> $\mathbb{E}_F^{\mathscr{S}_{\text{FDH-RSA}}}$ mit folgenden Änderungen:
>
> a. Die Schlüsselgenerierung wird nicht simuliert.
> b. Die Anfrage x von F an das Zufallsorakel wird mit y beantwortet.
> c. Wenn F das Nachrichten-Signatur-Paar (x, s) ausgibt, dann gib s aus und halte.

Die Idee dieser Konstruktion ist die folgende: Ist das vom (simulierten) F im Lauf von $\mathbb{E}_I^{\mathscr{E}_{\text{RSA}}}$ ausgegebene Nachrichten-Signatur-Paar (x, s) gültig, dann gilt $s = (\mathbf{H}(x))^d \bmod n$ nach Definition von $\mathscr{S}_{\text{FDH-RSA}}$. Da, nach Definition von I, $\mathbf{H}(x) = y$ gilt, ist s genau das Urbild von y. Mit anderen Worten: Ist F erfolgreich, so auch I.

Um dies zu beweisen, vergleichen wir zunächst $\mathbb{E}_F^{\mathscr{S}_{\text{FDH-RSA}}}$ und $\mathbb{E}_I^{\mathscr{E}_{\text{RSA}}}$. Um den Vergleich zu vereinfachen, stellen wir diese Experimente im Folgenden dar:

$\mathbb{E}_F^{\mathscr{S}_{\text{FDH-RSA}}} : \{0, 1\}$

1. *Schlüsselgenerierung*
   $((n, e), (n, d)) = G()$
2. *Berechnung eines Nachrichten-Signatur-Paares*
   $(x, s) = F(\mathbf{H}(\cdot)^d \bmod n, (n, e))$
3. *Auswertung*
   falls $\mathbf{H}(x) = s^e \bmod n$ gilt und F das Signierorakel niemals mit x aufgerufen hat, dann gib 1, sonst 0 zurück.

$\mathbb{E}_I^{\mathscr{E}_{\text{RSA}}} : \{0, 1\}$

1. *Parametergenerierung*
   $((n, e), (n, d)) = G()$
2. *Nachrichtenwahl*
   $x' = \text{flip}(\mathbf{Z}_n)$, $y = x'^e \bmod n$
3. *Ratephase*
   $s = I((n, e), y)$
4. *Auswertung*
   falls $s^e \bmod n = y$, so gib 1, sonst 0 zurück

Die Schlüsselgenerierung von $\mathbb{E}_F^{\mathscr{S}_{\text{FDH-RSA}}}$, die I nicht simuliert, entspricht genau der Pa- rametergenerierung in $\mathbb{E}_I^{\mathscr{E}_{\text{RSA}}}$. Die Anfrage x von F an das Zufallsorakel wird in $\mathbb{E}_F^{\mathscr{S}_{\text{FDH-RSA}}}$ durch das Zufallsorakel mit einem zufällig gewählten Element aus $\mathbf{Z}_n$ beantwortet. In

$\mathbb{E}_I^{\mathscr{E}_{\mathrm{RSA}}}$ lautet die Antwort y. Diese Antwort ist aber in $\mathbb{E}_I^{\mathscr{E}_{\mathrm{RSA}}}$ auch ein zufällig gewähltes Element aus $\mathbf{Z}_n$, denn $y = x'^e \bmod n$ für ein zufällig aus $\mathbf{Z}_n$ gewähltes Element x' und $\cdot^e \bmod n$ ist eine Bijektion auf $\mathbf{Z}_n$.

Damit ist es leicht, eine Bijektion β von der Menge der Läufe von $\mathbb{E}_F^{\mathscr{S}_{\mathrm{FDH\text{-}RSA}}}$ in die Menge der Läufe von $\mathbb{E}_I^{\mathscr{E}_{\mathrm{RSA}}}$ zu definieren:[2] Ist α ein Lauf von $\mathbb{E}_F^{\mathscr{S}_{\mathrm{FDH\text{-}RSA}}}$, so wählt man den entsprechenden Lauf α' von $\mathbb{E}_I^{\mathscr{E}_{\mathrm{RSA}}}$ so, dass $G()$ in α' die gleichen Zufallsbits verwendet wie $G()$ in α und F in α' die gleichen Zufallsbits verwendet wie F in α. Liefert in α das Zufallsorakel in der ersten Anfrage die Antwort h, für ein $h \in \mathbf{Z}_n$, so setzt man in α' den Wert für x' auf $h^d \bmod n$, denn dann ist $y = x'^e \bmod n = h$. Somit wird $h \ (= y)$ in α' als Argument an I übergeben und nach Definition von I wird dieses Argument von I als Antwort des (simulierten) Zufallsorakels zurückgeliefert. Man sieht leicht, dass die gerade beschriebene Abbildung β in der Tat eine Bijektion ist und dass die Wahrscheinlichkeit für das Auftreten von α in $\mathbb{E}_F^{\mathscr{S}_{\mathrm{FDH\text{-}RSA}}}$ gleich der Wahrscheinlichkeit für $\alpha' = \beta(\alpha)$ in $\mathbb{E}_I^{\mathscr{E}_{\mathrm{RSA}}}$ ist.

Des Weiteren gilt für α und α' Folgendes: Wenn das von F in α ausgegebene Nachrichten-Signatur-Paar (x, s) gültig ist, dann gilt $s = (\mathbf{H}(x))^d \bmod n$ nach Definition von $\mathscr{S}_{\mathrm{FDH\text{-}RSA}}$, mit $\mathbf{H}(x) = h$ für ein h. Im korrespondierenden Lauf α' wird h als Argument an I übergeben und I liefert s als Antwort zurück. Somit ist I in α' erfolgreich, da s das Urbild von $y = h$ ist. Damit erhalten wir sofort:

$$\mathrm{adv}_{\mathrm{Sig}}(F, \mathscr{S}_{\mathrm{FDH\text{-}RSA}}) \leq \mathrm{adv}_{\mathrm{Inversion}}(I, \mathscr{E}_{\mathrm{RSA}}) \ .$$

Insbesondere folgt Satz 10.4.1 im betrachteten Spezialfall.

Allgemeiner Fall.   Für den allgemeinen Fall sei nun F ein (beliebiger) q-beschränkter Fälscher für $\mathscr{S}_{\mathrm{FDH\text{-}RSA}}$. Wir werden aber folgende Annahme bzgl. F treffen (*): Wenn F in einem Lauf von $\mathbb{E}_F^{\mathscr{S}_{\mathrm{FDH\text{-}RSA}}}$ ein Nachrichten-Signatur-Paar der Form (x, s) ausgibt, dann hat F in diesem Lauf zuvor das Zufallsorakel mit x angefragt. (Insbesondere muss für einen solchen Fälscher $q \geq 2$ gelten.)

Erfüllt F diese Eigenschaft nicht für jeden Lauf, so können wir einen anderen Fälscher F' betrachten, der F simuliert und der, bevor er das von F gelieferte Nachrichten-Signatur-Paar (x, s) ausgibt (und hält), das Zufallsorakel mit x anfragt. Es ist klar, dass $\mathrm{adv}_{\mathrm{Sig}}(F', \mathscr{S}_{\mathrm{FDH\text{-}RSA}}) = \mathrm{adv}_{\mathrm{Sig}}(F, \mathscr{S}_{\mathrm{FDH\text{-}RSA}})$ gilt. Da F q-beschränkt ist, ist F' $(q+1)$-beschränkt. Zudem hat F' eine lediglich geringfügig größere Laufzeit als F. Insgesamt ist der Ressourcenverbrauch von F' im Vergleich zu F also fast unverändert, was die Annahme (*) motiviert. Wir werden aber am Ende des Beweises nochmal auf diese Annahme zurückkommen, um sie für die Abschätzung (10.4.2) entsprechend zu berücksichtigen, denn die Abschätzung soll ja für alle q-beschränkten Fälscher F gelten.

Die Konstruktion des Invertierers I für $\mathscr{E}_{\mathrm{RSA}}$ aus F folgt nun der Idee im Spezialfall: I simuliert im Wesentlichen $\mathbb{E}_F^{\mathscr{S}_{\mathrm{FDH\text{-}RSA}}}$. Wir wissen, laut Annahme (*), dass, falls F ein Nachrichten-Signatur-Paar der Form (x, s) ausgibt, F zuvor das Zufallsorakel mit x angefragt hat. Für diese Anfrage sollte, wie im Spezialfall, das von I simulierte Zufallsorakel

---

2 Wie üblich fassen wir die Wahrscheinlichkeitsräume zu diesen Experimenten als Produkträume auf (vgl. Abschnitt 4.6.2). Entsprechend werden Läufe als Tupel repräsentiert.

den Wert y zurückliefern, wobei y, wie oben, das Element aus $\mathbf{Z}_n$ ist, zu dem I das Urbild bestimmen möchte. Wie im Spezialfall gibt I die Signatur s aus, in der Hoffnung, dass es das Urbild zu y ist. Ist s eine gültige Signatur zu x, dann ist, wie im Spezialfall, s tatsächlich das gesuchte Urbild zu y. Es stellen sich nun zwei Fragen:

1. Woher weiß der Invertierer I, wann er y als Antwort auf eine Anfrage an das Zufallsorakel zurückliefern soll? Genauer: Woher weiß I, in welcher Anfrage F die Nachricht an das Zufallsorakel schickt, die F später im Nachrichten-Signatur-Paar ausgeben wird? Die Antwort ist einfach: Ohne die Simulation von F bis zum Ende durchlaufen zu lassen, weiß I das nicht. Der Invertierer I wird deshalb schlicht am Anfang des Laufes raten, in welcher der (maximal) $q-1$ Anfragen von F an das von ihm simulierte Zufallsorakel er y als Wert zurückliefern sollte – in der Hoffnung, dass er richtig liegt. (Man beachte, dass F q-beschränkt ist und deshalb selbst maximal $q-1$ Anfragen an das Zufallsorakel stellt; I sollte in einer dieser Anfragen y »einschmuggeln«.) Das Raten wird, wie wir sehen werden, die Erfolgwahrscheinlichkeit von I im Vergleich zu F um den Faktor $1/(q-1)$ reduzieren.

2. Die zweite Frage ist, wie $\mathbb{E}_F^{\mathscr{S}_{\text{FDH-RSA}}}$ simuliert wird? Dies mag zunächst offensichtlich erscheinen, ist aber bei genauerem Hinsehen nicht trivial. In der Simulation von $\mathbb{E}_F^{\mathscr{S}_{\text{FDH-RSA}}}$ muss I auch das Signierorakel simulieren, dazu bräuchte I den Signierschlüssel, den I aber nicht kennt. Glücklicherweise kann man dieses Problem durch einen Trick lösen, der darin besteht, I das Zufallsorakel geschickt simulieren zu lassen: Immer wenn das Zufallsorakel mit einer Nachricht z aufgerufen wird (und egal, ob z später signiert werden soll oder nicht, was ohnehin nicht immer klar ist), dann wählt I zunächst einen zufälligen Wert s aus $\mathbf{Z}_n$. Dieser wird als Signatur für z dienen, falls für z später eine Signatur berechnet werden soll. Als Hashwert für z wird $\mathbf{H}(z) = s^e \bmod n$ festgelegt. Damit ist (z,s) ein gültiges Nachrichten-Signatur-Paar, denn es gilt $s^e \bmod n = \mathbf{H}(z)$. Man beachte, dass, da s zufällig aus $\mathbf{Z}_n$ gewählt wurde und $\cdot^e \bmod n$ eine Bijektion über $\mathbf{Z}_n$ ist, auch $\mathbf{H}(z) = s^e \bmod n$ ein zufällig aus $\mathbf{Z}_n$ gewähltes Element ist.[3]

Nun fällt es leicht, den Invertierer I anzugeben. Wie erwähnt, simuliert I das Experiment $\mathbb{E}_F^{\mathscr{S}_{\text{FDH-RSA}}}$ abgesehen von einigen Modifikationen, die für das eigentliche Invertieren zuständig sind. Zur Simulation des Zufallsorakels und des Signierorakels verwendet I drei Felder, bezeichnet mit A_m, A_h und A_s, jeweils der Länge $q-1$. Das Feld A_m speichert die an die Hash- und Signierorakel gesendeten Nachrichten. In A_h und A_s werden die zugehörigen Hashwerte bzw. Signaturen abgelegt. Zur Simulation der Orakel selbst ruft I die Funktionen h-Sim und s-Sim auf. Der Invertierer samt dieser Funktionen ist in Algorithmus 10.1 angegeben.

Die der Konstruktion von I zugrunde liegende Intuition sollte nach den obigen Erklärungen klar sein. Es sei bemerkt, dass in 3. der Definition von h-Sim für den Fall $r \neq j$ und $j = i$ ein Fehler ausgegeben wird, da wir für den Fall $j = i$ eigentlich als Hashwert y

---

3 Interessanterweise war in Abschnitt 10.2 einer der Gründe dafür, dass RSA selbst kein sicheres Signierschema ist, dass $(z^e \bmod n, z)$ ein gültiges Nachrichten-Signatur-Paar ist, welches man offensichtlich ohne Kenntnis des privaten Schlüssels berechnen kann. Nun gereicht uns diese Tatsache zum Vorteil.

Algorithmus 10.1 Invertierer im Beweis zu Satz 10.4.1, allgemeiner Fall

---

$I((n, e), y)$:

1. *Initialisierung des Zählers für Orakelanfragen*
   $j = -1$
2. *Raten der Anfrage, in der y als Hashwert zurückgegeben werden soll.*
   $i = \text{flip}(\{0, \ldots, q-2\})$
3. *Simulation von* $\mathbb{E}_F^{\mathscr{S}_{FDH\text{-}RSA}}$
   $\mathbb{E}_F^{\mathscr{S}_{FDH\text{-}RSA}}$ *mit folgenden Änderungen:*
   a. Die Schlüsselgenerierung wird nicht simuliert.
   b. Jede Anfrage z an das Zufallsorakel wird mit h-Sim(z) (siehe unten) beantwortet.
   c. Jede Anfrage z an das Signierorakel wird mit s-Sim(z) (siehe unten) beantwortet.
   d. Wenn F das Nachrichten-Signatur-Paar (x, s), für eine Nachricht x und eine Signatur s, ausgibt, dann gibt I die Signatur s aus und hält.

h-Sim(x):

1. *Wurde bereits eine Anfrage mit Nachricht x an die Orakel geschickt?*
   $r = \min(\{j+1\} \cup \{r \leq j \mid A_m[r] = x\})$
2. *Speichere x in A_m*
   $j = j + 1$; $A_m[j] = x$
3. *Fallunterscheidung*
   falls $r = j$, so   – *x ist neu*
      falls $j = i$, so   – *i-te Anfrage, also wird y zurückgeliefert*
         $A_h[j] = y$
      sonst   – *Bestimme Hashwert und Signatur wie besprochen*
         $A_s[j] = \text{flip}(\mathbf{Z}_n)$
         $A_h[j] = (A_s[j])^e \bmod n$
   sonst   – *x wurde bereits angefragt*
      falls $j = i$, so   – *i-te Anfrage, Hashwert kann man nicht mehr auf y setzen*
         halte mit Ausgabe »Fehler«
      sonst   – *Setze Werte entsprechend vorheriger Ausgabe*
         $A_s[j] = A_s[r]$
         $A_h[j] = A_h[r]$
4. *Ausgabe*
   gib $A_h[j]$ zurück

s-Sim(x):

1. *Aufruf der Simulation des Zufallsorakels*
   h-Sim(x) – *Die von h-Sim gelieferte Ausgabe wird verworfen*
2. *Fallunterscheidung*
   falls $j = i$, so
      halte mit Ausgabe »Fehler«
   sonst
      gib $A_s[j]$ zurück

---

festlegen wollten, der Hashwert sowie die Signatur zur Anfrage allerdings schon feststehen. Der Grund, dass in s-Sim(x) ein Fehler im Fall $j = i$ ausgegeben wird, ist, dass für die i-te Anfrage der Hashwert von I auf y gesetzt wurde, aber keine Signatur festgelegt wurde. Damit kann I die Anfrage von F nicht beantworten; die »Hoffnung« von I war ja, dass F in diesem Fall selbst eine Signatur und damit das Urbild $y^d \bmod n$ zu y liefert. In beiden der gerade besprochenen Fälle hatte der Invertierer also »Pech« bei der Wahl von i.

Wir beweisen nun die im Satz 10.4.1 behauptete Beziehung zwischen dem Vorteil von F und demjenigen von I. Dazu bilden wir, ähnlich wie im Beweis des Spezialfalls, Läufe von $\mathbb{E}_F^{\mathscr{S}_{\mathrm{FDH\text{-}RSA}}}$ auf Läufe von $\mathbb{E}_I^{\mathscr{E}_{\mathrm{RSA}}}$ ab. Zur Erinnerung der Definition der beiden Experimente verweisen wir auf den Spezialfall.

Es sei also α ein Lauf von $\mathbb{E}_F^{\mathscr{S}_{\mathrm{FDH\text{-}RSA}}}$, so dass in diesem Experiment 1 ausgegeben wird, d. h., $\mathbb{E}_F^{\mathscr{S}_{\mathrm{FDH\text{-}RSA}}}(\alpha) = 1$. Wir definieren einen korrespondierenden Lauf α' von $\mathbb{E}_I^{\mathscr{E}_{\mathrm{RSA}}}$ wie folgt: Der Algorithmus für die Parametergenerierung verwende im Lauf α' die gleichen Zufallsbits wie der Algorithmus für die Schlüsselgenerierung in α. Es bezeichne $((n, e), (n, d))$ das resultierende Schlüssel/Index-Paar. Es bezeichne (x, s) das von F im Lauf α ausgegebene Nachrichten-Signatur-Paar. Wir nehmen an, dass F im Lauf α die Nachricht x in der i'-ten Anfrage, für ein $i' \in \{0, \ldots, q-2\}$, an das Zufallsorakel geschickt hat, wobei i' minimal gewählt sei. (Nach Annahme (*) existiert ein solches i'.) Wir setzen in α' deshalb $i = i'$. Des Weiteren sei α' so definiert, dass für die Simulation von F (durch den Invertierer I) in α' die gleichen Zufallsbits verwendet werden, wie F in α verwendet. Es bezeichne $h = \mathbf{H}(x)$ den im Lauf α gewählten Hashwert für x; nach Definition von i' wird dieser in der i'-ten Anfrage an das Zufallsorakel gewählt. Analog zum Spezialfall setzen wir $x' = h^d \bmod n$ in α'; dann gilt $y = x'^e \bmod n = h$ in α'. Ist in α die j-te Anfrage, für $j \neq i'$, die Nachricht x'' und der zugehörige Hashwert h'', dann definieren wir α' so, dass $A_s[j] = h''^d \bmod n$ gilt, was dann auch $A_h[j] = A_s[j]^e \bmod n = h''$ impliziert.

Es gilt, dass die Sicht von F in α und die Sicht des (simulierten) Fälschers F in α' identisch sind, da i) sich nach Konstruktion Schlüssel- und Parametergenerierung in beiden Läufen entsprechen und die von F verwendeten Zufallsbits ebenfalls in beiden Läufen gleich sind und ii) alle Orakelanfragen von F in beiden Läufen gleich beantwortet werden, denn: Für die j-te Anfrage mit $j < i'(= i)$ sind die Antworten in beiden Läufen nach Konstruktion gleich. Die j-te Anfrage für $j = i'$ ist nach Definition von i' die erste Anfrage für die Nachricht x, wobei x die Nachricht ist, die F später im Nachrichten-Signatur-Paar ausgeben wird. Da die Berechnung von F im Lauf α nach Annahme zulässig ist, ist diese Anfrage eine Anfrage an das Zufallsorakel, nicht an das Signierorakel. Weil (nach Wahl von i') x vorher nicht angefragt wurde, tritt in h-Sim der Fall $r = j$ auf und es wird kein Fehler ausgegeben. Nach Konstruktion von α' und I wird deshalb in beiden Läufen derselbe Hashwert, nämlich h, zurückgeliefert. Für $j > i'$ sind nach Konstruktion von α' und I die Antworten auf neue Anfragen sowie alte Anfragen $\neq x$ wieder in beiden Läufen gleich. Wegen der Zulässigkeit der Berechnung von F wird x höchstens als Anfrage an das Zufallsorakel gestellt, wofür die Antworten aber in beiden Läufen gleich sind, nämlich h. Es folgt, dass auch der simulierte Fälscher F in α' das Nachrichten-Signatur-Paar (x, s) ausgibt, wenn F in α dieses Paar ausgibt. Nach Annahme ($\mathbb{E}_F^{\mathscr{S}_{\mathrm{FDH\text{-}RSA}}}(\alpha) = 1$) ist (x, s)

ein gültiges Nachrichten-Signatur-Paar. Insbesondere ist (x, s) dies auch im Lauf α'. Da der Hashwert h zu x als Argument y an I übergeben wurde, gilt, wie im Spezialfall, dass in α' die Ausgabe s von I das Urbild von y ist. Im Lauf α' von $\mathbb{E}_I^{\mathscr{E}_{\mathrm{RSA}}}$ wird also das Bit 1 ausgegeben.

Man sieht leicht, dass die oben beschriebene Abbildung von Läufen α von $\mathbb{E}_F^{\mathscr{S}_{\mathrm{FDH\text{-}RSA}}}$ mit $\mathbb{E}_F^{\mathscr{S}_{\mathrm{FDH\text{-}RSA}}}(\alpha) = 1$ auf Läufe α' von $\mathbb{E}_I^{\mathscr{E}_{\mathrm{RSA}}}$ injektiv ist.

Ist p die Wahrscheinlichkeit dafür, dass in $\mathbb{E}_F^{\mathscr{S}_{\mathrm{FDH\text{-}RSA}}}$ der Lauf α auftritt, dann ist $\frac{1}{q-1} \cdot p$ die Wahrscheinlichkeit für das Auftreten von α' in $\mathbb{E}_I^{\mathscr{E}_{\mathrm{RSA}}}$; der Faktor $\frac{1}{q-1}$ erklärt sich durch die zufällige Wahl von i in Läufen von $\mathbb{E}_I^{\mathscr{E}_{\mathrm{RSA}}}$, die in Läufen von $\mathbb{E}_F^{\mathscr{S}_{\mathrm{FDH\text{-}RSA}}}$ keine Entsprechung hat.

Aus den gezeigten Aussagen folgt nun sofort:

$$\mathrm{adv}_{\mathrm{Inversion}}(I, \mathscr{E}_{\mathrm{RSA}}) \geq \frac{\mathrm{adv}_{\mathrm{Sig}}(F, \mathscr{S}_{\mathrm{FDH\text{-}RSA}})}{q-1} \ .$$

Diese Abschätzung gilt unter der oben formulierten Annahme (*). Erfüllt F diese nicht, so können wir, wie bereits erläutert, zu einem $(q+1)$-beschränkten Fälscher F' übergehen (mit nur geringfügig größerer Laufzeit), der die Annahme (*) erfüllt und für den $\mathrm{adv}_{\mathrm{Sig}}(F', \mathscr{S}_{\mathrm{FDH\text{-}RSA}}) = \mathrm{adv}_{\mathrm{Sig}}(F, \mathscr{S}_{\mathrm{FDH\text{-}RSA}})$ gilt. Wird I wie oben auf Basis von F' konstruiert, dann folgt:

$$\begin{aligned}\mathrm{adv}_{\mathrm{Inversion}}(I, \mathscr{E}_{\mathrm{RSA}}) &\geq \frac{\mathrm{adv}_{\mathrm{Sig}}(F', \mathscr{S}_{\mathrm{FDH\text{-}RSA}})}{q} \\ &= \frac{\mathrm{adv}_{\mathrm{Sig}}(F, \mathscr{S}_{\mathrm{FDH\text{-}RSA}})}{q} \ ,\end{aligned}$$

was den Beweis von Satz 10.4.1 abschließt. □

10.5   Signieren in der Praxis

Wir stellen nun zwei in der Praxis weitverbreitete Signierschemen vor und diskutieren kurz deren Sicherheit.

10.5.1   PKCS#1

Wie bereits in Abschnitt 6.4.3 erwähnt, steht PKCS für *Public Key Cryptography Standards* und bezeichnet einen von den RSA Laboratories entwickelten Satz kryptographischer Standards. In PKCS#1 v1.5 wird u. a. ein (verbreitetes) Hash-Signierschema definiert, welches man als Instanziierung von FDH-RSA betrachten kann: Das Zufallsorakel wird durch eine konkrete Hashfunktion ersetzt. Ausserdem wird der Hashwert aufgefüllt, um auf die Länge des verwendeten RSA-Modul zu kommen. PKCS#1 v1.5 unterstützt dabei verschiedene Hashfunktionen, einschließlich der Funktionen der SHA-Familie.

Genauer ist das PKCS#1-Signierschema (in der Version 1.5) wie folgt definiert, wobei wir von einem RSA-Modul n der Länge 1024 Bits ausgehen und annehmen, dass SHA-256 als Hashfunktion verwendet wird: Zunächst wird zur gegebenen Nachricht x ein Hashwert

PKCS-hash(x) berechnet und dieser wird dann gemäß dem RSA-Signierschema signiert. Der Hashwert PKCS-hash(x), dargestellt in hexadezimaler Schreibweise, ist dabei wie folgt definiert:

$$\begin{aligned}
\text{PKCS-hash}(x) &= 0x00 \cdot 0x01 \cdot (0x\mathsf{FF})^l \cdot 0x00 \cdot \text{ID-SHA-256} \cdot \text{SHA-256}(x) \\
\text{ID-SHA-256} &= 0x30 \cdot 0x31 \cdot 0x30 \cdot 0x0D \cdot 0x06 \cdot 0x09 \cdot 0x60 \cdot 0x86 \cdot 0x48 \cdot 0x01 \cdot \\
&\quad\ 0x65 \cdot 0x03 \cdot 0x04 \cdot 0x02 \cdot 0x01 \cdot 0x05 \cdot 0x00 \cdot 0x04 \cdot 0x20 \\
l &= 74\ ,
\end{aligned}$$

wobei $(0x\mathsf{FF})^l$ für die l-fache Konkatenation von $0x\mathsf{FF}$ steht. Für SHA-1, zum Beispiel, würde eine andere (kürzere) Identifikationsnummer verwendet werden und auch der Hashwert selbst ist kürzer, nämlich 160 statt 256 Bits. Entsprechend würde l größer sein.

Bisher gilt dieses Signierschema als sicher, zumindest wurde kein schwerwiegender Angriff gefunden, wenn man die Hashfunktion als kollisionsresistent voraussetzt (siehe auch Abschnitt 10.8). Deutlich besser wäre natürlich ein Sicherheitsbeweis, den es aber bisher leider nicht gibt. Ein wesentliches Problem ist, dass die Menge der möglichen PKCS-Hashwerte den Definitionsbereich der RSA-Signierfunktion bei weitem nicht ausschöpft. Sie umfasst nur einen winzigen Bruchteil: Das Verhältnis ist $\leq 2^{256}/2^{1023} = 1/2^{767}$. (Man beachte, dass $2^{1023} \leq n < 2^{1024}$ gilt.) Von »full domain« kann also keine Rede sein, so dass die RSA-Annahme nicht direkt greift.

Aufgrund des mangelnden Sicherheitsheitsbeweises enthält der neue PKCS#1-Standard, PKCS#1 v2.1, ein weiteres Signierschema, mit der Empfehlung verstärkt dieses neue Schema zu verwenden. Das neue Schema, mit der Bezeichnung RSA-PSS (*Probabilistic Signature Scheme/Standard*), basiert auf einem von Mihir Bellare und Phillip Rogaway vorgeschlagenen Signierschema. Wie der Name vermuten lässt, handelt es sich dabei um ein zufallsgesteuertes Signierverfahren, bei dem verschiedene Hashoperationen durchgeführt werden und ein zufällig gewählter Bitvektor in die Signatur einfließt. Der entscheidende Vorteil dieses Verfahrens ist, dass man es, ähnlich wie FDH-RSA, im ROM (siehe Abschnitt 10.4.1) und unter der RSA-Annahme als sicher nachweisen kann. Die Reduktion auf die RSA-Annahme gelingt hier sogar deutlich besser als im Fall von FDH-RSA (vgl. Satz 10.4.1): Während das Verhältnis des Ressourcenverbrauchs von Invertierer und Fälscher ähnlich ist wie im Fall von FDH-RSA, kann der Vorteil des Fälschers für RSA-PSS deutlich besser durch den Vorteil des Invertierers für RSA nach oben abgeschätzt werden als im Fall von FDH-RSA. Es sei, wie auch an anderer Stelle, betont, dass eine »enge Reduktion« (*tight reduction*) wichtig ist, um möglichst wenig Sicherheit beim Übergang von einem kryptographischen Primitiv zum anderen zu verlieren. Im konkreten Fall gilt: Nimmt man an, dass RSA als Einwegfunktion mit Hintertür bzgl. einer gewissen Modulgröße sicher ist, dann bietet RSA-PSS unter Verwendung einer ähnlichen Modulgröße ein ähnliches Maß an Sicherheit.

10.5.2 DSA

Neben den in PKCS#1 definierten Signierschemen ist der *Digital Signature Algorithm (DSA)*, welcher 1991 vorgeschlagen und 1994 vom *US National Institute of Standards and Technology (NIST)* zum Standard, *Digital Signature Standard (DSS)*, erhoben wurde, ein weiteres, in der Praxis weitverbreitetes Signierschema.

DSA leitet sich in seiner Art vom ElGamal-Kryptoschema ab. Im Gegensatz zum RSA-Kryptoschema, aus dem sich, wie wir gesehen haben, leicht ein Signierschema gewinnen lässt, unterscheiden sich DSA und das ElGamal-Kryptoschema aber gravierend.

Definition 10.5.1 (DSA). Das *DSA-Signierschema* $\mathscr{S}_{\mathrm{DSA}}$ mit Bitlänge 1024 und Hashfunktion H ist das Tupel (X, K, G, T, V), wobei die Komponenten wie folgt definiert sind:

- X = Definitionsbereich von H.
- G ist ein zufallsgesteuerter Algorithmus mit konstanter Laufzeit, der ein Schlüsselpaar wie folgt erzeugt:
  1. Wähle zufällige Primzahlen p und q mit $2^{1023} < p < 2^{1024}$, $2^{159} < q < 2^{160}$, $q \mid (p-1)$, aber $q^2 \nmid (p-1)$.
  2. Wähle Generator g der (eindeutig bestimmten) Untergruppe von $\mathbf{Z}_p^*$ mit Ordnung q.
  3. Wähle $a \in \mathbf{Z}_q^*$ zufällig.
  4. Berechne $h = g^a \bmod p$.
  5. Der öffentliche Schlüssel ist (p, q, g, h) und der private Schlüssel ist (p, q, g, a).
- K ist die Menge der von G ausgegebenen Schlüsselpaare.
- Die Signatur $T(x, (p, q, g, a))$ für $x \in X$ und $((p, q, g, h), (p, q, g, a)) \in K$ wird wie folgt berechnet:
  1. Wähle $k \in \mathbf{Z}_q^*$ zufällig.
  2. $r = (g^k \bmod p) \bmod q$.
  3. $s = (H(x) + a \cdot r) \cdot k^{-1} \bmod q$.
  4. Ausgabe (r, s).[4]
- $V(x, (p, q, g, h), (r, s))$ mit $x \in X$, $((p, q, g, h), (p, q, g, a)) \in K$ und $r, s \in \mathbf{Z}_q^*$ ist wie folgt definiert:
  1. $u_1 = H(x) \cdot s^{-1} \bmod q$.
  2. $u_2 = r \cdot s^{-1} \bmod q$.
  3. Ausgabe 1, falls $r = (g^{u_1} \cdot h^{u_2} \bmod p) \bmod q$, und 0 sonst.   ◁

In Aufgabe 10.7.9 soll gezeigt werden, dass $\mathscr{S}_{\mathrm{DSA}}$ ein Signierschema im Sinne von Definition 10.1.1 ist. Die Sicherheit von $\mathscr{S}_{\mathrm{DSA}}$ beruht auf der Annahme, dass es schwer ist, den diskreten Logarithmus zu berechnen (siehe Definition 6.5.6). Leider gibt es aber unter dieser Annahme keinen Beweis für die Sicherheit dieses Schemas, auch nicht, falls man zusätzlich annimmt, dass H ein Zufallsorakel ist. Allerdings gilt DSA bis heute als sicher; zumindest wurde noch kein schwerwiegender Angriff gefunden.

10.6   Zertifikate und Public-Key-Infrastrukturen

Die asymmetrische Verschlüsselung war dadurch motiviert, dass sie das Problem der Schlüsselverteilung und -explosion löst (siehe Abschnitt 2.1): Mit Hilfe der asymmetrischen Verschlüsselung kann man (sogar einem bisher fremden) Kommunikationspartner eine vertrauliche Nachricht schicken, indem man die Nachricht mit dem öffentlichen Schlüssel des Kommunikationspartners verschlüsselt. Dieser kann die Nachricht dann mit

---

4 Für den unwahrscheinlichen Fall, dass $r = 0$ oder $s = 0$ gilt, wird die Signatur nochmals berechnet.

seinem privaten Schlüssel entschlüsseln. Für eine solche vertrauliche Kommunikation ist es insbesondere nicht mehr nötig, zuvor über einen *sicheren* Kanal einen *geheimen* Schlüssel mit dem Kommunikationspartner ausgetauscht zu haben. Es bleibt aber das Problem, dass man den *öffentlichen* Schlüssel des Kommunikationspartners benötigt. Diesem zunächst vielleicht trivial anmutenden Problem, welchem wir bisher auch keine besondere Aufmerksamkeit geschenkt haben, das sich in der Praxis bei genauerem Hinsehen aber durchaus als nicht-trivial erweist, wollen wir uns in diesem Abschnitt widmen. Digitale Signaturen werden bei der Lösung dieses Problems eine zentrale Rolle spielen.

10.6.1 Das Bindungsproblem

Zunächst halten wir fest, dass es für Alice, die eine vertrauliche Nachricht an Bob schicken möchte, unabdingbar ist, zu wissen, dass der Schlüssel, den sie für Bobs öffentlichen Schlüssel hält und mit dem sie die vertrauliche Nachricht verschlüsselt, auch tatsächlich Bob gehört. Würde dieser Schlüssel nämlich zu Charlie gehören, dann könnte Charlie den Chiffretext abfangen und entschlüsseln und so die eigentlich vertrauliche Nachricht lesen. Charlie könnte die Nachricht des Weiteren mit dem tatsächlichen öffentlichen Schlüssel von Bob verschlüsseln und an Bob weiterleiten, so dass nicht auffällt, dass Charlie die Nachricht mitgelesen hat. Ein Angreifer wie Charlie wird im Englischen auch treffend *man-in-the-middle (MITM)* genannt.

Nicht nur für die asymmetrische Verschlüsselung, sondern auch für digitale Signaturen ist es wichtig, dass Alice weiß, wem ein bestimmter öffentlicher Schlüssel gehört. Nehmen wir dazu wie oben an, dass Alice einen Schlüssel k, der eigentlich Charlies öffentlicher Schlüssel ist, für Bobs öffentlichen Schlüssel hält. Dann kann Charlie Nachrichten signieren, von denen Alice glaubt (da die Verifikation mit k jeweils erfolgreich ist), dass sie von Bob signiert wurden. Dies hat, wie man sich leicht vorstellen kann, sowohl für Alice als auch für Bob u. U. sehr unangenehme Folgen.

Eine Zuordnung eines öffentlichen Schlüssels zu einem Kommunikationsteilnehmer nennen wir im Folgenden eine *Schlüsselbindung*. Sie heißt *gültig*, wenn der öffentliche Schlüssel tatsächlich zum Kommunikationsteilnehmer »gehört«. Das Problem, welches wir *Bindungsproblem* nennen wollen, ist also, festzustellen, ob eine Schlüsselbindung gültig ist. Die Formulierung dieses Problems ist an dieser Stelle bewusst vage gewählt, da es, wie im Folgenden weiter diskutiert, zwei unterschiedliche Interpretationen – eine starke und eine schwache – davon gibt, was »gehört« bedeuten kann.

Starke Schlüsselbindung. Die starke Interpretation ist, dass *ein öffentlicher Schlüssel einem Kommunikationsteilnehmer gehört*, falls der Kommunikationsteilnehmer den zugehörigen privaten Schlüssel besitzt, d. h., kennt oder (exklusiven) Zugriff darauf hat, etwa in Form einer Chipkarte, auf der der private Schlüssel gespeichert ist.

Wie stellt ein Kommunikationsteilnehmer, sagen wir Alice, nun fest, ob ein öffentlicher Schlüssel k einem anderen Kommunikationsteilnehmer, sagen wir Bob, im beschriebenen Sinne gehört? Dazu muss Alice zwei Dinge tun:

1. Zunächst muss Alice sicherstellen, dass tatsächlich Bob (und nicht etwa ein anderer Kommunikationsteilnehmer) behauptet, dass k sein öffentlicher Schlüssel ist. Hier ist ein sogenannter *authentischer Kommunikationskanal* nötig, über den Bob Alice

mitteilt, dass k sein öffentlicher Schlüssel ist. Es reicht zum Beispiel nicht, wenn Alice eine E-Mail bekommt, die vorgeblich von Bob stammt, in der steht, dass k Bobs öffentlicher Schlüssel ist: Es ist nämlich alles andere als sicher, dass eine solche E-Mail tatsächlich von Bob stammt, da man den Absender einer E-Mail leicht fälschen kann.

2. Alice muss überprüfen, dass Bob den privaten Schlüssel $\hat{k}$ zu k besitzt. Dazu liefert Bob (evtl. zusammen mit Alice) eine Art *Besitznachweis*, den Alice überprüft. Im Englischen spricht man von einem *Proof of Possession (PoP)*.

Wie sehen die genannten Schritte nun konkret aus? Was 1. angeht, so könnten sich Alice und Bob zum Beispiel persönlich treffen und Bob übergibt Alice dabei eine CD oder einen USB-Stick, auf der/dem Bobs öffentlicher Schlüssel k gespeichert ist. Falls Alice Bob kennt, reicht das für 1. schon aus. Ansonsten könnte Alice nach Bobs Personalausweis fragen, um die Identität von Bob zu überprüfen. Es ist hier wichtig anzumerken, dass die Kommunikation zwischen Alice und Bob, anders als beim Austausch geheimer Schlüssel, nicht geheim sein muss. Bob könnte k auch auf ein Blatt Papier schreiben und dieses Alice für jeden lesbar übergeben oder er könnte Alice den Schlüssel laut vorlesen. Wichtig ist lediglich, dass Alice sicher ist, dass sie es tatsächlich mit Bob zu tun hat. Kurz: Man benötigt *keinen* sicheren, sondern, wie bereits erwähnt, einen *authentischen* Kommunikationskanal.

Was 2. betrifft, so gibt es, wie im Folgenden beschrieben, verschiedene Möglichkeiten für einen PoP, je nachdem, wofür das Schlüsselpaar $(k, \hat{k})$ verwendet werden kann.

Kann $(k, \hat{k})$ nur zum Ver- und Entschlüsseln verwendet werden, so könnten Alice und Bob folgendes Protokoll ausführen: Alice wählt zunächst eine Zufallszahl r, verschlüsselt diese mit k, also mit dem öffentlichen Schlüssel, den sie gemäß 1. von Bob erhalten hat, und schickt den Chiffretext an Bob. Dieser ist dann herausgefordert, den Chiffretext zu entschlüsseln und die Zufallszahl an Alice zurückzuschicken. Erhält Alice r zurück, dann ist sie davon überzeugt, dass Bob $\hat{k}$ besitzt. Dahinter steckt die Idee, dass Bob $\hat{k}$ besitzen muss, um den Chiffretext zu entschlüsseln und so die richtige Zufallszahl an Alice zurückschicken zu können. Ohne $\hat{k}$ zu besitzen (und ein sicheres Verschlüsselungsverfahren vorausgesetzt) könnte Bob die Zahl r nur raten; dies erfolgreich zu tun, wäre, bei genügend großen Zahlen, aber sehr unwahrscheinlich. Im Englischen nennt man das gerade beschriebene Protokoll passend *Challenge-Response-Protocol (CRP)*. Bei der Argumentation der Sicherheit dieser Protokolle muss man allerdings vorsichtig sein, da ein böswilliger Bob als eine Art MITM agieren könnte: Gibt Bob lediglich vor, dass k sein öffentlicher Schlüssel ist, gehört k aber eigentlich Charlie, dann könnte Bob die Anfrage von Alice u. U. an Charlie weiterleiten, der evtl. bereit wäre, die entsprechende Antwort zu berechnen, welche Bob dann an Alice weiterleiten könnte. Bei der Ausführung des CRP muss also sichergestellt sein, dass Alice das Protokoll tatsächlich mit Bob ausführt und dass Bob die Antwort tatsächlich selbst berechnet bzw. berechnen muss.

Kann $(k, \hat{k})$ zum Signieren verwendet werden, dann könnten Alice und Bob zum einen ein ähnliches Protokoll laufen lassen wie das gerade beschriebene CRP: Alice schickt nun r im Klartext an Bob und Bob ist herausgefordert r mit $\hat{k}$ zu signieren. Alice benutzt dann k, um die Signatur zu verifizieren. Alternativ könnte Bob eine Nachricht der Form »Hiermit bestätige ich, Bob, dass k mein öffentlicher Schlüssel ist.« mit $\hat{k}$ signieren und die Nachricht samt Signatur an Alice schicken, die dann die Signatur mit k verifiziert. Hierbei ist zu beachten, dass es einem böswilligen Bob, der versucht, nachzuweisen, dass

k sein öffentlicher Schlüssel ist, obwohl k eigentlich zu Charlie gehört, gelingen könnte, Charlie die besagte Nachricht vorzulegen und Charlie davon zu überzeugen, diese (mit $\hat{k}$) zu unterschreiben. Damit Bob dies erfolgreich tun kann, müsste Charlie nicht einmal besonders gutmütig/naiv sein. Bob könnte Charlie diese Nachricht in einem völlig anderen Kontext, etwa im Rahmen eines kryptographischen Protokolls, in dem Charlie das Schlüsselpaar $(k, \hat{k})$ benutzt, »unterjubeln«, so dass Charlie den eigentlichen Inhalt der Nachricht nicht erkennt/erkennen kann – schließlich handelt es sich lediglich um einen Bitvektor der unterschiedlich interpretiert werden kann. Eine solche Situation gilt es also zu verhindern, in dem darauf geachtet wird, dass, falls Schlüssel in verschiedenen Kontexten benutzt werden, kein Missbrauch durch einen Kontextwechsel möglich ist – ein nicht-triviales Problem. Es ist in jedem Fall gute Praxis, Schlüssel möglichst nur für einen Zweck, d. h., im Kontext einer Anwendung, einzusetzen.

Eine weitere Alternative zu den oben genannten Protokollen sind sogenannte *Zero-Knowledge-Beweise von Wissen*. Sie stellen stärkere Forderungen an den PoP und erlauben es Bob, zu beweisen, dass er $\hat{k}$ kennt, ohne das Alice irgendetwas anderes aus dem Beweis lernt. Diese Art der Beweise werden in der Praxis, im Kontext von PoP, zur Zeit aber eher nicht eingesetzt.

Schwache Schlüsselbindung.   Wir wenden uns nun der bereits erwähnten schwachen Interpretation von »ein öffentlicher Schlüssel gehört einem Kommunikationsteilnehmer« zu. Bei dieser Interpretation ist Alice bereits davon überzeugt, dass ein öffentlicher Schlüssel k zu Bob gehört, wenn sie sicher ist, dass tatsächlich Bob dies behauptet hat, wenn also Schritt 1., wie oben beschrieben, erfolgreich durchgeführt wurde. Dagegen wird auf 2. (PoP) verzichtet, d. h., Alice überprüft nicht, ob Bob tatsächlich auch den privaten Schlüssel zu k besitzt.

Diese Interpretation scheint zunächst zu schwach zu sein, denn damit könnte Bob einfach behaupten, dass k sein öffentlicher Schlüssel ist, obwohl k eigentlich zu Charlie gehört. Bei genauerem Hinsehen verschafft sich Bob in den meisten Fällen durch diesen Schwindel aber nur einen recht geringen Vorteil: Dient k zum Verschlüsseln, so könnte Bob Nachrichten, die mit k verschlüsselt sind und für Charlie oder auch Bob gedacht sind, nicht entschlüsseln, da er den zugehörigen privaten Schlüssel nicht kennt. Dient k zur Verifikation von Signaturen, so würde Alice fälschlicherweise annehmen, dass Nachrichten, die Charlie signiert hat, von Bob signiert wurden. Das wird aber typischerweise für Bob von größerem Nachteil sein als für Alice und Charlie. Für Bob wäre es meist besser, wenn Alice seinen tatsächlichen Validierungsschlüssel kennen würde, so dass Bob selbst die Nachrichten bestimmen kann, von denen Alice glaubt, dass sie von Bob signiert wurden. Insgesamt ist festzuhalten, dass man für die meisten (vernünftigen und vernünftig entworfenen) Anwendungen auf den PoP verzichten kann (siehe auch Abschnitt 10.8). Allerdings kann man sich Anwendungen überlegen, bei denen ein PoP nötig ist (siehe Aufgabe 10.7.12).

Das beschriebene Prozedere, um das Bindungsproblem zu lösen, ist (mit oder ohne PoP) recht aufwändig. Man scheint gegenüber dem Austauschen eines geheimen Schlüssels also nichts oder nicht viel gewonnen zu haben. Glücklicherweise gibt es aber eine elegantere Lösung für das Problem, welche den Aufwand für jeden Kommunikationsteilnehmer deutlich reduziert.

10.6.2 Zertifikate

Die grundlegende Idee ist leicht erklärt: Alice versucht nicht selbst herauszufinden, ob eine Schlüsselbindung gültig ist, also ob ein öffentlicher Schlüssel einem Kommunikationsteilnehmer gehört, sondern überlässt dies anderen, sogenannten *Zertifizierungsstellen* (*certification authorities (CAs)*), die in Form eines sogenannten *Zertifikats* (*certificate*), die Gültigkeit einer Schlüsselbindung bestätigen. Dieser Ansatz führt zur sogenannten *Public-Key-Infrastruktur (PKI)*.

Formal ist ein Zertifikat ein digital signiertes Dokument, das eine Schlüsselbindung in Form einer entsprechenden Aussage bezeugt, die in der einfachsten Form etwa wie folgt lautet: »Hiermit bestätigt die Zertifizierungsstelle Z, dass der Person/Firma/Organisation Y der Schlüssel k gehört.« Bevor die Zertifizierungsstelle Z ein solches Dokument signiert, muss sie sich natürlich von der Gültigkeit der Schlüsselbindung (Y, k) überzeugen. Dazu geht sie so vor, wie in Abschnitt 10.6.1 skizziert. Wie das Prozedere konkret aussieht, ob zum Beispiel ein PoP durchgeführt wird oder nicht, hängt von den Bestimmungen der Zertifizierungsstelle selbst ab. Diese Bestimmungen, die im Englischen *Certification Practice Statements* genannt werden, müssen dabei bestimmten Standards und gesetzlichen Regelungen genügen. Sie können zudem von der Sicherheitsstufe des Zertifikats abhängen: Bei höherer Sicherheitsstufe werden die Prüfungen gründlicher sein, womit allerdings auch höhere Kosten (bis zu einigen 1.000 Euro) für den Antragsteller, in unserem Fall Y, einhergehen können.

Wir bezeichnen im Folgenden ein Zertifikat, das die Schlüsselbindung (Y, k) bezeugt und von der Zertifizierungsstelle Z ausgestellt und damit von Z mit ihrem privaten Schlüssel $\hat{k}_Z$ digital signiert wurde, mit $\mathrm{Zert}_{\hat{k}_Z}(Y, k)$.

Welche Schlussfolgerung kann Alice nun aus einem Zertifikat, sagen wir, $\mathrm{Zert}_{\hat{k}_Z}(Bob, k)$ ziehen? Wir gehen zunächst davon aus, dass Alice den öffentlichen Schlüssel k_Z von Z kennt. Hält Alice die Zertifizierungsstelle Z für vertrauenswürdig in dem Sinne, dass Alice glaubt, dass Z Schlüsselbindungen gewissenhaft prüft, und ist die Signatur im Zertifikat $\mathrm{Zert}_{\hat{k}_Z}(Bob, k)$ gültig (d. h. die Validierung der Signatur mit k_Z ist erfolgreich), so überzeugt das Zertifikat $\mathrm{Zert}_{\hat{k}_Z}(Bob, k)$ Alice davon, dass k Bobs öffentlicher Schlüssel ist. Das Zertifikat befreit Alice also von der Last, sich selbst von der Gültigkeit der Schlüsselbindung (Bob, k) überzeugen zu müssen.

Es bleiben aber noch folgende Fragen: Wie und von wem erhält Alice das Zertifikat $\mathrm{Zert}_{\hat{k}_Z}(Bob, k)$? Warum und auf welcher Basis sollte Alice Z bzgl. des Prüfens von Schlüsselbindungen vertrauen? Wie stellt Alice sicher, dass der Schlüssel, den sie für den öffentlichen Schlüssel von Z hält, auch tatsächlich Z gehört?

Die erste Frage lässt sich leicht beantworten. Es gibt zum einen die Möglichkeit, dass Bob ihr das Zertifikat per E-Mail oder auf sonst einem Wege schickt. Zum anderen könnte Alice das Zertifikat von Bobs Website herunterladen oder von einem Server, der als Depot für Zertifikate dient. (Es stehen in der Praxis in der Tat viele solcher Server zur Verfügung, auf denen man Zertifikate hinterlegen und von denen man Zertifikate abrufen kann.) Man beachte dabei, dass bei all diesen Varianten das Zertifikat ohne Risiko über einen völlig unsicheren Kanal geschickt werden kann.

Die zweite Frage ist nicht so leicht zu beantworten. Alice könnte auf den guten Ruf der Zertifizierungsstelle Z, die typischerweise eine Firma oder eine öffentliche Einrichtung ist, vertrauen und/oder sich das erwähnte *Certification Practice Statement* von Z genau anschauen und auf dieser Basis eine Entscheidung über die Vertrauenswürdigkeit von Z treffen.

Die dritte Frage ist aus zwei Gründen besonders kritisch. Zum einen ist es entscheidend, dass Alice sicherstellt, dass der Schlüssel, den sie für den öffentlichen Schlüssel von Z hält, auch tatsächlich Z gehört. Wäre dieser Schlüssel nämlich der Schlüssel von, sagen wir, Charlie, so könnte das Zertifikat $\text{Zert}_{\hat{k}_Z}(Bob, k)$, das Alice für ein von Z ausgestelltes Zertifikat hält, tatsächlich von Charlie stammen, insbesondere wäre $\hat{k}_Z$ Charlies privater Schlüssel. Im besten Fall ist Charlie auch eine Zertifizierungsstelle, die die Gültigkeit von Schlüsselbindungen gewissenhaft prüft. Im schlimmsten Fall ist Charlie böswillig und k könnte Charlies öffentlicher Schlüssel sein, den er als Bobs Schlüssel ausgeben will, mit den am Anfang von Abschnitt 10.6.1 diskutierten Folgen. Zum anderen ist die Beantwortung der dritten Frage besonders kritisch, da sie uns zum Ausgangspunkt zurückführt: Alice muss die Gültigkeit einer Schlüsselbindung, nämlich diejenige zwischen Z und dem (angeblichen) öffentlichen Schlüssel von Z sicherstellen. Das kann Alice zwar wie in Abschnitt 10.6.1 beschrieben tun, aber man fragt sich zurecht: Haben wir irgendetwas gewonnen?

Ja! Durch das Lösen des Bindungsproblems für Z, löst Alice, falls sie Z für vertrauenswürdig hält, das Bindungsproblem für alle Kommunikationsteilnehmer, die von Z ein Zertifikat erhalten haben.

Im Prinzip würde es reichen, wenn es weltweit nur eine einzige Zertifizierungsstelle gäbe, bei der dann jeder Kommunikationsteilnehmer seinen öffentlichen Schlüssel zertifizieren ließe. Insbesondere bräuchte jeder Kommunikationsteilnehmer nur von dieser einen Zertifizierungsstelle den öffentlichen Schlüssel, müsste das Bindungsproblem also nur einmal lösen – was in diesem Fall besonders leicht wäre, da der Schlüssel weitläufig bekannt wäre. Die Struktur dieser PKI wäre also besonders einfach.

In der Praxis reicht es aber aus verschiedenen Gründen nicht, eine einzige Zertifizierungsstelle, nennen wir sie weiterhin Z, mit der Zertifizierung aller öffentlichen Schlüssel zu betrauen: Der wichtigste Grund ist, dass *jeder* darauf vertrauen müsste, dass Z Zertifikate gewissenhaft ausstellt. Eine Zertifizierungsstelle, der jeder – auch über alle Grenzen von Firmen/Organisationen/Ländern hinweg – vertraut, wird es in der Praxis nicht geben. Neben fehlendem Vertrauen wird auch nicht jeder mit den von Z praktizierten Verfahrensweisen für das Ausstellen von Zertifikaten zufrieden sein; unterschiedliche Firmen/Organisationen/Länder bevorzugen/benötigen unter Umständen unterschiedliche Verfahrensweisen, die unmöglich alle nur von Z allein angeboten werden könnten. Schließlich würde das Funktionieren der gesamten PKI von Z abhängen, was Z zu einem »single point of failure« machen würde.

Aus den genannten Gründen sollte eine PKI auf den Schultern mehrerer Zertifizierungsstellen stehen. In der Praxis findet man dabei unterschiedliche Modelle, die wir im Folgenden beschreiben werden.

10.6.3 Mehrere unabhängige Zertifizierungsstellen

In diesem Modell agieren mehrere Zertifizierungsstellen $Z_1, \ldots, Z_n$ unabhängig voneinander. Ein Kommunikationsteilnehmer sollte dabei von möglichst vielen dieser Stellen, die typischerweise durch unterschiedliche Firmen und Organisationen geführt werden, den zugehörigen öffentlichen Schlüssel kennen, damit er möglichst viele Zertifikate überprüfen kann. Für jeden solchen Schlüssel muss ein Kommunikationsteilnehmer natürlich das Bindungsproblem lösen. Ein Kommunikationsteilnehmer sollte auch jeweils selbst entscheiden, ob er eine Zertifizierungsstelle für vertrauenswürdig hält.

Das gerade beschriebene Modell ist das in der Praxis vorherrschende, insbesondere für Web-Anwendungen. Die öffentlichen Schlüssel der Zertifizierungsstellen sind dabei direkt im Web-Browser gespeichert und werden mit diesem ausgeliefert. Benutzer verlassen sich meist darauf, dass der Browser-Hersteller das Bindungsproblem für die aufgeführten Zertifizierungsstellen gelöst hat, also sichergestellt hat, dass die gespeicherten öffentlichen Schlüssel tatsächlich der jeweils angegebenen Zertifizierungsstelle gehören. Zudem ist standardmäßig im Browser eingestellt, dass ein Benutzer allen diesen Zertifizierungsstellen vertraut, Schlüsselbindungen gewissenhaft zu prüfen. Benutzer haben allerdings die Möglichkeit, eine im Browser aufgelistete Zertifizierungsstelle als nicht vertrauenswürdig einzustufen. Von einer solchen Zertifizierungsstelle ausgestellte Zertifikate würden dann vom Browser nicht mehr akzeptiert werden. Ein Benutzer ist in der Tat gut beraten, die Vertrauenswürdigkeit von im Browser aufgelisteten Zertifizierungsstellen selbst zu beurteilen, da die Vertrauenswürdigkeit einer Zertifizierungsstelle in der Regel nicht das ausschlaggebende Kriterium für die Aufnahme des entsprechenden Schlüssels in den Browser ist, sondern lediglich, ob eine entsprechende Gebühr entrichtet wurde.

Ein typisches Szenarium, in dem Zertifikate in Browsern verwendet werden, ist das folgende: Um eine sichere Verbindung zu einem Server herzustellen, benutzt ein Browser das SSL/TLS-Protokoll. In diesem Protokoll tauschen Client (Browser) und Server (z.B. ein Bankserver) zunächst einen gemeinsamen geheimen symmetrischen Schlüssel aus, der dann anschließend von Client und Server für die sichere Kommunikation benutzt wird. In der Schlüsselaustauschphase sendet der Server u. a. sein Zertifikat an den Client, um dem Client seinen öffentlichen Schlüssel mitzuteilen. Wurde dieses Zertifikat von einer Zertifizierungsstelle signiert, die im Browser (samt ihrem öffentlichen Schlüssel) gespeichert ist und ist diese Zertifizierungsstelle vom Benutzer als vertrauenswürdig eingestuft, dann akzeptiert der Browser das Zertifikat. Läuft das SSL/TLS-Protokoll auch ansonsten erfolgreich durch, dann geht der Browser davon aus, dass eine sichere Verbindung mit dem im Zertifikat angegebenen Server hergestellt wurde; dies wird dem Benutzer vom Browser entsprechend angezeigt, der dann auch von einer sicheren Verbindung mit dem angegeben Server ausgeht. Es ist deshalb äußerst wichtig, dass die im Zertifikat angegebene Schlüsselbindung gültig ist: Wäre die im Zertifikat angegebene Schlüsselbindung (B, k), sagen wir für eine Bank B, obwohl der angegebene öffentliche Schlüssel k von einem böswilligen Charlie stammt, dann würde der Benutzer davon ausgehen, dass er eine sichere Verbindung mit seiner Bank B aufgebaut hat, obwohl er eigentlich mit Charlie spricht, dem er dann evtl. seine PIN und dergleichen anvertrauen würde. Umgekehrt bedeutet dies, dass ein Benutzer sich genau überlegen sollte, welchen Zertifizierungsstellen er für die Ausstellung von Zertifikaten vertraut.

Es sei noch bemerkt, dass im Browser hinterlegten Paare aus öffentlichem Schlüssel und Name der zugehörigen Zertifizierungsstelle in Form von Zertifikaten im Browser gespeichert sind. Diese Zertifikate sind dabei mit dem jeweiligen privaten Schlüsseln der Zertifizierungsstelle signiert. Man spricht deshalb von *selbstsignierten Zertifikaten* (siehe auch Aufgabe 10.7.13).

10.6.4 Hierarchien von Zertifizierungsstellen

Im Gegensatz zum gerade beschriebenen Modell, in dem man einfach von unabhängigen Zertifizierungsstellen ausgeht, betrachten wir nun ein Modell, in dem Zertifizierungsstellen in einer Hierarchie angeordnet sind. Der wesentliche Vorteil einer solchen Struktur ist, wie wir sehen werden, dass ein Kommunikationsteilnehmer das Bindungsproblem nur für die oberste Zertifizierungsstelle in dieser Hierarchie lösen muss, statt für jede Zertifizierungsstelle. Außerdem überzeugen sich, im Idealfall, Zertifizierungsstellen auf einer Ebene von der Vertrauenswürdigkeit untergeordneter Zertifizierungsstellen.

Genauer ist die Idee des hierarchischen Modells die folgende. Eine oberste Zertifizierungsstelle delegiert ihre Aufgaben an andere Zertifizierungsstellen. Diese wiederum delegieren ihre Aufgabe möglicherweise auch an wiederum andere Zertifizierungsstellen usw. Die Zertifizierungsstellen heißen in diesem Zusammenhang *(Zertifizierungs-)Instanzen*. Die oberste Zertifizierungsstelle wollen wir *Ur-(Zertifizierungs-)Instanz* nennen. Die Instanzen, an die die Ur-Instanz ihre Aufgabe delegiert, heißen Instanzen der *zweiten Stufe*, diejenigen, an die diese delegieren, heißen Instanzen der *dritten Stufe* und so weiter. Insgesamt ergibt sich eine »Delegationshierarchie«, ausgehend von der obersten Instanz, der Ur-Instanz.

Technisch wird die Delegation ebenfalls durch ein Zertifikat dokumentiert. Es handelt sich um ein von der delegierenden Instanz digital signiertes Dokument etwa folgenden Inhalts: »Hiermit bestätigt die Zertifizierungsinstanz X, dass der Schlüssel k der Zertifizierungsinstanz Y gehört und dass Y *im Hinblick auf Zertifizierungen vertrauenswürdig ist*.« Verglichen mit den Zertifikaten, die wir im letzten Abschnitt besprochen haben, trifft die neue Art der Zertifikate also stärkere Aussagen. Deshalb unterscheiden wir zwischen *Nutzer-* und *Instanzzertifikaten*. Letztere bezeichnen wir mit $\text{ZertInst}_{\hat{k}_X}(Y, k)$.

Will nun Alice überprüfen, ob sie ein Nutzerzertifikat $\text{Zert}_{\hat{k}_Z}(Bob, k)$, in der die Schlüsselbindung (Bob, k) behauptet wird, akzeptieren kann, braucht sie lediglich eine gültige Schlüsselbindung (Z_0, k_0) für die Ur-Instanz. Alice versucht dann, eine sogenannte *Zertifikatkette (certificate chain)* von Z_0 nach Z zu finden. Ist Z nicht Teil der Hierarchie, so kann Alice das Zertifikat $\text{Zert}_{\hat{k}_Z}(Bob, k)$ nicht überprüfen. Ansonsten ist Z eine Instanz der Stufe $n + 1$ für ein $n \geq 0$ und es sollte eine Zertifikatkette der Form

$$\text{ZertInst}_{\hat{k}_{Z_0}}(Z_1, k_{Z_1}), \ldots, \text{ZertInst}_{\hat{k}_{Z_{n-1}}}(Z_n, k_{Z_n}), \text{Zert}_{\hat{k}_{Z_n}}(Bob, k) \qquad \text{mit } Z_n = Z$$

geben, so dass, für alle $i < n$, die Signatur im Zertifikat $\text{ZertInst}_{\hat{k}_{Z_i}}(Z_{i+1}, k_{Z_{i+1}})$ validiert werden kann mit dem öffentlichen Schlüssel k_{Z_i} und dass $\text{Zert}_{\hat{k}_{Z_n}}(Bob, k)$ mit k_{Z_n} validiert werden kann. Man beachte, dass Alice für die Validierung lediglich k_{Z_0}, den öffentlichen Schlüssel für Z_0 benötigt. Hält Alice Z_0 für vertrauenswürdig, in dem Sinne, dass sie Bindungen gewissenhaft prüft und nur Zertifikate ausstellt für Instanzen, die im gleichen Sinne vertrauenswürdig sind, dann kann Alice davon ausgehen, dass k in der Tat Bobs öffentlicher Schlüssel ist. Es sei bemerkt, dass Alice sich meist nicht selbst die Mühe machen muss, eine Zertifikatkette zu finden. Ein Kommunikationsteilnehmer, der $\text{Zert}_{\hat{k}_Z}(Bob, k)$ vorlegt, wird häufig auch gleich die zugehörige Zertifikatkette mitliefern.

Die obige Argumention setzt voraus, dass die Vertrauensrelation transitiv ist: Aus Alice vertraut Z_0, Z_0 vertraut Z_1, …, Z_{n-1} vertraut Z_n folgt, dass Alice Z_n vertraut. Dies mag aber nicht immer so sein, insbesondere wenn die Zertifikatketten lang sind.

Im Allgemeinen gilt: »Vertrauen ist nicht transitiv!«; zumindest wird das Vertrauen mit wachsender Länge der Zertifikatketten abnehmen. Ähnlich wie beim vorherigen Modell könnte man Alice deshalb auch die Möglichkeit einräumen, selbst die Vertrauenswürdigkeit einzelner Instanzen zu bewerten. Im Vergleich zum vorherigen Modell bleibt aber der Vorteil, dass Alice lediglich einen öffentlichen Schlüssel kennen muss, nämlich denjenigen der Ur-Instanz. Zudem sind Zertifikatketten in der Praxis meist recht kurz; sie umfassen selten mehr als drei Stufen.

Ein Beispiel für eine Hierarchie von Zertifizierungsinstanzen findet sich im Kontext der sogenannten *qualifizierten elektronischen Signatur*. Bei dieser Signatur, die im Signaturgesetz spezifiziert ist und die laut Bürgerlichem Gesetzbuch (BGB) die herkömmliche Signatur ersetzen kann, ist die Frage der Zertifikate gesetzlich durch das Signaturgesetz geregelt. Dieses legt unter anderem fest, dass einem akkreditierten *Zertifizierungsdiensteanbieter* – so heißen die Zertifizierungsstellen im Signaturgesetz – ein Zertifikat von der Ur-Instanz, der *Bundesnetzagentur für Elektrizität, Gas, Telekommunikation, Post und Eisenbahnen*, kurz *Bundesnetzagentur*, ausgestellt wird. Ein Zertifizierungsdiensteanbieter ist immer eine Zertifizierungsinstanz zweiter Ebene, die unmittelbar Nutzerzertifikate ausstellt.

10.6.5   Zertifikatsnetze – Web of Trust

Die bisher beschriebenen Modelle zur Lösung des Bindungsproblems werden auch als »autoritär« oder »zentralistisch« bezeichnet, da man sich auf (offizielle) Zertifizierungsstellen verlässt. Diese Modelle bringen offensichtlich starke Abhängigkeiten mit sich und sind zudem mit so hohem Verwaltungsaufwand verbunden, dass, wie erwähnt, nicht zu vernachlässigende Kosten entstehen, die auf die Nutzer abgewälzt werden.

Ein konkurrierendes Modell, das in der Regel keine direkten Kosten mit sich bringt, ist das im Folgenden beschriebene sogenannte *Web of Trust*. In diesem Modell ist jeder Nutzer aufgefordert, Zertifikate für andere Nutzer auszustellen. Die Unterscheidung zwischen Zertifizierungsstellen/-instanzen und Nutzern wird also aufgehoben: Jeder Nutzer ist gleichzeitig Zertifizierungsstelle.

Zertifikate werden von einem Nutzer nun grundsätzlich ähnlich geprüft wie beim hierarchischen Ansatz, nämlich über Zertifikatketten, wobei der Nutzer selbst die Rolle der Ur-Instanz übernimmt. Zertifikatketten sind also von der Form:

$$\text{Zert}_{\hat{k}_{N_0}}(N_1, k_{N_1}), \ldots, \text{Zert}_{\hat{k}_{N_{n-1}}}(N_n, k_{N_n}), \text{Zert}_{\hat{k}_{N_n}}(Bob, k) \ , \tag{10.6.1}$$

wobei N_0 der Nutzer ist, der das vom Benutzer N_n für Bob ausgestellte Zertifikat $\text{Zert}_{\hat{k}_{N_n}}(Bob, k)$ überprüfen möchte.

Die vom Nutzer N_0 ausgehende Zertifikatstruktur kann dabei recht komplex sein, da, wie gesagt, jeder Nutzer aufgefordert ist, Zertifikate für möglichst viele andere Nutzer auszustellen, so dass man die Gültigkeit möglichst vieler Schlüsselbindungen lückenlos überprüfen kann. Dadurch entsteht ein Netz, in dem die Nutzer durch gegenseitige Zertifizierungen verwoben sind – deshalb die Bezeichnung *Web* of Trust. Dieses Netz muss dabei nicht hierarchisch sein, sondern kann durchaus Zyklen enthalten. Zum Beispiel könnte es eine Zertifikatkette von N_0 über N_1 nach N_2 geben und N_2 könnte wiederum ein Zertifikat für N_1 ausgestellt haben. Zudem wird es häufig nicht nur eine Zertifikatkette von N_0 zu einem anderen Nutzer geben, sondern viele verschiedene solcher Ketten werden möglich sein.

Da »einfache« Nutzer, statt offizielle Zertifizierungsstellen, Zertifikate ausstellen können, ist die Frage des Vertrauens in diese Nutzer eine entscheidende – deshalb die Bezeichnung Web of *Trust*. Ein Nutzer N_0 sollte für alle Nutzer in seinem Netzwerk festlegen, ob und inwieweit er ihnen traut, die Gültigkeit von Schlüsselbindungen zu prüfen und evtl. die diesbezügliche Vertrauenswürdigkeit anderer Nutzer richtig einzuschätzen.

Ob ein Nutzer N_0 sich durch eine Zertifikatkette der Form (10.6.1) davon überzeugen lässt, dass k Bobs öffentlicher Schlüssel ist, wird also stark von der Vertrauenswürdigkeit der Nutzer N_i, aus Sicht von N_0, abhängen. Um eine Entscheidung zu treffen, wird sich N_0 deshalb häufig nicht nur mit einer Zertifikatkette zufriedenden geben, sondern verschiedene Ketten betrachten, dort jeweils die Vertrauenswürdigkeit der beteiligten Nutzer berücksichtigen und daraus insgesamt zu einem Urteil über die Gültigkeit der Schlüsselbindung (Bob, k) kommen. Die genaue Umsetzung lässt natürlich viel Spielraum. Wir wollen uns für ein konkretes System, nämlich *Pretty Good Privacy (PGP)*, die in diesem System gewählte Umsetzung im Folgenden genauer ansehen.

Web of Trust in PGP. PGP ist ein ursprünglich von Philip Zimmermann im Jahr 1991 entwickeltes Programm für das Signieren sowie Ver- und Entschlüsseln von E-Mails, zu dem es mittlerweile auch einen Internet-Standard namens *OpenPGP* gibt. Auf Open-PGP basierende Programme für sichere E-Mail sind weitverbreitet. Es sei bemerkt, dass die meisten der in diesem Buch kennengelernten Verschlüsselungsverfahren, einschließlich PKCS#1 (RSA), ElGamal, AES in verschiedenen Betriebsarten und die hybride Verschlüsselung, sowie Signierverfahren, einschließlich PKCS#1 (RSA) und DSA, in PGP/OpenPGP Verwendung finden. Die Idee des Web of Trust geht auf PGP und seinen Erfinder zurück und bildet bis heute die Basis von PGP/OpenPGP.

In PGP besitzt jeder Nutzer A zwei sogenannte *Schlüsselringe*, einen für die eigenen privaten Schlüssel und einen für öffentliche Schlüssel. Wir wollen die Ringe für A mit PrivRing$_A$ bzw. PubRing$_A$ bezeichnen. Der Einfachheit halber gehen wir davon aus, dass jeder Nutzer N genau ein Schlüsselpaar aus öffentlichem und privatem Schlüssel besitzt. Insbesondere enthält PrivRing$_A$ genau einen Schlüssel, nämlich A's privaten Schlüssel. In PubRing$_A$ sind A's öffentlicher Schlüssel gespeichert sowie möglicherweise öffentliche Schlüssel anderer Nutzer. Schlüssel werden dabei immer als selbstsignierte Zertifikate gespeichert, also als Zertifikate der Form Zert$_{\hat{k}_N}(N, k_N)$. (Dabei muss die Schlüsselbindung (N, k_N) natürlich nicht zwingend gültig sein. Die Gültigkeit gilt es ja gerade herauszufinden.) Zudem kann PubRing$_A$ Zertifikate der Form Zert$_{\hat{k}_{N'}}(N, k)$ enthalten, durch die ein Nutzer N' die Gültigkeit der Schlüsselbindung (N, k) bezeugt. Der Nutzer N' ist dabei mit seinem öffentlichen Schlüssel $k_{N'}$ typischerweise ebenfalls in PubRing$_A$ aufgeführt, wobei auch hier gilt, dass die Schlüsselbindungen $(N', k_{N'})$ und (N, k) nicht zwingend gültig sein müssen. Insgesamt ist PubRing$_A$ also ein Netz aus öffentlichen Schlüsseln (genauer selbstsignierten Zertifikaten), die wiederum selbst durch Zertifikate verbunden sind.

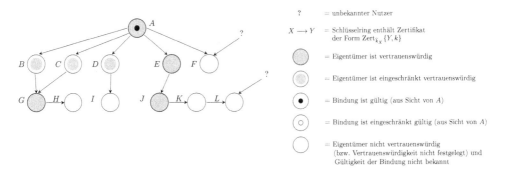

Abbildung 10.1: Beispiel für PubRing$_A$ vor der Bestimmung der Gültigkeit von
Schlüsselbindungen

Abbildung 10.1 zeigt beispielhaft, wie ein Schlüsselring PubRing$_A$, dargestellt als
Graph, aussehen könnte. Die Knoten des Graphen sind Nutzer, genauer selbstsignierte
Zertifikate, die die zugehörigen öffentlichen Schlüssel enthalten. Es gibt eine Kante von
Nutzer N zu Nutzer N', falls PubRing$_A$ ein Zertifikat der Form Zert$_{\hat{k}_N}(N', k)$ enthält,
wobei k der in PubRing$_A$ für N' angegebene öffentliche Schlüssel ist und $\hat{k}_N$ der private
Schlüssel zum öffentlichen Schlüssel k_N ist, der für N in PubRing$_A$ gespeichert ist. Wie
bereits erwähnt ist dabei weder die Gültigkeit der Schlüsselbindung (N', k) noch diejeni-
ge von (N, k_N) gesichert. Ist k_N aber tatsächlich N's öffentlicher Schlüssel, so besagt das
Zertifikat Zert$_{\hat{k}_N}(N', k)$, wie üblich, dass N bezeugt, dass k der öffentliche Schlüssel von
N' ist. Falls ein Zertifikat von einem unbekannten Nutzer ausgestellt wurde, also einem
Nutzer, zu dem es im Schlüsselring kein selbstsigniertes Zertifikat gibt, dann wird dieser
Nutzer mit »?« bezeichnet. In Abbildung 10.1 wurden für die Nutzer F und L Zertifikate
von unbekannten Nutzer ausgestellt.

Die zentrale Frage ist, welche der in PubRing$_A$ angegebenen Schlüsselbindungen aus
der Sicht von A tatsächlich als gültig betrachtet werden können. Zunächst weiß A nur
sicher, dass der in PubRing$_A$ zu A gespeicherte öffentliche Schlüssel k_A tatsächlich A
gehört, da A diesen samt privatem Schlüssel selbst erzeugt hat. Mit anderen Worten,
die Gültigkeit der Schlüsselbindung (A, k_A) ist sichergestellt. Aus diesem Grund ist der
Knoten von A in Abbildung 10.1 entsprechend markiert. Ob andere Schlüsselbindungen
gültig sind oder nicht ergibt sich zum einen aus den Zertifikaten in PubRing$_A$ und zum
anderen dem Vertrauen, dass A in andere Nutzer hat. Der Grad des Vertrauens bestimmt,
inwiefern A glaubt, dass der jeweilige Nutzer die Gültigkeit von Schlüsselbindungen gewissenhaft prüft. Diesen Grad legt A für jeden Nutzer selbst fest. In unserem Beispiel
sind drei Grade möglich: (voll) vertrauenswürdig, eingeschränkt vertrauenswürdig und
nicht vertrauenswürdig bzw. »weiß nicht«. Diese Grade sind in Abbildung 10.1 durch die
graue Hinterlegung der Kreise verdeutlicht: A hält also sich selbst, E, G und J für vertrauenswürdig, B, C und D für eingeschränkt vertrauenswürdig und alle anderen Nutzer
für nicht vertrauenswürdig.

Es gibt nun verschiedene Möglichkeiten, die auch zu unterschiedlichen Ergebnissen führen können, aus diesen Informationen die Gültigkeit von Schlüsselbindungen abzuleiten; insbesondere erlaubt es PGP seinen Nutzern, durch verschiedene Einstellungen, unterschiedliche Berechnungsmethoden zu wählen. Eine Möglichkeit ist die folgende. Um diese zu formulieren, legen wir zunächst fest, dass ein *Nutzer mit (eingeschränkt) gültiger Schlüsselbindung* ein Nutzer ist, für den die Schlüsselbindung zu seinem im Schlüsselring angegebenen öffentlichen Schlüssel als (eingeschränkt) gültig angesehen wird. Wie bereits erwähnt, ist am Anfang lediglich A ein Nutzer mit gültiger Schlüsselbindung. Für die restlichen Nutzer legen wir nun folgende Regel fest, um die Gültigkeit einer Schlüsselbindung zu bestimmen:

i) Wurde für einen Nutzer N' ein Zertifikat von einem (voll) vertrauenswürdigen Nutzer mit gültiger Schlüsselbindung ausgestellt, so gilt N' als Nutzer mit gültiger Schlüsselbindung.

ii) Wurden für einen Nutzer N' Zertifikate von mindestens zwei eingeschränkt vertrauenwürdigen Nutzern mit jeweils gültiger Schlüsselbindung ausgestellt, so gilt N' als Nutzer mit gültiger Schlüsselbindung.

iii) Wurde für einen Nutzer N' ein Zertifikat von genau einem eingeschränkt vertrauenswürdigen Nutzer mit gültiger Schlüsselbindung ausgestellt, so gilt N' als Nutzer mit eingeschränkt gültiger Schlüsselbindung.

Diese Regeln werden nun solange iteriert auf einen Schlüsselring angewendet, bis keine neuen (eingeschränkt) gültigen Schlüsselbindungen mehr entstehen, d. h., bis ein Fixpunkt erreicht ist. Man beachte, dass mit den gerade eingeführten Regeln Nutzer mit nur eingeschränkt gültiger Schlüsselbindung nicht zur Gültigkeit der Schlüsselbindung anderer Nutzer beitragen können.

Aus diesen Regeln ergibt sich für unser Beispiel die in Abbildung 10.2 dargestellte Gültigkeit der Schlüsselbindungen. Die Gültigkeit der Schlüsselbindungen für B, C, D, E und F ergibt sich dabei direkt aus Regel 1. und der Tatsache, dass A ein vertrauenswürdiger Nutzer mit gültiger Schlüsselbindung ist. Aus der Vertrauenwürdigkeit von E und der Gültigkeit seiner Schlüsselbindung ergibt sich mit Regel 1. die Gültigkeit der Schlüsselbindung für J, woraus sich mit der Vertrauenwürdigkeit von J auch die Gültigkeit der Schlüsselbindung für K ergibt. Die Gültigkeit der Schlüsselbindung für G ergibt sich aus der eingeschränkten Vertrauenswürdigkeit von B und C sowie der Gültigkeit ihrer Schlüsselbindungen (Regel 2.). Mit Regel 1. folgt daraus direkt die Gültigkeit der Schlüsselbindung für H. Für I erhalten wird mit Regel 3. lediglich eine eingeschränkt gültige Schlüsselbindung, da D nur eingeschränkt vertrauenswürdig ist.

10.6.6 Gültigkeitszeiträume, Widerruf und Attribute

Auch wenn die vorangehenden Abschnitte eine grundsätzliche Beschreibung unterschiedlicher Modelle für PKI liefern, so lassen sie für die Praxis wichtige Aspekte außer Acht, von denen einige im Folgenden kurz angesprochen werden.

Zunächst einmal ist es sehr wichtig, dass Zertifikate mit einem *Gültigkeitszeitraum* versehen werden. Denn schließlich kann technologischer und wissenschaftlicher Fortschritt – insbesondere neue Ergebnisse der Kryptanalyse – dazu führen, dass man, zum Beispiel, aus einem öffentlichen Schlüssel den privaten berechnen kann. Man wird also einen

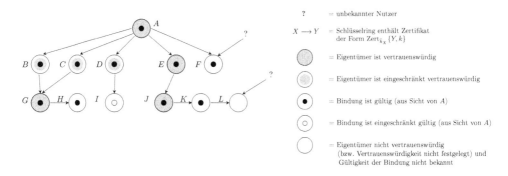

Abbildung 10.2: Beispiel für PubRing$_A$ nach Bestimmung der Gültigkeit von
Schlüsselbindungen

Schlüssel nur für einen gewissen Zeitraum nutzen wollen, was im Zertifikat entsprechend
festgehalten werden sollte.

In der Praxis haben Zertifikate häufig viele weitere *Attribute.* Zum Beispiel Attribute
die darüber Auskunft geben, für welche Zwecke der öffentliche (und zugehörige private)
Schlüssel verwendet werden dürfen, etwa nur zum Verschlüsseln. Ein Attribut kann auch
besagen, dass das vorliegende Zertifikat nicht als Nutzer-, sondern als Instanzzertifikat zu
betrachten ist. Attribute können auch den betreffenden Nutzer näher beschreiben. Würde
Bob zum Beispiel eine handelsrechtliche Vollmacht für sein Unternehmen besitzen, könnte
dies als Attribut in seinem Zertifikat ausgewiesen sein. Das hätte den Vorteil, dass Alice
in dem besagten Fall das Handelsregister nicht konsultieren bräuchte, um über Bobs
Prokura Aufschluss zu erhalten.

Darüber hinaus muss es einen Mechanismus geben, mit dem Zertifikate bzw. Schlüssel für ungültig erklärt werden können. Diese Notwendigkeit besteht zum Beispiel dann,
wenn der zugehörige private Schlüssel durch eine Panne von anderen eingesehen werden
konnte. Der entsprechende Vorgang, bei dem Zertifizierungsstellen von der Rücknahme
eines Schlüssels informiert werden, heißt *Widerruf (revocation).* Damit ein solcher Widerruf überhaupt einen Einfluss hat, stellen Zertifizierungsstellen sogenannte *Widerruflisten
(Certificate Revocation Lists)* zur Verfügung. Alice wird also nicht nur ein Zertifikat über
die Bindung von Bobs Schlüssel überprüfen und dazu den Gültigkeitszeitraum beachten,
sondern außerdem die Zertifizierungsstellen dazu befragen, ob der Schlüssel nicht schon
widerrufen wurde. Diese Anfrage könnte zum einen online geschehen. Zum anderen könnte Alice regelmäßig (z. B. einmal am Tag) die gesamte Widerrufliste herunterladen und
diese bei Bedarf (offline) überprüfen, was allerdings die Gefahr erhöht, von einem Widerruf zu spät zu erfahren.

10.7 Aufgaben

Aufgabe 10.7.1 (Universelle Fälschung auf das RSA-Signierschema). Bestimmen Sie den
Vorteil des Fälschers F_{univ} aus Abschnitt 10.2 für $z \neq 0$.

Aufgabe 10.7.2 (Eigenschaften des Zufallsorakels). Wir betrachten ein Zufallsorakel mit endlichem Definitions- und Bildbereich. Schätzen Sie analog zu Lemma 10.4.1 den Vorteil eines Angreifers für die Zweites-Urbild-Resistenz sowie die Urbild-Resistenz eines Zufallsorakels möglichst gut ab. Verwenden Sie dazu Ihre Definition aus Aufgabe 8.6.1.

Aufgabe 10.7.3 (MACs und Zufallsorakel). Vervollständigen Sie die durch (10.4.1) angedeutete Konstruktion eines MACs aus einem Zufallsorakel und beweisen Sie die Sicherheit Ihrer Konstruktion im Sinne der Sicherheitsdefinition aus Abschnitt 9.2.

Bemerkung: Wie bereits in Aufgabe 9.8.8 gezeigt, wäre diese Konstruktion unsicher, wenn das Zufallsorakel durch eine konkrete iterierte Familie von MD-Hashfunktionen ersetzt werden würde.

Aufgabe 10.7.4 (Zufallsorakel und CPA-sichere Verschlüsselung). Es sei $l > 0$ und $\mathbf{H}$ ein Zufallsorakel mit Bildbereich $\{0,1\}^l$. Wir betrachten das folgende RSA-basierte asymmetrische Kryptoschema für Nachrichten $m \in \{0,1\}^l$. Es sei (n, e) ein öffentlicher RSA-Schlüssel. Eine Nachricht m wird unter (n, e) verschlüsselt, indem zunächst ein $r \in \mathbf{Z}_n$ zufällig gewählt wird und dann der Chiffretext $(r^e \mod n, H(r) \oplus m)$ ausgegeben wird; entschlüsselt wird in offensichtlicher Weise.

Beweisen Sie unter der RSA-Annahme, dass dieses Kryptoschema sicher ist (im Sinne von Definition 10.1.3), d.h., beschränken Sie den Vorteil eines Angreifers A auf dieses Schema durch den Vorteil eines geeignet konstruierten Invertierers I.

Hinweis: Betrachten Sie das Ereignis, dass A das bei der Berechnung der Probe gewählte r zu irgendeinem Zeitpunkt als Anfrage an das Zufallsorakel schickt. Tritt dieses Ereignis nicht ein, so kann man zeigen, dass der Vorteil von A klein sein muss. Tritt dieses Ereignis ein, so kann man den Vorteil von A durch den Vorteil eines geeignet konstruierten Invertierers I beschränken.

Aufgabe 10.7.5 (Realisierung des Zufallsorakels). In Abschnitt 10.4.1 wurde diskutiert, dass sich Zufallsorakel in der Praxis nicht realisieren lassen. Vertiefen Sie diese Diskussion und nennen Sie weitere Probleme, die bei dem Versuch ein Zufallsorakel zu realisieren, auftreten würden.

Aufgabe 10.7.6 (RSA und Hash-then-Sign-Ansatz). Begründen Sie informell, dass die in Abschnitt 10.2 besprochenen Angriffe auf das durch RSA induzierte Signierschema nicht mehr möglich wären, falls nicht die Nachricht selbst, sondern der Hashwert der Nachricht signiert werden würde, gemäß dem Hash-then-Sign-Ansatz aus Abschnitt 10.3.

Aufgabe 10.7.7 (Quantifizierung der Sicherheit des FDH-RSA-Signierschemas). Schätzen Sie die Unsicherheit des FDH-RSA-Signierschemas durch die Unsicherheit von RSA als Einwegfamilie mit Hintertür gemäß Definition 10.1.4 nach oben ab. Verwenden Sie dazu Satz 10.4.1 bzw. den Beweis dieses Satzes.

Aufgabe 10.7.8 (Alternativer Beweis zur Sicherheit des FDH-RSA-Signierschemas). Es seien $l > 0$ gerade, $q \geq 1$ und F ein q-beschränkter Fälscher für das l-FDH-RSA-Signierschema $\mathscr{S}_{\text{FDH-RSA}}$. Betrachten Sie das Ereignis E, dass F in einem Lauf von $\mathbb{E}_F^{\mathscr{S}_{\text{FDH-RSA}}}$ das Nachrichten-Signatur-Paar (x, s), für ein x und ein s, ausgibt, aber das Zufallsorakel *nicht* zuvor mit x angefragt hat.

a) Zeigen Sie:

$$\text{Prob}\left\{\mathbb{E}_F^{\mathscr{S}_{\text{FDH-RSA}}} = 1, E\right\} \leq \frac{1}{2^{l-1}} \ .$$

b) Reduzieren Sie nun, unter Benutzung von a), die Sicherheit von $\mathscr{S}_{\text{FDH-RSA}}$ auf die RSA-Annahme analog zum Beweis von Satz 10.4.1, aber ohne die Annahme zu machen, dass F bei Ausgabe von (x, s) zuvor immer das Zufallsorakel mit x angefragt hat.

Aufgabe 10.7.9 (DSA). Zeigen Sie, dass DSA (siehe Definition 10.5.1) ein Signierschema im Sinne von Definition 10.1.1 ist. Überprüfen Sie insbesondere die Korrektheitseigenschaft. Spezifizieren Sie zudem den Schlüsselerzeugungsalgorithmus G genauer, indem Sie ein Verfahren angeben, um p, q und g zu wählen. (Wir lassen zu, dass der Algorithmus mit geringer Wahrscheinlichkeit erfolglos abbricht.)

Hinweis: Der Algorithmus G sollte zunächst eine Primzahl q mit $2^{159} < q < 2^{160}$ wählen und dann eine zufällig gewählte Zahl b mit $2^{1023} < b < 2^{1024}$. Daraus sollte dann ein p bestimmt werden, so dass die Bedingungen an p und q erfüllt sind, bis auf die Eigenschaft, dass p eine Primzahl ist. Schließlich sollte überprüft werden, ob p eine Primzahl ist. Um einen Erzeuger g für die Untergruppe mit Ordnung q zu wählen, bestimmen Sie zunächst einen Erzeuger der Gruppe $\mathbf{Z}_p^*$. Berechnen Sie daraus einen Erzeuger der Untergruppe mit Hilfe von Lemma 6.3.3.

Aufgabe 10.7.10 (Sicherheit von DSA). Zeigen Sie, dass, wenn man zwei DSA-Signaturen auf verschiedene Nachrichten x_0 und x_1 besitzt, die mit dem gleichen privaten Schlüssel berechnet wurden und zu deren Berechnung zudem das gleiche k verwendet wurde (siehe Definition 10.5.1), dann kann man aus den Signaturen effizient den privaten Schlüssel berechnen. Es ist also wichtig, dass k tatsächlich zufällig gewählt wird, da der beschriebene Fall dann nur mit verschwindend geringer Wahrscheinlichkeit auftritt.

Aufgabe 10.7.11 (Sicherheit des CRP). Überlegen Sie sich, wie man die Sicherheit der CRPs, die wir in Abschnitt 10.6 kennengelernt haben, definieren kann. Geben Sie dazu wie üblich jeweils ein Experiment an und definieren Sie den Vorteil eines Angreifers. Im Experiment sollte ein Angreifer versuchen, Alice davon zu überzeugen, dass er den privaten Schlüssel zu einem öffentlichen Schlüssel besitzt, obwohl der Angreifer lediglich den öffentlichen Schlüssel kennt. Modellieren Sie dabei, dass Alice genau eine Instanz des Protokolls laufen lässt und der Angreifer auf keine weiteren Instanzen des Protokolls zugreifen kann.

Beweisen Sie unter der Annahme, dass das verwendete asymmetrische Kryptoschema im Sinne von Abschnitt 6.2 sicher ist bzw. das Signierschema im Sinne von Abschnitt 10.1 sicher ist, dass die angegebenen CRPs in dem zuvor definierten Sinne sicher sind.

Bemerkung: Wie in Abschnitt 10.6.1 erläutert, bieten die betrachteten CRPs im Allgemeinen keine ausreichende Sicherheit, falls mehrere Instanzen des Protokolls gleichzeitig ablaufen können.

Aufgabe 10.7.12 (PoP). Wie in Abschnitt 10.6 diskutiert, kann man in vielen Fällen auf einen PoP verzichten. Dennoch kann man Anwendungen konstruieren, bei denen es ohne PoP zu Problemen kommt. Überlegen Sie sich mindestens eine solche Anwendung.

Aufgabe 10.7.13 (selbstsignierte Zertifikate). In Abschnitt 10.6.3 wurde erwähnt, dass Zertifizierungsstellen und ihre öffentlichen Schlüssel in Web-Browsern in Form von selbstsignierten Zertifikaten gespeichert sind. Diskutieren Sie den Sinn solcher Zertifikate.

10.8   Anmerkungen und Hinweise

Das Konzept der digitalen Signatur findet sich bereits in der bahnbrechenden Arbeit von Diffie und Hellman [64], in der Einwegfunktionen mit Hintertür für die Umsetzung vorgeschlagen wurden. Erste Realisierungen haben dann, in ebenfalls wegweisenden Arbeiten, Rivest, Shamir und Adleman [140] sowie Rabin [136] gefunden.

Sicherheitsdefinitionen für digitale Signaturen wurden allerdings erst einige Jahre später vorgeschlagen, die erste von Goldwasser, Micali und Yao [88] und dann eine stärkere von Goldwasser, Micali und Rivest [87], die zusätzlich zur existentiellen Fälschung auch den hier verwendeten Begriff der Angriffe mit Nachrichtenwahl einführt und präzise fasst. Die letztere Arbeit gibt zudem einen guten Überblick über die frühen Signierverfahren und deren (Un-)sicherheit. Wichtiger aber ist, dass sie selbst ein Signierschema vorstellt, welches beweisbar sicher ist bzgl. der existentiellen Fälschung für Angriffe mit Nachrichtenwahl und unter der Annahme, dass Faktorisieren schwer ist; womit die damals verbreitete Meinung widerlegt wurde, dass ein solches Resultat nicht möglich sei. Die Arbeit von Goldwasser, Micali und Rivest gab den Startschuss für zahlreiche weitere Arbeiten, in denen beweisbar sichere Signierschemen bzgl. existentieller Fälschung und Angriffen mit Nachrichtenwahl konstruiert wurden. Ein grundlegendes und überraschendes Ergebnis ist, dass diesbezüglich sichere Signierschemen genau dann existieren, wenn Einwegfunktionen existieren. Man beachte, dass hier nicht von Einwegfunktionen mit Hintertür die Rede ist. Dieses Ergebnis basiert auf verschiedenen Arbeiten, vor allem auf [129, 143], und wird ausführlich im Lehrbuch von Goldreich [81] behandelt.

Es gibt verschiedene Ansätze, sichere Signierschemen zu konstruieren, darunter der sogenannte baumbasierte Ansatz (*tree-based signature schemes*) sowie der in Abschnitt 10.3 kennengelernte Hash-then-Sign-Ansatz, der, wie in Abschnitt 9.9 erwähnt, zunächst von Damgård [60] untersucht wurde. Die Sicherheit der zahlreichen in der Literatur vorgestellten Konstruktionen basiert wiederum auf unterschiedlichen Annahmen, welche von generischen Annahmen wie der Existenz von Einwegfunktionen über weitläufig akzeptierten Annahmen aus der algorithmischen Zahlentheorie (Faktorisieren, RSA-Annahme, diskreter Logarithmus) sowie stärkeren, weniger untersuchten Annahmen meist aus der algorithmischen Zahlentheorie oder Annahmen basierend auf Gitterproblemen reichen und teilweise Zufallsorakel voraussetzen (ROM). Ausführlichere Darstellungen von Konstruktionen und Annahmen für digitale Signaturen finden sich im Lehrbuch von Goldreich [81] sowie in einem Buch von Katz [100], welches sich ausschließlich den digitalen Signaturen widmet. Die Konstruktion sicherer und gleichzeitig möglichst effizienter digitaler Signaturen unter möglichst schwachen Annahmen ist ein lebhaftes Forschungsgebiet in der Kryptographie, zu dem es zahlreiche aktuelle wissenschaftliche Artikel gibt (siehe zum Beispiel [93] und Referenzen in dieser Arbeit).

Das in Abschnitt 10.4 kennengelernte FDH-RSA-Signierschema wurde von Bellare und Rogaway [24] vorgeschlagen, zusammen mit dem Konzept der Zufallsorakel (siehe unten);

genauer schlagen Bellare und Rogaway in dieser Arbeit eine generische Konstruktion basierend auf Einwegfunktionen mit Hintertür vor. Eine genauere Analyse des FDH-RSA-Signierschemas wurde dann, ebenfalls von Bellare und Rogaway, in [26] vorgenommen; diese entspricht der Analyse, die wir in Abschnitt 10.4.2 durchgeführt haben. Um eine bessere (»engere«) Reduktion auf die RSA-Annahme zu erhalten, wurde in der gleichen Arbeit ein weiteres Schema, RSA-PSS, entwickelt und im ROM als sicher nachgewiesen; dieses Schema wurde später standardisiert [190] und dient als Alternative zum Vorgängerschema PKCS#1 v1.5 (siehe die Diskussion in Abschnitt 10.5.1). Nochmals verbesserte Reduktionen sowohl für FDH-RSA also auch RSA-PSS finden sich in [55, 54]. Während, wie FDH-RSA und RSA-PSS zeigen, man im ROM praktikable Signierschemen konstruieren kann, so ist man aus den in Abschnitt 10.4.1 genannten Gründen auch bestrebt, möglichst praktikable Schemen zu entwickeln, deren Sicherheit im Standardmodell (statt im ROM) nachgewiesen werden kann, wobei die Annahmen, wie oben bereits erwähnt, von generischen Annahmen bis zu mehr oder weniger starken Annahmen aus der algorithmischen Zahlentheorie reichen (siehe wiederum die oben erwähnte Arbeit [93] und Referenzen in dieser Arbeit).

Das Modell der Zufallsorakel (ROM) wurde zuerst von Bellare und Rogaway formal eingeführt [24] und baut auf Ideen von Goldreich, Goldwasser und Micali [84, 83] und Fiat und Shamir [74] auf. Bellare und Rogaway stellen in dieser Arbeit auch gleich verschiedene Konstruktionen vor und zeigen deren Sicherheit im ROM, darunter, wie erwähnt, FDH-RSA sowie die in Aufgabe 10.7.4 besprochene Konstruktion. Wie in Abschnitt 10.4.1 erläutert, sind Sicherheitsbeweise im ROM umstritten, da das Ersetzen eines Zufallsorakels durch eine reale kryptographische Primitive, meist eine Hashfunktion, lediglich eine Heuristik ist, bei der man hofft, dass die im ROM bewiesenen Eigenschaften erhalten bleiben. In der Literatur finden sich, wie bereits in Abschnitt 10.4.1 bemerkt, (häufig etwas künstliche) kryptographische Konstruktionen, die zeigen, dass die Heuristik in der Tat im Allgemeinen formal nicht gerechtfertigt werden kann: jede konkrete Familie von Hashfunktionen würde die betrachtete kryptographische Konstruktion unsicher machen, obwohl sie unter Verwendung des Zufallsorakels als sicher nachgewiesen werden kann. Die erste Arbeit dieser Art stammt von Canetti, Goldreich und Halevi [49]; weitere sind, zum Beispiel, [48, 14]. Andere Arbeiten versuchen, ein besseres Verständnis dafür zu bekommen, wann die Heuristik (nicht) gerechtfertigt ist (siehe zum Beispiel [67] sowie Referenzen darin). Wieder andere Arbeiten haben zum Ziel, Hashfunktionen zu konstruieren, die sich wie Zufallsorakel verhalten, vorausgesetzt, dass die Basiskomponenten (Kompressionsfunktionen, Transformationen oder Permutationen) als Zufallsorakel angenommen werden [56, 30]; nach dem Merkle-Damgård-Prinzip konstruierte Hashfunktionen haben diese Eigenschaft nicht. Statt ein »ausgewachsenes« Zufallsorakel zu verlangen, werden auch spezielle nützliche und für Anwendungen ausreichende Eigenschaften von Zufallsorakeln identifiziert und es wird versucht, Hashfunktionen zu konstruieren, die diese Eigenschaften besitzen [68, 41]. Wir verweisen schließlich noch auf Diskussionen zum Zufallsorakel in anderen Lehrbüchern [81, 101].

Die in Abschnitt 10.5 besprochenen und in der Praxis weitverbreiteten Signierverfahren PKCS #1 v1.5 und DSA wurden 1993 bzw. 1994 standardisiert [188, 186]; der Standard PKCS #1 v2.1 [190] enthält auch eine Variante des von Bellare und Rogaway entwickelten PSS-Signierschemas. Wie erwähnt, gibt es zu PKCS #1 v1.5 und DSA keine Sicherheitsbeweise; umgekehrt wurden aber auch keine ernstzunehmenden Angriffe gefunden. Natürlich setzen diese Verfahren, die dem Hash-then-Sign-Ansatz folgen, voraus, dass die verwendete Hashfunktion kollisionsresistent ist. Ist dies nicht der Fall, dann kann dies, wie bereits in Abschnitt 8.7 erläutert, schwerwiegende Konsequenzen haben. Insbesondere ist es in [156] gelungen, zu einem von einer offiziellen Zertifizierungsstelle ausgestellten X.509 Zertifikat, für das die MD5-Hashfunktion zur Berechnung der Signatur verwendet wurde, ein weiteres gefälschtes X.509 Zertifikat zu einem anderen öffentlichen Schlüssel und einem anderen Namen zu erzeugen. Dabei bezeichnet X.509 einen in der Praxis sehr weitverbreiteten Standard [174] (siehe auch [1]), der u. a. ein Format für Zertifikate (im Sinne von Abschnitt 10.6) festlegt, welches z. B. in Web-Browsern eingesetzt wird.

Das Konzept der Zertifikate wurde bereits 1978 von Kohnfelder in seiner Bachelorarbeit eingeführt [111]. In dieser Arbeit werden überdies weitere Aspekte, wie der Widerruf von Schlüsseln und die Widerrufslisten, diskutiert. Die darauf aufbauenden Public-Key-Infrastrukturen wurden seitdem in einer Vielzahl von Büchern, Artikeln und Standards diskutiert, vorgestellt und spezifiziert (siehe, zum Beispiel, [2, 102, 10, 110, 174]), darunter einige Artikel, die einen kritischen Blick auf Public-Key-Infrastrukturen werfen [72, 90, 121]. Pretty Good Privacy (PGP) und das Web of Trust wurden, wie bereits in Abschnitt 10.6.5 erwähnt, von Zimmermann eingeführt [171]; siehe [47] zu OpenPGP. Mit dem Sinn und Zweck von Besitznachweisen (PoP) befasst sich die Arbeit [9] (siehe auch [145]). In [139] werden Besitznachweise und Beweise von Wissen im Kontext von sogenannten Mehrparteiensignaturen (*multiparty signatures*) diskutiert und verglichen. In verbreiteten Standards ist die Durchführung von Besitznachweisen genau geregelt [145, 1, 189].

Literaturverzeichnis

[1] Adams, Carlisle und Stephen Farrell: *Internet X.509 Public Key Infrastructure: Certificate Management Protocol (CMP)*. RFC 4210, September 2005. http://tools.ietf.org/html/rfc4210.

[2] Adams, Carlisle und Steve Lloyd: *Understanding PKI: Concepts, Standards, and Deployment Considerations*. Addison-Wesley, 2. Auflage, 2002.

[3] Aggarwal, Divesh und Ueli M. Maurer: *Breaking RSA Generically Is Equivalent to Factoring*. In: Joux, Antoine (Herausgeber): *Advances in Cryptology - EUROCRYPT 2009, 28th Annual International Conference on the Theory and Applications of Cryptographic Techniques, Proceedings*, Band 5479 der Reihe *Lecture Notes in Computer Science*, Seiten 36–53. Springer, 2009.

[4] Agrawal, Manindra, Neeraj Kayal und Nitin Saxena: *PRIMES is in P*. Annals of Mathematics, 160(2):781–793, 2004.

[5] Ajtai, Miklós: *Generating Hard Instances of Lattice Problems (Extended Abstract)*. In: *Proceedings of the Twenty-Eighth Annual ACM Symposium on the Theory of Computing (STOC 1996)*, Seiten 99–108. ACM Press, 1996.

[6] Ajtai, Miklós und Cynthia Dwork: *A Public-Key Cryptosystem with Worst-Case/Average-Case Equivalence*. In: *Proceedings of the Twenty-Ninth Annual ACM Symposium on the Theory of Computing (STOC 1997)*, Seiten 284–293. ACM Press, 1997.

[7] Alexi, Werner, Benny Chor, Oded Goldreich und Claus-Peter Schnorr: *RSA and Rabin Functions: Certain Parts are as Hard as the Whole*. SIAM Journal on Computing, 17(2):194–209, 1988.

[8] Aoki, Kazumaro und Yu Sasaki: *Meet-in-the-Middle Preimage Attacks Against Reduced SHA-0 and SHA-1*. In: Halevi, Shai (Herausgeber): *Advances in Cryptology - CRYPTO 2009, 29th Annual International Cryptology Conference, Proceedings*, Band 5677 der Reihe *Lecture Notes in Computer Science*, Seiten 70–89. Springer, 2009.

[9] Asokan, N., Valtteri Niemi und Pekka Laitinen: *On the Usefulness of Proof-of-Possession*. In: *Proceedings of the 2nd Annual PKI Research Workshop*, Seiten 122–127, 2003. http://middleware.internet2.edu/pki03/PKI03-proceedings.html.

[10] Austin, Tom: *PKI: A Wiley Tech Brief*. John Wiley & Sons, Inc., 2001.

[11] Barkan, Elad, Eli Biham und Nathan Keller: *Instant Ciphertext-Only Cryptanalysis of GSM Encrypted Communication*. Journal of Cryptology, 21(3):392–429, 2008.

[12] Bauer, Friedrich L.: *Entzifferte Geheimnisse: Methoden und Maximen der Kryptologie*. Springer, 3. Auflage, 2000.

[13] Bellare, Mihir: *New Proofs for NMAC and HMAC: Security without Collision-Resistance*. In: Dwork, Cynthia (Herausgeber): *Advances in Cryptology - CRYPTO 2006, 26th Annual International Cryptology Conference, Proceedings*, Band 4117 der Reihe *Lecture Notes in Computer Science*, Seiten 602–619. Springer, 2006.

[14] Bellare, Mihir, Alexandra Boldyreva und Adriana Palacio: *An Uninstantiable Random-Oracle-Model Scheme for a Hybrid-Encryption Problem*. In: Cachin, Christian und Jan Camenisch (Herausgeber): *Advances in Cryptology - EUROCRYPT 2004, International Conference on the Theory and Applications of Cryptographic Techniques, Proceedings*, Band 3027 der Reihe *Lecture Notes in Computer Science*, Seiten 171–188. Springer, 2004.

[15] Bellare, Mihir, Ran Canetti und Hugo Krawczyk: *Keying Hash Functions for Message Authentication*. In: Koblitz, Neal (Herausgeber): *Advances in Cryptology - CRYPTO '96, 16th Annual International Cryptology Conference, Proceedings*, Band 1109 der Reihe *Lecture Notes in Computer Science*, Seiten 1–15. Springer, 1996.

[16] Bellare, Mihir, Anand Desai, Eron Jokipii und Phillip Rogaway: *A Concrete Security Treatment of Symmetric Encryption*. In: *Proceedings of the 38th Annual Symposium on Foundations of Computer Science (FOCS 1997)*, Seiten 394–403. IEEE Computer Society, 1997.

[17] Bellare, Mihir, Oded Goldreich und Anton Mityagin: *The Power of Verification Queries in Message Authentication and Authenticated Encryption*. Cryptology ePrint Archive, Report 2004/309, 2004. `http://eprint.iacr.org/`.

[18] Bellare, Mihir, Roch Guérin und Phillip Rogaway: *XOR MACs: New Methods for Message Authentication Using Finite Pseudorandom Functions*. In: Coppersmith, Don (Herausgeber): *Advances in Cryptology - CRYPTO '95, 15th Annual International Cryptology Conference, Proceedings*, Band 963 der Reihe *Lecture Notes in Computer Science*, Seiten 15–28. Springer, 1995.

[19] Bellare, Mihir, Dennis Hofheinz und Eike Kiltz: *Subtleties in the Definition of IND-CCA: When and How Should Challenge-Decryption be Disallowed?* Cryptology ePrint Archive, Report 2009/418, 2009. `http://eprint.iacr.org/`.

[20] Bellare, Mihir, Joe Kilian und Phillip Rogaway: *The Security of Cipher Block Chaining*. In: Desmedt, Yvo (Herausgeber): *Advances in Cryptology - CRYPTO '94, 14th Annual International Cryptology Conference, Proceedings*, Band 839 der Reihe *Lecture Notes in Computer Science*, Seiten 341–358. Springer, 1994.

[21] Bellare, Mihir, Joe Kilian und Phillip Rogaway: *The Security of the Cipher Block Chaining Message Authentication Code*. Journal of Computer and System Sciences, 61(3):362–399, 2000.

[22] Bellare, Mihir und Tadayoshi Kohno: *Hash Function Balance and Its Impact on Birthday Attacks*. In: Cachin, Christian und Jan Camenisch (Herausgeber): *Advances in Cryptology - EUROCRYPT 2004, International Conference on the Theory and Applications of Cryptographic Techniques, Proceedings*, Band 3027 der Reihe *Lecture Notes in Computer Science*, Seiten 401–418. Springer, 2004.

[23] Bellare, Mihir und Chanathip Namprempre: *Authenticated Encryption: Relations among Notions and Analysis of the Generic Composition Paradigm.* In: Okamoto, T. (Herausgeber): *Advances in Cryptology - ASIACRYPT 2000, 6th International Conference on the Theory and Application of Cryptology and Information Security, Proceedings*, Band 1976 der Reihe *Lecture Notes in Computer Science*, Seiten 531–545. Springer, 2000.

[24] Bellare, Mihir und Phillip Rogaway: *Random Oracles are Practical: A Paradigm for Designing Efficient Protocols.* In: *ACM Conference on Computer and Communications Security (CCS 1993)*, Seiten 62–73. ACM Press, 1993.

[25] Bellare, Mihir und Phillip Rogaway: *Optimal asymmetric encryption — How to encrypt with RSA.* In: Santis, Alfredo De (Herausgeber): *Advances in Cryptology, EUROCRYPT 1994, Workshop on the Theory and Application of Cryptographic Techniques*, Band 950 der Reihe *Lecture Notes in Computer Science*, Seiten 92–111. Springer, 1995.

[26] Bellare, Mihir und Phillip Rogaway: *The Exact Security of Digital Signatures - How to Sign with RSA and Rabin.* In: Maurer, Ueli M. (Herausgeber): *Advances in Cryptology - EUROCRYPT '96, International Conference on the Theory and Application of Cryptographic Techniques, Proceeding*, Band 1070 der Reihe *Lecture Notes in Computer Science*, Seiten 399–416. Springer, 1996.

[27] Bellare, Mihir und Phillip Rogaway: *Code-Based Game-Playing Proofs and the Security of Triple Encryption.* Cryptology ePrint Archive, Report 2004/331, 2004. `http://eprint.iacr.org/`.

[28] Bellare, Mihir, Phillip Rogaway und David Wagner: *The EAX Mode of Operation.* In: Roy, Bimal K. und Willi Meier (Herausgeber): *Fast Software Encryption, 11th International Workshop, FSE 2004, Revised Papers*, Band 3017 der Reihe *Lecture Notes in Computer Science*, Seiten 389–407. Springer, 2004. Siehe auch `http://csrc.nist.gov/groups/ST/toolkit/BCM/modes_development.html` für weitere bei NIST eingereichte Betriebsarten.

[29] Bernstein, Daniel J.: *Cache-timing Attacks on AES*, 2005. Technischer Bericht. `http://cr.yp.to/papers.html#cachetiming`.

[30] Bertoni, Guido, Joan Daemen, Michael Peeters und Gilles Van Assche: *On the Indifferentiability of the Sponge Construction.* In: Smart, Nigel P. (Herausgeber): *Advances in Cryptology - EUROCRYPT 2008, 27th Annual International Conference on the Theory and Applications of Cryptographic Techniques, Proceedings*, Band 4965 der Reihe *Lecture Notes in Computer Science*, Seiten 181–197. Springer, 2008.

[31] Biham, Eli und Orr Dunkelman: *A Framework for Iterative Hash Functions - HAIFA.* Cryptology ePrint Archive, Report 2007/278, 2007. `http://eprint.iacr.org/`.

[32] Biham, Eli und Adi Shamir: *Differential Cryptanalysis of DES-like Cryptosystems.* Journal of Cryptology, 4(1):3–72, 1991.

[33] Biham, Eli und Adi Shamir: *Differential Cryptanalysis of the Data Encryption Standard.* Springer, 1993.

[34] Biham, Eli und Adi Shamir: *Differential Cryptanalysis of the Full 16-Round DES*. In: *Advances in Cryptology - CRYPTO '92, Proceedings of the 12th Annual International Cryptology Conference*, Band 740 der Reihe *Lecture Notes in Computer Science*, Seiten 487–496. Springer, 1993.

[35] Biryukov, Alex, Orr Dunkelman, Nathan Keller, Dmitry Khovratovich und Adi Shamir: *Key Recovery Attacks of Practical Complexity on AES-256 Variants with up to 10 Rounds*. In: Gilbert, Henri (Herausgeber): *Advances in Cryptology - EUROCRYPT 2010, Proceedings of the 29th Annual International Conference on the Theory and Applications of Cryptographic Techniques*, Band 6110 der Reihe *Lecture Notes in Computer Science*, Seiten 299–319. Springer, 2010.

[36] Biryukov, Alex, Dmitry Khovratovich und Ivica Nikolic: *Distinguisher and Related-Key Attack on the Full AES-256*. In: Halevi, Shai (Herausgeber): *Advances in Cryptology - CRYPTO 2009, Proceedings of the 29th Annual International Cryptology Conference*, Band 5677 der Reihe *Lecture Notes in Computer Science*, Seiten 231–249. Springer, 2009.

[37] Black, John und Phillip Rogaway: *CBC MACs for Arbitrary-Length Messages: The Three-Key Constructions*. In: Bellare, Mihir (Herausgeber): *Advances in Cryptology - CRYPTO 2000, 20th Annual International Cryptology Conference, Proceedings*, Band 1880 der Reihe *Lecture Notes in Computer Science*, Seiten 197–215. Springer, 2000.

[38] Black, John, Phillip Rogaway und Thomas Shrimpton: *Black-Box Analysis of the Block-Cipher-Based Hash-Function Constructions from PGV*. In: Yung, Moti (Herausgeber): *Advances in Cryptology - CRYPTO 2002, 22nd Annual International Cryptology Conference, Proceedings*, Band 2442 der Reihe *Lecture Notes in Computer Science*, Seiten 320–335. Springer, 2002.

[39] Bleichenbacher, Daniel: *Chosen Ciphertext Attacks Against Protocols Based on the RSA Encryption Standard PKCS #1*. In: *Advances in Cryptology - CRYPTO 1998, 18th Annual Cryptology Conference. Proceedings*, Band 1462 der Reihe *Lecture Notes in Computer Science*, Seiten 1–12. Springer, 1998.

[40] Blum, Manuel und Silvio Micali: *How to Generate Cryptographically Strong Sequences of Pseudo-Random Bits*. SIAM Journal on Computing, 13(4):850–864, 1984.

[41] Boldyreva, Alexandra, David Cash, Marc Fischlin und Bogdan Warinschi: *Foundations of Non-malleable Hash and One-Way Functions*. In: Matsui, Mitsuru (Herausgeber): *Advances in Cryptology - ASIACRYPT 2009, 15th International Conference on the Theory and Application of Cryptology and Information Security, Proceedings*, Band 5912 der Reihe *Lecture Notes in Computer Science*, Seiten 524–541. Springer, 2009.

[42] Boneh, Dan: *The Decision Diffie-Hellman Problem*. In: Buhler, Joe (Herausgeber): *Algorithmic Number Theory, Proceedings of the Third International Symposium, ANTS-III*, Band 1423 der Reihe *Lecture Notes in Computer Science*, Seiten 48–63. Springer, 1998.

[43] Boneh, Dan: *Twenty years of attacks on the RSA cryptosystem*. Notices of the American Mathematical Society (AMS), 46(2):203–213, 1999.

[44] Boneh, Dan: *Simplified OAEP for the RSA and Rabin Functions.* In: Kilian, Joe (Herausgeber): *Advances in Cryptology - CRYPTO 2001, 21st Annual International Cryptology Conference, Proceedings,* Band 2139 der Reihe *Lecture Notes in Computer Science,* Seiten 275–291. Springer, 2001.

[45] Brumley, David und Dan Boneh: *Remote timing attacks are practical.* Computer Networks, 48(5):701–716, 2005.

[46] Buhler, Joe P., Hendrik W. Lenstra und Carl B. Pomerance: *Factoring integers with the number field sieve.* In: Lenstra, Arjen K. und Jr. Hendrik W. Lenstra (Herausgeber): *The Development of the Number Field Sieve,* Seiten 50–94. Springer, 1993.

[47] Callas, Jon, Lutz Donnerhacke, Hal Finney, David Shaw und Rodney Thayer: *OpenPGP Message Format.* RFC 4880, November 2007. http://tools.ietf.org/html/rfc4880.

[48] Canetti, Ran, Oded Goldreich und Shai Halevi: *On the Random-Oracle Methodology as Applied to Length-Restricted Signature Schemes.* In: Naor, Moni (Herausgeber): *Theory of Cryptography, First Theory of Cryptography Conference, TCC 2004, Proceedings,* Band 2951 der Reihe *Lecture Notes in Computer Science,* Seiten 40–57. Springer, 2004.

[49] Canetti, Ran, Oded Goldreich und Shai Halevi: *The random oracle methodology, revisited.* Journal of the ACM, 51(4):557–594, 2004.

[50] Chaum, David, Eugène van Heijst und Birgit Pfitzmann: *Cryptographically Strong Undeniable Signatures, Unconditionally Secure for the Signer.* In: Feigenbaum, Joan (Herausgeber): *Advances in Cryptology - CRYPTO '91, 11th Annual International Cryptology Conference, Proceedings,* Band 576 der Reihe *Lecture Notes in Computer Science,* Seiten 470–484. Springer, 1991.

[51] Cochran, Martin: *Notes on the Wang et al. 2^{63} SHA-1 Differential Path.* Cryptology ePrint Archive, Report 2007/474, 2007. http://eprint.iacr.org/.

[52] Cocks, Clifford: *Split Knowledge Generation of RSA Parameters.* In: Darnell, Michael (Herausgeber): *Cryptography and Coding, 6th IMA International Conference, Cirencester, Proceedings,* Band 1355 der Reihe *Lecture Notes in Computer Science,* Seiten 89–95. Springer, 1997.

[53] Contini, Scott und Yiqun Lisa Yin: *Forgery and Partial Key-Recovery Attacks on HMAC and NMAC Using Hash Collisions.* In: Lai, Xuejia und Kefei Chen (Herausgeber): *Advances in Cryptology - ASIACRYPT 2006, 12th International Conference on the Theory and Application of Cryptology and Information Security, Proceedings,* Band 4284 der Reihe *Lecture Notes in Computer Science,* Seiten 37–53. Springer, 2006.

[54] Coron, Jean-Sébastien: *On the Exact Security of Full Domain Hash.* In: Bellare, Mihir (Herausgeber): *Advances in Cryptology - CRYPTO 2000, 20th Annual International Cryptology Conference, Proceedings,* Band 1880 der Reihe *Lecture Notes in Computer Science,* Seiten 229–235. Springer, 2000.

[55] Coron, Jean-Sébastien: *Optimal Security Proofs for PSS and Other Signature Schemes.* In: Knudsen, Lars R. (Herausgeber): *Advances in Cryptology - EUROCRYPT 2002,*

International Conference on the Theory and Applications of Cryptographic Techniques, Proceedings, Band 2332 der Reihe *Lecture Notes in Computer Science*, Seiten 272–287. Springer, 2002.

[56] Coron, Jean-Sébastien, Yevgeniy Dodis, Cécile Malinaud und Prashant Puniya: *Merkle-Damgård Revisited: How to Construct a Hash Function*. In: *Advances in Cryptology - CRYPTO 2005: 25th Annual International Cryptolog Conference, Proceedings*, Band 3621 der Reihe *Lecture Notes in Computer Science*, Seiten 430–448. Springer, 2005.

[57] Cramer, Ronald und Victor Shoup: *Design and Analysis of Practical Public-Key Encryption Schemes Secure against Adaptive Chosen Ciphertext Attack*. SIAM Journal on Computing, 33(1):167–226, 2003.

[58] Crandall, Richard und Carl B. Pomerance: *Prime Numbers: A Computational Perspective*. Springer, 2. Auflage, 2005.

[59] Daemen, Joan und Vincent Rijmen: *The Design of Rijndael: AES — The Advanced Encryption Standard*. Springer, 2002.

[60] Damgård, Ivan: *Collision Free Hash Functions and Public Key Signature Schemes*. In: Chaum, David und Wyn L. Price (Herausgeber): *Advances in Cryptology - EUROCRYPT '87, Workshop on the Theory and Application of Cryptographic Techniques, Proceedings*, Band 304 der Reihe *Lecture Notes in Computer Science*, Seiten 203–216. Springer, 1987.

[61] Damgård, Ivan: *A Design Principle for Hash Functions*. In: Brassard, Gilles (Herausgeber): *Advances in Cryptology - CRYPTO '89, 9th Annual International Cryptology Conference, Proceedings*, Band 435 der Reihe *Lecture Notes in Computer Science*, Seiten 416–427. Springer, 1989.

[62] Daum, Magnus und Stefan Lucks: *The Story of Alice and her Boss: Hash Functions and the Blind Passenger Attack*. EUROCRYPT 2005 Rump Session. `http://th.informatik.uni-mannheim.de/People/lucks/HashCollisions/rump_ec05.pdf`.

[63] Dietzfelbinger, Martin: *Primality Testing in Polynomial Time — From Randomized Algorithms to "PRIMES is in P"*. Springer, 2004.

[64] Diffie, W. und M.E. Hellman: *New Directions in Cryptography*. IEEE Transactions on Information Theory, IT-22(6):644–654, November 1976.

[65] Dobbertin, Hans: *The status of MD5 after a recent attack*. CryptoBytes (the Technical Newsletter of RSA Laboratories), 2(1-6), 1996.

[66] Dobbertin, Hans: *Cryptanalysis of MD4*. Journal of Cryptology, 11(4):253–271, 1998.

[67] Dodis, Yevgeniy, Iftach Haitner und Aris Tentes: *On the (In)Security of RSA Signatures*. Cryptology ePrint Archive, Report 2011/087, 2011. `http://eprint.iacr.org/`.

[68] Dodis, Yevgeniy, Thomas Ristenpart und Thomas Shrimpton: *Salvaging Merkle-Damgård for Practical Applications*. In: *Advances in Cryptology - EUROCRYPT 2009, 28th Annual International Conference on the Theory and Applications of Cryptographic Techniques, Proceedings*, Band 5479 der Reihe *Lecture Notes in Computer Science*, Seiten 371–388. Springer, 2009.

[69] Dolev, Danny, Cynthia Dwork und Moni Naor: *Non-malleable Cryptography*. SIAM Journal on Computing, 30(2):391–437, 2000.

[70] Electronic Frontier Foundation: *Cracking DES: Secrets of Encryption Research, Wiretap Politics and Chip Design*. O'Reilly & Associates, Inc., Sebastopol, CA, USA, 1998.

[71] ElGamal, Taher: *A Public Key Cryptosystem and a Signature Scheme Based on Discrete Logarithms*. In: *Advances in Cryptology, Proceedings of CRYPTO '84*, Band 196 der Reihe *Lecture Notes in Computer Science*, Seiten 10–18. Springer, 1985.

[72] Ellison, Carl und Bruce Schneier: *Ten Risks of PKI: What You're Not Being Told About Public Key Infrastructure*. Computer Security Journal, 16(1):1–7, 2000.

[73] Feistel, Horst: *Cryptography and Computer Privacy*. Scientific American, 228(5):15–23, 1973.

[74] Fiat, Amos und Adi Shamir: *How to Prove Yourself: Practical Solutions to Identification and Signature Problems*. In: *Advances in Cryptology - CRYPTO '86, Proceedings*, Band 263 der Reihe *Lecture Notes in Computer Science*, Seiten 186–194. Springer, 1986.

[75] Fouque, Pierre-Alain, Gaëtan Leurent und Phong Q. Nguyen: *Full Key-Recovery Attacks on HMAC/NMAC-MD4 and NMAC-MD5*. In: Menezes, Alfred (Herausgeber): *Advances in Cryptology - CRYPTO 2007, 27th Annual International Cryptology Conference, Proceedings*, Band 4622 der Reihe *Lecture Notes in Computer Science*, Seiten 13–30. Springer, 2007.

[76] Friedman, William F.: *Edgar Allan Poe, Cryptographer*. American Literature, 8(3):266–280, November 1936.

[77] Fujisaki, Eiichiro, Tatsuaki Okamoto, David Pointcheval und Jacques Stern: *RSA-OAEP Is Secure under the RSA Assumption*. In: Kilian, Joe (Herausgeber): *Advances in Cryptology - CRYPTO 2001, 21st Annual International Cryptology Conference, Proceedings*, Band 2139 der Reihe *Lecture Notes in Computer Science*, Seiten 260–274. Springer, 2001.

[78] Garcia, Flavio D., Peter van Rossum, Roel Verdult und Ronny Wichers Schreur: *Wirelessly Pickpocketing a Mifare Classic Card*. In: *30th IEEE Symposium on Security and Privacy (S&P 2009)*, Seiten 3–15. IEEE Computer Society, 2009.

[79] Goethe, Johann Wolfgang von: *Wilhelm Meisters Lehrjahre*. Unger, 1795. Siehe auch http://www.gutenberg.org/browse/authors/g für eine elektronische Fassung.

[80] Goldreich, Oded: *Foundations of Cryptography – Basic Tools*, Band I. Cambridge University Press, 2001.

[81] Goldreich, Oded: *Foundations of Cryptography – Basic Applications*, Band II. Cambridge University Press, 2004.

[82] Goldreich, Oded, Shafi Goldwasser und Silvio Micali: *How to Construct Random Functions (Extended Abstract)*. In: *25th Annual Symposium on Foundations of Computer Science (FOCS 1984)*, Seiten 464–479. IEEE Computer Society, 1984.

[83] Goldreich, Oded, Shafi Goldwasser und Silvio Micali: *On the Cryptographic Applications of Random Functions*. In: Blakley, G. R. und David Chaum (Herausgeber): *Advances in Cryptology, Proceedings of CRYPTO '84, Proceedings*, Band 196 der Reihe *Lecture Notes in Computer Science*, Seiten 276–288. Springer, 1984.

[84] Goldreich, Oded, Shafi Goldwasser und Silvio Micali: *How to construct random functions*. Journal of the ACM, 33(4):792–807, 1986.

[85] Goldwasser, Shafi und Silvio Micali: *Probabilistic Encryption and How to Play Mental Poker Keeping Secret All Partial Information*. In: *Proceedings of the Fourteenth Annual ACM Symposium on Theory of Computing*, Seiten 365–377. ACM Press, 1982.

[86] Goldwasser, Shafi und Silvio Micali: *Probabilistic Encryption*. Journal of Computer and System Sciences, 28(2):270–299, April 1984. Zunächst erschienen in STOC 1982.

[87] Goldwasser, Shafi, Silvio Micali und Ron L. Rivest: *A digital signature scheme secure against adaptive chosen-message attacks*. SIAM Journal on Computing, 17(2):281–308, 1988.

[88] Goldwasser, Shafi, Silvio Micali und Andrew Chi-Chih Yao: *Strong Signature Schemes*. In: *Proceedings of the Fifteenth Annual ACM Symposium on Theory of Computing*, Seiten 431–439. ACM Press, 1983.

[89] Gordon, Dan M.: *Discrete logarithms in GF(p) using the number field sieve*. SIAM Journal on Discrete Mathematics, 6:124–138, 1993.

[90] Gutmann, Peter: *PKI: it's not dead, just resting*. Computer, 35(8):41–49, August 2002.

[91] Håstad, Johan und Mats Näslund: *The security of all RSA and discrete log bits*. Journal of the ACM, 51(2):187–230, 2004.

[92] Heys, Howard M.: *A Tutorial on Linear and Differential Cryptanalysis*. Cryptologia, 26:189–221, 2002.

[93] Hohenberger, Susan und Brent Waters: *Short and Stateless Signatures from the RSA Assumption*. In: Halevi, Shai (Herausgeber): *Advances in Cryptology - CRYPTO 2009, 29th Annual International Cryptology Conference, Proceedings*, Band 5677 der Reihe *Lecture Notes in Computer Science*, Seiten 654–670. Springer, 2009.

[94] Impagliazzo, Russell und Michael Luby: *One-way Functions are Essential for Complexity Based Cryptography (Extended Abstract)*. In: *30th Annual Symposium on Foundations of Computer Science (FOCS 1989)*, Seiten 230–235. IEEE Computer Society, 1989.

[95] Iwata, Tetsu und Kaoru Kurosawa: *OMAC: One-Key CBC MAC*. In: Johansson, Thomas (Herausgeber): *Fast Software Encryption, 10th International Workshop, FSE 2003, Revised Papers*, Band 2887 der Reihe *Lecture Notes in Computer Science*, Seiten 129–153. Springer, 2003.

[96] Iwata, Tetsu und Kaoru Kurosawa: *Stronger Security Bounds for OMAC, TMAC, and XCBC*. In: Johansson, Thomas und Subhamoy Maitra (Herausgeber): *Progress in Cryptology - INDOCRYPT 2003, 4th International Conference on Cryptology in India, Proceedings*, Band 2904 der Reihe *Lecture Notes in Computer Science*, Seiten 402–415. Springer, 2003.

[97] Joux, Antoine, David Naccache und Emmanuel Thomé: *When e-th Roots Become Easier Than Factoring*. In: Kurosawa, Kaoru (Herausgeber): *Advances in Cryptology - ASIACRYPT 2007, 13th International Conference on the Theory and Application of Cryptology and Information Security, Proceedings*, Band 4833 der Reihe *Lecture Notes in Computer Science*, Seiten 13–28. Springer, 2007.

[98] Kahn, David: *The Codebreakers: The Story of Secret Writing*. Scribner, New York City, 2. Auflage, 1996.

[99] Kasiski, Friedrich Wilhelm: *Die Geheimschriften und die Dechiffrierkunst*. Mittler & Sohn, Berlin, 1863.

[100] Katz, Jonathan: *Digital Signatures*. Springer, 1. Auflage, 2010.

[101] Katz, Jonathan und Yehuda Lindell: *Introduction to Modern Cryptography*. Chapman & Hall/CRC Press, 2008.

[102] Kaufman, Charlie, Raida Perlman und Mike Speciner: *Network Security: Private Communication in a Public World*. Series in Computer Networking and Distributed Systems. Prentice Hall, 2. Auflage, 2002.

[103] Kerckhoffs, Auguste: *La cryptographie militaire*. Journal des Sciences militaires, IX :5–38, Januar 1883.

[104] Kerckhoffs, Auguste: *La Cryptographie Militaire*. Librairie Militaire de L. Baudoin & Cie., Paris, 1883.

[105] Kim, Jongsung, Alex Biryukov, Bart Preneel und Seokhie Hong: *On the Security of HMAC and NMAC Based on HAVAL, MD4, MD5, SHA-0 and SHA-1 (Extended Abstract)*. In: Prisco, Roberto De und Moti Yung (Herausgeber): *Security and Cryptography for Networks, 5th International Conference, SCN 2006, Proceedings*, Band 4116 der Reihe *Lecture Notes in Computer Science*, Seiten 242–256. Springer, 2006.

[106] Kleinjung, Thorsten, Kazumaro Aoki, Jens Franke, Arjen K. Lenstra, Emmanuel Thomé, Joppe W. Bos, Pierrick Gaudry, Alexander Kruppa, Peter L. Montgomery, Dag Arne Osvik, Herman J. J. te Riele, Andrey Timofeev und Paul Zimmermann: *Factorization of a 768-Bit RSA Modulus*. In: Rabin, Tal (Herausgeber): *Advances in Cryptology - CRYPTO 2010, 30th Annual Cryptology Conference. Proceedings*, Band 6223 der Reihe *Lecture Notes in Computer Science*, Seiten 333–350. Springer, 2010.

[107] Koblitz, Neal: *Elliptic curve cryptosystems*. Mathematics of Computation, 48:203–209, 1987.

[108] Koblitz, Neal: *A Course in Number Theory and Cryptography.* Graduate Texts in Mathematics. Springer, 2. Auflage, 2006.

[109] Kocher, Paul C.: *Timing Attacks on Implementations of Diffie-Hellman, RSA, DSS, and Other Systems.* In: *Advances in Cryptology - CRYPTO '96, Proceedings of the 16th Annual International Cryptology Conference*, Band 1109 der Reihe *Lecture Notes in Computer Science*, Seiten 104–113. Springer, 1996.

[110] Kohlas, Reto und Ueli M. Maurer: *Reasoning about Public-Key Certification: On Bindings between Entities and Public Keys.* In: Franklin, Matthew K. (Herausgeber): *Financial Cryptography, Third International Conference, FC'99, Proceedings*, Band 1648 der Reihe *Lecture Notes in Computer Science*, Seiten 86–103. Springer, 1999.

[111] Kohnfelder, Loren M.: *Towards a practical public-key cryptosystem.* Bachelorarbeit, MIT, Mai 1978.

[112] Krawczyk, Hugo: *The Order of Encryption and Authentication for Protecting Communications (or: How Secure Is SSL?).* In: Kilian, Joe (Herausgeber): *Advances in Cryptology - CRYPTO 2001, 21st Annual International Cryptology Conference, Proceedings*, Band 1462 der Reihe *Lecture Notes in Computer Science*, Seiten 310–331. Springer, 2001.

[113] Krawczyk, Hugo, Mihir Bellare und Ran Canetti: *HMAC: Keyed-hashing for message authentication.* RFC 2104, February 1997. http://www.ietf.org/rfc/rfc2104.txt.

[114] Krengel, Ulrich: *Einführung in die Wahrscheinlichkeitstheorie und Statistik.* Vieweg, Braunschweig u. a., 3. Auflage, 1991.

[115] Leurent, Gaëtan: *MD4 is Not One-Way.* In: Nyberg, Kaisa (Herausgeber): *Fast Software Encryption, 15th International Workshop, FSE 2008, Revised Selected Papers*, Band 5086 der Reihe *Lecture Notes in Computer Science*, Seiten 412–428. Springer, 2008.

[116] Luby, Michael und Charles Rackoff: *How to Construct Pseudorandom Permutations from Pseudorandom Functions.* SIAM Journal on Computing, 17(2):373–386, 1988.

[117] Lucks, Stefan: *Design Principles for Iterated Hash Functions.* Cryptology ePrint Archive, Report 2004/253, 2004. http://eprint.iacr.org/.

[118] Lyubashevsky, Vadim, Daniele Micciancio, Chris Peikert und Alon Rosen: *SWIFFT: A Modest Proposal for FFT Hashing.* In: Nyberg, Kaisa (Herausgeber): *Fast Software Encryption, 15th International Workshop, FSE 2008, Revised Selected Papers*, Band 5086 der Reihe *Lecture Notes in Computer Science*, Seiten 54–72. Springer, 2008.

[119] Matsui, Mitsuru: *Linear Cryptanalysis Method for DES Cipher.* In: Helleseth, Tor (Herausgeber): *Advances in Cryptology - EUROCRYPT '93, Workshop on the Theory and Application of Cryptographic Techniques, Proceedings*, Band 765 der Reihe *Lecture Notes in Computer Science*, Seiten 386–397. Springer, 1994.

[120] Matsui, Mitsuru: *The First Experimental Cryptanalysis of the Data Encryption Standard.* In: Desmedt, Yvo (Herausgeber): *Advances in Cryptology - CRYPTO '94, Proceedings of the 14th Annual International Cryptology Conference*, Band 839 der Reihe *Lecture Notes in Computer Science*, Seiten 1–11. Springer, 1994.

[121] Maurer, Ueli M.: *New Approaches to Digital Evidence*. Proceedings of the IEEE, 92(6):933–947, 2004.

[122] Maurer, Ueli M. und Stefan Wolf: *The Relationship Between Breaking the Diffie-Hellman Protocol and Computing Discrete Logarithms*. SIAM Journal on Computing, 28(5):1689–1721, 1999.

[123] Menezes, Alfred J., Paul C. van Oorschot und Scott A. Vanstone: *Handbook of applied cryptography*. CRC Press series on discrete mathematics and its applications. CRC Press, 1996.

[124] Merkle, Ralph C.: *One Way Hash Functions and DES*. In: Brassard, Gilles (Herausgeber): *Advances in Cryptology - CRYPTO '89, 9th Annual International Cryptology Conference, Proceedings*, Band 435 der Reihe *Lecture Notes in Computer Science*, Seiten 428–446. Springer, 1989.

[125] Micciancio, Daniele und Shafi Goldwasser: *Complexity of Lattice Problems — A Cryptographic Perspective*. Springer International Series in Engineering and Computer Science. Springer, 2002.

[126] Miller, Gary L.: *Riemann's Hypothesis and Tests for Primality*. Journal of Computer and System Sciences, 13(3):300–317, 1976.

[127] Miller, Victor S.: *Use of Elliptic Curves in Cryptography*. In: Williams, Hugh C. (Herausgeber): *Advances in Cryptology - CRYPTO '85, Proceedings*, Band 218 der Reihe *Lecture Notes in Computer Science*, Seiten 417–426. Springer, 1986.

[128] Miyaguchi, Shoji, Kazuo Ohta und Masahiko Iwata: *Confirmation that Some Hash Functions Are Not Collision Free*. In: Damgård, Ivan (Herausgeber): *Advances in Cryptology – EUROCRYPT '90, Workshop on the Theory and Application of Cryptographic Techniques, Proceedings*, Band 473 der Reihe *Lecture Notes in Computer Science*, Seiten 326–343. Springer, 1991.

[129] Naor, Moni und Moti Yung: *Universal One-Way Hash Functions and their Cryptographic Applications*. In: *Proceedings of the Twenty-First Annual ACM Symposium on Theory of Computing*, Seiten 33–43. ACM Press, 1989.

[130] Naor, Moni und Moti Yung: *Public-key Cryptosystems Provably Secure against Chosen Ciphertext Attacks*. In: *Proceedings of the Twenty Second Annual ACM Symposium on Theory of Computing (STOC 1990)*, Seiten 427–437. ACM Press, 1990.

[131] Nielsen, Michael A. und Isaac L. Chuang: *Quantum Computation and Quantum Information*. Cambridge University Press, 2000.

[132] Odlyzko, Andrew M.: *Discrete Logarithms: The Past and the Future*. Designs, Codes, and Cryptography, 19(2/3):129–145, 2000.

[133] Pohlig, Stephen C. und Martin E. Hellman: *An Improved Algorithm for Computing Logarithms over GF(p) and its Cryptographic Significance*. IEEE Transactions on Information Theory, 24(1):106–110, 1978.

[134] Pollard, John M.: *Factoring with cubic integers*. In: Lenstra, Arjen K. und Jr. Hendrik W. Lenstra (Herausgeber): *The Development of the Number Field Sieve*, Seiten 4–10. Springer, 1993.

[135] Quisquater, Jean-Jaques und François Koene: *Side channel attacks: State of the Art*, October 2002. `http://www.ipa.go.jp/security/enc/CRYPTREC/fy15/doc/1047_Side_Channel_report.pdf`. Aktuellere Informationen findet man z.B. unter `http://www.crypto.ruhr-uni-bochum.de/en_sclounge.html` sowie `Sidechannelattacks.com`.

[136] Rabin, Michael O.: *Digitalized Signatures and Public-Key Functions as Intractable as Factorization*. Technischer Bericht MIT/LCS/TR-212, MIT Laboratory for Computer Science, January 1979.

[137] Rabin, Michael O.: *Probabilistic Algorithm for Testing Primality*. Journal of Number Theory, 12(1):128–138, 1980.

[138] Rackoff, Charles und Daniel R. Simon: *Non-Interactive Zero-Knowledge Proof of Knowledge and Chosen Ciphertext Attack*. In: Feigenbaum, Joan (Herausgeber): *Advances in Cryptology - CRYPTO '91, 11th Annual International Cryptology Conference, Proceedings*, Band 576 der Reihe *Lecture Notes in Computer Science*, Seiten 433–444. Springer, 1992.

[139] Ristenpart, Thomas und Scott Yilek: *The Power of Proofs-of-Possession: Securing Multiparty Signatures against Rogue-Key Attacks*. In: Naor, Moni (Herausgeber): *Advances in Cryptology - EUROCRYPT 2007, 26th Annual International Conference on the Theory and Applications of Cryptographic Techniques, Proceedings*, Band 4515 der Reihe *Lecture Notes in Computer Science*, Seiten 228–245. Springer, 2007.

[140] Rivest, Ronald L., Adi Shamir und Leonard M. Adleman: *A Method for Obbtaining Digital Signatures and Public-Key Cryptosystems*. Communications of the ACM, 21(2):120–126, 1978.

[141] Rivest, Ron: *The MD5 Message-Digest Algorithm*. RFC 1321, April 1992. `http://tools.ietf.org/html/rfc1321`.

[142] Rogaway, Phillip und Thomas Shrimpton: *Cryptographic Hash-Function Basics: Definitions, Implications, and Separations for Preimage Resistance, Second-Preimage Resistance, and Collision Resistance*. In: Roy, Bimal K. und Willi Meier (Herausgeber): *Fast Software Encryption, 11th International Workshop, FSE 2004*, Band 3017 der Reihe *Lecture Notes in Computer Science*, Seiten 371–388. Springer, 2004.

[143] Rompel, John: *One-Way Functions are Necessary and Sufficient for Secure Signatures*. In: *Proceedings of the Twenty Second Annual ACM Symposium on Theory of Computing*, Seiten 387–394. ACM Press, 1990.

[144] Sasaki, Yu und Kazumaro Aoki: *Finding Preimages in Full MD5 Faster Than Exhaustive Search*. In: Joux, Antoine (Herausgeber): *Advances in Cryptology - EUROCRYPT 2009, 28th Annual International Conference on the Theory and Applications of Cryptographic Techniques, Proceedings*, Band 5479 der Reihe *Lecture Notes in Computer Science*, Seiten 134–152. Springer, 2009.

[145] Schaad, Jim: *Internet X.509 Public Key Infrastructure: Certificate Request Message Format (CRMF)*. RFC 4211, September 2005. `http://www.ietf.org/rfc/rfc4211.txt`.

[146] Shanks, Daniel: *Class number, a theory of factorization and genera.* In: *Proceedings Symposia Pure Mathematics 20*, Seiten 415–440. AMS, Providence, R.I., 1971.

[147] Shannon, Claude Elwood: *A Mathematical Theory of Communication, Part I.* Bell System Technical Journal, 27:379–423, July 1948.

[148] Shannon, Claude Elwood: *A Mathematical Theory of Communication, Part II.* Bell System Technical Journal, 27:623–656, October 1948.

[149] Shannon, Claude Elwood: *Communication Theory of Secrecy Systems.* Bell System Technical Journal, 28(4):656–715, 1949. Ursprünglich erschienen in einem vertraulichen Bericht vom 1. September 1945 mit dem Titel *A Mathematical Theory of Cryptography.*

[150] Shor, Peter W.: *Polynomial-Time Algorithms for Prime Factorization and Discrete Logarithms on a Quantum Computer.* SIAM Journal on Computing, 26(5):1484–1509, 1997.

[151] Shoup, Victor: *OAEP Reconsidered.* In: Kilian, Joe (Herausgeber): *Advances in Cryptology - CRYPTO 2001, 21st Annual International Cryptology Conference, Proceedings*, Band 2139 der Reihe *Lecture Notes in Computer Science*, Seiten 239–259. Springer, 2001.

[152] Shoup, Victor: *Sequences of games: a tool for taming complexity in security proofs.* Cryptology ePrint Archive, Report 2004/332, 2004. `http://eprint.iacr.org/`.

[153] Shoup, Victor: *A Computational Introduction to Number Theory and Algebra.* Cambridge University Press, 2005. Online verfügbar unter `http://www.shoup.net/ntb`.

[154] Singh, Simon: *The code book: the evolution of secrecy from Mary, Queen of Scots, to quantum cryptography.* Doubleday New York, NY, USA, 1999.

[155] Stevens, Marc, Arjen K. Lenstra und Benne de Weger: *Predicting the winner of the 2008 US presidential elections using a Sony PlayStation 3.* `http://www.win.tue.nl/hashclash/Nostradamus/`, 2007.

[156] Stevens, Marc, Alexander Sotirov, Jacob Appelbaum, Arjen K. Lenstra, David Molnar, Dag Arne Osvik und Benne de Weger: *Short Chosen-Prefix Collisions for MD5 and the Creation of a Rogue CA Certificate.* In: Halevi, Shai (Herausgeber): *Advances in Cryptology - CRYPTO 2009, 29th Annual International Cryptology Conference, Proceedings*, Band 5677 der Reihe *Lecture Notes in Computer Science*, Seiten 55–69. Springer, 2009.

[157] Stinson, Douglas R.: *Cryptography — Theory and Practice.* Discrete Mathematics and its Applications. Chapman & Hall/CRC, 3. Auflage, 2006.

[158] Suetonius Tranquillus, Gaius: *Vita Divi Iuli, 56.* `http://www.thelatinlibrary.com/suetonius/suet.caesar.html#56`.

[159] Tromer, Eran, Dag Arne Osvik und Adi Shamir: *Efficient Cache Attacks on AES, and Countermeasures.* Journal of Cryptology, 23(1):37–71, 2010.

[160] Tsiounis, Yiannis und Moti Yung: *On the Security of ElGamal Based Encryption.* In: Imai, Hideki und Yuliang Zheng (Herausgeber): *Public Key Cryptography, First International Workshop on Practice and Theory in Public Key Cryptography, PKC '98, Proceedings*, Band 1431 der Reihe *Lecture Notes in Computer Science*, Seiten 117–134. Springer, 1998.

[161] Vernam, Gilbert S.: *US Patent no. 1,310,719.* Beziehbar unter `http://patft.uspto.gov/netahtml/PTO/srchnum.htm` mit Suchbegriff »Utility: 1,310,719«. 22. Juli 1919.

[162] Vigenère, Blaise de: *Traicté Chiffres.* In: *Manuel de cryptographie.* Payot, Paris, 1951. Abschnitt 145.

[163] Wang, Xiaoyun, Xuejia Lai, Dengguo Feng, Hui Chen und Xiuyuan Yu: *Cryptanalysis of the Hash Functions MD4 and RIPEMD.* In: Cramer, Ronald (Herausgeber): *Advances in Cryptology - EUROCRYPT 2005, 24th Annual International Conference on the Theory and Applications of Cryptographic Techniques, Proceedings*, Band 3494 der Reihe *Lecture Notes in Computer Science*, Seiten 1–18. Springer, 2005.

[164] Wang, Xiaoyun, Yiqun Lisa Yin und Hongbo Yu: *Finding Collisions in the Full SHA-1.* In: Shoup, Victor (Herausgeber): *Advances in Cryptology - CRYPTO 2005: 25th Annual International Cryptology Conference, Proceedings*, Band 3621 der Reihe *Lecture Notes in Computer Science*, Seiten 17–36. Springer, 2005.

[165] Wang, Xiaoyun und Hongbo Yu: *How to Break MD5 and Other Hash Functions.* In: Cramer, Ronald (Herausgeber): *Advances in Cryptology - EUROCRYPT 2005, 24th Annual International Conference on the Theory and Applications of Cryptographic Techniquees, Proceedings*, Band 3494 der Reihe *Lecture Notes in Computer Science*, Seiten 19–35. Springer, 2005.

[166] Wang, Xiaoyun, Hongbo Yu, Wei Wang, Haina Zhang und Tao Zhan: *Cryptanalysis on HMAC/NMAC-MD5 and MD5-MAC.* In: Joux, Antoine (Herausgeber): *Advances in Cryptology - EUROCRYPT 2009, 28th Annual International Conference on the Theory and Applications of Cryptographic Techniques, Proceedings*, Band 5479 der Reihe *Lecture Notes in Computer Science*, Seiten 121–133. Springer, 2009.

[167] Wang, Xiaoyun, Hongbo Yu und Yiqun Lisa Yin: *Efficient Collision Search Attacks on SHA-0.* In: Shoup, Victor (Herausgeber): *Advances in Cryptology - CRYPTO 2005: 25th Annual International Cryptology Conference, Proceedings*, Band 3621 der Reihe *Lecture Notes in Computer Science*, Seiten 1–16. Springer, 2005.

[168] Washington, Lawrence C.: *Elliptic Curves: Number Theory and Cryptography.* Discrete Mathematics and Its Applications. Chapman & Hall/CRC Press, 2003.

[169] Wayner, Peter: *British Document Outlines Early Encryption Discovery.* The New York Times, 24. Dezember 1997. `http://www.nytimes.com/library/cyber/week/122497encrypt.html`.

[170] Yao, Andrew Chi-Chih: *Theory and Applications of Trapdoor Functions (Extended Abstract).* In: *23rd Annual Symposium on Foundations of Computer Science (FOCS 1982)*, Seiten 80–91. IEEE Computer Society, 1982.

[171] Zimmermann, Philip R.: *The Official PGP User's Guide.* MIT Press, 1995.

[172] *American National Standards Institute, ANSI X9.71: Keyed hash message authentication code*, 2000.

[173] *American National Standards Institute, ANSI X9.9: Financial Institution Message Authentication (Wholesale)*, 1981. Überarbeitet 1986.

[174] International Telecommunication Union (ITU). Telecommunication Standardization Sector of ITU: *ITU-T X.509*, November 2008. `http://www.itu.int/rec/T-REC-X.509/en`. Die erste Version diese Standards stammt aus dem Jahr 1988.

[175] *ISO/IEC 9797, Data cryptographic techniques — data integrity mechanism using a cryptographic check function employing a block cipher algorithm*, 1989.

[176] National Bureau of Standards: *Data encryption standard (DES)*, 1977. Federal Information Processing Standard (FIPS), publication 46.

[177] National Bureau of Standards: *DES modes of operation*, 1980. Federal Information Processing Standard (FIPS), publication 81.

[178] National Institute of Standards and Technology (NIST): *Announcing Request for Candidate Algorithm Nominations for the Advanced Encryption Standard (AES)*. Federal Register 62(117), 12. September 1997. `http://csrc.nist.gov/archive/aes/pre-round1/aes_9709.htm`.

[179] National Institute of Standards and Technology (NIST): *Secure Hash Standard*. Federal Register 72(212), 2. November 2007. `http://csrc.nist.gov/groups/ST/hash/documents/FR_Notice_Nov07.pdf`.

[180] National Institute of Standards and Technology (NIST): *Secure Hash Standard*, April 1995. Federal Information Processing Standard (FIPS), publication 180-1.

[181] National Institute of Standards and Technology (NIST): *Recommendation for Block Cipher Modes of Operation*, 2001. NIST Special Publication 800-38A. 2001 Edition. `http://csrc.nist.gov/publications/nistpubs/800-38a/sp800-38a.pdf`.

[182] National Institute of Standards and Technology (NIST): *The keyed-hash message authentication code (HMAC)*, März 2002. Federal Information Processing Standard (FIPS), publication 198.

[183] National Institute of Standards and Technology (NIST): *Recommendation for Block Cipher Modes of Operation: The CMAC Mode for AuthenticationSecure Hash Standard*, Mai 2005. NIST Special Publication 800-38B.

[184] National Institute of Standards and Technology (NIST): *Recommendation for key management part 1: General (revised)*, März 2007. NIST Special publication 800-57. `http://csrc.nist.gov/publications/nistpubs/800-57/sp800-57-Part1-revised2_Mar08-2007.pdf`.

[185] National Institute of Standards and Technology (NIST): *Secure Hash Standard*, Oktober 2008. Federal Information Processing Standard (FIPS), publication 180-3.

[186] National Institute of Standards and Technology (NIST): *Digital Signature Standard (DSS)*, Juni 2009. Federal Information Processing Standard (FIPS), publication 186-3. Die erste Version dieses Standards stammt aus dem Jahr 1994.

[187] RSA — the security division of EMCRSA Laboratories: *The RSA challenge numbers.*
Zunächst unter `http://www.rsa.com/rsalabs/node.asp?id=2093` nun unter
`http://en.wikipedia.org/wiki/RSA_numbers` zu finden.

[188] RSA Laboratories: *PKCS#1: RSA Encryption Standard. Version 1.5*, November 1993.
`http://www.rsa.com/rsalabs/node.asp?id=2125`.

[189] RSA Laboratories: *PKCS #10 v1.7: Certification Request Syntax Standard*, Mai 2000.
`http://www.rsa.com/rsalabs/node.asp?id=2132`.

[190] RSA Laboratories: *PKCS#1 v2.1: RSA Cryptography Standard*, Juni 2002.
`http://www.rsa.com/rsalabs/node.asp?id=2125`.

Stichwortverzeichnis

Symbole
M^*, 15
M^l, 15
$\{0,1\}^{l*}$, 102
$\{0,1\}^{l+}$, 102
$\mathbf{Z}_n^*$, 32
$\langle \cdot \rangle$, 142
$\text{Exp}(\cdot)$, 22
$\text{flip}(M)$, 78
$\text{flip}(l)$, 73
$\text{flip}()$, 73
$\text{ggT}(\cdot, \cdot)$, 32
$[\cdot]$, 48
$\mathbf{Z}$, 31
$J.(\cdot)$, 148
$L.(\cdot)$, 147
mod, 31
$\cdot_n$, 31
$\mathbf{N}$, 31
$o(\cdot)$, 142
$\mathcal{P}_X$, 17
$+_n$, 31
$\text{Prob}\{\cdot\}$, 22
$\text{QNR}(\cdot)$, 146
$\text{QR}(\cdot)$, 146
$\mathbf{Z}_n$, 31
$\oplus$, 15
$\cdot \xleftarrow{r} \cdot$, 22
ϕ, 32

A
Abhängigkeit
 – ideale lineare, 56
 – lineare, 56
Advanced Encryption Standard, **66**, 88, 97, 135
Advantage, *siehe* Vorteil
Adversary, *siehe* Angreifer
AES, *siehe* Advanced Encryption Standard
affines Kryptosystem, *siehe* Kryptosystem
aktiver Klartext, *siehe* Klartext
algorithmische Sicherheit, *siehe* Sicherheit
Algorithmus
 – Chiffrier-, 47, 102, 137
 – Dechiffrier-, 47, 102, 137
 – erweiterter Euklidscher, 32, 66
 – Etikettier-, 191, 211
 – Laufzeit eines, 72
 – Pohlig-Hellman-, 172, 183
 – Signier-, 191
 – Validierungs-, 191, 239
 – zufallsgesteuerter, **73**
Angebot, 109, 139
Angebotshälfte, 109, 139
Angreifer, 218
 – asymmetrisches Kryptoschema, 139
 – beschränkter, 113, 140, 195
 – Hashfunktion, 195
 – symmetrisches Kryptoschema, 109
Angriff
 – mit bekannten Klartexten, 10, 72
 – mit Chiffretextwahl, *siehe* CCA-Sicherheit
 – mit Klartextwahl, *siehe* CPA-Sicherheit
 – mit Nachrichtenwahl, 191, 211, 273
 – mit vorgegebenen Nachrichten, 191
 – Nur-Chiffretext-, 10, 13, 52
Artjunov-Folge, 152
asymmetrische Verschlüsselung, *siehe* Verschlüsselung
Attribute, *siehe* Zertifikat
Ausrichtung, 56
Authentifizierungsschema
 – aus Block-Kryptosystemen, 213
 – basierend auf Hashfunktionen, 217
 – CBC-MAC, **216**, 236
 – CMAC, 217, 236
 – Hash-then-MAC, **217**, 236
 – HMAC, **224**, 236
 – NMAC, **222**, 236
 – sicheres, 213
 – symmetrisches, 190, **211**
 – unsicheres, 213
 – XCBC-MAC, 236
Authentizität, 189

B
Bézout-Koeffizienten, 33
Babystep-Giantstep-Methode, 172, 183
bedingte Wahrscheinlichkeit, *siehe* Wahrscheinlichkeit
Besitznachweis, 260, 275
Betriebsart, 102
 – CBC-, *siehe* Kryptoschema
 – CFB-, 135
 – ECB-, *siehe* Kryptoschema

– OFB-, 135
– R-CBC-, *siehe* Kryptoschema
– R-CTR-, *siehe* Kryptoschema
beweisbare Sicherheit, *siehe* Sicherheit
Bindungsproblem, 259
– autoritäre Lösung, 266
– zentralistische Lösung, 266
Bleichenbacher
– Angriff von, 162
Block, 48
– länge, 198
Block-Kryptosystem, *siehe* Kryptosystem
blockweise Verschlüsselung, *siehe* Verschlüsselung
brute force attack, 52
buchstabenweise Verschlüsselung, *siehe* Verschlüsselung
Bundesnetzagentur, 266

C
CA, *siehe* certification authority
Caesarchiffre, *siehe* Chiffre
Carmichael-Zahl, 151
CBC-Kryptoschema, *siehe* Kryptoschema
CBC-MAC, *siehe* Authentifizierungsschema
CCA-Sicherheit, *siehe* Sicherheit
Certificate, *siehe* Zertifikat
Certificate chain, *siehe* Zertifikatkette
Certificate Practice Statement, 262
Certificate Revocation List (CRL), *siehe* Widerrufliste
Certification authority, *siehe* Zertifizierungsstelle
Challenge-Response-Protocol, 260
Challenger, 107
Chiffre, 14
– Caesar-, 7
Chiffretext, 7, 14
Chiffrieralgorithmus, *siehe* Algorithmus
Chiffrierfunktion, 14
Chiffrierschlüssel, *siehe* Schlüssel
Chinesischer Restsatz, 141
Chosen Ciphertext Attack (CCA), *siehe* CCA-Sicherheit
Chosen Plaintext Attack (CPA), *siehe* CPA-Sicherheit
Chosen-Message Attack, *siehe* Angriffe mit Nachrichtenwahl
– unforgable, 192
Cipher, *siehe* Chiffre
Cipher Block Chaining (CBC), *siehe* CBC-Kryptoschema
Cipher Feedback Mode (CFB), *siehe* Betriebsart
Ciphertext, *siehe* Chiffretext
Ciphertext-only attack, *siehe* Nur-Chiffretext-Angriff
CMAC, *siehe* Authentifizierungsschema

Collision resistance, *siehe* Kollisionsresistenz
Compression function, *siehe* Kompressionsfunktion
CPA-Sicherheit, *siehe* Sicherheit
CRP, *siehe* Challenge-Response-Protocol
Crypto system, *siehe* Kryptosystem

D
DDH, *siehe* Decisional Diffie-Hellman Problem
DDH-Annahme, *siehe* Diffie-Hellman-Annahme
Dechiffrieralgorithmus, *siehe* Algorithmus
Dechiffrierbedingung, 14, 102, 138
Dechiffrierfunktion, 14
Decisional Diffie-Hellman Problem, *siehe* Diffie-Hellman-Entscheidungsproblem
Decryption function, *siehe* Dechiffrierfunktion
Delegationshierarchie, 265
DES, *siehe* Digital Encryption Standard
deterministisches Kryptoschema, *siehe* Kryptoschema
DH-Tripel, 169
Diffie-Hellman-
– Annahme, **169**, 185
– Entscheidungsproblem, **167**, 185
– Funktion, **170**, 185
– Schlüsselaustausch, 8, 164
– Schlüsselvereinbarungsprotokoll, *siehe* Diffie-Hellman-Schlüsselaustausch
Digital Encryption Standard, 66, 97, 135
Digital Signature Algorithm (DSA), *siehe* Signierschema
Digital Signature Standard (DSS), *siehe* Signierschema
digitale Signatur, *siehe* Signatur
Digramm, 35
diskrete Zufallsvariable, *siehe* Zufallsvariable
diskreter Logarithmus, *siehe* Logarithmus
DL-Problem, *siehe* diskreter Logarithmus
DSA, *siehe* Signierschema
DSS, *siehe* Signierschema

E
ECB-Kryptoschema, *siehe* Kryptoschema
Einheit, 31
Einheitengruppe, *siehe* Gruppe
Einwegfamilie
– sichere, 160
– unsichere, 160
Einwegfunktion, 98, 184, 207
– mit Hintertür, **158**, 184, 273
Einwegpermutation
– mit Hintertür, 159
Electronic Code Book Mode (ECB), *siehe* ECB-Kryptoschema
Elementarereignis, *siehe* Ereignis
ElGamal-Kryptoschema, *siehe* Kryptoschema

Encryption function, *siehe* Chiffrierfunktion
Encryption scheme
 – authenticated, 190, 237
 – symmetric, *siehe* symmetrisches Kryptosche-
   ma
Ereignis, 18
 – Elementar-, 24
 – Gegen-, 18
 – unabhängige, 21
Erfolg
 – asymmetrisches Kryptoschema, 140
 – Block-Kryptosystem, 83
 – CCA-Sicherheit, 131
 – symmetrisches Kryptoschema, 111, 122
 – Wahrscheinlichkeitsverteilungen, 168
erschöpfende Schlüsselsuche, *siehe* Schlüsselsuche
Erwartungswert, 22
erweiterter Euklidscher Algorithmus, *siehe*
       Algorithmus
Erzeuger
 – einer Gruppe, 142
 – test, 144
Erzeugnis, 142
Etikett
 – gültiges, 191, 211
Etikettieralgorithmus, *siehe* Algorithmus
 – zufallsgesteuerter, 215
Euklidscher Algorithmus, *siehe* Algorithmus
Eulersche ϕ-Funktion, 32
Eulertest, 146
exhaustive key search, *siehe* erschöpfende
       Schlüsselsuche
existentielle Fälschung, *siehe* Fälschung
exklusive Oder, 15
Experiment
 – asymmetrisches Kryptoschema, 139
 – Block-Kryptosystem, 81
 – CCA-Sicherheit, 131
 – Einwegfunktion mit Hintertür, 160
 – Hashfunktion, 195
 – schwache Kollisionsresistenz, 218
 – Signierschema, 240
 – symmetrisches Authentifizierungsschema,
   212
 – symmetrisches Kryptoschema, 110, 122
 – verkürztes, 81, 110, 122, 139
 – Wahrscheinlichkeitsverteilungen, 167
Exponentiation
 – schnelle, 144

F
Fälscher
 – beschränkter, 212, 240, 250
 – erfolgreiche Berechnung eines, 212, 240
 – Signierschema, 239

 – symmetrisches Authentifizierungsschema,
   212
 – zulässige Berechnung eines, 212, 240
Fälschung
 – existentielle, 192, 211, **273**
 – universelle, 192
Failure, *siehe* Misserfolg
Faktorisierung, 4, 149
Faktorisierungs
 – algorithmus, 149
 – problem, 149, 161
Faktorring, *siehe* Ring
FDH, *siehe* Signierschema
Fermat
 – kleiner Satz von, 142
 – test, 150
 – zeuge, 151
FG-Sicherheit, *siehe* Sicherheit
Finalschlüssel, 53
 – wort, 53
Find-then-Guess Security, *siehe* FG-Sicherheit
Finder, 109, 139
Findungsphase, 108
flip(), 73
flip(l), 73
flip(M), 78
frische Verschlüsselung, *siehe* Verschlüsselung
Füllfunktion
 – HMAC-kompatible, 224
 – MD-kompatible, 198
 – Merkle-Damgård-, **199**, 222, 224
 – NMAC-kompatible, 222
Full Domain Hash (FDH), *siehe* Signierschema
Funktion
 – pseudozufällige, 98
 – zufällige, 89

G
Geburtstags
 – angriff, 196, 207
 – finder, 196
 – paradoxon, 19
 – phänomen, 19, 196
Gegenereignis, *siehe* Ereignis
Gitterproblem, 185, 209
Gleichverteilung, 18
Grad
 – eines Polynoms, 65
größter gemeinsamer Teiler, *siehe* Teiler
Gruppe, 141
 – Einheiten-, 31, 65
 – endliche, 141
 – Ordnung einer, 141
 – zyklische, 142
Gültigkeitszeitraum, *siehe* Zertifikat

H

Häufigkeitsanalyse, 35
HAIFA, 209
Hash-then-MAC-Schema, *siehe* Authentifizie-
    rungsschema
Hash-then-Sign-Schema, *siehe* Signierschema
Hashbreite, 193
Hashfunktion, 193
  – Angriffe auf, 208
  – beschränkte, 193
  – ideale, 246
  – iterierte MD-, 199
  – kollisionsinresistente, 195
  – kollisionsresistente, **195**, 207
  – MD4, 207
  – MD5, 203, 207, 236, 275
  – schwach kollisionsresistente, 219
  – SHA-0, 202, 208
  – SHA-1, 202, 207, 236
  – SHA-2, 202, 207, 236
  – SHA-3, 209, 236
  – unbeschränkte, 193
  – Urbild-resistente, 195, 207
  – zweites-Urbild-resistente, 194, 195, 207
Hashwert, 193
HMAC, *siehe* Authentifizierungsschema
Hybrid
  – argument, *siehe* Hybridtechnik
  – technik, 125, **129**, 136, 177
hybride Verschlüsselung, *siehe* Verschlüsselung
hybrides Kryptoschema, *siehe* Kryptoschema

I

ideale lineare Abhängigkeit, *siehe* Abhängigkeit
Index-Calculus-Methode, 172
informationstheoretische Sicherheit, *siehe*
    Sicherheit
Informationstheorie, 2
Initialisierungsvektor, 104, 198, 199
Instanz, *siehe* Zertifizierungsinstanz
Instanzzertifikat, *siehe* Zertifikat
Integrität, 189
Integritätsring, *siehe* Ring
Invertierer, 159
  – beschränkter, 160
IPsec, 224
irreduzibles Polynom, *siehe* Polynom
Iterationsfunktion, 198
iterierte MD-Hashfunktion, *siehe* Hashfunktion
iteriertes Quadrieren, 144

J

Jacobi-Symbol, **147**, 166

K

Kanal, *siehe* Kommunikationskanal

Kasiski-Heuristik, 38, 44
KEM, *siehe* Key Encapsulation Mechanism
Kerckhoffs-Prinzip, 10
Key, *siehe* Schlüssel
Key Encapsulation Mechanism, 185
Klartext, 7
  – aktiv, 24
  – passiv, 24
  – verteilung, 24
kleiner Satz von Fermat, *siehe* Fermat
known plaintext attack, *siehe* Angriff mit
    bekannten Klartexten
Koeffizienten
  – eines Polynoms, 65
Kollision, 117, 194, 196, 198
Kollisionsfinder, 195, 218
Kollisionsresistenz, *siehe* Hashfunktion
Kollisionswahrscheinlichkeit, 19
Kommunikationskanal
  – authentischer, 259, 260
  – sicherer, 259
Kompressions
  – funktion, 198
  – länge, 198
Korrektheitseigenschaft, 239
Kryptanalyse, 33, 114
  – differenzielle, 98
  – lineare, **53**, 88, 97
Kryptographie, 1
kryptographische Hashfunktion, *siehe* Hashfunk-
    tion
Kryptologie, 1
Kryptoschema
  – asymmetrisches, **137**
  – CBC-, **104**, 112
  – CCA-sicheres, 228
  – deterministisches, 112, 140
  – ECB-, **103**, 111, 122
  – ElGamal-, **164**, 185
  – hybrides, 175
  – R-CBC-, **105**, 115
  – R-CTR-, **105**, 113, 135, 189
  – Rabin-, 184, 185
  – RSA-, 155, 184
  – sicheres, 113, 122, 140
  – symmetrisches, **102**
  – unsicheres, 113, 122, 140
Kryptosystem, **14**, 43
  – affines, 36
  – Block-, 47
  – mit Schlüsselverteilung, 24
  – Substitutions-, 17, 46, 47, 80
  – Substitutionspermutations-, 48, 97
  – Vernam-, 15, 26, 43, 84
  – Verschiebe-, 34
  – Vigenère-, 37, 44

KSV, *siehe* Kryptosystem mit Schlüsselvertei-
    lung

L

Längenausdehnung, 209
Längenparameter, 199
Lagrange
    – Satz von, 142
Lattice-based cryptography, *siehe* Gitterproblem
Laufzeit
    – eines Algorithmus, *siehe* Algorithmus
Legendre-Symbol, 147
Length extension, *siehe* Längenausdehnung
lineare Abhängigkeit, *siehe* Abhängigkeit
lineare Approximationstabelle, 57
lineare Kryptanalyse, *siehe* Kryptanalyse
Logarithmus
    – diskreter, 4, **170**, 171, 185

M

MAC, *siehe* Message Authentication Code
Man-in-the-middle (MITM) attack, 259
MD4, *siehe* Hashfunktion
MD5, *siehe* Hashfunktion
Merkle-Damgård-Füllfunktion, *siehe* Füllfunkti-
    on
Merkle-Damgård-Prinzip, 199, 202, 207, 209,
    274
Message Authentication Code, *siehe* symmetri-
    sches Authentifizierungsschema
Miller-Rabin-Primzahltest, *siehe* Primzahltest
Misserfolg
    – asymmetrisches Kryptoschema, 140
    – Block-Kryptosystem, 83
    – CCA-Sicherheit, 131
    – symmetrisches Kryptoschema, 111, 122
    – Wahrscheinlichkeitsverteilungen, 168
MITM, *siehe* Man-in-the-middle attack
Mode, *siehe* Betriebsart

N

Nachrichten-Etikett-Paar, 191, 211
    – gültiges, 191
Nachrichten-Signatur-Paar, 191
    – gültiges, 191
Nachrichtenauthentizität, 189
Nachrichtenintegrität, 189
National Institute of Standards and Technology,
    66, 97, 202, 236, 257
NE-Paar, *siehe* Nachrichten-Etikett-Paar
NIST, *siehe* National Institute of Standards and
    Technology
NMAC, *siehe* Authentifizierungsschema
non-malleable encryption, *siehe* unverformbare
    Verschlüsselung
Non-repudability, *siehe* Verbindlichkeit

NSP, *siehe* Nachrichten-Signatur-Paar
Nullpolynom, *siehe* Polynom
Nullteiler, 31
Nur-Chiffretext-Angriff, *siehe* Angriff
Nutzerzertifikat, *siehe* Zertifikat

O

OAEP, *siehe* Optimal asymmetric encryption
    padding
öffentlicher Schlüssel, *siehe* Schlüssel
One-time pad, *siehe* Vernamsystem
OpenPGP, *siehe* Pretty Good Privacy
Optimal asymmetric encryption padding, 163,
    184, 185
Orakel, 79
Ordnung
    – einer Gruppe, 141
    – eines Gruppenelementes, 142
Output Feedback Mode (OFB), *siehe* Betriebs-
    art

P

passiver Klartext, *siehe* Klartext
Passwort, 207
    – datei, 207
Perfect security, *siehe* informationstheoretische
    Sicherheit
Permutation
    – pseudozufällige, 89
    – zufällige, 89
PGP, *siehe* Pretty Good Privacy
PKCS, *siehe* Public Key Cryptography
    Standards
PKI, *siehe* Public-Key-Infrastruktur
Plaintext, *siehe* Klartext
Pohlig-Hellman-Algorithmus, *siehe* Algorithmus
Polynom, 65
    – irreduzibles, 66
    – Null-, 65
PoP, *siehe* Proof of Possession
possibilistische Sicherheit, *siehe* Sicherheit
Preimage resistance, *siehe* Urbild-Resistenz
Pretty Good Privacy, 175, 267, 275
PRF, *siehe* pseudozufällige Funktion
PRF/PRP-Switching Lemma, 90, 98
primitives Element, 144
Primzahl
    – erzeugung, 153
    – satz, 154
Primzahltest, 150
    – deterministischer, 183
    – Miller-Rabin-, **152**, 183
    – Solovay-Strassen-, 183
privater Schlüssel, *siehe* Schlüssel
Probabilistic Signature Scheme/Standard (PSS),
    siehe Signierschema

Probe, 109, 139
Produktraum, 78
Programmcode, 72
– Länge des, 72, 88
Proof of Possesion (PoP), *siehe* Besitznachweis
Prozedurparameter, 79
PRP, *siehe* pseudozufällige Permutation
Prüfetikett, 190
– gültiges, 190
Prüfsumme, 193
Pseudorandom Function (PRF), *siehe* pseudozufällige Funktion
Pseudorandom Permuation (PRP), *siehe* pseudozufällige Permutation
pseudozufällige Permutation, *siehe* Permutation
Pseudozufallsgenerator, 98
Public Key Cryptography Standards
– Signierschema, 256, 274
– Verschlüsselungsverfahren, 162, 184
Public-Key-Infrastruktur, 208, 262, 275

Q
quadratischer Nichtrest, 145
quadratischer Rest, 145, 167, 171
quadratisches Reziprozitätsgesetz, 147, 149
Quanten
– algorithmus, 4, 184
– computer, 184
– information, 184
– kryptographie, 4

R
R-CBC-Kryptoschema, *siehe* Kryptoschema
R-CTR-Kryptoschema, *siehe* Kryptoschema
Rabin-Kryptoschema, *siehe* Kryptoschema
Random Oracle, *siehe* Zufallsorakel
random permutation, *siehe* zufällige Permutation
randomized CBC mode, *siehe* R-CBC-Kryptoschema
randomized counter mode, *siehe* R-CTR-Kryptoschema
Ratephase, 108
Rater, 109, 139
Real-or-Random Security, *siehe* RR-Sicherheit
Realwelt, *siehe* Welt
Reduction proof, *siehe* Reduktionsbeweis
Reduktionsbeweis, 3, 114, 129, 172, 176, 219, 257
reelle Zufallsvariable, *siehe* Zufallsvariable
Restklassenring, *siehe* Ring
Revocation, *siehe* Widerruf
Rijndael, 66, 97
Ring, 31
– Faktor-, 65
– Integritäts-, 31

– Restklassen-, 31
ROM, *siehe* Random Oracle
RR-Sicherheit, *siehe* Sicherheit
RSA, 2
– Annahme, 158, 161, 184
– Factoring Challenge, 183
– Kryptoschema, *siehe* Kryptoschema
– PSS, *siehe* Signierschema
– Textbook-, 158
– Tupel, 155
Runde, 49
Runden
– anzahl, 48
– schlüssel, 68
– schlüsseladdition, 49
– schlüsselfunktion, 48

S
S-Box, 48, 68
Satz von Fermat, *siehe* Fermat
Satz von Lagrange, *siehe* Lagrange
Satz von Shannon, *siehe* Shannon
Schlüssel, 7, 14
– austausch, 2, 8
– bindung, 259
– Chiffrier-, 7
– explosion, 8
– geheimer, 259
– generierungsalgorithmus, 137, 239
– kandidat, 53, 72
– öffentlicher, 8, 137, 239, 259
– paar, 8, 137, 239
– privater, 8, 137, 239
– ring, 267
– symmetrischer, 7
– verteilung, 24
Schlüsselsuche
– erschöpfende, 52, 114
Schwellwert, 54
Second preimiage resistance, *siehe* Zweites-Urbild-Resistenz
Secure Hash Function, *siehe* SHA
Secure Shell, 66, 224
Secure Sockets Layer, 66, 163, 224, 264
Security
– possibilistic, *siehe* possibilistische Sicherheit
Seitenkanalangriff, 4, 98
SHA, *siehe* Secure Hash Function sowie Hashfunktion
Shannon
– Satz von, 30
Sicherheit
– algorithmische, 3, 135
– asymptotische, 12
– beweisbare, 3, 114

– CCA-, 11, **131**, 135, 140, 162, 163, 183, 185, 228, 237
– CPA-, 10, 80, 107
– FG-, **107**, 121, 135
– im Modell mit begrenztem Speicher, 11
– informationstheoretische, 1, 11, **23**
– konkrete, 11, 80
– possibilistische, 16, 46
– RR-, 121, 135
– semantische, 135
Side channel attack, *siehe* Seitenkanalangriff
Signatur, 190, 273
– gesetz, 266
– gültige, 191
– qualifizierte elektronische, 266
Signieralgorithmus, *siehe* Algorithmus
Signierschema, **239**
– baumbasiertes, 273
– DSA-/DSS-, 257, 274
– FDH-RSA-, **249**, 273
– Hash-then-Sign-, 242
– RSA-, 241
– RSA-PSS-, 257, 274
– sicheres, 240
– unsicheres, 240
Spiel, *siehe* Experiment
SPKS, *siehe* Substitutionspermutationskrypto- system
Sponge, 209
SSH, *siehe* Secure Shell
SSL, *siehe* Secure Sockets Layer
Standardmodell, 247
Steganographie, 16
stochastisch unabhängige Zufallsvariablen, *siehe* Zufallsvariable
strong unforgeability, 235
Substitutions
– kryptosystem, *siehe* Kryptosystem
– permutationskryptosystem, *siehe* Kryptosys- tem
– permutationsnetzwerk, 48
Success, *siehe* Erfolg
symmetric encryption scheme, *siehe* symmetri- sches Kryptoschema
symmetrische Verschlüsselung, *siehe* Verschlüsse- lung
symmetrisches Kryptoschema, *siehe* Kryptosche- ma

T
Tag, *siehe* Prüfetikett
Teiler, 31
– größter gemeinsamer, 31
teilerfremd, 32
Teleskopsumme, 130
Timing attack, *siehe* Zeitangriff

TLS, *siehe* Transport Layer Security
Transport Layer Security, 66, 224, 264
Tree-based signature schema, *siehe* Signiersche- ma
Trigramm, 35
Turing-Maschine
– zufallsgesteuerte, 73

U
unabhängige Ereignisse, *siehe* Ereignisse
universelle Fälschung, *siehe* Fälschung
Unterscheider
– beschränkter, 87, 122, 168
– Block-Kryptosystem, 81, 90
– symmetrisches Kryptoschema, 121
– Wahrscheinlichkeitsverteilungen, 167
unverformbare Verschlüsselung, *siehe* Verschlüs- selung
Ur-Instanz, *siehe* Zertifizierungsinstanz
Urbild-Resistenz, *siehe* Hashfunktion

V
Validierungsalgorithmus, *siehe* Algorithmus
Verbindlichkeit, 190
verkürztes Experiment, *siehe* Experiment
Vermutung, 109, 139
Vernam-Kryptosystem, *siehe* Kryptosystem
Vernamsystem, *siehe* Kryptosystem
Verschiebekryptosystem, *siehe* Kryptosystem
Verschlüsselung
– asymmetrische, 2, 8
– blockweise, 37
– buchstabenweise, 34
– einmalige, 13
– frische, 45
– hybride, 175
– symmetrische, 7
– unverformbare, 132, 136, 190
Vigenère-Kryptosystem, *siehe* Kryptosystem
Vorchiffrewort, 53
Vorteil
– asymmetrisches Kryptoschema, 140
– Block-Kryptosystem, 82
– CCA-Sicherheit, 131
– Einwegfunktion mit Hintertür, 160
– Hashfunktion, 195
– schwache Kollisionsresistenz, 219
– Signierschema, 240
– symmetrisches Authentifizierungsschema, 212
– symmetrisches Kryptoschema, 111, 122
– Wahrscheinlichkeitsverteilungen, 168

W
Wahrscheinlichkeit, 18
– bedingte, 19

– Kollisions-, 19
Wahrscheinlichkeits
  – funktion, 18, 24
  – raum, 18
  – verteilung, 18
Web of Trust, 266, 275
Weißschritt, 49
Welt
  – 0-, 111
  – 1-, 111
  – Real-, 81, 111
  – Zufalls-, 81, 111
Widerruf, 270
  – liste, 270
Wörterbuchangriff, 207
Wort, 48

X
X.509, *siehe* Zertifikat

Z
Zahlkörpersieb, 149, 172, 183
Zeitangriff, 4, 98
Zero-Knowledge-Beweis
  – von Wissen, 261

Zertifikat, 262, 275
  – attribute, 270
  – Instanz-, 265
  – kette, 265
  – mit Gültigkeitszeitraum, 269
  – Nutzer-, 265
  – selbstsigniertes, 264
  – X.509, 208, 275
Zertifikatsnetze, *siehe* Web of Trust
Zertifizierungsdienstanbieter, 266
Zertifizierungsinstanz, 265
  – der i-ten Stufe, 265
  – Ur-Instanz, 265
Zertifizierungsstelle, 262
  – Hierarchien von, 265
  – unabhängige, 263
zufällige Funktion, *siehe* Funktion
zufällige Permutation, *siehe* Permutation
zufallsgesteuerter Algorithmus, *siehe* Algorithmus
Zufallsorakel, 163, 185, 209, **245**, 274
  – modell, 247, 274
Zufallsvariable, 21
  – diskrete, 21
  – durch Algorithmus induzierte, 73
  – reelle, 21
  – stochastisch unabhängige, 21
Zufallswelt, *siehe* Welt
Zweites-Urbild-Resistenz, *siehe* Hashfunktion
zyklische Gruppe, *siehe* Gruppe